Elementarteilchen
und inflationärer Kosmos

Andrei Linde

Elementarteilchen und inflationärer Kosmos

Zur gegenwärtigen Theorienbildung

◆

Aus dem Russischen von Michael Basler

Mit 35 Abbildungen

Spektrum Akademischer Verlag Heidelberg · Berlin · Oxford

Originaltitel: Fisika ėlementarnych častic i infljacionnaja kosmologija
Aus dem Russischen von Michael Basler
Russische Originalausgabe 1990 bei Nauka, Moskau
© 1990 Andrei Linde

Die Deutsche Biliothek – CIP-Einheitsaufnahme

Linde, Andrei
Elementarteilchen und inflationärer Kosmos: zur
gegenwärtigen Theorienbildung/Andrei Linde. Aus dem Russ.
von Michael Basler. – Heidelberg; Berlin; Oxford: Spektrum,
Akad. Verl., 1993
   Einheitssacht.: Fizika ėlementarnych častic i infljacionnaja kosmologija <dt.>
   ISBN 3-86025-036-1

© 1993 Spektrum Akademischer Verlag GmbH Heidelberg • Berlin • Oxford

Alle Rechte, insbesondere die der Übersetzung in fremde Sprachen, vorbehalten. Kein Teil des Buches darf ohne schriftliche Genehmigung des Verlages photokopiert oder in irgendeine von Maschinen verwendbare Sprache übertragen oder übersetzt werden.

Lektorat: Peter Ackermann, Caputh
Produktion: Erdmute Wendland, Birgit Burkhardt
Umschlaggestaltung: Zembsch' Werkstatt, München
Satz: Hagedornsatz, Berlin
Druck und Verarbeitung: Franz Spiegel Buch GmbH, Ulm

Spektrum Akademischer Verlag GmbH Heidelberg · Berlin · Oxford

Inhalt

Einleitung 9

1. Elementarteilchenphysik und inflationäre Kosmologie – Ein Überblick 15

1.1 Skalarfeld und spontane Symmetriebrechung 15
1.2 Phasenübergänge in Eichtheorien der Elementarteilchen 21
1.3 Die Theorie des heißen, expandierenden Universums 24
1.4 Einige Eigenschaften der Friedman-Modelle 29
1.5 Probleme des Standardszenariums 32
1.6 Ein Abriß der Entwicklung des Szenariums des inflationären Universums. 41
1.7 Das Szenarium der chaotischen Inflation 46
1.8 Das selbstreproduzierende Universum 60

2. Skalarfeld, effektives Potential und spontane Symmetriebrechung . . 69

2.1 Klassische und quantisierte Skalarfelder 69
2.2 Quantenkorrekturen zum effektiven Potential $V(\varphi)$ 72
2.3 $1/N$-Entwicklung und effektives Potential in der $\lambda\varphi^4/N$-Theorie . . 79
2.4 Effektives Potential und Quantengravitations-Effekte 84

3. Die Wiederherstellung der Symmetrie bei hohen Temperaturen . . . 87

3.1 Phasenübergänge in den einfachsten Modellen mit spontaner Symmetriebrechung 87
3.2 Phasenübergänge in realistischen Theorien der schwachen, starken und elektromagnetischen Wechselwirkung 92
3.3 Höhere Ordnungen der Störungstheorie und das Infrarotproblem in der Thermodynamik von Eichfeldern 95

4. Phasenübergänge bei wachsender Dichte in kalter Materie 99

4.1 Wiederherstellung der Symmetrie in Theorien ohne neutrale Ströme 99
4.2 Verstärkung der Symmetriebrechung und Vektormesonen-Kondensation in Theorien mit neutralen Strömen 100

5. Die Theorie der Tunnelübergänge und der Zerfall einer metastabilen Phase in einem Phasenübergang erster Ordnung 103

5.1 Allgemeine Theorie der Bildung von Bläschen einer neuen Phase . 103
5.2 Die Näherung dünner Wände 108
5.3 Über die Näherung dünner Wände hinausgehende Methoden . . 112

6. Phasenübergänge im heißen Universum 117

6.1 Phasenübergänge mit Symmetriebrechung zwischen der schwachen, starken und elektromagnetischen Wechselwirkung . . 117
6.2 Domänenwände, Strings und Monopole 122

7. Grundprinzipien der inflationären Kosmologie 133

7.1 Grundrichtungen der Entwicklung der inflationären Kosmologie . 133
7.2 Inflationäres Universum und de-Sitter-Raum 133
7.3 Quantenfluktuationen im inflationären Universum 138
7.4 Tunnelübergänge im inflationären Universum 145
7.5 Quantenfluktuationen und die Erzeugung adiabatischer Dichtestörungen 151
7.6 Reichen adiabatische Dichtestörungen mit flachem Spektrum zur Bildung der beobachteten Struktur des Universums aus? 163
7.7 Isotherme Störungen und adiabatische Störungen mit einem nichtflachen Spektrum 166
7.8 Nichtstörungstheoretische Effekte: Strings, Igel, Domänenwände, Bläschen und ähnliches 172
7.9 Das Wiederaufheizen des Universums nach der Inflation 177
7.10 Die Entstehung der Baryonenasymmetrie im Universum 182

8. Das neue Szenarium des inflationären Universums 189

8.1 Die Grundvorstellungen des alten Szenariums des inflationären Universums 189
8.2 Die SU(5)-symmetrische Coleman-Weinberg-Theorie und das neue Szenarium des inflationären Universums (in der ursprünglichen, vereinfachten Form) 192
8.3 Präzisierung des neuen Szenariums des inflationären Universums . 195
8.4 Die Reliktinflation in der $N=1$-Supergravitations-Theorie 200
8.5 Das Shafi-Vilenkin-Modell 202
8.6 Das neue Szenarium des inflationären Universums: Probleme und Perspektiven 206

9. Das Szenarium der chaotischen Inflation 211

9.1 Grundzüge des Szenariums und die Frage der Anfangsbedingungen 211
9.2 Ein einfaches, auf einer SU(5)-Theorie beruhendes Modell 215
9.3 Chaotische Inflation in Supergravitations-Theorien 216
9.4 Das modifizierte Starobinsky-Modell und ein kombiniertes Szenarium 219
9.5 Inflation in Kaluza-Klein- und Superstring-Theorien 222

10. Inflation und Quantenkosmologie 229

10.1 Die Wellenfunktion des Universums 229
10.2 Quantenkosmologie und die Globalstruktur des inflationären Universums 242
10.3 Selbstreproduzierendes inflationäres Universum und Quantenkosmologie 249
10.4 Die Globalstruktur des inflationären Universums und das Problem der allgemeinen kosmologischen Singularität 257
10.5 Inflation und anthropisches Prinzip 260
10.6 Quantenkosmologie und Signatur der Raumzeit 270
10.7 Das Problem der kosmologischen Konstanten, das anthropische Prinzip, die Verdopplung der Universen und das Leben nach der Inflation 271

Schlußwort 283

Literatur 285

Sachverzeichnis 296

Einleitung

Seit der Entdeckung und Entwicklung einheitlicher Eichtheorien der schwachen, starken und elektromagnetischen Wechselwirkung hat die Elementarteilchenphysik in den letzten 15 Jahren eine wahre Revolution erfaßt. Zu den Grundideen dieser Theorien gehört die spontane Symmetriebrechung zwischen verschiedenen Wechselwirkungstypen infolge des Auftretens räumlich konstanter, klassischer Skalarfelder φ (der sogenannten Higgs-Felder) im gesamten Raum. Ohne diese Felder gäbe es keinen prinzipiellen Unterschied zwischen starken, schwachen und elektromagnetischen Wechselwirkungen. Ihr spontanes Auftreten im gesamten Raum ist Ausdruck einer wesentlichen Umstrukturierung des Vakuums, in deren Ergebnis bestimmte Vektorfelder (Eichfelder) eine hohe Masse erhalten. Die durch diese Vektorfelder übertragenen Wechselwirkungen werden dadurch kurzreichweitig. Das führt zur Brechung der Symmetrie zwischen den verschiedenen, durch die einheitlichen Eichtheorien beschriebenen Wechselwirkungen.

Im Rahmen der Eichtheorien mit spontaner Symmetriebrechung gelang erstmals eine konsistente Beschreibung der schwachen und starken Wechselwirkung bei hohen Energien. Zum ersten Mal wurde es möglich, mit einer Theorie der starken und schwachen Wechselwirkung Prozesse in höheren Ordnungen der Störungstheorie zu untersuchen. Eine besondere Eigenschaft dieser Theorien, ihre asymptotische Freiheit, ermöglicht es zumindest prinzipiell, Wechselwirkungen von Elementarteilchen bis zu Schwerpunktsenergien von $E \sim M_P \sim 10^{19}$ GeV, d. h. bis zur Planck-Energie, bei der Quantengravitations-Effekte wichtig werden, zu beschreiben.

Ohne die Eigenschaften der Eichtheorien im Detail zu diskutieren, wollen wir hier nur die wichtigsten Entwicklungsstadien erwähnen. In den 60er Jahren hatten Glashow, Weinberg und Salam [1] eine einheitliche Theorie der schwachen und elektromagnetischen Wechselwirkung vorgeschlagen. Eine stürmische Entwicklung setzte auf diesem Gebiet ein, nachdem 1971–1973 die Renormierbarkeit dieser Theorien bewiesen worden war [2]. Im Jahr 1973 konnte gezeigt werden, daß eine Reihe solcher Theorien, darunter insbesondere die Quantenchromodynamik zur Beschreibung der starken Wechselwirkung, die Eigenschaft der asymptotischen Freiheit (der Verringerung der Kopplungskonstante bei sehr hohen Energien [3]) besitzt. Die ersten Varianten einheitlicher Eichtheorien der starken, schwachen und elektromagnetischen Wechselwirkung mit einer einfachen Symmetriegruppe, die sogenannten GUT-Theorien (Grand Unified Theories) [4], wurden 1974 vorgeschlagen. Erste Ansätze zur einheitlichen Beschreibung aller Wechselwirkungen einschließlich der Gravitation wurden 1976 im Rahmen der Supergravitations-Theorie aufgestellt [5]. Danach folgte die Entwicklung von Kaluza-Klein-Theorien, denen zufolge unsere vierdimensionale Raumzeit im Ergebnis der spontanen Kompaktifizierung eines höherdimensionalen Raumes entstanden ist [6]. Unsere derzeitigen Hoffnungen für eine einheitliche Theorie aller Wechselwirkungen konzentrieren sich schließlich auf die Superstring-Theorien [7]. Über die modernen Elementarteilchentheorien gibt es eine Reihe hervorragender Übersichtsartikel und Monographien (siehe z. B. [8–17]).

Die rasche Entwicklung der Elementarteilchentheorie brachte nicht nur große Fortschritte in unserem Verständnis der Elementarteilchen-Wechselwirkungen bei extrem hohen Energien, sondern (als Folge davon) auch in der Theorie superdichter Materie. Noch vor fünfzehn Jahren bezeichnete man Materie mit einer Dichte etwas über der von Atomkernen, $\varrho \sim 10^{14} - 10^{15}$ g/cm³, als *superdichte Materie*, und es schien unvorstellbar, Materie mit Dichten $\varrho \gg 10^{15}$ g/cm³ überhaupt beschreiben zu können. Die Hauptprobleme hingen mit den Theorien der starken Wechselwirkung zusammen, deren charakteristische Kopplungskonstanten bei Dichten $\varrho \gtrsim 10^{15}$ g/cm³ groß wurden. Dies machte die auf der Basis der üblichen Störungstheorie gewonnenen Aussagen über die Eigenschaften solcher Materie unglaubwürdig. In der Quantenchromodynamik nehmen jedoch die entsprechenden Kopplungskonstanten infolge der asymptotischen Freiheit mit zunehmender Temperatur (und Dichte) ab. Das erlaubt es, das Verhalten von Materie bei Temperaturen bis $T \sim M_P \sim 10^{19}$ GeV, entsprechend einer Dichte $\varrho_P \sim M_P^4 \sim 10^{94}$ g/cm³, zu beschreiben. Die modernen Elementarteilchentheorien ermöglichen deshalb zumindest im Prinzip die Beschreibung der Eigenschaften von Materie mit einer Dichte von mehr als 80 Größenordnungen über der von Kernmaterie.

Die Untersuchung der Eigenschaften superdichter Materie mit Hilfe von Eichtheorien begann 1972 mit einer Arbeit von Kirzhnits [18], der zeigte, daß das klassische, für die Symmetriebrechung verantwortliche Feld φ bei hinreichend hohen Temperaturen verschwinden sollte. Das heißt, daß bei hinreichend hohen Temperaturen $T > T_c$ ein Phasenübergang (oder eine Reihe von Phasenübergängen) auftritt, bei dem die Symmetrie zwischen den verschiedenen Wechselwirkungsarten wiederhergestellt wird. Infolge des Phasenübergangs ändern sich die Eigenschaften und Wechselwirkungsgesetze der Elementarteilchen grundlegend.

Diese Schlußfolgerung wurde in einer Reihe weiterer Publikationen bestätigt [19–24]. Dabei zeigte sich, daß analoge Phasenübergänge auch auftreten können, wenn die Dichte kalter Materie steigt [25–29], sowie bei Anwesenheit äußerer Felder und Ströme [22, 23, 30–33]. Im folgenden werden wir solche Prozesse wie üblich kurz als Phasenübergänge in Eichtheorien bezeichnen. Die kritischen Temperaturen und Dichten, bei denen solche Phasenübergänge stattfinden, sind gewöhnlich extrem hoch. So liegt z. B. die kritische Temperatur für den Phasenübergang in der Glashow-Weinberg-Salam-Theorie der schwachen und elektromagnetischen Wechselwirkung in der Größenordnung von 10^2 GeV $\sim 10^{15}$ K. Die Temperatur, bei der die Symmetrie zwischen der starken und der elektroschwachen Wechselwirkung in den GUT-Theorien wiederhergestellt wird ist noch höher, $T_c \sim 10^{15}$ GeV $\sim 10^{28}$ K. Vergleichsweise beträgt die maximal bei einer Supernovaexplosion erreichte Temperatur etwa 10^{15} GeV. Infolgedessen ist es gegenwärtig unmöglich, solche Phasenübergänge im Labor zu untersuchen. In den frühesten Entwicklungsstadien des Universums könnten jedoch derartig extreme Bedingungen geherrscht haben.

Nach der Standardversion der Theorie des heißen Universums muß sich der Kosmos ausgedehnt haben, wobei er sich aus einem Zustand mit einer Temperatur von mindestens $T \sim 10^{19}$ GeV [34, 35] heraus ständig abkühlte. Das bedeutet aber, daß die Symmetrie zwischen der starken, schwachen und elektromagnetischen Wechselwirkung in den frühesten Entwicklungsphasen des Universums nicht gebrochen gewesen sein kann. Beim Abkühlen muß es dann zu einer Reihe von Phasenübergängen gekommen sein, durch die die Symmetrie zwischen den verschiedenen Wechselwirkungen gebrochen wurde [18–24].

Dieses Ergebnis war ein erster deutlicher Hinweis auf die Bedeutung der modernen einheitlichen Elementarteilchentheorien und der Theorie superdichter Materie für die Theorie der Evolution des Universums. Besonders stark wuchs das Interesse der Kosmologen an den modernen Elementarteilchentheorien als sich zeigte, daß die GUT-Theorien einen natürlichen Rahmen für die Erklärung der beobachteten Baryonenasymmetrie des Universums (d. h. des Fehlens von Antimaterie im sichtbaren Ausschnitt des Universums) liefern könnten [36–38].

Andererseits hat sich die Kosmologie als wichtige Informationsquelle für die Elementarteilchentheorie erwiesen. Deren rasche Entwicklung in den letzten Jahren führte zu einer etwas ungewöhnlichen Situation auf diesem Teilgebiet der theoretischen Physik. Denn für einen direkten Test der GUT-Theorien benötigte man typische Elementarteilchenenergien von der Größenordnung 10^{15} GeV. Der Test der Supergravitations-, Kaluza-Klein- und Superstring-Theorien würde sogar Teilchen mit Energien in der Größenordnung von 10^{19} GeV erfordern. Die für die nächsten Jahre geplanten Beschleuniger werden demgegenüber nur Teilchenströme mit Energien von etwa 10^4 GeV liefern. Experten schätzen, daß der größte Beschleuniger, der auf der Erde (mit einem Radius von 6000 km) je gebaut werden könnte es uns erlauben würde, Elementarteilchen-Wechselwirkungen bei Energien in der Größenordnung von 10^7 GeV zu untersuchen. Etwa die gleiche Energie haben (umgerechnet ins Schwerpunktsystem) die energiereichsten Teilchen der kosmischen Strahlung. Dies liegt jedoch immer noch zwölf Größenordnungen unterhalb der Planck-Energie, $E_P \sim M_P = 10^{19}$ GeV.

Die Schwierigkeiten bei der Untersuchung von Wechselwirkungen bei extrem hohen Energien werden deutlich wenn man sich vergegenwärtigt, daß 10^{15} GeV gerade die kinetische Energie eines kleinen Autos ist; 19^{19} GeV beträgt bereits die kinetische Energie eines mittleren Flugzeugs. Abschätzungen zeigen, daß man zum Beschleunigen von Elementarteilchen auf ca. 10^{15} GeV beim heutigen Stand der Technik einen etwa ein Lichtjahr langen Beschleuniger brauchte.

Allerdings darf man nicht denken, daß die gegenwärtig entwickelten Elementarteilchentheorien völlig ohne experimentelle Grundlage wären. Davon zeugen schon die riesigen Experimente, die zum Nachweis des von den GUT-Theorien vorhergesagten Protonzerfalls durchgeführt werden. Es ist auch nicht ausgeschlossen, daß man mit Hilfe von Beschleunigern einige der relativ leichten Teilchen (mit Massen $m \sim 10^2 - 10^3$ GeV) finden wird, die von verschiedenen Varianten der Supergravitations- und Superstring-Theorien vorhergesagt werden. Wollte man jedoch Informationen lediglich auf diesem Wege gewinnen, so wäre das ähnlich, als wollte man versuchen, Informationen über die Theorie der elektroschwachen Wechselwirkung lediglich mit Antennen für Radiowellen mit charakteristischen Energien E_γ kleiner als 10^{-5} eV zu erhalten (es ist $E_P/E_W \sim E_W/E_\gamma$, wobei

$E_W \sim 10^2$ GeV die charakteristische Energie der einheitlichen Theorie der schwachen und elektromagnetischen Wechselwirkung ist).

Das einzige Labor, in dem Elementarteilchen mit Energien von 10^{15}–10^{19} GeV jemals existieren und miteinander wechselwirken konnten ist unser Universum in seinen frühesten Entwicklungsstadien.

Zeldovich schrieb Anfang der 70er Jahre einmal, daß das Universum der Beschleuniger des kleinen Mannes sei: das Experiment braucht nicht finanziert zu werden und man hat lediglich seine Resultate auszuwerten [39]. Inzwischen wird immer deutlicher, daß das Universum der einzige Beschleuniger ist, der jemals Elementarteilchen mit Energien produzieren konnte die hoch genug sind, um einheitliche Theorien aller fundamentaler Wechselwirkungen direkt zu überprüfen; in diesem Sinne ist das Universum nicht nur der Beschleuniger des armen, sondern ebensogut der des reichsten Mannes. Heutzutage müssen sich die meisten neuen Elementarteilchentheorien zunächst einem „kosmologischen Gültigkeitstest" unterziehen – den nur sehr wenige bestehen. Auf den ersten Blick könnte es schwierig scheinen, einem Experiment, das vor mehr als zehn Milliarden Jahren durchgeführt worden ist, irgendwelche glaubwürdige und hinreichend genaue Information zu entnehmen. Die Ergebnisse konkreter Untersuchungen in den letzten Jahren zeigen jedoch, daß gerade das Gegenteil zutrifft. So fand man, daß im Ergebnis von Phasenübergängen in GUT-Theorien in einem heißen Universum eine große Zahl magnetischer Monopole produziert werden sollte, deren derzeitige Dichte 15 Größenordnungen über der beobachteten Materiedichte, $\varrho \sim 10^{-29}$ g/cm^3, liegen müßte [40]. Zunächst schien es, daß es aufgrund der sehr großen Unsicherheiten sowohl in der Theorie des heißen Universums, als auch in den GUT-Theorien, nicht schwer sein würde, bald einen Ausweg aus diesem Problem der primordialen Monopole zu finden. Zahlreiche Versuche, das Problem auf der Grundlage der herkömmlichen Theorie des heißen Universums zu lösen, blieben letztlich jedoch erfolglos. Eine ähnliche Situation entstand bei der Untersuchung von Theorien mit einer spontan gebrochenen diskreten Symmetrie (z. B. mit einer spontan gebrochenen CP-Invarianz). Phasenübergänge müßten in solchen Modellen zur Entstehung extrem massiver Domänenwände führen, deren Existenz den astrophysikalischen Daten stark widersprechen würde [41–43]. Der Übergang zu komplizierteren Theorien, wie der $N=1$-Supergravitations-Theorie, hat neue Probleme aufgeworfen, anstatt die alten zu lösen. So stellte sich in den meisten Theorien auf der Grundlage der $N=1$-Supergravitation heraus, daß der Zerfall von Gravitinos (der Superpartner der Gravitonen mit Spin = 3/2) aus den Frühstadien des Universums zu Abweichungen um etwa 10 Größenordnungen von den Beobachtungsergebnissen führt [44, 45]. Solche Theorien sagen die Existenz sogenannter Polonyi-Felder voraus [15, 46]. Die bis heute in diesen Feldern gespeicherte Energiedichte weicht in der Mehrzahl der Theorien um 15 Größenordnungen von den Beobachtungsergebnissen ab [47, 48]. In einer Reihe von Axion-Theorien [49] tritt die gleiche Schwierigkeit auf, insbesondere in den einfachsten, auf Superstring-Theorien [50] beruhenden Modellen. Die meisten Kaluza-Klein-Theorien auf der Grundlage einer Supergravitations-Theorie in einem 11-dimensionalen Raum führen auf eine Vakuumenergie von der Größenordnung $-M_P^4 \sim -10^{94}$ g/cm^3 [16], was um mehr als 125 Größenordnungen von den kosmologischen Daten abweicht! ...

Diese Aufzählung ließe sich weiter fortsetzen, schon aus dem bisher Gesagten wird aber deutlich, warum die Elementarteilchentheoretiker der Kosmologie ein so starkes Interesse entgegenbringen. Der tiefere Grund besteht darin, daß eine tatsächliche Vereinigung aller Wechselwirkungen einschließlich der Gravitation ohne Untersuchung der wichtigsten Offenbarung dieser Vereinigung, der Existenz des Universums selbst, unmöglich ist. Besonders deutlich wird das am Beispiel der Kaluza-Klein- und Superstring-Theorien, in denen man gleichzeitig die Eigenschaften der bei der Kompaktifizierung der „zusätzlichen" Dimensionen gebildeten Raumzeit und die Phänomenologie der Elementarteilchen zu bestimmen hat.

Manche der obengenannten Probleme konnten bisher noch nicht zufriedenstellend gelöst werden. Dies setzt für die derzeit in Entwicklung befindlichen Elementarteilchentheorien wichtige Randbedingungen. Umso erstaunlicher ist es, daß ein Großteil dieser Probleme, gemeinsam mit einer Reihe weiterer, schon vor der Theorie des heißen Universums bestehender, im Rahmen eines relativ einfachen Szenariums der Evolution des Universums, des sogenannten Szenariums des inflationären Universums[1] [51–57], gelöst werden konnte. Diesem Szenarium zufolge war das Universum in den Frühstadien seiner Entwicklung in einem instabilen vakuumartigen Zustand und dehnte sich dabei exponentiell aus (was man als Inflation bezeichnet). Anschließend kam es zum Zerfall des vakuumartigen Zustands, das Universum heizte sich wieder auf, und seine nachfolgende Entwicklung verlief entsprechend der üblichen Theorie des heißen Universums.

Innerhalb weniger Jahre hat sich das Szenarium des inflationären Universums von einer Art Science Fiction zu einer inzwischen von den meisten Kosmologen anerkannten Theorie entwickelt. Das heißt natürlich nicht, daß wir nun die letzte Weisheit in bezug auf die physikalischen Prozesse im frühen Universum gefunden hätten. Die Unvollkommenheit dieses Bildes bringt schon das Wort *Szenarium* zum Ausdruck, das normalerweise nicht zum Vokabular der theoretischen Physiker gehört. In seiner gegenwärtigen Form ähnelt dieses Szenarium nur vage den einfachen Modellen, von denen seine Autoren ausgingen. Viele Details des Szenariums des inflationären Universums variieren im Zusammenhang mit den Änderungen der Elementarteilchentheorien, deren rasche Entwicklung wir schon erwähnt hatten. Trotzdem sind die Grundzüge dieses Szenariums inzwischen hinreichend gut ausgearbeitet, und es müßte möglich sein, eine vorläufige Bilanz zu ziehen.

Das vorliegende Buch ist der erste Versuch einer systematischen Darstellung der inflationären Kosmologie. Dem geht eine Übersicht über die allgemeine Theorie der spontanen Symmetriebrechung und eine Diskussion von Phasenübergängen in superdichter Materie auf der Grundlage der modernen Elementarteilchentheorien voraus. Die Auswahl des Materials, die Aufteilung auf die Kapitel und die Ausführlichkeit der Darstellung wurden einerseits durch die Interessen des Autors bestimmt, andererseits aber auch durch seinen Wunsch, den Inhalt sowohl für Quantenfeldtheoretiker, als auch für Astrophysiker nutzbar zu machen. Wir haben deshalb versucht, uns auf diejenigen Probleme zu konzentrieren, die für das Verständnis der Grundgedanken des Buches von Bedeutung sind; in bezug auf Einzelheiten und technische Details verweisen wir den Leser auf die Originalliteratur.

---

[1] Die Bezeichnung „Szenarium des inflationären Universums" geht auf Guth [53] zurück.

Um das Buch einem möglichst großen Kreis von Lesern zugänglich zu machen, geht der Hauptdarstellung ein längeres einleitendes Kapitel auf relativ elementarem Niveau voraus. Der Autor hofft, daß der Leser durch den Gebrauch dieses Kapitels als Führer durch das Buch, und des Buches selbst als Führer durch die Originalliteratur, allmählich eine hinreichend vollständige und präzise Vorstellung vom derzeitigen Stand dieses Wissenschaftsgebietes bekommt. In dieser Hinsicht kann ihm auch die Kenntnis der Bücher

The Early Universe, von E. W. Kolb und M. S. Turner (Addison-Wesley, Reading, 1990) und
An Introduction to Cosmology and Particle Physics, von R. Dominguez-Tenreiro und M. Quiros (World Scientific, Singapore, 1988)

hilfreich sein. Einen allgemeinverständlichen Überblick über die Problematik in deutscher Sprache geben die Bücher

Eine kurze Geschichte der Zeit: Vom Urknall zu den Schwarzen Löchern von S. W. Hawking (Rowohlt, Reinbeck, 1991) und
Vom Quark zum Kosmos von L. M. Ledermann und D. Schramm (Spektrum der Wissenschaft, Heidelberg, 1990).

Wir möchten uns bereits im voraus bei denjenigen Autoren entschuldigen, deren Arbeiten auf dem Gebiet der inflationären Kosmologie wir nicht hinreichend vollständig behandeln konnten. Einem beträchtlichen Teil des Materials dieses Buches liegen Ideen von S. Coleman, J. Ellis, A. Guth, S. W. Hawking, D. A. Kirzhnits, L. A. Kofman, M. A. Markov, V. F. Mukhanov, D. Nanopoulos, I. D. Novikov, I. L. Rozental', A. D. Sakharov, A. A. Starobinsky, P. Steinhardt, M. S. Turner sowie vieler anderer Wissenschaftler zugrunde, deren Beitrag zur modernen Kosmologie wahrscheinlich auch eine noch so detaillierte Einzelmonographie nicht ausreichend widerspiegeln könnte.

Dieses Buch ist dem Andenken Yakov Borisovich Zeldovichs gewidmet, der zu Recht als Gründer der sowjetischen Kosmologie-Schule gilt.

1. Elementarteilchenphysik und inflationäre Kosmologie – Ein Überblick

1.1 Skalarfeld und spontane Symmetriebrechung

Skalarfelder φ spielen eine wesentliche Rolle in einheitlichen Eichtheorien der schwachen, starken und elektromagnetischen Wechselwirkung. Die Theorie dieser Felder ist mathematisch einfacher als die von Spinorfeldern ψ, die z. B. Elektronen oder Quarks beschreiben, und die von Vektorfeldern A_μ zur Beschreibung von Photonen, Gluonen u.a. Die sowohl für die Elementarteilchenphysik, als auch für die Kosmologie interessantesten Eigenschaften dieser Felder wurden jedoch erst vor relativ kurzer Zeit voll erkannt.

Wir wollen uns einige Grundeigenschaften solcher Felder ins Gedächtnis zurückrufen. Dazu betrachten wir zunächst die einfachste Theorie eines einkomponentigen reellen Skalarfeldes φ mit der Lagrange-Dichte[1]

$$L = \frac{1}{2}(\partial_\mu \varphi)^2 - \frac{m^2}{2}\varphi^2 - \frac{\lambda}{4}\varphi^4. \tag{1.1.1}$$

In dieser Gleichung ist m die Masse des Skalarfeldes und λ seine Selbstwechselwirkungs-Kopplungskonstante. Zur Vereinfachung setzen wir im folgenden immer $\lambda \ll 1$ voraus. Wenn φ klein ist und man demzufolge den letzten Term in (1.1.1) vernachlässigen kann, genügt das Feld der Klein-Gordon-Gleichung

$$(\Box + m^2)\,\varphi \equiv \ddot\varphi - \Delta\varphi + m^2\varphi = 0, \tag{1.1.2}$$

wobei der Punkt die Zeitableitung kennzeichnet. Die allgemeine Lösung dieser Gleichung kann durch eine Superposition ebener Wellen, die der Ausbreitung von

---

[1] Wir verwenden in diesem Buch die in der Elementarteilchentheorie üblichen Maßeinheiten mit $\hbar = c = 1$. Um Ausdrücke auf die traditionellen Maßeinheiten umzuschreiben, muß man die entsprechenden Terme ausgehend von einer Dimensionsanalyse mit geeigneten Potenzen von $\hbar$ oder c multiplizieren ($\hbar = 6{,}6 \cdot 10^{-22}$ MeV s $\approx 10^{-27}$ erg s, $c \approx 3 \cdot 10^{10}$ cm s^{-1}). Auf diese Weise würde z. B. Gleichung (1.1.1) folgende Gestalt annehmen:
$$L = \frac{1}{2}(\partial_\mu\varphi)^2 - \frac{m^2 c^2}{2\hbar^2}\varphi^2 - \frac{\lambda}{4}\varphi^4.$$

Teilchen mit der Masse m und dem Impuls k entsprechen, ausgedrückt werden [58]:

$$(\varphi) = (2\pi)^{-3/2} \int d^4 k \, \delta(k^2 - m^2) \, [e^{ikx} \varphi^+(k) + e^{-ikx} \varphi^-(k)]$$

$$= (2\pi)^{-3/2} \int \frac{d^3 k}{\sqrt{2k_0}} \, [e^{ikx} a^+(\boldsymbol{k}) + e^{-ikx} a^-(\boldsymbol{k})], \tag{1.1.3}$$

wobei $a^\pm(\boldsymbol{k}) = \varphi^\pm(k)/\sqrt{2k_0}$, $k_0 = \sqrt{\boldsymbol{k}^2 + m^2}$, $kx = k_0 t - \boldsymbol{k} \cdot \boldsymbol{x}$ ist. Da das Minimum der potentiellen Energie (des sogenannten effektiven Potentials)

$$V(\varphi) = \frac{1}{2}(\nabla \varphi)^2 + \frac{m^2}{2}\varphi^2 + \frac{\lambda}{4}\varphi^4 \tag{1.1.4}$$

bei $\varphi = 0$ liegt (Abbildung 1a), oszilliert das Feld $\varphi(x)$ entsprechend (1.1.3) um den Punkt $\varphi = 0$.

Grundlegende Fortschritte bei der Vereinigung der schwachen, starken und elektromagnetischen Wechselwirkung gelangen jedoch erst, als man von den einfachen auf (1.1.1) mit $m^2 > 0$ basierenden Theorien zu Theorien überging, die wegen ihres negativen Massenquadrats zunächst etwas seltsam anmuten:

$$L = \frac{1}{2}(\partial_\mu \varphi)^2 + \frac{\mu^2}{2}\varphi^2 - \frac{\lambda}{4}\varphi^4. \tag{1.1.5}$$

Anstelle der Schwingungen um $\varphi = 0$ beschreibt die Lösung (1.1.3) in dieser Theorie Moden, die für $k^2 < m^2$ bei $\varphi = 0$ exponentiell anwachsen:

$$\delta \varphi(\boldsymbol{k}) \sim \exp(\pm \sqrt{\mu^2 - k^2} \, t) \cdot \exp(\pm i \boldsymbol{k} \boldsymbol{x}). \tag{1.1.6}$$

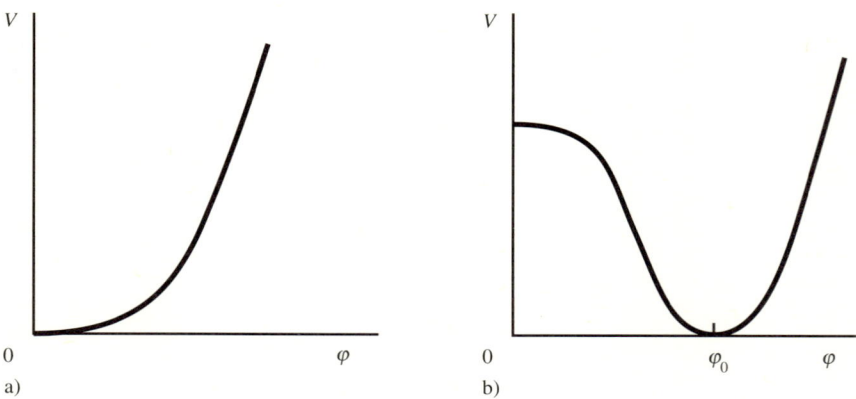

Abb. 1 Das effektive Potential $V(\varphi)$ in den einfachsten Feldtheorien eines Skalarfeldes φ.
a) in der Theorie (1.1.1) und b) in der Theorie (1.1.5).

1.1 Skalarfeld und spontane Symmetriebrechung

Das liegt daran, daß das Minimum des effektiven Potentials

$$V(\varphi) = \frac{1}{2}(\nabla\varphi)^2 - \frac{\mu^2}{2}\varphi^2 + \frac{\lambda}{4}\varphi^4 \tag{1.1.7}$$

nun nicht mehr bei $\varphi = 0$, sondern bei $\varphi_0 = \pm\mu/\sqrt{\lambda}$ liegt (Abbildung 1b).[2] Selbst wenn das φ-Feld ursprünglich gleich null ist, muß deshalb ein rascher (in einer Zeit von der Größenordnung μ^{-1}) Übergang aus dem Zustand $\varphi = 0$ in den stabilen Zustand mit dem klassischen Feld $\varphi_0 = \pm\mu/\sqrt{\lambda}$ stattfinden. Dieses Phänomen wird als spontane Symmetriebrechung bezeichnet.

Nach der spontanen Symmetriebrechung können Anregungen des φ-Feldes um $\varphi_0 = \pm\mu/\sqrt{\lambda}$ ebenfalls wieder durch eine Lösung des Typs (1.1.3) beschrieben werden. Dazu führen wir eine Variablentransformation

$$\varphi \to \varphi + \varphi_0 \tag{1.1.8}$$

durch. Die Lagrange-Dichte (1.1.5) wird dabei

$$\begin{aligned}L(\varphi + \varphi_0) &= \frac{1}{2}(\partial_\mu(\varphi + \varphi_0))^2 + \frac{\mu^2}{2}(\varphi + \varphi_0)^2 - \frac{\lambda}{4}(\varphi + \varphi_0)^4 \\ &= \frac{1}{2}(\partial_\mu\varphi)^2 - \frac{3\lambda\varphi_0^2 - \mu^2}{2}\varphi^2 - \lambda\varphi_0\varphi^3 - \frac{\lambda}{4}\varphi^4 \\ &\quad + \frac{\mu^2}{2}\varphi_0^2 - \frac{\lambda}{4}\varphi_0^4 - \varphi(\lambda\varphi_0^2 - \mu)\varphi_0.\end{aligned} \tag{1.1.9}$$

Aus (1.1.9) folgt, daß das effektive Massenquadrat des φ-Feldes für $\varphi_0 \ne 0$ nicht $-\mu^2$, sondern

$$m^2 = 3\lambda\varphi_0^2 - \mu^2 \tag{1.1.10}$$

ist, und bei $\varphi_0 = \pm\mu/\sqrt{\lambda}$, im Minimum des durch (1.1.7) gegebenen Potentials $V(\varphi)$, ist

$$m^2 = 2\lambda\varphi_0^2 = 2\mu^2 > 0; \tag{1.1.11}$$

mit anderen Worten, das Massenquadrat des φ-Feldes hat das richtige Vorzeichen. Kehrt man zur ursprünglichen Variablen zurück, kann man die Lösung für φ in der Form

$$\varphi(x) = \varphi_0 + (2\pi)^{-3/2}\int\frac{d^3k}{\sqrt{2k_0}}[e^{ikx}a^+(\boldsymbol{k}) + e^{-ikx}a^-(\boldsymbol{k})] \tag{1.1.12}$$

---

[2] Das Potential $V(\varphi)$ nimmt sein Minimum gewöhnlich für homogene Felder φ an, so daß die Gradiente in $V(\varphi)$ häufig weggelassen werden kann.

schreiben. Das Integral in (1.1.12) beschreibt Teilchen (Quanten) des Feldes φ mit der Masse m (1.1.11), die sich auf dem Hintergrund des konstanten klassischen Feldes φ_0 ausbreiten.

Das im gesamten Raum konstante klassische Feld φ_0 führt jedoch nicht zu einem bevorzugten, mit diesem Feld zusammenhängenden Bezugssystem: die Lagrange-Dichte (1.1.9) ist unabhängig von φ_0 relativistisch kovariant. Dem Wesen nach ist das Auftreten des homogenen Feldes φ_0 im gesamten Raum nichts anderes, als der Übergang zu einem neuen Vakuumzustand. In diesem Sinne bleibt der vom Feld φ_0 erfüllte Raum „leer". Warum muß man dann aber die gute Theorie (1.1.1) überhaupt erst „verderben"?

Der Hauptgrund besteht darin, daß sich mit Erscheinen des Feldes φ_0 die Massen der mit ihm wechselwirkenden Teilchen ändern. Wir konnten uns davon bereits am Beispiel der „Vorzeichenkorrektur" des Massenquadrats des φ-Feldes in der Theorie (1.1.5) überzeugen. In ähnlicher Weise können Skalarfelder die Massen von Fermionen und Vektorteilchen ändern.

Wir wollen die zwei einfachsten Modelle betrachten. Das erste ist ein vereinfachtes σ-Modell, das gelegentlich für eine phänomenologische Beschreibung der starken Wechselwirkung bei hohen Energien herangezogen wird [26]. Die Lagrange-Dichte dieses Modells ist die Summe der Lagrange-Dichte (1.1.5) und der Lagrange-Dichte masseloser Fermionen ψ, die mit φ über eine Kopplungskonstante h wechselwirken:

$$L = \frac{1}{2}(\partial_\mu \varphi)^2 + \frac{\mu^2}{2}\varphi^2 - \frac{\lambda}{4}\varphi^4 + \bar\psi(i\partial_\mu\gamma_\mu - h\varphi)\psi. \tag{1.1.13}$$

Man sieht, daß die Fermionen nach der Symmetriebrechung die Masse

$$m_\psi = h|\varphi_0| = h\frac{\mu}{\sqrt{\lambda}} \tag{1.1.14}$$

bekommen.

Als zweites betrachten wir das sogenannte Higgs-Modell [59], das ein abelsches Vektorfeld A_μ (analog dem elektromagnetischen Feld) in Wechselwirkung mit einem komplexen Skalarfeld $\chi = (\chi_1 + i\chi_2)/\sqrt{2}$ beschreibt. Die Lagrange-Dichte für diese Theorie lautet

$$L = -\frac{1}{4}(\partial_\mu A_\nu - \partial_\nu A_\mu)^2 + (\partial_\mu + ieA_\mu)\chi^*(\partial_\mu - ieA_\mu)\chi$$
$$+ \mu^2\chi^*\chi - \lambda(\chi^*\chi)^2. \tag{1.1.15}$$

Wie schon in der Theorie (1.1.7) bekommt das Skalarfeld χ für $\mu^2 < 0$ einen klassischen Anteil. Am einfachsten läßt sich dieser Effekt durch eine Variablentransformation

$$\chi(x) \to \frac{1}{\sqrt{2}}(\varphi(x) + \varphi_0)\exp\frac{i\zeta(x)}{\varphi_0},$$

$$A_\mu(x) \to A_\mu(x) + \frac{1}{e\varphi_0}\partial_\mu\zeta(x) \tag{1.1.16}$$

beschreiben, durch die die Lagrange-Dichte (1.1.15) in

$$L = -\frac{1}{4}(\partial_\mu A_\nu - \partial_\nu A_\mu)^2 + \frac{e^2}{2}(\varphi + \varphi_0)^2 A_\mu^2 + \frac{1}{2}(\partial_\mu \varphi)^2$$

$$-\frac{3\lambda\varphi_0^2 - \mu^2}{2}\varphi^2 - \lambda\varphi_0\varphi^3 - \frac{\lambda}{4}\varphi^4 + \frac{\mu^2}{2}\varphi_0^2 - \frac{\lambda}{4}\varphi_0^4$$

$$-\varphi(\lambda\varphi_0^2 - \mu^2)\varphi_0 \tag{1.1.7}$$

übergeht. Man beachte, daß das Hilfsfeld $\zeta(x)$ vollständig aus der Lagrange-Dichte (1.1.17) herausfällt. Die Theorie (1.1.17) beschreibt Vektorteilchen der Masse $m_A = e\varphi_0$ in Wechselwirkung mit einem Skalarfeld mit dem effektiven Potential (1.1.7). Wie zuvor kommt es für $\mu^2 > 0$ zur Symmetriebrechung, das Feld $\varphi_0 = \pm \mu/\sqrt{\lambda}$ entsteht und die Vektorteilchen A_μ bekommen eine Masse $m_A = e\mu/\sqrt{\lambda}$. Den eben beschriebenen Mechanismus der Massenerzeugung bei Vektormesonen nennt man Higgs-Mechanismus und die entsprechenden Felder χ und φ werden als Higgs-Felder bezeichnet. Das Entstehen des klassischen Feldes φ_0 bricht die Symmetrie der Theorie (1.1.15) unter U(1)-Eichtransformationen:

$$A_\mu \to A_\mu + \frac{1}{e}\partial_\mu \zeta(x),$$

$$\chi \to \chi \exp[\mathrm{i}\zeta(x)]. \tag{1.1.18}$$

Die Konstruktion einheitlicher Eichtheorien der schwachen, starken und elektromagnetischen Wechselwirkung beruht auf folgender Grundvorstellung. Vor der Symmetriebrechung sind alle Vektormesonen als Überträger der Wechselwirkungen masselos und es gibt keine prinzipiellen Unterschiede zwischen diesen Wechselwirkungen. Im Ergebnis der Symmetriebrechung bekommt ein Teil der Vektormesonen eine Masse und die ihnen entsprechenden Wechselwirkungen werden kurzreichweitig, wodurch die Symmetrie zwischen den verschiedenen Wechselwirkungen gebrochen wird. So hat z.B. das Glashow-Weinberg-Salam-Modell [1] vor dem Auftreten des konstanten Higgs-Feldes H eine SU(2) × U(1)-Symmetrie und beschreibt die elektroschwache Wechselwirkung durch den Austausch masseloser Vektorbosonen. Nach Erscheinen des konstanten Skalarfeldes H bekommt ein Teil der Vektorbosonen ($W_\mu^\pm$ und Z_μ^0) eine Masse $\sim eH \sim 100\,\mathrm{GeV}$ und die entsprechenden (schwachen) Wechselwirkungen werden kurzreichweitig, während ein Feld (das elektromagnetische Feld A_μ) masselos bleibt.

Das Glashow-Weinberg-Salam-Modell wurde bereits in den 60er Jahren vorgeschlagen [1], zu einem rasch anwachsenden Interesse an derartigen Theorien kam es jedoch erst um 1971–1973, als bewiesen worden war, daß Eichtheorien mit spontaner Symmetriebrechung renormierbar sind, d.h., daß auf sie dieselbe gut ausgearbeitete Methode zur Behandlung der Ultraviolettdivergenzen anwendbar ist, die auch in der üblichen Quantenelektrodynamik [2] verwendet wird. Der Beweis, daß die einheitlichen Eichtheorien renormierbar sind, ist ziemlich kompliziert, aber die dahinterstehende physikalische Grundidee ist recht einfach: Die

Quantenelektrodynamik ist renormierbar, der wesentliche Unterschied zwischen den einheitlichen Eichtheorien und der Quantenelektrodynamik liegt aber nur im Auftreten des homogenen klassischen Feldes φ_0. Naturgemäß sollte die Anwesenheit eines solchen klassischen Skalarfeldes φ_0 (wie auch im Falle gewöhnlicher klassischer elektrischer und magnetischer Felder) das Hochenergieverhalten der Theorie nicht beeinflussen; insbesondere sollte es die ursprüngliche Renormierbarkeit der Theorie nicht zerstören. Durch die Entwicklung der einheitlichen Eichtheorien mit spontaner Symmetriebrechung sowie den Beweis ihrer Renormierbarkeit erreichte die Elementarteilchentheorie Anfang der 70er Jahre ein qualitativ neues Entwicklungsniveau.

Die Zahl der verschiedenen Typen von Higgs-Feldern in den einheitlichen Eichtheorien kann ziemlich groß sein. So gibt es z.B. in der einfachsten Theorie mit einer SU(5)-Symmetrie zwei Higgs-Felder [4]. Eines davon, das Feld Φ, wird durch eine spurfreie 5×5-Matrix dargestellt. Eine Möglichkeit der Symmetriebrechung in dieser Theorie beruht auf der Bildung des klassischen Feldes

$$\Phi_0 = \sqrt{\frac{2}{15}}\, \varphi_0 \begin{pmatrix} 1 & & & & 0 \\ & 1 & & & \\ & & 1 & & \\ & & & -\frac{3}{2} & \\ 0 & & & & -\frac{3}{2} \end{pmatrix} \qquad (1.1.19)$$

mit einem extrem großen φ_0: $\varphi_0 \sim 10^{15}$ GeV. Vor der Symmetriebrechung sind in dieser Theorie alle Vektorteilchen masselos, und es gibt keinerlei Unterschied zwischen den schwachen, starken und elektromagnetischen Wechselwirkungen. Leptonen können dabei leicht in Quarks umgewandelt werden und umgekehrt. Nach Entstehung des Feldes (1.1.19) bekommt ein Teil der Vektormesonen (die für die Umwandlung von Quarks in Leptonen verantwortlichen X- und Y-Mesonen) eine extrem große Masse, $m_{X,Y} = \sqrt{5/3}\, g \varphi_0/2 \sim 10^{15}$ GeV, wobei $g^2 \sim 0{,}3$ die SU(5)-Eichkopplungskonstante ist. Die Umwandlung von Quarks in Leptonen wird dadurch stark unterdrückt, und das Proton wird nahezu stabil. Gleichzeitig wird die ursprüngliche SU(5)-Symmetrie auf eine SU(3) × SU(2) × U(1) gebrochen; das bedeutet, daß die starke Wechselwirkung (mit der Gruppe SU(3)) von der elektroschwachen (mit der Gruppe SU(2) × (1)) abgespalten wird. Danach erscheint ein weiteres klassisches Skalarfeld $H \sim 10^2$ GeV, das wie in der Glashow-Weinberg-Salam-Theorie die Symmetrie zwischen der schwachen und der elektromagnetischen Wechselwirkung bricht [4, 12].

Der Higgs-Effekt und die allgemeinen Eigenschaften von Theorien mit spontaner Symmetriebrechung werden ausführlicher in Kapitel 2 dargestellt. Die elementare Theorie der spontanen Symmetriebrechung wird in Abschnitt 2.1 behandelt. Dem Einfluß von Quantenkorrekturen zum effektiven Potentiel $V(\varphi)$ ist Abschnitt 2.2 gewidmet. Wie dort gezeigt wird, können Quantenkorrekturen in bestimmten Fällen die allgemeine Form des Potentials (1.1.7) beträchtlich verändern. Besonders interessante und überraschende Eigenschaften des effektiven Potentials zeigen sich bei einer Untersuchung mit Hilfe der $1/N$-Entwicklung. Diese, in Abschnitt 2.3 betrachteten, Eigenschaften können einen direkten Bezug zum gegenwärtig stark diskutierten Problem der Trivialität der $\lambda \varphi^4/4$-Theorie herstellen.

1.2 Phasenübergänge in Eichtheorien der Elementarteilchen

Die Idee der spontanen Symmetriebrechung, die sich bei der Konstruktion einheitlicher Eichtheorien als überaus nützlich erwiesen hatte, war bereits lange zuvor in der Festkörpertheorie und Quantenstatistik zur Beschreibung solcher Erscheinungen wie Ferromagnetismus, Supraflüssigkeit, Supraleitung u. a. verwendet worden.

Als Beispiel wollen wir die Energie eines Supraleiters in der phänomenologischen Ginzburg-Landau-Theorie [60] der Supraleitung betrachten:

$$E = E_0 + \frac{H^2}{2} + \frac{1}{2m} |(\nabla - 2ieA)\psi|^2 - \alpha|\psi|^2 + \beta|\psi|^4. \tag{1.2.1}$$

Hier ist E_0 die Energie des normalen Metalls ohne das Magnetfeld H, ψ ist ein Feld zur Beschreibung des Bose-Kondensats der Cooper-Paare und α und β sind positive Parameter.

Berücksichtigt man, daß die potentielle Energie eines Feldes in die Lagrange-Dichte mit negativem Vorzeichen eingeht, kann man leicht zeigen, daß das Higgs-Modell (1.1.15) nichts weiter als eine relativistische Verallgemeinerung der Ginzburg-Landau-Theorie der Supraleitung (1.2.1) ist, und das klassische Feld φ im Higgs-Modell ist das Analogon des Bose-Kondensats der Cooper-Paare.[3]

Die Analogie zwischen einheitlichen Eichtheorien mit spontaner Symmetriebrechung und Supraleitungstheorien hat sich bei der Untersuchung der Eigenschaften superdichter, durch einheitliche Eichtheorien beschriebener Materie als außerordentlich nützlich erwiesen. Insbesondere ist wohlbekannt, daß bei einer Temperaturerhöhung das Kondensat der Cooper-Paare gegen null geht und die Supraleitung verschwindet. Es zeigt sich, daß das homogene Skalarfeld φ mit wachsender Temperatur der Materie ebenfalls verschwinden muß; mit anderen Worten, bei extrem hohen Temperaturen muß die Symmetrie zwischen der schwachen, starken und elektromagnetischen Wechselwirkung ungebrochen sein [18–24].

Eine detaillierte Theorie der Phasenübergänge unter Berücksichtigung des Verschwindens des klassischen φ-Feldes findet man in [24]. Grob gesagt besteht die Grundvorstellung darin, daß der Gleichgewichtswert des φ-Feldes bei einer festen Temperatur $T \neq 0$ nicht durch die Lage des Minimums der potentiellen Energiedichte $V(\varphi)$, sondern durch die des Minimums der freien Energiedichte $F(\varphi, T) \equiv V(\varphi, T)$ gegeben ist, die bei $T = 0$ mit $V(\varphi)$ übereinstimmt. Es ist wohlbekannt, daß der temperaturabhängige Beitrag zur freien Energie F für ultrarelativistische skalare Teilchen der Masse m bei Temperaturen $T \gg m$ durch

$$\Delta F = \Delta V(\varphi, T) = -\frac{\pi^2}{90} T^4 + \frac{m^2}{24} T^2 \left(1 + O\left(\frac{m}{T}\right)\right) \tag{1.2.2}$$

---

[3] Wo dies nicht zu Verwechslungen führen kann, werden wir das klassische Feld anstelle von φ_0 einfach mit φ bezeichnen. Später werden wir gelegentlich auch den Anfangswert des Feldes φ mit φ_0 bezeichnen. Die Bedeutung von φ und φ_0 sollte im jeweiligen Kontext eindeutig sein.

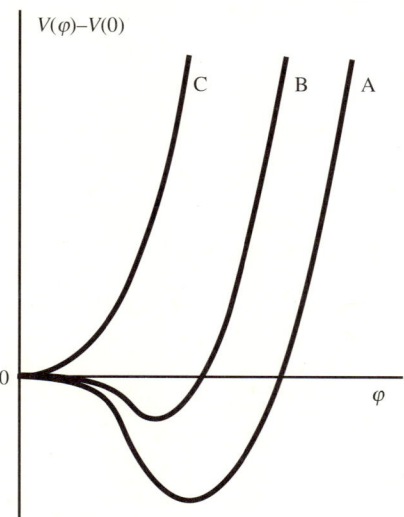

Abb. 2 Das effektive Potential $V(\varphi, T)$ in der Theorie (1.1.5) bei endlicher Temperatur. A) $T=0$; B) $0 < T < T_c$; C) $T > T_c$. Bei steigender Temperatur ändert sich das Feld φ stetig, was einem Phasenübergang zweiter Ordnung entspricht.

gegeben ist [61]. Erinnern wir uns, daß in dem Modell (1.1.5)

$$m^2(\varphi) = \frac{d^2 V}{d\varphi^2} = 3\lambda\varphi^2 - \mu^2$$

ist (Gleichung (1.1.10)), so kann der vollständige Ausdruck für $V(\varphi, T)$ in der Form

$$V(\varphi, T) = -\frac{\mu^2}{2}\varphi^2 + \frac{\lambda\varphi^4}{4} + \frac{\lambda T^2}{8}\varphi^2 + \cdots \qquad (1.2.3)$$

geschrieben werden, wobei wir φ-unabhängige Terme weggelassen haben. Abbildung 2 zeigt das Verhalten von $V(\varphi, T)$ für einige unterschiedliche Temperaturen.

Aus (1.2.3) folgt unmittelbar, daß mit zunehmender Temperatur T der dem Minimum von $V(\varphi, T)$ entsprechende Gleichgewichtswert von φ abnimmt und daß oberhalb einer kritischen Temperatur

$$T_c = \frac{2\mu}{\sqrt{\lambda}} \qquad (1.2.4)$$

lediglich das Minimum bei $\varphi = 0$ verbleibt, d.h., die Symmetrie ist wiederhergestellt (Abbildung 2). Aus Gleichung (1.2.3) folgt weiterhin, daß das φ-Feld mit zunehmender Temperatur kontinuierlich gegen null geht; die Wiederherstellung der Symmetrie in der Theorie (1.1.5) ist also ein Phasenübergang zweiter Ordnung.

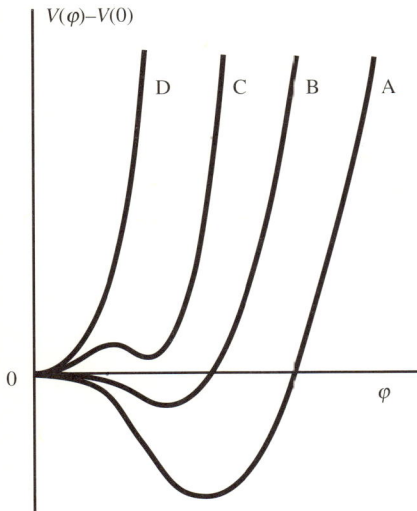

Abb. 3 Das Verhalten des effektiven Potentials $V(\varphi, T)$ in Theorien mit Phasenübergängen erster Ordnung. Zwischen T_{c_1} und T_{c_2} hat das effektive Potential zwei Minima; bei $T = T_c$ haben diese Minima dieselbe Tiefe. A) $T = 0$; B) $T_{c_1} < T < T_c$; C) $T_c < T < T_{c_2}$; D) $T > T_{c_2}$.

Man beachte, daß im gesamten hier interessierenden Wertebereich von φ ($\varphi \lesssim \varphi_c$) für $\lambda \ll 1$ der Wert von $T_c \gg m$ ist, so daß die Hochtemperaturentwicklung von $V(\varphi, T)$ nach Ordnungen von m/T in (1.2.2) völlig gerechtfertigt ist. Es ist aber keinesfalls so, daß in allen Theorien die Phasenübergänge bei $T_c \gg m$ stattfinden. Häufig hat das Potential $V(\varphi, T)$ im Moment des Phasenübergangs zwei lokale Minima, wovon das eine einem stabilen und das andere einem instabilen Zustand des Systems entspricht (Abbildung 3). Dann haben wir einen Phasenübergang erster Ordnung vorliegen, der, wie in kochendem Wasser, über die Bildung und nachfolgende Ausdehnung von Blasen einer stabilen Phase innerhalb einer instabilen verläuft. Die Untersuchung von Phasenübergängen erster Ordnung in Eichtheorien [62] zeigt, daß sich solche Übergänge manchmal stark verzögern, so daß der Übergang (bei steigender Temperatur) aus einem stark überhitzten, bzw. (bei fallender Temperatur) aus einem stark unterkühlten Zustand erfolgt. Solche Prozesse laufen explosionsartig ab, was in einem expandierenden Universum eine Reihe wichtiger und interessanter Effekte zur Folge haben kann. Die Bildung von Bläschen einer neuen Phase ist ein typischer Tunnelprozeß; die entsprechende Theorie ist in [62] dargelegt.

Es ist wohlbekannt, daß die Supraleitung nicht nur durch Erhitzen, sondern auch durch äußere Felder H und Ströme j zerstört werden kann. Analoge Effekte gibt es auch in den einheitlichen Eichtheorien [22, 23]. Andererseits sollte aber der Wert des Feldes φ als Skalar nicht direkt von den Stromkomponenten, sondern vom Quadrat des Stromes $j^2 = \varrho^2 - \boldsymbol{j}^2$, wobei ϱ die Ladungsdichte ist, abhängen. Während eine Zunahme des Stromes $\boldsymbol{j}$ deshalb in Eichtheorien gewöhnlich zur Wiederherstellung der Symmetrie führt, läuft eine Erhöhung der Ladungsdichte üblicherweise auf eine Verstärkung der Symmetriebrechung hinaus [27]. Dieser und andere in superdichter Materie mögliche Effekte sind in den Arbeiten [27–29] diskutiert.

1.3 Die Theorie des heißen, expandierenden Universums

In der Entwicklung der Kosmologie des zwanzigsten Jahrhunderts kann man zwei Hauptetappen markieren. Die erste begann, als A. A. Friedman in den 20er Jahren mit Hilfe der Allgemeinen Relativitätstheorie eine Theorie des homogen und isotrop expandierenden Universums mit der Metrik [63–65]

$$ds^2 = dt^2 - a^2(t)\left[\frac{dr^2}{1-kr^2} + r^2(d\theta^2 + \sin^2\theta\, d\varphi^2)\right] \quad (1.3.1)$$

entwickelte. Dabei ist für ein geschlossenes, offenes oder flaches Friedman-Universum $k = +1, -1$ bzw. 0; $a(t)$ ist der „Weltradius", oder genauer, der Skalenfaktor (die Gesamtausdehnung des Universums kann unendlich sein). Der Terminus *flaches Universum* bezieht sich auf die Tatsache, daß für $k=0$ die Metrik (1.3.1) auf die Form

$$ds^2 = dt^2 - a^2(t)(dx^2 + dy^2 + dz^2) \quad (1.3.2)$$

gebracht werden kann. Der räumliche Anteil dieser Metrik beschreibt zu jedem Zeitpunkt einen gewöhnlichen dreidimensionalen euklidischen (flachen) Raum, und wenn $a(t)$ konstant ist (oder sich wie in den späteren Entwicklungsstadien des Universums nur langsam ändert) beschreibt die Metrik des flachen Universums den Minkowski-Raum.

Für $k = \pm 1$ ist die geometrische Veranschaulichung des dreidimensionalen Anteils von (1.3.1) etwas schwieriger [65]. Das Analogon eines geschlossenen Universums zu einem festen Zeitpunkt t ist eine Kugeloberfläche S^3, die in einen vierdimensionalen Hilfsraum (x, y, z, τ) eingebettet ist. Die Koordinaten hängen auf dieser Kugeloberfläche über die Beziehung

$$x^2 + y^2 + z^2 + \tau^2 = a^2(t) \quad (1.3.3)$$

zusammen. Die Metrik der Oberfläche kann unter Verwendung der Kugelkoordinaten r, θ und φ auf der dreidimensionalen Kugeloberfläche S^3 in die Form

$$dl^2 = a^2(t)\left[\frac{dr^2}{1-r^2} + r^2(d\theta^2 + \sin^2\theta\, d\varphi^2)\right] \quad (1.3.4)$$

gebracht werden.

Das Analogon eines offenen Universums ist die Oberfläche eines Hyperboloids

$$x^2 + y^2 + z^2 + \tau^2 = -a^2(t). \quad (1.3.5)$$

Die Entwicklung des Skalenfaktors $a(t)$ wird durch die Einstein-Gleichungen bestimmt:

$$\ddot{a} = -\frac{4\pi}{3} G(\varrho + 3p) a, \qquad (1.3.6)$$

$$H^2 + \frac{k}{a^2} \equiv \left(\frac{\dot{a}}{a}\right)^2 + \frac{k}{a^2} = \frac{8\pi}{3} G\varrho. \qquad (1.3.7)$$

Dabei ist ϱ die Energiedichte und p der Druck der Materie im Universum. Die Größe $G = M_P^{-2}$ ist die Gravitationskonstante (mit der Planck-Masse $M_P = 1{,}2 \cdot 10^{19}$ GeV) und $H = \dot{a}/a$ ist die im allgemeinen zeitabhängige Hubble-„Konstante". Aus den Gleichungen (1.3.6) und (1.3.7) folgt der Energieerhaltungssatz, der in der Form

$$\dot{\varrho} a^3 + 3(\varrho + p) a^2 \dot{a} = 0 \qquad (1.3.8)$$

geschrieben werden kann.

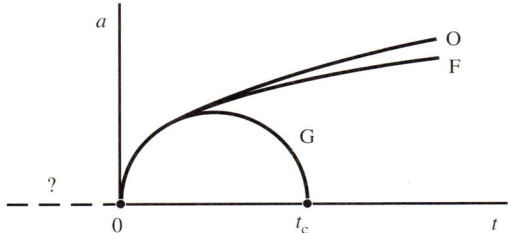

Abb. 4 Entwicklung des Skalenfaktors $a(t)$ für drei verschiedene Versionen der Friedmanschen Theorie des heißen Universums: das offene (O), das flache (F) und das geschlossene (G) Modell.

Zur Bestimmung der Zeitentwicklung des Universums braucht man noch die sogenannte Zustandsgleichung, die die Energiedichte mit dem Druck der Materie verknüpft. So kann man z.B. annehmen, daß die Zustandsgleichung der Materie die Form $p = \alpha\varrho$ hat. Aus dem Energieerhaltungssatz findet man dann

$$\varrho \sim a^{-3(1+\alpha)}. \qquad (1.3.9)$$

Insbesondere gilt für nichtrelativistische, staubartige Materie mit $p = 0$

$$\varrho \sim a^{-3}, \qquad (1.3.10)$$

und für ein heißes, ultrarelativistisches Gas wechselwirkungsfreier Teilchen mit $p = \varrho/3$ ist

$$\varrho \sim a^{-4}. \qquad (1.3.11)$$

In beiden Fällen (und für jedes Medium mit $p > -\varrho/3$) ist $8\pi G\varrho/3$ für kleine a groß gegen k/a^2. Nach (1.3.7) folgt dann die Entwicklung des Universums für kleine a der Gleichung

$$a \sim t^{2/3(1+\alpha)}. \tag{1.3.12}$$

Speziell findet man für nichtrelativistische, staubartige Materie

$$a \sim t^{2/3} \tag{1.3.13}$$

und für das ultrarelativistische Gas

$$a \sim t^{1/2}. \tag{1.3.14}$$

Unabhängig vom verwendeten Modell ($k = \pm 1, 0$) verschwindet also der Skalenfaktor zu einem Zeitpunkt $t = 0$, und die Materiedichte wird dabei unendlich. Weiter kann man zeigen, daß gleichzeitig der Krümmungstensor $R_{\mu\nu\alpha\beta}$ gegen unendlich geht. Aus diesem Grund wird der Zeitpunkt $t = 0$ als kosmologische Anfangssingularität (Urknall) bezeichnet.

Ein offenes oder flaches Universum wird sich ewig ausdehnen. Andererseits wird es bei der Ausdehnung eines geschlossenen Universums mit $p > -\varrho/3$ einen Punkt geben, in dem der Term $1/a^2$ in (1.3.7) gleich $8\pi G\varrho/3$ wird. Danach wird der Skalenfaktor a kleiner und verschwindet zu einer Zeit t_c (Abbildung 4). Man kann leicht zeigen [65], daß die Lebensdauer eines geschlossenen Universums, das mit staubartiger Materie der Gesamtmasse M gefüllt ist,

$$t_c = \frac{4M}{3} G = \frac{4M}{3M_P^2} \sim \frac{M}{M_P} \cdot 10^{-43}\,\text{s} \tag{1.3.15}$$

beträgt. (In unserem Einheitensystem ist $M_P^{-1} \sim 10^{-43}$ s.)

Die Lebensdauer eines geschlossenen, mit einem heißen, ultrarelativistischen Gas einer einzigen Teilchensorte gefüllten Universums läßt sich mit Hilfe der Entropiedichte s zweckmäßig durch die Gesamtentropie des Universums $S = 2\pi^2 a^3 s$ ausdrücken. Wenn sich, wie häufig angenommen, die Gesamtentropie des Universums nicht ändert (adiabatische Expansion), ist

$$t_c = \left(\frac{32}{45\pi^2}\right)^{\frac{1}{6}} \frac{S^{2/3}}{M_P} \sim S^{2/3} \cdot 10^{-43}\,\text{s}. \tag{1.3.16}$$

Diese Abschätzungen werden sich bei der Diskussion der Probleme der Standardtheorie des expandierenden Universums als nützlich erweisen.

Bis in die Mitte der 60er Jahre war unklar, ob das frühe Universum heiß oder kalt gewesen ist. Der entscheidende Moment, der den Beginn des zweiten Abschnitts in der Entwicklung der modernen Kosmologie markierte, war die Entdeckung der aus den entferntesten Weiten des Universums kommenden 2,7 K-Mikrowellen-Reliktstrahlung durch Penzias und Wilson 1964–65. Die Existenz eines solchen Mikrowellenhintergrundes war durch die Theorie des heißen Universums vorausgesagt worden [66, 67], die unmittelbar nach dieser Entdeckung sofort allgemeine Anerkennung erlangte.

Dieser Theorie zufolge war das Universum in seinen frühesten Entwicklungsstadien mit einem ultrarelativistischen heißen Gas von Photonen, Elektronen, Positronen, Quarks, Antiquarks usw. gefüllt. In jener Epoche betrug der Überschuß der Baryonen gegenüber den Antibaryonen nur einen geringen Bruchteil (höchstens 10^{-9}) der Gesamtteilchenzahl. Im Ergebnis des Abnehmens der effektiven Kopplungskonstanten der schwachen, starken und elektromagnetischen Wechselwirkung mit zunehmender Dichte beeinflußten Wechselwirkungseffekte zwischen diesen Teilchen die Zustandsgleichung der superdichten Materie nur unwesentlich, und die Größen s, ϱ und p waren durch

$$\varrho = 3p = \frac{\pi^2}{30} N(T) T^4, \qquad (1.3.17)$$

$$s = \frac{2\pi^2}{45} N(T) T^3 \qquad (1.3.18)$$

gegeben. Dabei ist

$$N(T) = N_B(T) + \frac{7}{8} N_F(T) \qquad (1.3.19)$$

die effektive Anzahl der Teilchensorten; N_B und N_F bezeichnen die Anzahl der verschiedenen Bosonen bzw. Fermionen[4] mit Massen $m \ll T$.

In realistischen Elementarteilchentheorien nimmt $N(T)$ mit wachsendem T zu, bei einer typischen Änderung zwischen 10^2 und 10^4 allerdings nur relativ langsam. Wenn sich das Universum mit $sa^3 \approx \text{const.}$ adiabatisch ausdehnt, folgt aus (1.3.18), daß während der Expansion auch die Größe aT annähernd konstant bleibt. Mit anderen Worten, die Temperatur des Universums sinkt entsprechend

$$T(t) \sim a^{-1}(t) \qquad (1.3.20)$$

Die von Penzias und Wilson entdeckte kosmische Hintergrundstrahlung entstand im Ergebnis der Abkühlung des heißen Photonengases während der Expansion des Universums. Die genaue Gleichung für die Zeitabhängigkeit der Temperatur im frühen Universum kann aus (1.3.7) und (1.3.17) abgeleitet werden:

$$t = \frac{1}{4\pi} \sqrt{\frac{45}{\pi N(T)}} \frac{M_P}{T^2}. \qquad (1.3.21)$$

---

[4] Genauer gesagt sind N_B und N_F die Anzahl der bosonischen bzw. fermionischen Freiheitsgrade. So ist z. B. für Photonen $N_B = 2$, für Neutrinos $N_F = 1$, für Elektronen $N_F = 2$ usw.

In den späteren Entwicklungsstadien des Universums annihilieren Teilchen und Antiteilchen und die Energiedichte des Photonengases fällt relativ schnell ab (man vergleiche (1.3.10) und (1.3.11)). Damit beginnt der Hauptbeitrag zur Energiedichte der Materie von dem kleinen Überschuß der Baryonen gegenüber den Antibaryonen herzurühren, sowie von anderen Feldern und Teilchen, die nunmehr die sogenannte verborgene Masse im Universum bilden.

Die detaillierteste und präziseste Beschreibung der Theorie des heißen Universums findet man in der grundlegenden Monographie von Zeldovich und Novikov [34] (vergleiche auch [35]).

Bei der Weiterentwicklung dieser Theorie wurden in den 70er Jahren verschiedene Wege beschritten. Im folgenden werden für uns die Entwicklungen in Verbindung mit der Theorie der Phasenübergänge in superdichter Materie [18–24] und mit der Theorie der Entstehung der Baryonenasymmetrie des Universums [36–38] von besonderer Bedeutung sein.

Wie schon im vorangegangenen Abschnitt erwähnt, muß in GUT-Theorien bei extrem hohen Temperaturen die Symmetrie ungebrochen sein. Angewandt auf das einfachste SU(5)-Modell bedeutet das z.B., daß bei Temperaturen $T \gtrsim 10^{15}$ GeV kein wesentlicher Unterschied zwischen der schwachen, starken und elektromagnetischen Wechselwirkung besteht und Quarks leicht in Leptonen umgewandelt werden können, d. h., die Baryonenzahl ist nicht erhalten. Zur Zeit $t_1 \sim 10^{-35}$ s nach dem Urknall, als die Temperatur des Universums auf $T \sim T_{c_1} \sim 10^{14} - 10^{15}$ GeV gesunken war, kam es in der GUT-Theorie zum ersten symmetriebrechenden Phasenübergang, wobei die SU(5) möglicherweise auf eine SU(3) × SU(2) × U(1) gebrochen wurde. Während dieses Übergangs koppelte die starke Wechselwirkung von der elektroschwachen ab, ebenso die Leptonen von den Quarks, und Zerfallsprozesse superschwerer Mesonen, die schließlich zur Entstehung der Baryonenasymmetrie führten, setzten ein. Danach, bei $t_2 \sim 10^{-10}$ s, als die Temperatur auf $T_{c_2} \sim 10^2$ GeV gesunken war, gab es einen zweiten Phasenübergang, der die Symmetrie zwischen der schwachen und der elektromagnetischen Wechselwirkung brach, SU(3) × SU(2) × U(1) → SU(3) × U(1). Als die Temperatur noch weiter bis auf etwa $T_{c_3} \sim 10^2$ MeV gefallen war, gab es einen weiteren Phasenübergang (oder eventuell auch zwei verschiedene) mit der Bildung von Baryonen und Mesonen aus Quarks und der Brechung der chiralen Invarianz in der Theorie der starken Wechselwirkung.

Die in den späteren Entwicklungsstadien des Universums abgelaufenen Prozesse hingen in weit geringerem Maße von den spezifischen Eigenschaften der einheitlichen Eichtheorien ab (eine Beschreibung dieser Prozesse findet man in den bereits erwähnten Büchern [34, 35]). Was das hier vorliegende Buch betrifft, so behandelt es im wesentlichen Ereignisse, die vor etwa 10^{10} Jahren, d. h. bis ca. 10^{-10} Sekunden nach dem Urknall, abliefen.

1.4 Einige Eigenschaften der Friedman-Modelle

Um sich in der modernen Kosmologie orientieren zu können, braucht man zumindest eine ungefähre Vorstellung von den auftretenden Größen und den zwischen ihnen bestehenden Relationen, einschließlich deren physikalischer Bedeutung und Interpretation.

Wir beginnen mit der Einstein-Gleichung (1.3.7), die sich im folgenden als besonders wichtig erweisen wird. Was wissen wir über den Hubble-Parameter $H = \dot{a}/a$, die Dichte ϱ und die Größe k?

In den allerersten Entwicklungsstadien des Universums (kurz nach der Singularität) könnten H und ϱ beliebig groß gewesen sein. Gewöhnlich geht man jedoch davon aus, daß bei Dichten $\varrho \gtrsim M_P^4 \sim 10^{94}$ g/cm^3 Quantengravitations-Effekte so wichtig sind, daß die Quantenfluktuationen der Metrik größer als der klassische Wert von $g_{\mu\nu}$ werden und die klassische Raumzeit damit keine geeignete Beschreibung des Universums mehr liefert [34]. Im weiteren werden wir uns deshalb auf die Diskussion von Erscheinungen beschränken, bei denen $\varrho \lesssim M_P^4$, $T \lesssim M_P \sim 10^{19}$ GeV, $H < M_P$ usw. ist. Man kann diese Bedingungen leicht präzisieren, indem man berücksichtigt, daß Quantenkorrekturen zu den Einstein-Gleichungen bereits für $T \sim M_P/\sqrt{N} \sim 10^{17} - 10^{18}$ GeV und $\varrho \sim M_P^4/N \sim 10^{90}$ bis 10^{92} g/cm^3 wesentlich werden. Weiterhin muß erwähnt werden, daß sich in einem expandierenden Universum das thermische Gleichgewicht nicht sofort einstellen kann, sondern erst, wenn die Temperatur T hinreichend stark gefallen ist. So ist z. B. in den SU(5)-Modellen die charakteristische Zeit für die Herstellung des thermodynamischen Gleichgewichts erst für $T \lesssim T^* \sim 10^{16}$ GeV mit dem Weltalter t (1.3.21) vergleichbar (sieht man einmal von hypothetischen Quantengravitations-Prozessen ab, die auch schon vor Ablauf der Planck-Zeit bei $\varrho \gg M_P^4$ zu einem Gleichgewicht geführt haben könnten).

Das Nichtgleichgewichtsverhalten des Universums bei Dichten in der Größenordnung der Planck-Dichte ist ein wichtiges Problem, auf das wir häufig zurückkommen werden. Wir möchten jedoch darauf hinweisen, daß $T^* \sim 10^{16}$ GeV über der kritischen Temperatur für einen Phasenübergang in GUT-Theorien, $T_c \lesssim 10^{15}$ GeV, liegt.

Die Werte von H und ϱ sind bisher noch nicht genau bekannt. So ist z. B.

$$H = 100 h \frac{\text{km}}{\text{s} \cdot \text{Mpc}} \sim h \cdot (3 \cdot 10^{17})^{-1} \text{s}^{-1} \sim h \cdot 10^{-10} \text{a}^{-1}, \qquad (1.4.1)$$

wobei der Faktor h zwischen 1/2 und 1 liegt (1 Megaparsec (Mpc) entspricht $3{,}09 \cdot 10^{24}$ cm oder $3{,}26 \cdot 10^6$ Lichtjahre). Für ein flaches Universum ($k = 0$) sind H und ϱ eindeutig über Gleichung (1.3.7) verknüpft; der entsprechende Wert $\varrho = \varrho_c(H)$ wird als kritische Dichte bezeichnet, da das Universum (für gegebenes H) bei einer höheren Dichte geschlossen und bei einer geringeren offen sein muß:

$$\varrho_c = \frac{3H^2}{8\pi G} = \frac{3H^2 M_P^2}{8\pi}. \qquad (1.4.2)$$

Gegenwärtig liegt die kritische Dichte des Universums bei

$$\varrho_c \approx 2 \cdot 10^{-29} h^2 \text{ g/cm}^3. \tag{1.4.3}$$

Das Verhältnis der tatsächlichen Dichte zur kritischen Dichte des Universums wird mit

$$\Omega = \frac{\varrho}{\varrho_c} \tag{1.4.4}$$

bezeichnet. Zur Dichte ϱ trägt sowohl sichtbare, baryonische Materie mit $\varrho_{SB} \sim 10^{-2} \varrho_c$ bei, als auch dunkle (verborgene, fehlende) Materie, deren Dichte mindestens eine Größenordnung darüber liegen müßte. Aus den Beobachtungsergebnissen folgt, daß derzeit

$$0{,}1 \lesssim \Omega \lesssim 2 \tag{1.4.5}$$

ist.

Das gegenwärtige Universum ist also nahezu flach (während im Szenarium des inflationären Universums mit hoher Genauigkeit $\Omega = 1$ sein muß, siehe unten). Wie wir weiter schon festgestellt hatten, unterscheidet sich auch das sehr frühe Universum wegen des im Vergleich zu $8\pi G\varrho/3$ relativ kleinen Wertes von k/a^2 in (1.3.7) kaum von einem räumlich flachen. In den folgenden Abschätzungen beschränken wir uns deshalb auf das flache Universum ($k = 0$).

Aus (1.3.13) und (1.3.14) folgt, daß das Alter eines mit einem ultrarelativistischen Gas gefüllten Universums mit dem Hubble-Parameter $H = \dot{a}/a$ über

$$t = \frac{1}{2H} \tag{1.4.6}$$

zusammenhängt; für ein Universum mit der Zustandsgleichung $p = 0$ bedeutet das

$$t = \frac{2}{3H}. \tag{1.4.7}$$

Falls, wie häufig angenommen, der Hauptbeitrag zur fehlenden Masse von nichtrelativistischer Materie stammt, ist das gegenwärtige Weltalter durch (1.4.7) und (1.4.1) gegeben:

$$t \sim \frac{2}{3h} \cdot 10^{10} \text{ a}; \quad \frac{1}{2} \lesssim h \lesssim 1. \tag{1.4.8}$$

Der Hubble-Parameter $H(t)$ bestimmt nicht nur das Weltalter, sondern auch die Größe des Horizonts, d.h. den Radius des sichtbaren Teils des Universums. Genaugenommen muß man dabei zwischen zwei Horizonten, dem Teilchenhorizont und dem Ereignishorizont, unterscheiden [35].

Der Teilchenhorizont begrenzt den kausal zusammenhängenden Teil des Universums, den ein Beobachter *zur festen Zeit t* im Prinzip sehen kann. Da sich Licht auf dem Lichtkegel $ds^2 = 0$ ausbreitet, sehen wir aus (1.3.1), daß sich der Radius r

1.4 Einige Eigenschaften der Friedman-Modelle

einer Wellenfront mit der Geschwindigkeit

$$\frac{dr}{dt} = \frac{\sqrt{1-kr^2}}{a(t)} \tag{1.4.9}$$

ausbreitet, und der physikalische Weg, den das Licht in der Zeit t zurücklegt, ist

$$R_T(t) = a(t) \int_0^{r(t)} \frac{dr}{\sqrt{1-kr^2}} = a(t) \int_0^t \frac{dt'}{a(t')}. \tag{1.4.10}$$

Insbesondere findet man aus (1.3.13) für $a(t) \sim t^{2/3}$

$$R_T(t) = 3t = 2[H(t)]^{-1}. \tag{1.4.11}$$

Die Größe R_T bestimmt die Größe des sichtbaren Teils des Universums zur Zeit t. Aus (1.4.1) und (1.4.11) ergibt sich für die Größe des gegenwärtig sichtbaren Teils des Universums (d.h. die Entfernung bis zum Teilchenhorizont)

$$R_T = 0.9 h^{-1} \cdot 10^{28} \text{ cm}. \tag{1.4.12}$$

In einem bestimmten Sinn ist der Ereignishorizont die Ergänzung des Teilchenhorizonts: Er begrenzt denjenigen Teil des Universums, aus dem man jemals (bis zu einer Zeit t_{max}) Informationen über *heute* (zur Zeit t) ablaufende Ereignisse erhalten kann:

$$R_E(t) = a(t) \int_t^{t_{max}} \frac{dt'}{a(t')}. \tag{1.4.13}$$

Üblicherweise ist t_{max} entweder $t = \infty$ oder die Zeit, in der ein geschlossenes Universum kollabiert. Für ein flaches Universum mit $a(t) \sim t^{2/3}$ gibt es keinen Ereignishorizont, da mit $t_{max} \to \infty$ auch $R_E(t) \to \infty$ geht. Im folgenden wird uns insbesondere der Fall $a(t) \sim e^{Ht}$ mit $H = $ const. interessieren. Dieses Expansionsgesetz entspricht einem de-Sitter-Raum. Aus (1.4.13) folgt, daß es im de-Sitter-Raum einen Ereignishorizont mit

$$R_E(t) = H^{-1} \tag{1.4.14}$$

gibt. Das heißt, daß ein Beobachter in einem exponentiell expandierenden Universum nur jene Ereignisse sieht, die in einem kleineren Abstand als H^{-1} stattfinden. Diese Situation ist ganz analog einem Schwarzen Loch, bei dem man über Ereignisse unterhalb der Oberfläche ebenfalls keine Information erhalten kann. Der einzige Unterschied besteht darin, daß sich der Beobachter im de-Sitter-Raum (in einem exponentiell expandierenden Friedman-Universum) effektiv von einem „Schwarzen Loch" im Abstand H^{-1} *umgeben* sieht.

Zum Schluß wollen wir einen weiteren Umstand vermerken, der häufig Erstaunen hervorruft. Wir betrachten zwei Punkte in einem flachen Friedman-Universum, die zur Zeit t den Abstand R haben. Wenn sich die räumlichen Koordinaten dieser Punkte nicht ändern (und sie in diesem Sinne ortsfest bleiben), wird der Abstand zwischen ihnen infolge der allgemeinen Expansion des Universums trotzdem mit der Geschwindigkeit

$$\frac{dR}{dt} = \frac{\dot{a}}{a} R = HR \qquad (1.4.15)$$

wachsen. Das heißt aber, daß sich zwei mehr als H^{-1} entfernte Punkte schneller als mit Lichtgeschwindigkeit $c = 1$ voneinander fortbewegen. Dies ist keineswegs paradox, da es sich ja nicht um eine mit der lokalen Änderung räumlicher Teilchenkoordinaten zusammenhängende Signalausbreitungsgeschwindigkeit, sondern um die Fluchtgeschwindigkeit zweier Objekte infolge der kosmologischen Expansion handelt. Daß man keine mit Überlichtgeschwindigkeit auseinanderfliegenden Körper beobachten kann hängt damit zusammen, daß man in einem Friedman-Kosmos kein statisches Bezugssystem größer als H^{-1} einführen kann. Andererseits ist die Tatsache, daß der Abstand zweier mehr als H^{-1} voneinander entfernter Körper mit Überlichtgeschwindigkeit wächst, entscheidend für die Existenz des Ereignishorizonts im de-Sitter-Raum.

1.5 Probleme des Standardszenariums

Nach der Entdeckung der Reliktstrahlung erlangte die Theorie des heißen Universums sofort allgemeine Anerkennung. Auf diesem Gebiet arbeitende Wissenschaftler hatten zwar auf verschiedene Schwierigkeiten aufmerksam gemacht; diese wurden jedoch über viele Jahre als nur vorübergehend betrachtet. Um die derzeit in der Kosmologie vor sich gehenden Veränderungen deutlicher zu machen, wollen wir einige Probleme der Standardtheorie des heißen Universums aufzählen.

Das Singularitätsproblem. Aus den Gleichungen (1.3.9) und (1.3.12) folgt, daß für alle „vernünftigen" Zustandsgleichungen die Materiedichte für $t \to 0$ gegen unendlich strebt und die entsprechenden Lösungen formal nicht in das Gebiet $t < 0$ fortgesetzt werden können.

Eine der peinlichsten Fragen, mit denen die Kosmologen konfrontiert werden, ist die, ob irgendetwas *vor* $t = 0$ existierte; falls nicht, wie und woraus entstand dann das Universum? Geburt und Tod des Universums gehören, ebenso wie Geburt und Tod des Menschen, zu den brennendsten Problemen nicht nur für die Kosmologen, sondern für die gesamte moderne Wissenschaft.

Zunächst hoffte man, das Problem, wenn man es schon nicht lösen konnte, durch Betrachtung eines allgemeineren als des Friedman-Modells des Universums wenigstens umgehen zu können – vielleicht durch ein inhomogenes, anisotropes Universum, das mit Materie gefüllt ist, die irgendeiner exotischen Zustandsgleichung genügt. Untersuchungen der allgemeinen Struktur der Raumzeit in der Nähe einer Singularität [68] und verschiedene grundlegende Theoreme über Singularitäten in der Allgemeinen Relativitätstheorie [69, 70], die mit Hilfe topologischer Methoden bewiesen werden konnten, zeigten jedoch, daß es extrem unwahrscheinlich ist, daß dieses Problem im Rahmen der klassischen Gravitationstheorie gelöst werden könnte.

Das Problem der Flachheit (Euklidizität) des Raumes. Von diesem Problem gibt es mehrere äquivalente oder annähernd äquivalente Formulierungen, die jeweils verschiedene Seiten der Frage betonen.

Das Euklidizitätsproblem. In der Schule lernt man, daß unsere Welt durch die euklidische Geometrie beschrieben wird, in der die Winkelsumme im Dreieck 180° beträgt und Parallelen sich niemals (bzw. „im Unendlichen") schneiden. Auf der Universität wurde uns gesagt, daß die Welt durch die riemannsche Geometrie beschrieben wird und daß sich parallele Linien *doch* treffen oder im Unendlichen auseinanderlaufen könnten. Niemand erklärt jedoch, warum das, was man in der Schule lernt, auch richtig (oder fast richtig) ist, d.h., warum die Welt mit einer so unvorstellbaren Genauigkeit euklidisch ist. Dies ist um so überraschender, wenn man bedenkt, daß es in der Allgemeinen Relativitätstheorie nur *eine* natürliche Längenskala, die Planck-Länge $l_P \sim M_P^{-1} \sim 10^{-33}$ cm, gibt. Zunächst würde man vielleicht erwarten, daß die Welt bis zu Abständen in der Größenordnung von l_P oder kleiner (d.h., unterhalb des charakteristischen Radius des Raumes) fast euklidisch wäre. Tatsächlich ist es genau umgekehrt: Über kleine Abstände $l \lesssim l_P$ ist es wegen der Quantenfluktuationen der Metrik im allgemeinen unmöglich, den Raum mit klassischen Größen zu beschreiben (was zum Konzept des Raumzeit-Schaumes führt [71]). Andererseits ist der Raum aus irgendeinem Grund über große Entfernungen, mindestens bis $l \sim 10^{28}$ cm, d.h. bis zu 60 Größenordnungen über der Planck-Länge, nahezu exakt euklidisch.

Das Flachheitsproblem. Wie gravierend das ebengenannte Problem ist, erkennt man am besten am Beispiel des Friedman-Modells (1.3.7). Aus Gleichung (1.3.1) findet man

$$|\Omega - 1| = \frac{|\varrho(t) - \varrho_c|}{\varrho_c} = [\dot{a}(t)]^{-2}, \tag{1.5.1}$$

wobei ϱ die Energiedichte im Universum und ϱ_c die kritische Dichte für ein flaches Universum mit demselben Wert des Hubble-Parameters $H(t)$ ist.

Wie schon in Abschnitt 1.4 erwähnt, ist der gegenwärtige Wert von Ω nur ungefähr bekannt, $0{,}1 \lesssim \Omega \lesssim 2$, d.h., unser Universum könnte sich gegenwärtig ganz beträchtlich von einem flachen unterscheiden. Andererseits ist in den frühen Entwicklungsstadien eines heißen Universums nach Gleichung (1.3.14) $(\dot{a})^{-2} \sim t$; die Größe $|\Omega - 1| = |\varrho/\varrho_c - 1|$ war demzufolge extrem klein. Man kann zeigen, daß, um den heutigen Wert von Ω zwischen $0{,}1 \lesssim \Omega \lesssim 2$ zu erhalten, im frühen Universum $|\Omega - 1| \lesssim 10^{-59} M_P^2/T^2$ gewesen sein muß, d.h., bei $T \sim M_P$

$$|\Omega - 1| = \left|\frac{\varrho}{\varrho_c} - 1\right| \lesssim 10^{-59}. \tag{1.5.2}$$

Wenn also anfangs (zur Planck-Zeit $t_P \sim M_P^{-1}$) die Dichte des Universums nur um $10^{-55} \varrho_c$ größer als ϱ_c gewesen wäre, müßte dieses geschlossen sein und der

Grenzwert t_c wäre so klein, daß das Universum bereits vor langer Zeit kollabiert wäre. Wäre andererseits die Dichte zur Planck-Zeit um $10^{-55}\varrho_c$ kleiner als ϱ_c gewesen, würde die gegenwärtige Energiedichte des Universums verschwindend klein sein und es könnte kein Leben darin existieren. Die Frage, warum die Energiedichte in unserem frühen Universum nach Gleichung (1.5.2) so phantastisch genau der kritischen Dichte entsprach, wird gewöhnlich als Flachheitsproblem bezeichnet.

Das Problem der Gesamtentropie und -masse des Universums. Mit demselben Problem hängt die Frage zusammen, warum die Gesamtentropie S und die Gesamtmasse M im sichtbaren Teil des Universums mit dem Radius $R_T \sim 10^{28}$ cm so groß sind. Die Gesamtentropie S liegt in der Größenordnung $(R_T T_\gamma)^3 \sim 10^{87}$, wobei $T_\gamma \sim 2{,}7$ K die Temperatur der Reliktstrahlung ist, die Gesamtmasse liegt bei $M \sim R_T^3 \varrho_c \sim 10^{55}$ g, d.h. $\sim 10^{49}$ Tonnen.

Man kann leicht zeigen, daß bei einem offenen Universum, dessen Dichte zur Planck-Zeit um, sagen wir, $10^{-55}\varrho_c$ unter der kritischen gelegen hätte, die Gesamtmasse und -entropie des sichtbaren Teils des Universums um viele Größenordnungen kleiner sein müßte.

Ein besonders ernstes Problem ist das für ein geschlossenes Universum. Aus (1.3.15) und (1.3.16) sieht man, daß die Gesamtlebensdauer t_c eines geschlossenen Universums in der Größenordnung $M_P^{-1} \sim 10^{-43}$ s liegt und nur für eine extrem große Gesamtmasse und -entropie des Universums hinreichend groß ($\sim 10^{10}$ a) ist. Warum aber ist die Gesamtentropie des Universums so groß, und warum liegt die Masse des Universums zehn Größenordnungen über der Planck-Masse M_P, dem einzigen Parameter in der Allgemeinen Relativitätstheorie mit der Dimension einer Masse? Dieses Problem entspricht der kindlich-naiven Frage: Warum gibt es so viele verschiedene Dinge auf der Welt?

Das Problem der Größe des Universums. Ein weiteres, mit der Flachheit des Universums zusammenhängendes Problem besteht darin, daß die Gesamtgröße des heute sichtbaren Teils des Universums l nach der Theorie des heißen Universums proportional $a(t)$, d.h. umgekehrt proportional zur Temperatur T ist (da die Größe aT in einem adiabatisch expandierenden heißen Universum praktisch konstant ist, vergleiche Abschnitt 1.3). Das heißt aber, daß das Gebiet, aus dem der heute sichtbare Teil des Universums mit der Ausdehnung von 10^{28} cm hervorgegangen ist, bei $T \sim M_P \sim 10^{19}$ GeV $\sim 10^{32}$ K eine Größe von etwa 10^{-4} cm, d.h. 29 Größenordnungen über der Planck-Länge, $l_P \sim M_P^{-1} \sim 10^{-33}$ cm, gehabt haben muß. Warum war das Universum bei der Planck-Dichte so groß, daß es die Planck-Länge um 29 Größenordnungen übertraf? Woher kommen diese großen Zahlen?

Wir haben das Flachheitsproblem deshalb so genau untersucht, weil die Kenntnis der verschiedenen Aspekte dieses Problems nicht nur für das Verständnis der Schwierigkeiten des Standardmodells des heißen Universums, sondern auch für eine vergleichende Einschätzung der verschiedenen Versionen des Szenariums des inflationären Universums wesentlich ist.

Das Problem der großräumigen Homogenität und Isotropie des Universums. In Abschnitt 1.3 hatten wir angenommen, daß das Universum ursprünglich vollständig homogen und isotrop war. In Wirklichkeit ist das Universum natürlich selbst heute, zumindest über relativ kleine Abstände, weder völlig homogen, noch isotrop. Das heißt aber, daß es gar keinen Grund gibt anzunehmen, es sei schon von Beginn an homogen gewesen. Viel natürlicher wäre es, in verschiedenen, hinreichend weit voneinander entfernten Punkten des Universums chaotische Anfangsbedingungen anzunehmen. Wie Collins und Hawking [73] aber gezeigt haben, ist unter bestimmten Voraussetzungen die Menge der Anfangsbedingungen, für die sich das Universum asymptotisch (für große t) einem Friedman-Kosmos nähert, im Vergleich zu allen möglichen Anfangsbedingungen vom Maße null. Dies ist der wesentliche Punkt des Problems der Homogenität und Isotropie des Universums. Eine genauere Betrachtung aller Details dieses Problems findet man in dem Buch von Zeldovich und Novikov [34].

Das Horizontproblem. Die Schärfe des Isotropieproblems wird etwas gemildert durch die Tatsache, daß mit der Anwesenheit von Materie und Elementarteilchen im expandierenden Universum zusammenhängende Effekte zu dessen lokaler Isotropisierung führen können [34, 74]. Natürlich können solche Effekte keine globale Isotropie erzeugen, schon deshalb nicht, weil sich kausal nicht zusammenhängende Gebiete mit einem Abstand größer als der Teilchenhorizont (in den einfachsten Fällen gegeben durch $R_T \sim t$, wobei t das Weltalter ist) gegenseitig nicht beeinflussen können. Untersuchungen der Reliktstrahlung haben dagegen gezeigt, daß das Universum nach $t \sim 10^5$ Jahren in Gebieten, deren Abmessungen viele Größenordnungen über t lagen, mit hoher Genauigkeit homogen und isotrop war. Die Temperatur schwankte dabei in verschiedenen Gebieten des Universums um weniger als $10^{-4}-10^{-5} T$. Da der sichtbare Teil des Universums heute aus ca. 10^6 Gebieten besteht, die zur Zeit $t \sim 10^5$ Jahre kausal unzusammenhängend waren, beträgt die Wahrscheinlichkeit für eine zufällige Korrelation der Temperatur mit der gegebenen Genauigkeit höchstens 10^{-24}. Es ist überaus schwierig, diese Tatsache im Rahmen des Standardmodells überzeugend zu erklären. Das entsprechende Problem wird als Horizont- oder Kausalitätsproblem bezeichnet [48, 56].

Das Horizontproblem besitzt einen weiteren, im folgenden für uns wichtigen Aspekt. Wie wir schon bei der Diskussion des Flachheitsproblems erwähnt hatten, war zur Planck-Zeit $t_P \sim M_P^{-1} \sim 10^{-43}$ s, als die Größe jedes kausal zusammenhängenden Gebietes des Universums (der Radius des Teilchenhorizonts) $l_P \sim 10^{-33}$ cm betrug, das Gesamtgebiet, aus dem der sichtbare Teil des Universums entstand, größenordnungsmäßig etwa 10^{-4} cm groß. Damit bestand es aus $(10^{29})^3 \sim 10^{87}$ kausal unzusammenhängenden Regionen. Warum sollte aber die Expansion des Universums (oder seine Entstehung aus einem Gebiet mit mehr als der Planck-Dichte) in einer so großen Zahl kausal unzusammenhängender Gebiete gleichzeitig (oder zumindest nahezu gleichzeitig) begonnen haben? Die Wahrscheinlichkeit, daß dies zufällig geschah, liegt in der Größenordnung $\exp(-10^{90})$.

Das Problem der Galaxienbildung. Bekanntlich ist das Universum nicht völlig homogen, sondern enthält beträchtliche Inhomogenitäten wie Sterne, Galaxien, Galaxiencluster usw. Zur Erklärung der Galaxienbildung muß man die Existenz von „Anfangs"-Inhomogenitäten in den frühesten Entwicklungsstadien des Universums [75] voraussetzen, deren Spektrum man üblicherweise annähernd unabhängig von der räumlichen Ausdehung der Inhomogenitäten annimmt [76]. Die Herkunft dieser Dichteinhomogenitäten im frühen Kosmos war lange Zeit völlig unklar.

Das Problem der Baryonenasymmetrie. Dieses Problem besteht dem Wesen nach darin, zu erklären, warum es im Universum Materie (Baryonen) und fast keine Antimaterie gibt und warum andererseits die Baryonenzahldichte mit $n_B/n_\gamma \sim 10^{-9}$ um viele Größenordnungen unter der Dichte der Photonen liegt.

Lange Zeit erschienen die obengenannten Probleme in einem fast metaphysischen Licht. So konnte man z. B. die mit dem Singularitätsproblem zusammenhängende Grundfrage auch folgendermaßen formulieren: „Was war da, als noch nichts da war?" Über die restlichen Probleme konnte man immer schnell mit der Bemerkung hinweggehen, die Anfangsbedingungen des Universums seien eben zufällig gerade so gewesen, daß das Universum sein heutiges Aussehen erhielt. Eine andere Möglichkeit beruht auf dem sogenannten anthropischen Prinzip und scheint fast völlig metaphysisch: Wir leben einfach deshalb in einem homogenen und isotropen Universum mit einem Überschuß an Materie gegenüber der Antimaterie, weil in einem inhomogenen und anisotropen Universum mit der gleichen Menge Materie und Antimaterie kein Leben möglich wäre und demzufolge niemand solche Fragen stellen könnte [77].

Leider ist dieses scharfsinnige Argument nicht ganz befriedigend, da es weder den kleinen Bruchteil $n_B/n_\gamma \sim 10^{-9}$, noch den hohen Grad der Homogenität und Isotropie des Universums oder das beobachtete Galaxienspektrum erklärt. Mit dem anthropischen Prinzip kann man auch nicht erklären, warum das Universum einschließlich aller seiner Eigenschaften im gesamten sichtbaren Teil des Universums mit einer Größe von $l \sim 10^{28}$ cm annähernd homogen und isotrop sein muß: zur Entstehung des Lebens wäre es z. B. völlig ausreichend gewesen, wenn in einem Gebiet von der Größe des Sonnensystems, $l \sim 10^{14}$ cm, geeignete Bedingungen entstanden wären. Darüber hinaus beruht das anthropische Prinzip auf der impliziten Voraussetzung, daß viele verschiedene Universen existieren und Leben dort entsteht, wo dies eben möglich ist. Dabei ist aber unklar, in welchem Sinn man überhaupt von verschiedenen Universen sprechen kann, wenn unser Universum alles Existierende bereits umfaßt. Wir werden später noch einmal auf diese Frage zurückkommen und im Rahmen der Theorie des inflationären Universums eine bestimmte Variante des anthropischen Prinzips begründen [57, 78, 79].

Als sich zeigte, daß das Problem der Baryonenasymmetrie in Theorien mit gebrochener CP-Invarianz unter Berücksichtigung von Nichtgleichgewichtsprozessen mit nichterhaltener Baryonenzahl gelöst werden könnte [36–38], war in die Ignoranz der meisten Physiker gegenüber den obenerwähnten „metaphysischen" Problemen eine erste Bresche geschlagen. Derartige Prozesse können in allen GUT-Theorien stattfinden. Die Entdeckung eines möglichen Mechanismus zur Erzeugung der Baryonenasymmetrie des Universums stieß allgemein auf außerordentlich reges Interesse. Nach diesem Anfangserfolg ergab sich jedoch eine ganze Reihe von Schwierigkeiten.

Das Problem der Domänenwände. Wie wir gesehen hatten, ist die Symmetrie in der Theorie (1.1.5) für $T > 2\mu/\sqrt{\lambda}$ ungebrochen. Wenn die Temperatur im expandierenden Universum fällt, wird die Symmetrie gebrochen. In verschiedenen, kausal nicht zusammenhängenden Gebieten des Universums lief diese Symmetriebrechung jedoch unabhängig voneinander ab, und in jedem dieser zahllosen Gebiete, aus denen das Universum zur Zeit des Phasenübergangs bestand, konnte in dessen Folge sowohl das Feld $\varphi = +\mu/\sqrt{\lambda}$, als auch das Feld $\varphi = -\mu/\sqrt{\lambda}$ entstehen. Die Domänen mit dem Feld $\varphi = +\mu/\sqrt{\lambda}$ werden von solchen mit dem Feld $\varphi = -\mu/\sqrt{\lambda}$ durch Domänenwände getrennt. Die Energiedichte dieser Domänenwände ist so groß, daß schon die Anwesenheit einer solchen Domänenwand im sichtbaren Teil des Universums zu nicht akzeptablen kosmologischen Folgen führen würde [41]. Das heißt aber, daß eine Theorie mit einer spontan gebrochenen diskreten Symmetrie den kosmologischen Daten widerspricht. Ursprünglich bestand aber die Hauptklasse dieser Theorien gerade aus denen mit einer spontan gebrochenen CP-Invarianz [80]. Später zeigte sich, daß Domänenwände auch in der einfachsten Version der SU(5)-Theorie mit der diskreten Invarianz $\Phi \to -\Phi$ [42] und den meisten Axion-Theorien auftreten. Viele dieser Theorien sind sehr attraktiv und es wäre schön, wenn man wenigstens einige von ihnen retten könnte.

Das Problem der Reliktmonopole. Neben den Domänenwänden können im Ergebnis eines symmetriebrechenden Phasenübergangs auch noch andere Strukturen entstanden sein. So bilden sich im Higgs-Modell mit einer gebrochenen U(1)-Symmetrie sowie in einigen anderen Theorien Strings von der Art des Abrikosov-Strings in einem Supraleiter [81]. Der wichtigste Effekt besteht jedoch in der Bildung superschwerer magnetischer 't Hooft-Polyakov-Monopole [82, 83], die in praktisch allen GUT-Theorien während des Phasenübergangs bei $T_{c_1} \sim 10^{14} - 10^{15}$ GeV in großer Zahl erzeugt werden [34]. Wie Zeldovich und Khlopov [40] zeigen konnten, geht die Annihilation dieser Monopole sehr langsam vor sich, und die gegenwärtige Monopoldichte müßte in der gleichen Größenordnung wie die Baryonendichte liegen. Dies hätte aber katastrophale Folgen, da jeder Monopol die etwa 10^{16}-fache Masse eines Protons hat und demzufolge die Materiedichte im Universum etwa 15 Größenordnungen über der kritischen Dichte $\varrho_c \sim 10^{29}$ g/cm^3 liegen müßte. Bei einer solchen Dichte wäre das Universum jedoch schon längst kollabiert. Das Problem der Reliktmonopole ist eines der schwerwiegendsten Probleme, mit denen die moderne Elementarteilchentheorie und Kosmologie konfrontiert ist, da es faktisch alle einheitlichen Theorien der schwachen, starken und elektromagnetischen Wechselwirkung betrifft.

Das Problem der Reliktgravitinos. Eines der interessantesten Forschungsgebiete der modernen Elementarteilchenphysik ist das der Supersymmetrie, der Symmetrie zwischen Fermionen und Bosonen [85]. Es sollen hier nicht alle Vorzüge supersymmetrischer Theorien aufgeführt werden, man kann diese etwa in [13, 14] nachlesen. Wir wollen lediglich erwähnen, daß supersymmetrische Theorien, und insbesondere die $N=1$-Supergravitations-Theorie, eine Möglichkeit zur Lösung des Massenhierarchieproblems der einheitlichen Eichtheorien [15], das heißt eine physikalische Erklärung für die Existenz der wesentlich verschiedenen Massenskalen $M_P \gg M_X \sim 10^{15}$ GeV und $M_X \gg m_W \sim 10^2$ GeV, bieten.

Einer der interessantesten Ansätze zur Lösung des Massenhierarchieproblems im Rahmen der $N=1$-Supergravitations-Theorie beruhte auf der Annahme, daß das Gravitino (der Superpartner des Gravitons mit dem Spin 3/2) eine Masse $m_{3/2} \sim m_W \sim 10^2$ GeV besitzt [15]. Wie in [86] gezeigt wurde, müssen aber Gravitinos mit einer solchen Masse in den Frühstadien der Entwicklung des Universums durch hochenergetische Teilchenstöße in großer Zahl erzeugt worden sein, während sie andererseits nur langsam zerfallen.

Die meisten dieser Gravitinos wären erst in späteren Entwicklungsstadien des Universums, nach der Bildung von Helium und anderen leichten Elementen, zerfallen. Dies würde jedoch zu verschiedenen den Beobachtungen widersprechenden Folgerungen führen [44, 45]. So entstand die Frage, ob man das Universum irgendwie vor den Folgen des Gravitinozerfalls „retten" kann, oder ob man diese Lösung des Hierarchieproblems aufgeben muß.

In den letzten Jahren wurden Modelle mit superleichten oder superschweren Gravitinos vorgeschlagen, in denen die genannten Schwierigkeiten nicht auftreten [87]. Trotzdem wäre es sehr wünschenswert, die durch die Theorien des heißen Universums gesetzten engen Grenzen für die Parameter der $N=1$-Supergravitations-Theorie vermeiden zu können.

Das Problem der Polonyi-Felder. Das Gravitino-Problem ist nicht das einzige Problem, das in phänomenologischen Theorien auf der Grundlage der $N=1$-Supergravitations- (und Superstring-)Theorie auftritt. Ein wesentliches Element dieser Theorien sind die sogenannten skalaren Polonyi-Felder χ [46, 15]. Diese Felder haben eine relativ kleine Masse und wechselwirken nur schwach mit anderen Feldern. In den ersten Entwicklungsstadien des Universums müßten sie zunächst weit vom Minimum ihres effektiven Potentials $V(\chi)$ entfernt gewesen sein, während sie später um dieses zu oszillieren begannen. Die Energiedichte der Polonyi-Felder ϱ_χ nimmt bei der Expansion des Universums nach dem gleichen Gesetz wie für nichtrelativistische Materie ($\varrho_\chi \sim a^{-3}$), d.h. viel langsamer als die Energiedichte des heißen Plasmas, ab. Abschätzungen der heute in diesen Feldern gespeicherten Energiedichte zeigen, daß diese in den typischsten Fällen um 15 Größenordnungen über der kritischen liegen müßte [47, 48]. In einigen verbesserten Modellen weichen die theoretischen Voraussagen für die Energiedichte ϱ_χ von den Beobachtungsergebnissen nicht mehr um einen Faktor 10^{15}, sondern „nur noch" um 10^6 ab [48], was aber immer noch völlig inakzeptabel ist.

Das Problem der Vakuumenergie. Wie gesagt, bedeutet das Auftreten eines im ganzen Raum konstanten homogenen Skalarfeldes φ lediglich den Übergang zu einem neuen Vakuum, wobei der Raum in einem bestimmten Sinne „leer" bleibt: das konstante Skalarfeld erzeugt kein mit ihm verbundenes ausgezeichnetes Bezugssystem, beeinflußt nicht die Bewegung von Körpern im Raum usw. Allerdings ändert sich mit dem Auftreten des Skalarfeldes die durch $V(\varphi)$ gegebene Vakuumenergiedichte. Ohne Berücksichtigung von Gravitationseffekten würde sich eine

Änderung der Vakuumenergiedichte überhaupt nicht bemerkbar machen. In der Allgemeinen Relativitätstheorie hängen jedoch die Eigenschaften der Raumzeit von der Vakuumenergiedichte ab. Die Größe $V(\varphi)$ geht folgendermaßen in die Einstein-Gleichungen ein:

$$R_{\mu\nu} - \frac{1}{2} g_{\mu\nu} R = 8\pi G T_{\mu\nu} = 8\pi G \left(\tilde{T}_{\mu\nu} + g_{\mu\nu} V(\varphi)\right), \tag{1.5.3}$$

wobei $T_{\mu\nu}$ der gesamte Energieimpulstensor, $\tilde{T}_{\mu\nu}$ der Energieimpulstensor der substantiellen Materie (der Elementarteilchen) und $g_{\mu\nu} V(\varphi)$ der Energieimpulstensor des Vakuums (des konstanten skalaren φ-Feldes) ist. Aus einem Vergleich des Energieimpulstensors gewöhnlicher Materie

$$\tilde{T}_\mu{}^\nu = \begin{pmatrix} \varrho & & & \\ & -p & & \\ & & -p & \\ & & & -p \end{pmatrix} \tag{1.5.4}$$

mit $g_\mu{}^\nu V(\varphi)$ sieht man, daß der „Druck" und die Energiedichte des Vakuums entgegengesetzte Vorzeichen tragen: $p = -\varrho = -V(\varphi)$.

Aus den kosmologischen Daten folgt, daß die derzeitige Vakuumenergiedichte ϱ_V betragsmäßig nicht größer als die kritische $\varrho_c \sim 10^{29}$ g/cm^3 ist:

$$|\varrho_V| = |V(\varphi_0)| \lesssim 10^{-29} \text{ g/cm}^3. \tag{1.5.5}$$

Dieser Wert von $V(\varphi)$ stellte sich nach einer Reihe von symmetriebrechenden Phasenübergängen ein. In der einfachsten SU(5)-Theorie nahm die Vakuumenergiedichte, d.h. $V(\varphi)$, nach dem ersten Phasenübergang um 10^{80} g/cm^3 ab. Während des Übergangs SU(3) × SU(2) × U(1) → SU(3) × U(1) sank sie um weitere 10^{25} g/cm^3. Dann nahm die Vakuumenergiedichte während des Phasenübergangs bei der Bildung von Baryonen aus Quarks noch einmal um etwa 10^{14} g/cm^3 ab, um schließlich, nach all diesen riesigen Sprüngen, aus unerfindlichem Grunde mit einer Genauigkeit von $\pm 10^{-29}$ g/cm^3 gleich null zu sein! Es scheint unwahrscheinlich, daß die vollständige (oder nahezu vollständige) Umwandlung der Vakuumenergiedichte auf den Wert null zufällig ist und keine tiefere physikalische Ursache hat. Das Problem der Vakuumenergie in Theorien mit spontaner Symmetriebrechung [88] gilt heute als eines der Grundprobleme der modernen Elementarteilchentheorie.

Die mit $8\pi G$ multiplizierte Vakuumenergiedichte heißt üblicherweise kosmologische Konstante Λ [89]; in unserem Fall ist $\Lambda = 8\pi G V(\varphi)$ [88]. Das Vakuumenergieproblem wird deshalb häufig auch als Problem der kosmologischen Konstante bezeichnet.

Es sei angemerkt, daß man bei weitem nicht in allen Theorien, oft nicht einmal im Prinzip, sichern kann, daß die gegenwärtige Vakuumenergiedichte klein ist. Dies ist eines der Grundprobleme der Kaluza-Klein-Theorien auf der Grundlage der $N = 1$-Supergravitations-Theorie in einem 11-dimensionalen Raum [16]. Diesen Theorien zufolge beträgt die Vakuumenergiedichte heute $-M_P^4 \sim -10^{94}$ g/cm^3. Andererseits haben Indizien für eine mögliche Lösung des Vakuumenergieproblems in Superstring-Theorien [17] zu einem zunehmenden Interesse an diesen Theorien geführt.

Das Problem der Einzigartigkeit des Universums. Einstein hat das Wesen dieses Problems wohl am treffendsten zum Ausdruck gebracht, indem er sagte, „wir wollen nicht nur wissen *wie* die Natur ist (und *wie* ihre Vorgänge ablaufen), sondern wir wollen auch nach Möglichkeit das vielleicht utopisch und anmaßend erscheinende Ziel erreichen, zu wissen, warum die Natur *so und nicht anders* ist" [90, S. 126]. Noch vor wenigen Jahren schienen Fragen wie die, warum unsere Welt vierdimensional ist, warum es schwache, starke und elektromagnetische Wechselwirkungen und nicht irgendwelche anderen gibt, warum die Feinstrukturkonstante $\alpha = e^2/4\pi$ gleich 1/137 ist, u.ä. ziemlich sinnlos zu sein. In der letzten Zeit hat sich unser Verhältnis zu solchen Fragen aber geändert, da die Gleichungen der einheitlichen Elementarteilchentheorien oft viele verschiedene Lösungen haben, die unser Universum zumindest im Prinzip beschreiben könnten.

So hat z.B. das effektive Potential in Theorien mit spontaner Symmetriebrechung häufig verschiedene lokale Minima. In der Theorie (1.1.5) gibt es zwei derartige Minima, $\varphi = \pm \mu/\sqrt{\lambda}$. In den einfachsten supersymmetrischen GUT-Theorien mit der Symmetriegruppe SU(5) hat das effektive Potential für das Feld Φ drei verschiedene lokale Minima gleicher Tiefe [91]. Der Entartungsgrad des effektiven Potentials (die Zahl der verschiedenen Typen von Vakuumzuständen mit gleicher Energiedichte) steigt bei supersymmetrischen Theorien noch weiter wenn man berücksichtigt, daß das effektive Potential auch noch bezüglich der anderen Higgs-Felder der Theorie mehrere Minima gleicher Tiefe hat [92]. Das wirft die Frage auf, auf welche Weise und warum wir gerade in das Minimum gerieten, in dem die Symmetrie auf die Gruppe $SU(3) \times U(1)$ gebrochen ist (diese Frage ist besonders schwierig, wenn man bedenkt, daß das Universum bei den anfangs hohen Temperaturen im SU(5)-symmetrischen Minimum $\Phi = H = 0$ war [93] und es keine ersichtliche Ursache gibt, durch die das Universum beim Abkühlen gezwungen worden wäre, gerade in das $SU(3) \times U(1)$-Minimum zu springen).

In den Kaluza-Klein- und den Superstring-Theorien geht man davon aus, daß unser Raum $d > 4$ Dimensionen hat, von denen $d - 4$ spontan kompaktifiziert sind, d.h., der Krümmungsradius des Raumes hat in den betreffenden Richtungen die Größenordnung M_P^{-1}. In diesen Richtungen können wir uns also nicht fortbewegen, und infolgedessen erscheint uns der Raum vierdimensional.

Meist werden dabei Theorien mit $d = 10$ [17] und $d = 11$ [16] untersucht, gelegentlich auch mit $d = 26$ [94] und $d = 506$ [95, 96]. Eine der Grundfragen ist dabei, warum gerade $d - 4$, und nicht $d - 5$ oder $d - 3$ Dimensionen kompaktifiziert sind.

Zudem gibt es meist eine Vielzahl von Möglichkeiten zur Kompaktifizierung der $d - 4$ Dimensionen, die jeweils auf spezifische Gesetze der Elementarteilchenphysik in vier Dimensionen führen. Häufig taucht dabei die Frage auf, warum die Natur gerade jene Kompaktifizierung auswählte, die zur Entstehung der starken, schwachen und elektromagnetischen Wechselwirkung mit genau den im Experiment gemessenen Kopplungskonstanten führte. Mit zunehmender Dimension des Ausgangsraumes d gewinnt diese Frage immer mehr an Bedeutung. So haben z.B.

einige Supersymmetrie-Experten abgeschätzt, daß es in Superstring-Theorien mit $d=10$ etwa 10^{1500} Möglichkeiten zur Kompaktifizierung des zehndimensionalen Raumes in einen vierdimensionalen gibt (von denen ein Teil jedoch instabil sein kann), und berücksichtigt man die Möglichkeit der Kompaktifizierung in einen Raum anderer Dimension, gibt es noch mehr Varianten. Die Frage, warum die uns umgebende Welt gerade so und nicht anders aufgebaut ist, wurde damit in den letzten Jahren zu einem der Grundprobleme der modernen Physik.

Die Aufzählung der Probleme, vor denen die Kosmologie und Elementarteilchenphysik steht, ließe sich noch weiter fortsetzen; wir haben uns hier nur auf die beschränkt, die in irgendeiner Beziehung zum Grundanliegen dieses Buches stehen.

Das Vakuumenergieproblem ist bisher noch nicht endgültig gelöst. Die meisten diesbezüglichen Lösungsansätze sind mit der Konstruktion neuer Elementarteilchen- und Superstring-Theorien, aber auch mit Quantenkosmologie-Theorien, die das Szenarium des inflationären Universums beinhalten, verknüpft. Eine Lösung des Baryonenasymmetrieproblems wurde von A. D. Sakharov bereits lange vor der Entwicklung des Szenariums des inflationären Universums vorgeschlagen [36]; allerdings bringt dieses Szenarium wesentlich neue Gesichtspunkte in die Lösung ein [97–99]. Was jedoch die restlichen zehn Probleme betrifft, so können sie alle entweder vollständig oder zumindest teilweise im Rahmen des im folgenden dargestellten Szenariums des inflationären Universums gelöst werden.

1.6 Ein Abriß der Entwicklung des Szenariums des inflationären Universums

Alle Versionen des inflationären Universums beruhen auf der Grundvorstellung, daß das Universum in seinen ersten Entwicklungsstadien in einem instabilen, vakuumartigen Zustand mit hoher Energiedichte gewesen sein kann. Wie wir schon im vorigen Abschnitt bemerkt hatten, hängen Vakuumdruck und -energiedichte über die Beziehung (1.5.4), $p = -\varrho$, zusammen. Nach Gleichung (1.3.8) bedeutet das, daß sich die Vakuumenergiedichte bei der Expansion des Universums nicht ändert („Leere" bleibt „Leere", selbst wenn sie „schwer" ist). Aus (1.3.7) folgt dann aber, daß sich ein Friedman-Universum in einem instabilen Vakuumzustand $\varrho > 0$ für große Zeiten t exponentiell ausdehnt, wobei für $k=1$ (geschlossenes Universum)

$$a(t) = H^{-1} \cosh Ht, \qquad (1.6.1)$$

für $k=0$ (flaches Universum)

$$a(t) = H^{-1} e^{Ht} \qquad (1.6.2)$$

und für $k=-1$ (offenes Universum)

$$a(t) = H^{-1} \sinh Ht \qquad (1.6.3)$$

mit

$$H = \sqrt{\frac{8\pi}{3} G\varrho} = \sqrt{\frac{8\pi\varrho}{3 M_P^2}}$$

ist. Die Größe H ändert sich im allgemeinen (und dies wird sich im folgenden als wichtig erweisen) während der Expansion, wegen

$$\dot{H} \ll H^2 \tag{1.6.4}$$

allerdings nur sehr langsam. Da sich H in der charakteristischen Zeit $\Delta t = H^{-1}$ nur wenig ändert, kann man von einer quasiexponentiellen Expansion des Universums,

$$a(t) = a_0 \exp\left[\int_0^t H(t)\,dt\right] \sim a_0 e^{Ht}, \tag{1.6.5}$$

oder von einer Quasi-de-Sitter-Phase sprechen. Ein solches Expansionsverhalten des Universums nennt man auch inflationäre Phase.

Die Inflation hört auf, wenn H schnell abzunehmen beginnt. Die in dem vakuumartigen Zustand gespeicherte Energie geht dabei in Wärmeenergie über und das Universum heizt sich stark auf. Von diesem Moment an wird die Entwicklung des Universums durch die Standardtheorie des heißen Universums beschrieben, mit der wichtigen Präzisierung, daß die Anfangsbedingungen für die weitere Expansion des heißen Universums durch Prozesse während der inflationären Phase bestimmt sind und vom Aufbau des Weltalls vor der Inflation praktisch nicht abhängen. Wie wir weiter unten zeigen werden, gestattet gerade diese „Präzisierung" die Lösung der überwiegenden Mehrzahl der im vorigen Abschnitt diskutierten Probleme der Theorie des heißen Universums.

Der Raum (1.6.1)–(1.6.3) wurde zum ersten Mal in den 1917 erschienenen Arbeiten von de-Sitter [100], d.h. noch vor Erscheinen der Friedmanschen Theorie des expandierenden Universums, beschrieben. Allerdings war die de-Sitter-Lösung in einer von (1.6.1)–(1.6.3) verschiedenen Form angegeben worden, und ihre physikalische Deutung war lange Zeit unklar. Vor der Entwicklung des Szenariums des inflationären Universums fand der de-Sitter-Raum im wesentlichen als bequemes Übungsfeld zur Methodenentwicklung in der Allgemeinen Relativitätstheorie und Quantenfeldtheorie im gekrümmten Raum Verwendung.

Auf die Möglichkeit, daß das Weltall in frühen Entwicklungsstadien exponentiell expandiert und mit superdichter Materie der Zustandsgleichung $p = -\varrho$ gefüllt gewesen sein könnte, hat als erster Gliner [51] hingewiesen (vergleiche auch [101–103]). Damals stießen jedoch diese Arbeiten auf kein besonderes Interesse, da sie sich im wesentlichen mit superdichter baryonischer Materie beschäftigten, deren Zustandsgleichung nach den heutigen Theorien näherungsweise $p = \varrho/3$ ist.

Später wurde klar, daß das in den einheitlichen Elementarteilchentheorien auftretende konstante (oder annähernd konstante) Skalarfeld φ die Rolle eines

Vakuumzustandes mit der Energiedichte $V(\varphi)$ übernehmen kann [88]. Das φ-Feld hängt im expandierenden Universum von der Temperatur ab, und bei Phasenübergängen, die das φ-Feld ändern, wird die in ihm gespeicherte Energie in Wärmeenergie umgewandelt [21–24]. Wenn, wie es manchmal der Fall ist, der Phasenübergang aus einem stark unterkühlten metastabilen Vakuumzustand erfolgt, kann die Gesamtentropie des Universums nach dem Phasenübergang beträchtlich zunehmen [23, 24, 104]. So kann insbesondere ein kaltes Friedman-Universum zu einem heißen werden. Ein entsprechendes Weltmodell wurde von Chibisov und dem Autor dieses Buches entwickelt (vergleiche hierzu [24, 105]).

Eine große Rolle spielte bei der Entwicklung der modernen kosmologischen Vorstellungen ein von Starobinsky vorgeschlagenes Modell der Evolution des Universums [52], das auf der Tatsache beruht, daß der de-Sitter-Raum eine Lösung der Einstein-Gleichungen mit Quantenkorrekturen ist [106]. Diese Lösung ist instabil, und nach dem Zerfall des vakuumartigen Anfangszustandes (dessen Energiedichte mit der Raumkrümmung R zusammenhängt) geht der de-Sitter-Raum in ein heißes Friedman-Universum über [52].

Das Starobinsky-Modell war ein wichtiger Schritt auf dem Weg zur Entwicklung des Szenariums des inflationären Universums. Trotzdem hatte man die wesentlichen Vorzüge der inflationären Phase damals noch nicht erkannt. Das Hauptanliegen, das mit der Aufstellung des Starobinsky-Modells verfolgt wurde, war die Lösung des Problems der kosmologischen Anfangssingularität. Dieses Ziel konnte damals nicht erreicht werden, und die Frage der Anfangsbedingungen wurde im Starobinsky-Modell nie ganz geklärt. Außerdem waren die nach dem Zerfall des de-Sitter-Raumes entstehenden Dichteinhomogenitäten zu groß [107]. All dies verlangte eine gründliche Modifizierung der Grundlagen des Modells [108–110]. In dieser modifizierten Form gehört das Starobinsky-Modell zu den gut ausgearbeiteten Varianten des inflationären Universums.

Voll erkannt wurde die Notwendigkeit, Modelle mit einer exponentiellen Expansionsphase des Universums zu betrachten aber erst nach der Arbeit von Guth [53], der eine exponentielle Expansion (Inflation) des Universums in einem unterkühlten Vakuumzustand $\varphi = 0$ vorschlug, um drei der in Abschnitt 1.5 genannten Probleme zu lösen: das Flachheitsproblem, das Horizontproblem und das Problem der Reliktmonopole (die Möglichkeit, auf diese Weise das Horizontproblem zu lösen, wurde unabhängig auch von Lapchinsky, Rubakov und Veryaskin [111] angeregt). Das von Guth vorgeschlagene Szenarium beruhte auf drei Grundannahmen:

1. Zu Beginn expandiert das Universum in einem Zustand mit extrem hoher Temperatur und ungebrochener Symmetrie, $\varphi(T) = 0$.

2. Es werden Theorien betrachtet, in denen das Potential $V(\varphi)$ auch bei tieferen Temperaturen T das lokale Minimum bei $\varphi = 0$ behält. Infolgedessen bleibt das Universum während seiner Entwicklung lange in dem metastabilen Zustand $\varphi = 0$. Dabei sinkt seine Temperatur, der Energieimpulstensor geht allmählich gegen $T_{\mu\nu} = g_{\mu\nu} V(0)$ und das Universum dehnt sich über einen langen Zeitraum exponentiell aus (Inflation).

3. Die Inflation dauert bis zum Beginn des Phasenübergangs in den stabilen Zustand $\varphi_0 \neq 0$. Der Phasenübergang verläuft über die Bildung von Bläschen, die das Feld $\varphi = \varphi_0$ enthalten. Durch Stöße der Blasenwände heizt sich das Univer-

sum auf, und seine weitere Entwicklung wird durch die Theorie des heißen Universums beschrieben.

Durch die exponentielle Expansion des Universums wird der Term k/a^2 in der Einstein-Gleichung (1.3.7) (bei konstanter Dichte ϱ auf der rechten Seite von (1.3.7)) vernachlässigbar und das Universum dadurch immer flacher. Weiterhin führt das dazu, daß der gesamte sichtbare Teil des Universums mit der Größe von 10^{28} cm durch die Expansion eines sehr kleinen, ursprünglich kausal zusammenhängenden Raumgebietes entstanden ist. Monopole werden in diesem Szenarium an den Stellen erzeugt, wo die Wände verschiedener exponentiell großer Blasen zusammenstoßen; ihre Dichte ist deshalb exponentiell klein.

Die Grundidee des Guthschen Szenariums ist einfach und sehr überzeugend. Wie Guth jedoch selbst bemerkte [53], führen die Wandstöße der riesigen Bläschen zu einer inakzeptablen Störung der Homogenität und Isotropie nach der Inflation. Versuche, dieses Problem zu lösen blieben erfolglos [112, 113], solange es nicht gelang, eine bestimmte psychologische Barriere zu durchbrechen und sich von allen drei Grundvoraussetzungen des Guthschen Szenariums zu lösen, ohne die Idee einer notwendigen Inflation in den frühen Entwicklungsstadien des Universums aufzugeben.

Aufgegeben wurden die Thesen (2) und (3) schließlich mit der Aufstellung des Szenariums des neuen inflationären Universums [54, 55]. Dieses Szenarium beruht darauf, daß die Inflation nicht nur vor dem Phasenübergang aus dem unterkühlten Zustand $\varphi = 0$, sondern auch nach Bildung einer Phase mit $\varphi_0 \neq 0$ ablaufen kann, falls das Feld so langsam gegen seinen Gleichgewichtswert φ_0 geht, daß die Zeit des „Hinabrollens" des φ-Feldes in das Minimum von $V(\varphi)$ groß gegen H^{-1} ist. Diese Bedingung läßt sich realisieren, wenn das effektive Potential des φ-Feldes einen hinreichend flachen Abschnitt in der Nähe des Punktes $\varphi = 0$ hat. Wenn die Inflation beim Hinabrollen des Feldes hinreichend stark ist, sind die Wände der mit dem Feld φ gefüllten Bläschen (falls sie sich bilden) nach der Inflation viel weiter als 10^{28} cm voneinander entfernt und führen damit nicht zur Entstehung von Inhomogenitäten im sichtbaren Teil des Universums. In diesem Szenarium heizt sich das Universum nach der Inflation nicht durch Stöße der Bläschenwände auf, sondern infolge der Teilchenerzeugung durch das klassische φ-Feld, das gedämpfte Schwingungen um das Minimum von $V(\varphi)$ ausführt.

Das neue inflationäre Universum ist frei von den wesentlichen Unzulänglichkeiten des Guthschen Szenariums. Im Rahmen dieses Szenariums konnten nicht nur Lösungen für das Flachheits-, das Horizont- und das Reliktmonopolproblem, sondern auch für das Problem der Homogenität und Isotropie des Universums sowie für eine Reihe weiterer in Abschnitt 1.5 erwähnter Probleme entwickelt werden. Insbesondere zeigte sich in diesem Szenarium, daß während der Inflation Dichteinhomogenitäten mit einem vom Logarithmus der Wellenlänge nahezu unabhängigen Spektrum (einem flachen, skaleninvarianten oder Zeldovich-Spektrum [76]), erzeugt werden. Dies war ein wichtiger Schritt auf dem Weg zur Lösung des Problems der großräumigen Struktur des Universums.

Die Erfolge des neuen inflationären Universums waren so überzeugend, daß bis heute die meisten Experten, wenn sie vom Szenarium des inflationären Universums sprechen, darunter das neue inflationäre Universum verstehen [54, 55]. Unserer Meinung nach ist dieses Szenarium aber bei weitem noch nicht vollkommen. In der Hauptsache sind es drei Schwierigkeiten, die einer erfolgreichen Realisierung dieses Szenariums im Wege stehen.

1. Das Szenarium erfordert eine realistische Elementarteilchentheorie, deren effektives Potential eine Reihe ziemlich unnatürlicher Forderungen erfüllen müßte. So muß das Potential in der Umgebung von $\varphi=0$ annähernd flach ($V(\varphi) \approx$ const.) sein. Wenn sich das Potential $V(\varphi)$ für kleine φ z. B. wie $V(0) - \lambda \varphi^4/4$ verhält, muß die Kopplungskonstante λ, damit die während der Inflation erzeugten Dichteinhomogenitäten die geforderte Amplitude

$$\frac{\delta \varrho}{\varrho} \sim 10^{-4} - 10^{-5} \tag{1.6.6}$$

haben, extrem klein sein [114]:

$$\lambda \sim 10^{-12} - 10^{-14}. \tag{1.6.7}$$

Gleichzeitig muß aber die Krümmung des effektiven Potentials $V(\varphi)$ in der Nähe des Minimums $\varphi = \varphi_0$ so groß sein, daß das φ-Feld nach der Inflation mit einer hohen Frequenz schwingen und sich das Universum auf eine hinreichend hohe Temperatur T aufheizen kann. Die Konstruktion einer natürlichen und gleichzeitig realistischen Elementarteilchentheorie, die alle diese Forderungen erfüllt, hat sich als ziemlich schwierig erwiesen.

2. Im frühen Universum kann das schwach wechselwirkende φ-Feld (vergleiche (1.6.7)) kaum im thermischen Gleichgewicht mit den anderen Feldern gewesen sein. Doch selbst wenn es im thermischen Gleichgewicht gewesen wäre, könnten Hochtemperatur-Korrekturen zum Potential $V(\varphi)$ von der Größenordnung $\lambda T^2 \varphi^2$ für diese kleinen λ den Anfangswert des φ-Feldes nicht beeinflussen, um das Feld zwischen der Geburt des Universums und dem angenommenen Beginn der Inflation zum Verschwinden zu bringen [115, 116]. Im Prinzip kann man zwar Theorien finden, in denen $\delta \varrho/\varrho \lesssim 10^{-5}$ (1.6.6) ist und die Hochtemperatur-Korrekturen zu $V(\varphi)$ immer noch genügend groß sind; dies ist aber recht schwierig, was ein weiteres (bisher noch nicht gelöstes) Problem bei der Realisierung des Szenariums des neuen inflationären Universums darstellt.

3. Sowohl im neuen als auch im alten inflationären Szenarium beginnt die Inflation erst, wenn die Temperatur des Universums niedrig genug ist, $T^4 \lesssim V(0)$. Aus der Bedingung (1.6.6) folgt aber nicht nur die Schranke (1.6.7) für λ, sondern (in der Mehrzahl der Modelle) auch eine Schranke für die Größe $V(\varphi)$ im Endstadium der Inflation, die im Szenarium des neuen inflationären Universums praktisch mit $V(0)$ übereinstimmt [116, 117]:

$$V(0) \lesssim 10^{-13} M_P^4. \tag{1.6.8}$$

Das bedeutet, daß die Inflation bei $T^2 \lesssim 10^{-7} M_P^2$ einsetzt, d.h., nachdem seit Beginn der Expansion des Universums eine Zeit t (1.3.21), die sechs Größenordnungen über der Planckzeit $t_P \sim M_P^{-1}$ liegt, vergangen ist. Damit ein geschlossenes heißes Universum solange leben kann, muß seine Gesamtentropie von Anfang an größer als $S \sim 10^9$ gewesen sein (1.3.16). Damit läßt sich aber weder im Rahmen des Guthschen Szenariums, noch in dem des neuen inflationären Universums das Flachheitsproblem lösen [116]. Man könnte dieses Ergebnis als Hinweis darauf deuten, daß das Universum nicht geschlossen, sondern offen oder flach ist. Uns scheint jedoch, daß das keine Unzulänglichkeit der Theorie des geschlossenen Universums, sondern ein weiteres Problem des Szenariums des inflationären Universums ist.

Zum Glück gibt es eine weitere Variante des Szenariums des inflationären Universums, das sogenannte Szenarium der chaotischen Inflation [56, 57], das von den obengenannten Schwierigkeiten frei ist. Dieses Szenarium beruht nicht auf der Theorie von Hochtemperatur-Phasenübergängen, sondern lediglich auf der Untersuchung eines Universums mit einem chaotisch (bzw. fast chaotisch, siehe unten) darin verteilten Skalarfeld φ. Im Rahmen dieses Szenariums werden wir im folgenden auch die wesentlichen Wandlungen diskutieren, die sich in den letzten Jahren in unserem Bild der frühesten Entwicklungsstadien des Weltalls und seiner Globalstruktur vollzogen haben.

1.7 Das Szenarium der chaotischen Inflation

Wir wollen die Grundidee des Szenariums der chaotischen Inflation am Beispiel einer einfachen skalaren Feldtheorie für ein minimal (ohne einen Term $\xi R \varphi^2$) ans Gravitationsfeld gekoppeltes Feld φ mit der Lagrange-Dichte

$$L = \frac{1}{2} \partial_\mu \varphi \partial^\mu \varphi - V(\varphi) \tag{1.7.1}$$

beschreiben. Weiter setzen wir voraus, daß das Potential für $\varphi \gtrsim M_P$ langsamer als (etwa) $\exp(6\varphi/M_P)$ wächst. Diese Forderung ist insbesondere für jedes Potential, das für $\varphi \gtrsim M_P$ wie eine Potenz von φ wächst,

$$V(\varphi) = \frac{\lambda \varphi^n}{n M_P^{n-4}}, \tag{1.7.2}$$

($n > 0$, $0 < \lambda \ll 1$) erfüllt.

Um die Entwicklung des mit dem skalaren φ-Feld gefüllten Universums zu untersuchen, müssen wir irgendwelche Anfangsbedingungen für das Feld und seine Ableitungen in verschiedenen Raumpunkten vorgeben sowie die Topologie und Metrik des Raumes so festlegen, daß diese mit den Anfangsbedingungen für φ konsistent sind. Wir könnten z. B. davon ausgehen, daß sich das φ-Feld von Anfang an im gesamten Raum in einem dem Minimum von $V(\varphi)$ entsprechenden Gleichgewichtszustand $\varphi = \varphi_0$ befand. Dies wäre jedoch noch weniger überzeugend als die Annahme, das Universum sei von Beginn an vollständig homogen und isotrop gewesen. Jedenfalls war, unabhängig davon, ob das Universum ursprünglich heiß oder sein dynamisches Verhalten nur durch das klassische φ-Feld bestimmt war, die Energiedichte (und dementsprechend auch der Wert von $V(\varphi)$) zur Zeit $t \sim t_P \sim M_P^{-1}$ nach der Singularität (oder der Quantenerzeugung des Universums, siehe unten) infolge der Heisenbergschen Unschärferelation nur mit einer Genauigkeit $O(M_P^4)$ gegeben. Die Annahme, daß das Feld ursprünglich den Wert $\varphi = \varphi_0$ hatte, ist deshalb nicht wahrscheinlicher als die eines beliebigen anderen Wertes, der den Bedingungen

$$\partial_0 \varphi \, \partial^0 \varphi \lesssim M_P^4, \tag{1.7.3}$$

$$\partial_i \varphi \, \partial^i \varphi \lesssim M_P^4, \quad i = 1, 2, 3, \tag{1.7.4}$$

$$V(\varphi) \lesssim M_P^4, \tag{1.7.5}$$

$$R^2 \lesssim M_P^4 \tag{1.7.6}$$

genügt. Die letzte Ungleichung darf man nicht ganz wörtlich nehmen: die aus dem Krümmungstensor $R_{\mu\nu\alpha\beta}$ konstruierten Invarianten sollen kleiner als die entsprechenden Potenzen der Planck-Masse sein ($R_{\mu\nu\alpha\beta} R^{\mu\nu\alpha\beta} \lesssim M_P^4$, $R_\mu^{\ \nu} R_\nu^{\ \alpha} R_\alpha^{\ \mu} \lesssim M_P^6$, usw.). Gewöhnlich geht man davon aus, daß diese Bedingungen von dem Zeitpunkt an erfüllt sind, zu dem das betrachtete Gebiet des Universums durch eine klassische Raumzeit beschrieben werden kann. (In Nichtstandard-Gravitationstheorien können die Bedingungen im allgemeinen von (1.7.3) bis (1.7.6) verschieden sein.) Von diesem Augenblick an kann man ja erst davon sprechen, daß die Anfangsverteilung eines klassischen Skalarfeldes $\varphi(x)$ im betrachteten Gebiet der klassischen Raumzeit vorgegeben ist.

Da es a priori keinerlei Grund für die Annahmen $\partial_\mu \varphi \, \partial^\mu \varphi \ll M_P^4$, $R^2 \ll M_P^4$, oder $V(\varphi) \ll M_P^4$ gibt, geht man natürlicherweise davon aus, daß zu dem Zeitpunkt, von dem an das Feld klassisch beschrieben werden kann, typische Anfangsbedingungen

$$\partial_0 \varphi \, \partial^0 \varphi \sim M_P^4, \tag{1.7.7}$$

$$\partial_i \varphi \, \partial^i \varphi \sim M_P^4, \quad i = 1, 2, 3, \tag{1.7.8}$$

$$V(\varphi) \sim M_P^4, \tag{1.7.9}$$

$$R^2 \sim M_P^4 \tag{1.7.10}$$

sind. Im Hauptteil des Buches werden wir noch mehrfach auf die Diskussion der Anfangsbedingungen im frühen Universum zurückkommen; im Moment wollen wir lediglich die Konsequenzen der obigen Annahmen untersuchen [56, 118].

Die Untersuchung der Expansion des Universums mit den Anfangsbedingungen (1.7.7)–(1.7.10) ist immer noch ein recht schwieriges Problem. Glücklicherweise gibt es einen günstigen Umstand, der uns der Lösung beträchtlich näher bringt. Insbesondere interessiert uns ja die Möglichkeit, daß im Universum Gebiete entstehen, die wie Ausschnitte eines exponentiell expandierenden Friedman-Kosmos aussehen. Wie wir schon in Abschnitt 1.4 bemerkt hatten, ist dies ein de-Sitter-Raum, von dem für einen stationären Beobachter nur ein kleiner Ausschnitt vom Radius H^{-1} zugänglich ist. Dieser Beobachter fühlt sich wie von einem Schwarzen Loch im Abstand H^{-1}, der dem Ereignishorizont des de-Sitter-Raumes entspricht, umgeben. Es ist wohlbekannt, daß nichts, was einmal in einem

Schwarzen Loch verschwunden ist, wieder herauskommen kann, um physikalische Prozesse außerhalb des Schwarzen Lochs zu beeinflussen. Diese Feststellung wird (mit einigen hier unwesentlichen Einschränkungen) als „No-Hair"-Theorem der Schwarzen Löcher bezeichnet [119]. Ein analoges Theorem gibt es auch für den de-Sitter-Raum: Alle Teilchen und anderen Inhomogenitäten in einer Kugel vom Radius H^{-1} haben in einer Zeit von der Größenordnung H^{-1} diese Kugel (den Ereignishorizont) verlassen und danach keinen Einfluß mehr auf Ereignisse innerhalb des Horizontes (der de-Sitter-Raum hat ebenfalls „keine Haare" [120, 121]). Infolgedessen gehen lokal die geometrischen Eigenschaften eines expandierenden Universums mit dem Energieimpulstensor $T_{\mu\nu} = g_{\mu\nu} V(\varphi)$ exponentiell schnell gegen die eines de-Sitter-Raumes, d.h. das Universum wird homogen und isotrop, wobei die Gesamtgröße des homogenen und isotropen Gebietes mit exponentieller Geschwindigkeit wächst [120–122].

Ein solches Verhalten ist möglich, wenn die Anfangsgröße der Domäne, in der die Expansion stattfindet, größer als $2H^{-1}$ ist. Für $V(\varphi) \sim M_P^4$ ist die Größe des Horizonts extrem klein, $H^{-1} \sim M_P^{-1}$, d.h., es handelt sich um die kleinsten Gebiete, die gerade noch durch eine klassische Raumzeit beschrieben werden können. Außerdem muß die Expansion auch deshalb annähernd exponentiell erfolgen, damit der Ereignishorizont so langsam wächst, daß die Inhomogenitäten dabei hinter dem Horizont verschwinden und keine Rückwirkung mehr auf die Expansion innerhalb des Horizontes haben können. Diese Bedingung ist erfüllt, wenn $\dot{H} \ll H^2$ ist. In der inflationären Phase ist das gerade der Fall.

Um die Möglichkeit der Entstehung inflationärer Gebiete in einem Universum mit den Anfangsbedingungen (1.7.7)–(1.7.10) zu klären, muß man deshalb lediglich untersuchen, ob zur Planck-Zeit inflationäres Verhalten in einer isolierten Domäne des Universums mit der minimalen Größe l, die gerade noch durch eine klassische Raumzeit beschrieben werden kann, $l \sim H^{-1}(\varphi) \sim M_P^{-1}$, auftreten konnte.

Aus der Bedingung (1.7.9) folgt, daß der typische Anfangswert φ_0 des φ-Feldes im frühen Universum extrem groß ist. So ist z. B. in einer Theorie mit $V(\varphi) = \lambda \varphi^4/4$ für $\lambda \ll 1$

$$\varphi_0(x) \sim \lambda^{-1/4} M_P \gg M_P. \tag{1.7.11}$$

Wegen (1.7.4) und (1.7.11) ändert sich $\varphi_0(x)$ in jedem Gebiet mit einer Größe in der Größenordnung des Ereignishorizonts $H^{-1}(\varphi) \sim M_P^{-1}$ nur relativ wenig, $\Delta \varphi \sim M_P \ll \varphi_0$. Wie wir bereits festgestellt hatten, verläuft die Entwicklung des φ-Feldes in jedem dieser Gebiete unabhängig davon, was im Rest des Universums geschieht. Wir wollen ein solches Gebiet des Universums[5] mit einer Anfangsgröße $O(M_P^{-1})$ betrachten, in dem $\partial_\mu \varphi \partial^\mu \varphi$ und die für die Inhomogenität und Anisotropie des Universums verantwortlichen Quadrate der Komponenten des Krümmungstensors $R_{\mu\nu\alpha\beta}$ einige mal kleiner als $V(\varphi) \sim M_P^4$ sind. Da alle diese

---

[5] Die Größen $\partial_\mu \varphi \partial^\mu \varphi$ und R^2 können nicht in einem kleinen *Teil* des Gebietes größer als $V(\varphi)$, und in einem anderen kleiner als $V(\varphi)$ sein, da es wegen der starken Quantenfluktuationen der Metrik in diesen Dimensionen unmöglich ist, den *klassischen* Raum in Teile zu zerlegen, die kleiner als M_P^{-1} sind und das *klassische* Feld φ in jedem dieser Teile separat zu betrachten.

1.7 Das Szenarium der chaotischen Inflation

Größen wegen (1.7.7)–(1.7.10) in ein und derselben Größenordnung liegen, sollte die Wahrscheinlichkeit für die Existenz solcher Gebiete nicht wesentlich kleiner als eins sein. Es ist interessant, die weitere Entwicklung dieser Gebiete zu betrachten.

Tatsächlich kann man den Raum in diesen Gebieten wegen der relativ kleinen Anfangsanisotropie und -inhomogenität als lokalen Friedman-Raum mit der Metrik (1.3.1) und nach Gleichung (1.3.7)

$$H^2 + \frac{k}{a^2} \equiv \left(\frac{\dot{a}}{a}\right)^2 + \frac{k}{a^2} = \frac{8\pi}{3 M_P^2} \left(\frac{\dot{\varphi}^2}{2} + \frac{(\nabla \varphi)^2}{2} + V(\varphi)\right) \qquad (1.7.12)$$

betrachten. Das φ-Feld genügt dabei der Gleichung

$$\Box \varphi = \ddot{\varphi} + 3 \frac{\dot{a}}{a} \dot{\varphi} - \frac{1}{a^2} \Delta \varphi = -\frac{dV}{d\varphi}, \qquad (1.7.13)$$

in der $\Box$ der kovariante d'Alembert-Operator und Δ der Laplace-Operator im dreidimensionalen Raum mit der zeitunabhängigen Metrik

$$dl^2 = \frac{dr^2}{1 - kr^2} + r^2 (d\theta^2 + \sin^2\theta \, d\varphi^2) \qquad (1.7.14)$$

ist. Für ein hinreichend homogenes und langsam veränderliches φ-Feld

$$(\dot{\varphi}^2, (\nabla \varphi)^2 \ll V; \ddot{\varphi} \ll dV/d\varphi)$$

reduzieren sich die Gleichungen (1.7.12) und (1.7.13) auf

$$H^2 + \frac{k}{a^2} \equiv \left(\frac{\dot{a}}{a}\right)^2 + \frac{k}{a^2} = \frac{8\pi}{3 M_P^2} V(\varphi), \qquad (1.7.15)$$

$$3 H \dot{\varphi} = -\frac{dV}{d\varphi}. \qquad (1.7.16)$$

Wenn das Universum expandiert ($\dot{a} > 0$) und der Anfangswert von φ, wie angenommen, Gleichung (1.7.11) erfüllt kann man leicht zeigen, daß sich die Lösung des Differentialgleichungssystems (1.7.15) und (1.7.16) rasch ihrem asymptotischen Verhalten mit einer quasiexponentiellen Expansion (Inflation) nähert, bei dem der Term k/a^2 in (1.7.15) vernachlässigbar ist. Daß ein solches Verhalten möglich ist, macht man sich leicht klar. Für große a^2 ist zunächst nach Gleichung (1.7.15) $H^2 = 8\pi V(\varphi)/3 M_P^2$. Aus (1.7.16) folgt dann

$$\frac{1}{2} \dot{\varphi}^2 = \frac{M_P^2}{48 \pi V} \left(\frac{dV}{d\varphi}\right)^2. \qquad (1.7.17)$$

Für $V(\varphi) \sim \varphi^n$ findet man deshalb

$$\frac{1}{2} \dot{\varphi}^2 = \frac{n^2 M_P^2}{48 \pi \varphi^2} V(\varphi), \qquad (1.7.18)$$

1. Elementarteilchenphysik und inflationäre Kosmologie – Ein Überblick

und $\frac{1}{2}\dot\varphi^2 \ll V(\varphi)$ für

$$\varphi \gg \frac{n}{4\sqrt{3\pi}} M_\mathrm{P}. \qquad (1.7.19)$$

Das heißt, für große φ ist der Energieimpulstensor $T_{\mu\nu}$ des φ-Feldes nahezu ausschließlich durch die Größe $g_{\mu\nu}V(\varphi)$ bestimmt, es ist $p \approx -\varrho$ und das Universum expandiert quasiexponentiell. Da die Geschwindigkeit, mit der sich das φ-Feld und $V(\varphi)$ ändern, für $\varphi \gg M_\mathrm{P}$ viel kleiner als die Expansionsrate des Universums ist ($\dot\varphi/\varphi \ll H$, $\dot H \ll H^2$), sieht das Universum über Zeiträume $\Delta t \lesssim H/\dot H \gg H^{-1}$ fast exakt wie ein de-Sitter-Raum mit dem Expansionsgesetz

$$a(t) \sim \mathrm{e}^{Ht} \qquad (1.7.20)$$

aus, wobei

$$H(\varphi(t)) = \sqrt{\frac{8\pi V(\varphi)}{3 M_\mathrm{P}^2}} \qquad (1.7.21)$$

mit der Zeit allmählich abnimmt [56].

Unter diesen Bedingungen verhält sich das Feld $\varphi(t)$ in einer Theorie mit $V(\varphi) = \lambda \varphi^4/4$ wie

$$\varphi(t) = \varphi_0 \exp\left(-\sqrt{\frac{\lambda}{6\pi}} M_\mathrm{P} t\right) \qquad (1.7.22)$$

und in einer Theorie mit $V(\varphi) \sim \varphi^n$ (1.7.2) und $n \neq 4$ wie

$$\varphi(t)^{2-(n/2)} = \varphi_0^{2-(n/2)} + t\left(2 - \frac{n}{2}\right)\sqrt{\frac{n\lambda}{24\pi}} M_\mathrm{P}^{3-(n/2)}. \qquad (1.7.23)$$

Insbesondere findet man für eine Theorie mit $V(\varphi) = m^2 \varphi^2/2$ (d.h., für $n=2$ und $\lambda M_\mathrm{P}^2 = m^2$)

$$\varphi(t) = \varphi_0 - \frac{m M_\mathrm{P}}{2\sqrt{3\pi}} t. \qquad (1.7.24)$$

Das Verhalten des Skalenfaktors des Universums ist dabei durch die allgemeine Gleichung

$$a(t) = a_0 \exp\frac{4\pi}{n M_\mathrm{P}^2}(\varphi_0^2 - \varphi^2(t)) \qquad (1.7.25)$$

1.7 Das Szenarium der chaotischen Inflation

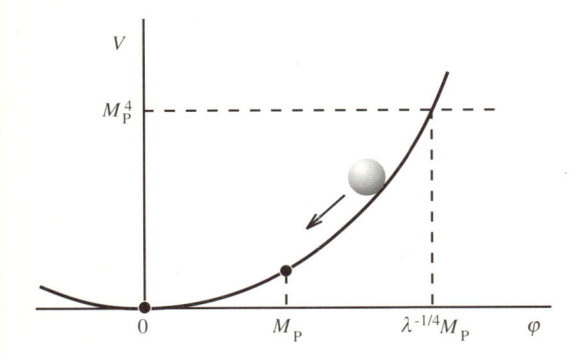

Abb. 5 Entwicklung des homogenen, klassischen Skalarfeldes φ in einer Theorie mit dem Potential $V(\varphi) = \lambda \varphi^4/4$ bei Vernachlässigung von Quantenfluktuationen des Feldes. Für $\varphi > \lambda^{-1/4} M_P$ ist die Energiedichte des φ-Feldes größer als die Planck-Dichte und die Entwicklung des Universums kann nicht mehr klassisch beschrieben werden. Für $M_P/3 \lesssim \varphi \lesssim \lambda^{-1/4} M_P$ wird das Feld langsam kleiner und das Universum dehnt sich dabei exponentiell aus (Inflation). Für $\varphi \lesssim M_P/3$ oszilliert das φ-Feld schnell um das Minimum von $V(\varphi)$ und überträgt seine Energie auf die dabei erzeugten Teilchen (Wiederaufheizen des Universums).

bestimmt, die sich für hinreichend kleine t auf (1.7.20) reduziert. Unter Benutzung der Abschätzung (1.7.19) sieht man leicht, daß dieses Verhalten (die inflationäre Phase) aufhört, sobald $\varphi \lesssim n M_P/12$ wird. Für $\varphi_0 \gg M_P$ folgt aus (1.7.24) für der Gesamtinflationsfaktor P

$$P \approx \exp\left(\frac{4\pi}{n M_P^2} \varphi_0^2\right). \tag{1.7.26}$$

Nach (1.7.26) ist der Inflationsfaktor für kleine Anfangswerte des φ-Feldes klein und wächst mit zunehmendem φ_0 exponentiell an. Das bedeutet aber, daß der Großteil des physikalischen Raumes des Universums nicht durch die Expansion von Gebieten entstanden ist, in denen ursprünglich zufällig ein kleines (oder stark inhomogenes, sich schnell änderndes und damit nicht zu einer exponentiellen Expansion des Universums führendes) φ-Feld war. Der Großteil des physikalischen Raumes des Universums entstand durch die Inflation von Gebieten, deren Größe über dem Radius des Ereignishorizonts $H^{-1}(\varphi)$ lag und in denen sich ein hinreichend homogenes, langsam veränderliches und extrem großes Anfangsfeld $\varphi = \varphi_0$ befand. Die einzige wesentliche Schranke an den Wert des homogenen, langsam veränderlichen φ-Feldes ist nach (1.7.5) $V(\varphi) \lesssim M_P^4$. Wie erwähnt, sollte die Wahrscheinlichkeit der Existenz von Domänen der Größe $\Delta l \gtrsim H^{-1}(\varphi) \sim M_P^{-1}$ mit $\dot\varphi^2, (\nabla\varphi)^2 \lesssim V(\varphi) \sim M_P^4$ nicht wesentlich unterdrückt sein. In Verbindung mit (1.7.26) führt das zu der Vorstellung, daß der größte Teil des physikalischen Volumens des heutigen Universums durch die exponentielle Expansion von Gebieten des oben erwähnten Typs entstanden ist.

Wenn, wie vorausgesetzt, im Anfangszustand

$$V(\varphi_0) \sim \frac{\lambda \varphi_0^n}{n M_P^{n-4}} \sim M_P^4 \qquad (1.7.27)$$

ist, findet man den Inflationsfaktor

$$P \sim \exp\left[\frac{4\pi}{n}\left(\frac{\lambda}{n}\right)^{-2/n}\right]. \qquad (1.7.28)$$

Insbesondere ist für eine $\lambda \varphi^4/4$-Theorie

$$P \sim \exp\left(\frac{\pi}{\sqrt{\lambda}}\right) \qquad (1.7.29)$$

und für eine $m^2 \varphi^2/2$-Theorie

$$P \sim \exp\frac{\pi\sqrt{2}\,M_P^2}{m^2}. \qquad (1.7.30)$$

Nachdem das φ-Feld bis auf die Größenordnung von M_P gefallen ist (vergleiche (1.7.19)), ist die Größe $H = \dot{a}/a$, die in Gleichung (1.7.13) wie ein Reibungskoeffizient wirkt, nicht mehr groß genug, um ein rasches Hinabrollen des φ-Feldes in das Minimum des Potentials bei $\varphi = \varphi_0$ zu verhindern. Das φ-Feld beginnt um das Minimum von $V(\varphi)$ zu schwingen und überträgt seine Energie auf die durch diese Schwingungen erzeugten Teilchen. Die Teilchen führen Stöße aus und gehen dabei in den Zustand des thermischen Gleichgewichts über, d.h., das Universum heizt sich auf [53, 123, 124] (Abbildung 6).

Erfolgt dieses Wiederaufheizen schnell genug (innerhalb $\Delta t \lesssim H^{-1}(\varphi \sim M_P)$), geht praktisch die gesamte Schwingungsenergie des Feldes in Wärme über und die Temperatur des Universums nach dem Wiederaufheizen T_R ist durch

$$\frac{\pi^2 N(T_R)}{30} T_R^4 \sim V\left(\varphi - \frac{n}{12} M_P\right) \qquad (1.7.31)$$

gegeben. So erhält man z.B. für die $V(\varphi) = \lambda \varphi^4/4$-Theorie mit $N(T) \sim 10^3$ den Wert $T_R = c \lambda^{1/4} M_P$, wobei $c = O(10^{-1})$ ist. In vielen realistischen Versionen des inflationären Szenariums liegt jedoch die Temperatur des Universums nach dem Wiederaufheizen viele Größenordnungen unter $V^{1/4}(\varphi \sim n M_P/12)$. Das liegt daran, daß das Wiederaufheizen wegen der schwachen Wechselwirkung des φ-Feldes mit sich selbst und den anderen Feldern sehr ineffektiv abläuft (siehe unten).

Besonders wichtig ist der Umstand, daß sowohl T_R, als auch das Verhalten des φ-Feldes bei $\varphi \sim M_P$ vom Anfangswert φ_0 bei $\varphi_0 \gg M_P$ praktisch nicht abhängen. Die Anfangstemperatur des Universums nach dem Wiederaufheizen hängt also nicht von den Anfangsbedingungen der inflationären Phase, von der Dauer der

1.7 Das Szenarium der chaotischen Inflation

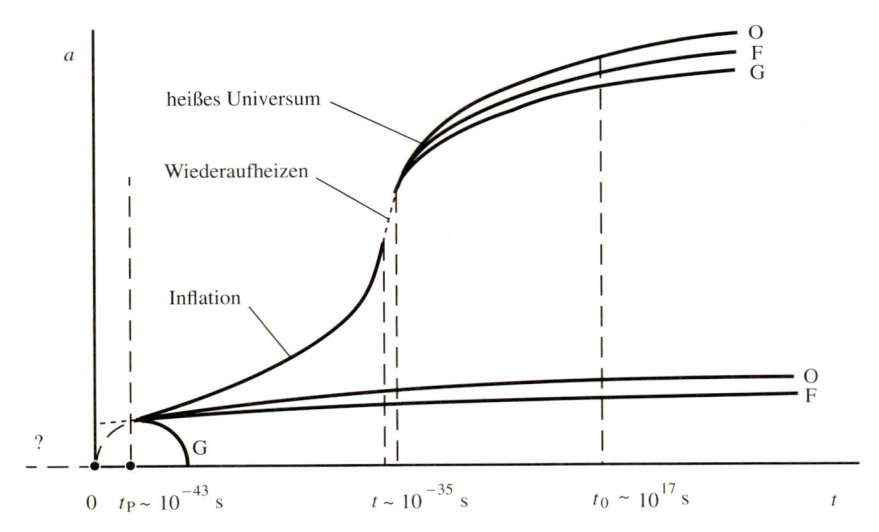

Abb. 6 Die unteren Kurven zeigen die Entwicklung der Größe des Universums (genauer gesagt, seines Skalenfaktors) für ein offenes (O), flaches (F) und geschlossenes (G) Friedman-Modell. Die oberen Kurven zeigen die Entwicklung eines inflationären Gebietes des Universums. Wegen der Quantengravitations-Fluktuationen ist eine klassische Beschreibung der Expansion des Universums für Zeiten kleiner als $t \sim t_P = M_P^{-1} \sim 10^{-43}$ s nach dem Urknall bei $t = 0$ (oder vor Beginn der Inflation im betreffenden Gebiet) nicht möglich. In den einfachsten Modellen dauert die Inflation etwa 10^{-35} s. Während dieser Zeit wächst das inflationäre Gebiet des Universums um das 10^{10^7}–$10^{10^{14}}$-fache. Danach heizt sich das Universum wieder auf und die weitere Entwicklung des Gebietes wird von der Theorie des heißen Universums beschrieben.

Inflation usw. ab. Der einzige Parameter, der sich während der Inflation ändert, ist der Skalenfaktor, der entsprechend (1.7.28)–(1.7.30) exponentiell wächst. Dies erlaubt es gerade, die meisten der in Abschnitt 1.5 genannten Probleme zu lösen.

Zunächst wollen wir die Probleme der Flachheit, Homogenität und Isotropie des Raumes betrachten. Man sieht, daß während der quasiexponentiellen Expansion des Universums die rechte Seite der Gleichung (1.7.12) nur sehr langsam abnimmt, während der Term k/a^2 auf der linken Seite exponentiell abfällt. Mit anderen Worten, die Größe k/a^2, die die Abweichung der dreidimensionalen Geometrie des Universums von einem flachen Raum charakterisiert, nimmt exponentiell ab (obgleich sich die globale Geometrie des Weltalls nicht ändert). Zur Lösung des Flachheitsproblems ist es notwendig, daß ein Gebiet der ursprünglichen Größe $\Delta l \sim M_P^{-1} \sim 10^{-33}$ cm auf das 10^{30}-fache wächst (vergleiche Abschnitt 1.5). In der Mehrzahl der konkreten Realisierungen des Szenariums der chaotischen Inflation ist dies bei weitem erfüllt (siehe unten). Im Unterschied zum neuen inflationären Universum kann die Inflation im hier betrachteten Szenario bei beliebig hoher Energiedichte und beliebig schnell nach Beginn der Expansion des Universums, d.h. vor dem Rekollabieren eines geschlossenen Universums beginnen. Nachdem das geschlossene Universum eine inflationäre Phase durchlaufen hat, ist es exponentiell groß geworden. Deshalb wird das Flachheitsproblem im

Szenarium der chaotischen Inflation sogar für ein geschlossenes Universum gelöst.

Die Lösung des Flachheitsproblems in diesem Szenarium gestattet eine einfache und anschauliche Interpretation: Bei der Inflation einer Kugeloberfläche wird deren Geometrie immer flacher, ohne ihre Topologie zu ändern (Abbildung 7). Diese Analogie ist zwar nicht ganz vollkommen, aber recht nützlich und instruktiv. So ist zum Beispiel klar, daß bei einer starken horizontalen Streckung des Himalajas ohne Änderung der Höhe aus den Bergen eine Ebene wird. Dasselbe geschieht während der Inflation mit dem Universum. So verhindert z. B. die schnelle Inflation eine gleichzeitige zeitliche Änderung des φ-Feldes (der Term $3H\dot{\varphi}$ in (1.7.13) spielt die Rolle einer viskosen Dämpfung), die Feldverteilung ist in den Koordinaten r, θ, φ „eingefroren". Gleichzeitig wächst der allgemeine Skalenfaktor des Universums $a(t)$ exponentiell an, d. h., die Feldverteilung des klassischen φ-Feldes wird *im physikalischen Einheitsvolumen* exponentiell schnell räumlich homogen, $\partial_i \varphi \partial^i \varphi \to 0$. Der Energieimpulstensor geht exponentiell schnell gegen $g_{\mu\nu} V(\varphi)$ (genaugenommen bis auf kleine Korrekturen $\sim \dot{\varphi}^2$), der Krümmungstensor wird

$$R_{\mu\nu\alpha\beta} = H^2 (g_{\mu\nu} g_{\alpha\beta} - g_{\mu\beta} g_{\nu\alpha}), \tag{1.7.32}$$

$$R_{\mu\nu} = 3 H^2 g_{\mu\nu}, \tag{1.7.33}$$

$$R = 12 H^2 = \frac{32\pi}{M_P^2} V(\varphi) \tag{1.7.34}$$

und innnerhalb einer Domäne wird der Unterschied zwischen dem hier betrachteten Universum und einem homogenen und isotropen (1.3.1) (in voller Übereinstimmung mit dem „No-Hair"-Theorem für den de-Sitter-Raum) exponentiell klein. Die Domäne selbst wird dabei exponentiell groß. Das erklärt die Homogenität und Isotropie des sichtbaren Teils unseres Universums [54–56, 120–122].

Die Streckung aller Inhomogenitäten führt zu einem exponentiellen Abfall der Dichte von Monopolen, Domänenwänden, Gravitinos und anderer, vor oder während der Inflation erzeugter Objekte. Falls die Temperatur des Universums nach dem Wiederaufheizen T_R nicht hoch genug ist, um Monopole, Domänenwände und Gravitinos erneut zu erzeugen, verschwinden die entsprechenden Probleme.

Gleichzeitig mit dem Ausglätten der ursprünglichen Inhomogenitäten und dem Ausgrenzen der Monopole und Domänenwände aus dem sichtbaren Teil unseres Universums bringt die Inflation selbst spezifische großräumige Inhomogenitäten hervor [107, 114, 125]. Die Theorie dieses Vorgangs ist ziemlich kompliziert und wird in Abschnitt 7.5 behandelt. Physikalisch hängt das Auftreten dieser großräumigen Inhomogenitäten im inflationären Universum mit einer Umstrukturierung des Vakuumzustandes infolge der exponentiellen Expansion des Universums zusammen. Es ist bekannt, daß die Expansion des Universums häufig zur Erzeugung von Elementarteilchen führt [74]. Gewöhnliche Teilchen werden während der Inflation nicht erzeugt; jedoch kommt es zu einer Umwandlung kurzwelliger Quantenfluktuationen $\delta\varphi$ des φ-Feldes in langwellige Fluktuationen. Die kurz-

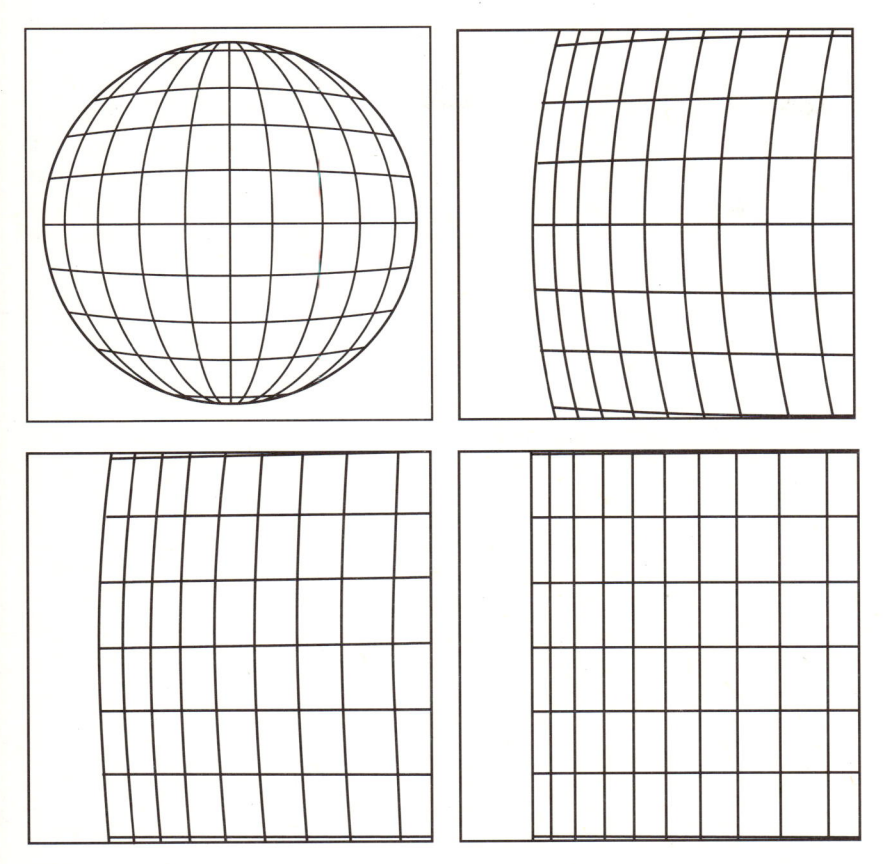

Abb. 7 Die Geometrie der Oberfläche eines Körpers in Abhängigkeit von seiner Größe. Bei starker Ausdehnung wird die Geometrie der Oberfläche praktisch euklidisch. Dieser Effekt liegt der Lösung der Probleme der Flachheit, Homogenität und Isotropie des sichtbaren Teils des Universums durch eine exponentielle Inflation zugrunde.

welligen Fluktuationen des φ-Feldes im inflationären Universum unterscheiden sich nicht von solchen im Minkowski-Raum (1.1.3) (ein Feld mit dem Impuls $k \gg H$ „spürt" nichts von der Raumkrümmung). Nachdem jedoch die Wellenlänge einer Fluktuation $\delta\varphi$ die Größe des Horizonts H^{-1} überschritten hat, wird ihre Amplitude (durch den Dämpfungsterm $3H\dot\varphi$ in (1.7.13)) „eingefroren". Das heißt, das Feld $\delta\varphi$ hört auf zu oszillieren, während seine Wellenlänge weiter exponentiell wächst. Betrachtet man dies vom Standpunkt der üblichen Quantisierung eines Skalarfeldes im Minkowski-Raum, so handelt es sich nicht um die Erzeugung von Teilchen des φ-Feldes (1.1.3), sondern um die Entstehung eines inhomogenen (quasi)klassischen Feldes $\delta\varphi(x)$, wobei der Grad des quasiklassischen Verhaltens mit der Expansion des Universums exponentiell wächst. In einem bestimmten Sinn könnte man sagen, daß ein inflationäres Universum wie ein Laser funktioniert, der kontinuierlich klassische Wellen des φ-Feldes mit der Wellenlänge $l \sim k^{-1} \sim H^{-1}$

erzeugt. Ein wichtiger Unterschied besteht jedoch darin, daß die Wellenlänge des inhomogenen klassischen Feldes $\delta\varphi$ nach dessen Erzeugung exponentiell mit der Zeit wächst. Die entstehenden kurzreichweitigen Inhomogenitäten des φ-Feldes werden also auf exponentielle Größe gedehnt (wobei sich ihre Amplituden nur sehr langsam ändern), während an ihrer Stelle neue kurzreichweitige Inhomogenitäten $\delta\varphi(x)$ erzeugt werden. Die charakteristische Zeitskala für das Wachstum der Längen ist im inflationären Universum $\Delta t = H^{-1}$. Die mittlere Amplitude des in dieser Zeit erzeugten Feldes $\delta\varphi(x)$ mit einer Wellenlänge $l \sim k^{-1} \sim H^{-1}$ ist [126–128]

$$|\delta\varphi(x)| \sim \frac{H(\varphi)}{2\pi}. \qquad (1.7.35)$$

Da sich $H(\varphi)$ während der Inflation nur sehr langsam ändert, wird die Amplitude der in der Zeit $\Delta t = H^{-1}$ erzeugten Störungen des φ-Feldes nur schwach von der Zeit abhängen. Berücksichtigt man weiter, daß die Wellenlänge $l \sim k^{-1}$ der Fluktuationen $\delta\varphi(x)$ exponentiell von der Inflationszeit t abhängt, kann man zeigen, daß das Spektrum der während der Inflation gebildeten Inhomogenitäten des φ-Feldes, und damit auch das Spektrum der zu $\delta\varphi$ proportionalen Dichteinhomogenitäten $\delta\varrho$, im logarithmischen Maßstab nahezu unabhängig von der Wellenlänge l (oder dem Impuls k) ist. Wie bereits erwähnt, interessieren sich die Kosmologen im Zusammenhang mit der Theorie der Galaxienbildung schon seit langem für Dichteinhomogenitäten mit einem derartigen Spektrum [76, 214]. Allerdings verlangt diese Theorie, daß die relative Amplitude der Dichtefluktuationen mit diesem Spektrum hinreichend klein ist:

$$\frac{\delta\varrho(k)}{\varrho} \sim 10^{-4} - 10^{-5}. \qquad (1.7.36)$$

Andererseits liefern Abschätzungen für $\delta\varrho/\varrho$ in der $V(\varphi) = \lambda(\varphi)^4/4$-Theorie [114, 116]

$$\frac{\delta\varrho}{\varrho} \sim 10^2 \sqrt{\lambda}, \qquad (1.7.37)$$

woraus folgt, daß die Kopplungskonstante λ, wie schon im neuen inflationären Universum, extrem klein sein muß,

$$\lambda \sim 10^{-12} - 10^{-14}. \qquad (1.7.38)$$

Für $\lambda \sim 10^{-14}$ hat der charakteristische Inflationsfaktor die Größenordnung

$$P \sim \exp\frac{\pi}{\sqrt{\lambda}} \sim 10^{10^5}. \qquad (1.7.39)$$

Während der Inflation wird also ein Gebiet der ursprünglichen Größe $\Delta l \sim l_\mathrm{P} \sim M_\mathrm{P}^{-1} \sim 10^{-33}$ cm auf

$$l \sim M_\mathrm{P}^{-1} \exp \frac{\pi}{\sqrt{\lambda}} \sim 10^{10^5} \text{ cm} \tag{1.7.40}$$

wachsen, was viele Größenordnungen über der Größe des sichtbaren Teils des Universums, $R_\mathrm{T} \sim 10^{28}$ cm, liegt. Für die Gesamtdauer der Inflation erhält man nach (1.7.22)

$$\tau \sim \frac{1}{4}\sqrt{\frac{6\pi}{\lambda}} M_\mathrm{P}^{-1} \ln(1/\lambda) \sim 10^8 M_\mathrm{P}^{-1} \sim 10^{-35} \text{ s}. \tag{1.7.41}$$

Die Abschätzungen (1.7.39) und (1.7.40) zeigen, wie das Horizontproblem im Szenarium der chaotischen Inflation gelöst werden kann: die Expansion setzte in verschiedenen Gebieten des sichtbaren Teils des Universums mit der Größe $l \lesssim 10^{28}$ cm praktisch gleichzeitig ein, da sie alle durch die Inflation eines Gebietes des Universums von der Größe $l \lesssim 10^{-33}$ cm entstanden sind, in dem diese innerhalb $\Delta t \sim t_\mathrm{P} \sim 10^{-43}$ gleichzeitig begann. Durch die exponentielle Expansion wird das Universum über Entfernungen, die viele Größenordnungen über der Größe des Horizonts in der Theorie des heißen Universums, $R_\mathrm{T} \sim ct$, liegen, kausal zusammenhängend.

Diese Resultate mögen sehr phantastisch klingen, insbesondere wenn man bedenkt, daß der gesamte sichtbare Teil des Universums, der nach der Theorie des heißen Universums nun schon ca. 10^{10} Jahre expandiert, unvergleichlich kleiner als eine einzige inflationäre Domäne mit der minimalen Anfangsgröße $\Delta l \sim l_\mathrm{P} \sim$ $\sim M_\mathrm{P}^{-1} \sim 10^{-33}$ cm (1.7.40) sein soll. Es muß hier noch einmal betont werden, daß eine solch extreme Expansion des Universums nicht der üblichen Grenze für die Geschwindigkeit der Signalausbreitung $v \leq c = 1$ widerspricht (vergleiche Abschnitt 1.4). Weiterhin muß man berücksichtigen, daß die numerischen Abschätzungen (1.7.39) und (1.7.40) stark vom verwendeten Modell abhängen. So findet man z.B. in einer $V(\varphi) = m^2 \varphi^2/2$-Theorie mit $\delta\varrho/\varrho \sim 10^{-5}$ den charakteristischen Inflationsfaktor $10^{10^{14}}$ anstelle von 10^{10^7}. Für uns ist hier lediglich entscheidend, daß die Abmessungen der betrachteten Gebiete des Universums nach der Inflation um viele Größenordnungen über der Größe des sichtbaren Teils des Universums liegen. Demzufolge ist k/a^2 in (1.3.7) um viele Größenordnungen kleiner als $8\pi G\varrho/3$, d.h., das Universum unterscheidet sich (lokal) nach der Inflation nicht von einem flachen. Daraus folgt, daß die gegenwärtige Dichte des Universums sehr nahe bei der kritischen liegen muß:

$$\Omega = \frac{\varrho}{\varrho_\mathrm{c}} = 1, \tag{1.7.42}$$

genauer gesagt, bis auf die mit den lokalen Dichteinhomogenitäten im sichtbaren Teil des Universums zusammenhängenden Schwankungen $\delta\varrho/\varrho_\mathrm{c} \sim 10^{-3} - 10^{-4}$.

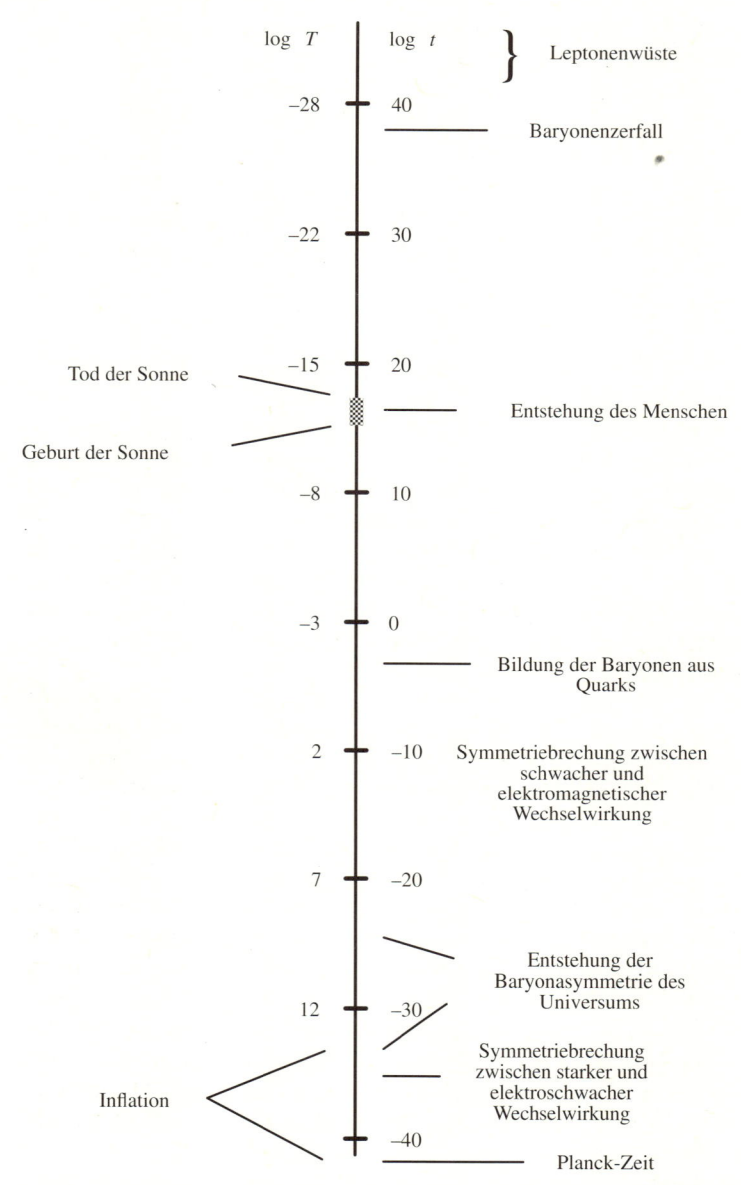

58   1. Elementarteilchenphysik und inflationäre Kosmologie – Ein Überblick

log T	log t	
		} Leptonenwüste
−28	40	
		——— Baryonenzerfall
−22	30	
−15	20	
Tod der Sonne		——— Entstehung des Menschen
Geburt der Sonne		
−8	10	
−3	0	
		——— Bildung der Baryonen aus Quarks
2	−10	Symmetriebrechung zwischen schwacher und elektromagnetischer Wechselwirkung
7	−20	
		Entstehung der Baryonasymmetrie des Universums
12	−30	
		Symmetriebrechung zwischen starker und elektroschwacher Wechselwirkung
Inflation	−40	
		Planck-Zeit

Abb. 8 Hauptetappen in der Entwicklung einer inflationären Domäne des Universums. Die Zeit t seit Beginn der Inflation ist in Sekunden aufgetragen, die Temperatur T in GeV (1 GeV ≈ 10^{13} K). Die typische Lebensdauer eines Gebietes des Universums zwischen Beginn der Inflation und (im Falle einer überkritischen Dichte) Rekollabieren liegt viele Größenordnungen über der Protonzerfallszeit in den einfachsten GUT-Theorien.

1.7 Das Szenarium der chaotischen Inflation 59

Dies ist eine der wichtigsten Voraussagen des Szenariums des inflationären Universums, die sich im Prinzip durch astronomische Beobachtungen nachprüfen läßt.

Wir wollen nun auf das Wiederaufheizen des Universums nach der Inflation zurückkommen. Für $\lambda \sim 10^{-14}$ kann in einer $\lambda \varphi^4/4$-Theorie die charakteristische Temperatur des Universums nach dem Wiederaufheizen (1.7.31) nicht größer als

$$T_R \sim 10^{-1} \lambda^{1/4} M_P \sim 3 \cdot 10^{14} \, \text{GeV} \tag{1.7.43}$$

werden. In der Regel liegt T_R sogar noch darunter. Zunächst kann die Schwingungsfrequenz des φ-Feldes in der Nähe des Minimums von $V(\varphi)$ in einer solchen Theorie höchstens $\sqrt{\lambda} M_P \sim 10^{12}$ GeV betragen, und bei weitem nicht in allen Theorien läßt sich das Universum über diese Temperatur hinaus aufheizen. Außerdem wird das Wiederaufheizen auch dadurch verzögert, daß das φ-Feld mit den anderen Feldern nur schwach wechselwirkt. Die Schwingungsamplitude des φ-Feldes nimmt deshalb wegen des Terms $3H\dot{\varphi}$ in der Bewegungsgleichung während der Expansion ab, und in manchen Theorien liegt die Temperatur des Universums nach dem Wiederaufheizen noch wesentlich unter (1.7.43). Im allgemeinen kann das zu bestimmten Schwierigkeiten bei der Behandlung des Baryonenasymmetrie-Problems führen. Tatsächlich wird jede ursprünglich vorhandene Baryonenasymmetrie während der Inflation des Universums exponentiell unterdrückt, und die spätere Herausbildung einer Baryonenasymmetrie ist nicht nur, wie in der gewöhnlichen Theorie des heißen Universums, theoretisch attraktiv, sondern sogar unvermeidbar. Außerdem ist der in [36–38] im Rahmen der GUT-Theorien vorgeschlagene Mechanismus zur Erzeugung der Baryonenasymmetrie nur dann genügend effektiv, wenn es in dem heißen Plasma bei hinreichend hohen Temperaturen T superschwere Teilchen gibt, deren nachfolgender Zerfall dann zu einem Überschuß von Baryonen gegenüber Antibaryonen führt. Gewöhnlich muß die Temperatur des Universums dazu größer als 10^{15} GeV sein. Dies läßt sich im Szenarium des inflationären Universums aber nur selten erreichen. Zum Glück kann die Baryonenasymmetrie nach der Inflation aber auch bei viel kleineren Temperaturen, durch Nichtgleichgewichtsprozesse während des Wiederaufheizens erzeugt werden [123]. Darüber hinaus wurde in den letzten Jahren eine Reihe von Modellen entwickelt, die die Entstehung einer Baryonenasymmetrie sogar bei Temperaturen nach dem Wiederaufheizen von weniger als 10^2 GeV ermöglichen [97–99, 129]. Auf diese Weise läßt sich das Stadium der Expansion des heißen Universums an die inflationäre Phase „anschließen", und es zeigt sich, daß dieses Szenarium [56] von den Hauptproblemen der Standardtheorie des heißen Universums frei ist.

Vom Standpunkt der Entwicklung jeder einzelnen inflationären Domäne hängen alle Vorzüge der neuen Theorie mit der Existenz der kurzzeitigen inflationären Phase zusammen (vergleiche Abbildung 8). Der Anfangs- und Endzustand in der Entwicklung jeder inflationären Domäne hängt jedoch von der Globalstruktur des inflationären Universums ab, der wir uns nun zuwenden wollen.

1.8 Das selbstreproduzierende Universum

Dem aufmerksamen Leser ist sicher nicht entgangen, daß wir bei der Diskussion der durch das inflationäre Universum gelösten Probleme stillschweigend das wichtigste davon übergangen haben – das Problem der kosmologischen Singularität. Auch haben wir keinerlei Aussage zur globalen Struktur des inflationären Universums gemacht, sondern uns auf die Feststellung beschränkt, daß seine lokalen Eigenschaften denen der sichtbaren Welt sehr ähnlich sind. Die Untersuchung der Globalstruktur des Universums und des Problems der kosmologischen Singularität hält im Rahmen des Szenariums des inflationären Universums einige Überraschungen bereit. Vor der Entwicklung dieses Szenariums gab es keinerlei Grund zu der Annahme, unser Universum könnte über große Abstände stark inhomogen sein. Im Gegenteil, die astronomischen Daten stützten die These, daß über große Abstände, bis an die Grenzen des sichtbaren Teils unseres Universums mit einer Größe von $R_T \sim 10^{28}$ cm, die Inhomogenitäten $\delta\varrho/\varrho$ im Mittel kleiner als 10^{-4} sind. Man nahm deshalb an, daß es zum Verständnis der Evolution des Universums völlig ausreichend sei, homogene (oder bestenfalls leicht inhomogene) kosmologische Modelle von der Art der Friedman-Modelle (oder anisotropen Bianchi-Modelle) zu untersuchen [65].

Aus den Ergebnissen der bisherigen Abschnitte ist mittlerweile deutlich geworden, daß der sichtbare Teil des Universums nur ein winziger Teil des Universums als Ganzes ist, und daß der auf Beobachtungen eines kleinen Teils davon beruhende Schluß auf die Homogenität der Welt als Ganzes eine unzulässige Verallgemeinerung darstellt. Im Gegenteil, die Untersuchung der Globalstruktur des inflationären Universums zeigt, daß das Universum, obgleich es lokal ein Friedman-Kosmos ist, über sehr große Entfernungen völlig inhomogen *sein muß*, und daß seine globale Geometrie und seine Entwicklungsdynamik als Ganzes mit der Geometrie und Dynamik des Friedman-Kosmos nicht das geringste zu tun haben [57, 78, 132, 133].

Um diese wichtige und etwas überraschende Tatsache zu illustrieren, wollen wir das Verhalten des Skalarfeldes φ in dem einfachen Modell (1.7.1) mit dem effektiven Potential $V(\varphi) = \lambda\varphi^4/4$ im Szenarium der chaotischen Inflation unter Berücksichtigung der während der Inflation entstehenden langwelligen Fluktuationen etwas genauer betrachten [57].

Aus (1.7.21) und (1.7.22) folgt, daß das klassische homogene Feld φ in der charakteristischen Zeit

$$\Delta t = H^{-1}(\varphi) = \sqrt{\frac{3}{2\pi\lambda}} \frac{M_P}{\varphi^2} \tag{1.8.1}$$

um

$$\Delta\varphi = \frac{M_P^2}{2\pi\varphi} \tag{1.8.2}$$

abnimmt. In dieser Zeit werden nach (1.7.36) Inhomogenitäten des φ-Feldes mit

1.8 Das selbstreproduzierende Universum

Wellenlängen $l \gtrsim H^{-1}$ und der mittleren Amplitude

$$|\delta\varphi(x)| \approx \frac{H(\varphi)}{2\pi} = \sqrt{\frac{\lambda}{6\pi}\frac{\varphi^2}{M_P}} \tag{1.8.3}$$

erzeugt. Man kann leicht zeigen, daß für $\varphi \ll \varphi^*$, mit

$$\varphi^* = \lambda^{1/6} M_P, \tag{1.8.4}$$

der Einfluß der Quantenfluktuationen des φ-Feldes auf dessen Entwicklung vernachlässigt werden kann, $|\delta\varphi(x)| \ll \Delta\varphi$. Erst in den letzten Phasen der Inflation, wenn das Feld kleiner als $\varphi^* = \lambda^{1/6} M_P$ ist, bilden sich kleine Inhomogenitäten $\delta\varphi$ des φ-Feldes und der Dichte $\delta\varrho$, die zur Galaxienbildung führen. Ist andererseits $\varphi \gg \varphi^*$, beschreibt Gleichung (1.7.22) nur das mittlere φ-Feld, und die Fluktuationen beginnen eine ganz entscheidende Rolle zu spielen (Abbildung 9).

Wir betrachten ein Gebiet des inflationären Universums von der Größe $\Delta l \sim H^{-1}(\varphi)$, in dem das Feld $\varphi \gg \varphi^*$ ist. Entsprechend dem „No-Hair"-Theorem für den de-Sitter-Raum verläuft die Inflation in diesem Raumgebiet unabhängig davon, was in anderen Regionen geschieht. In einem solchen Gebiet kann das Feld als hochgradig homogen angenommen werden, da die ursprünglichen Inhomoge-

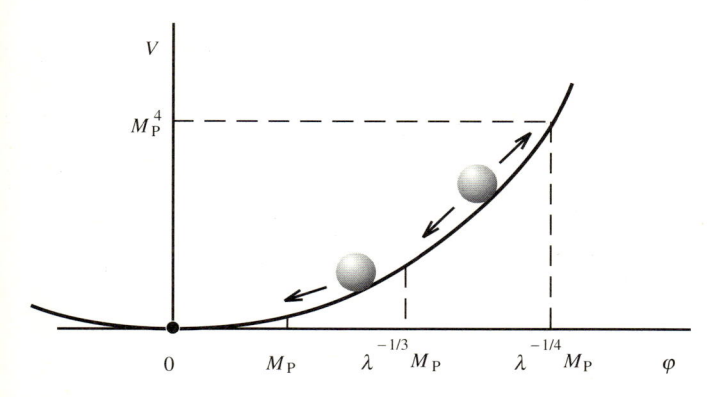

Abb. 9 Entwicklung des Skalarfeldes φ in der einfachsten Feldtheorie mit dem Potential $V(\varphi) = \lambda \varphi^4/4$ unter Berücksichtigung der Quantenfluktuationen des φ-Feldes. Für $\varphi \gtrsim \lambda^{-1/4} M_P$ ($V(\varphi) \gtrsim M_P^4$) sind Quantengravitations-Fluktuationen der Metrik so groß, daß in den einfachsten Theorien keine klassische Beschreibung mehr möglich ist. Für $M_P/3 \lesssim \varphi \lesssim \lambda^{-1/4} M_P$ ändert sich das φ-Feld relativ langsam, und das Universum dehnt sich quasiexponentiell aus. Für $\lambda^{-1/6} M_P \lesssim \varphi \ll \lambda^{-1/4} M_P$ fluktuiert die Amplitude des φ-Feldes stark, was zum endlosen Entstehen immer neuer inflationärer Gebiete des Universums führt. Für $M_P/3 \lesssim \varphi \ll \lambda^{-1/6} M_P$ haben die Fluktuationen des Feldes eine relativ kleine Amplitude. Das φ-Feld rollt den Berg hinab, und die Fluktuationen führen zur Entstehung der für die Galaxienbildung nötigen Dichteinhomogenitäten. Bei $\varphi \lesssim M_P/3$ beginnt das Feld rasch um den Punkt $\varphi = 0$ zu schwingen, es werden Teilchenpaare erzeugt und die gesamte Energie des oszillierenden Feldes wird in Wärme umgewandelt.

nitäten des φ-Feldes durch die Inflation reduziert wurden und die neuen, während der Inflation entstandenen Inhomogenitäten (1.8.3) Wellenlängen $l > H^{-1}$ haben. In der charakteristischen Zeit $\Delta t = H^{-1}$ hat sich das betrachtete Gebiet auf das e-fache ausgedehnt, wobei sein Volumen um das $e^3 \approx 20$-fache zugenommen hat. Infolgedessen besteht es nun aus etwa e^3 Gebieten der Größe $O(H^{-1})$, von denen jedes wiederum ein fast homogenes φ-Feld enthält, das sich vom ursprünglichen φ-Feld um $\delta\varphi(x) - \Delta\varphi \approx \delta\varphi(x)$ unterscheidet.

Das bedeutet aber, daß in etwa $e^3/2$ Gebieten der Größe $O(H^{-1})$ das φ-Feld nicht ab-, sondern um etwa $|\delta\varphi(x)| \sim H/2\pi \gg \Delta\varphi$ zunimmt (Abbildung 10). Dieser Prozeß wiederholt sich im nächsten Zeitintervall $\Delta t = H^{-1}$ usw. Man kann leicht zeigen, daß das Gesamtvolumen des Universums mit einem *kontinuierlich wachsenden* φ-Feld etwa wie

$$\exp[(3-\ln 2)Ht] \gtrsim \exp\left(3\sqrt{\lambda}\,\frac{\varphi^2}{M_P}\,t\right),$$

und das mit einem *nicht abnehmenden* φ-Feld fast wie

$$\exp[3H(\varphi)t]$$

wächst.

Infolgedessen bringen Raumgebiete mit einem Feld φ immer neue Gebiete mit immer größeren φ-Werten hervor, und mit zunehmendem φ verläuft der Prozeß der Erzeugung und Ausdehnung neuer Gebiete mit ständig wachsender Geschwindigkeit. Um diesen Prozeß physikalisch noch besser zu verstehen, betrachtet man zweckmäßigerweise die zwar wenigen, aber ständig neu entstehenden Gebiete, in denen das φ-Feld *kontinuierlich wächst*, d.h. in jedem Zeitintervall $\Delta t = H^{-1}(\varphi)$ um $\delta\varphi \sim H(\varphi)/2\pi$ zunimmt. In solchen Gebieten ist die Wachstumsrate durch

$$\frac{d\varphi}{dt} = \frac{H^2(\varphi)}{2\pi} = \frac{4V(\varphi)}{3M_P^2} = \frac{\lambda\varphi^4}{3M_P^2} \qquad (1.8.5)$$

gegeben, woraus man

$$\varphi^{-3}(t) = \varphi_0^{-3} - \frac{\lambda t}{M_P^2} \qquad (1.8.6)$$

erhält. Das heißt, daß in der Zeit

$$\tau = \frac{M_P^2}{\lambda\varphi_0^3} \qquad (1.8.7)$$

das Feld unendlich werden müßte. Tatsächlich bedeutet das natürlich nur, daß das Feld in diesen Gebieten den Grenzwert von φ mit $V(\varphi) \sim M_P^4$ (d.h. $\varphi \sim \lambda^{-1/4} M_P$)

erreicht. Bei noch höheren Dichten kann man diese Raumgebiete nicht mehr klassisch behandeln. Darüber hinaus zeigt eine formale Betrachtung inflationärer Gebiete mit $V(\varphi) \gg M_P^4$, daß in ihnen die meiste Feldenergie nicht in $V(\varphi)$, sondern in der mit den Inhomogenitäten $\delta\varphi(x)$ zusammenhängenden Energie proportional $H^4 \sim V^2/M_P^4$ konzentriert ist. In den weitaus meisten Gebieten des Universums, in denen $V(\varphi) \gg M_P^4$ ist, wird der Prozeß der Inflation deshalb sehr schnell aufhören.

Auf diese Weise werden also in einem Teil des Universums mit einem Anfangsfeld $\varphi_0 \gg \varphi^*$ während der Zeit $\tau \sim M_P^2/\lambda \varphi_0^3$ inflationäre Gebiete mit $V(\varphi) \sim M_P^4$ erzeugt. Ein Teil dieser Gebiete wird in der weiteren Entwicklung in solche mit $V(\varphi) \gg M_P^4$, d.h. in einen Raumzeit-Schaum, übergehen, der sich nicht mit einer klassischen Raumzeit beschreiben läßt. Für uns ist jedoch wichtig, daß das Volumen des Weltalls mit einem extrem großen und *nicht abnehmenden* φ-Feld, in dem $V(\varphi) \sim M_P^4$ ist, weiterhin *extrem schnell*, wie $\exp(c M_P t)$, $c = O(1)$, wächst. Infolgedessen muß der Großteil des physikalischen Volumens eines ursprünglichen inflationären Gebietes des Weltalls mit $\varphi = \varphi_0 \gg \varphi^*$ für $t \gg \tau$ (1.8.7) im mitbewegten Bezugssystem (siehe Abschnitt 10.3) ein extrem großes φ-Feld mit $V(\varphi) \sim M_P^4$ enthalten.

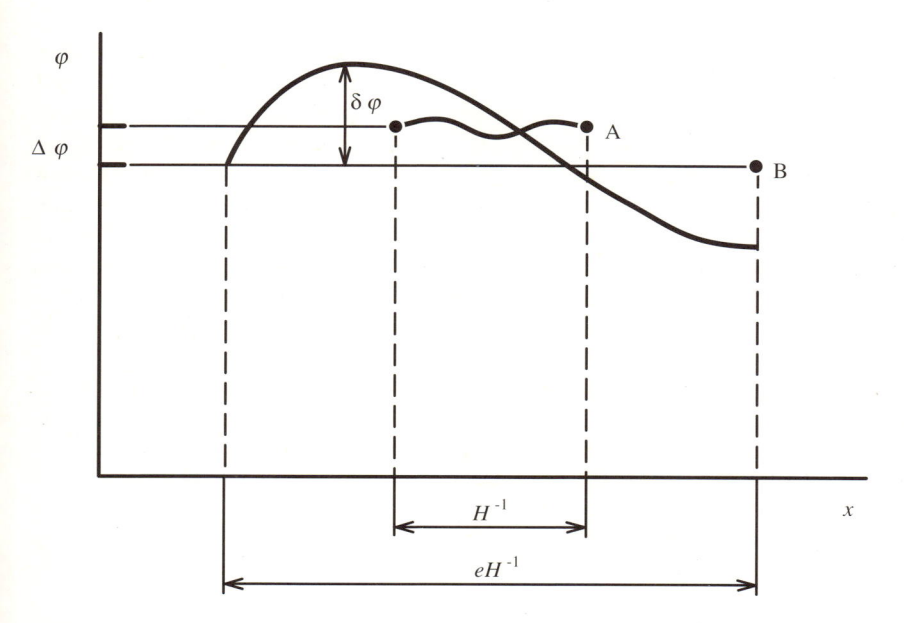

Abb. 10 Entwicklung eines Feldes $\varphi \gg \varphi^* = \lambda^{-1/4} M_P$ in einem inflationären Gebiet des Universums von der Anfangsgröße $\Delta l = H^{-1}(\varphi)$. Anfangs (A) ist das Feld φ in diesem Gebiet relativ homogen, da von der Inflation herrührende Inhomogenitäten $\delta\varphi(x)$ mit Wellenlängen $l \sim H^{-1}(\varphi)$ die Größenordnung $\delta\varphi \sim H/2\pi \ll \varphi$ haben. In der Zeit $\Delta t = H^{-1}$ ist das Gebiet um das e-fache gewachsen (B). Für $\varphi \gg \varphi^*$ ist die Abnahme des φ-Feldes in diesem Gebiet, $\Delta\varphi$, im Mittel wesentlich geringer als $|\delta\varphi| \sim H/2\pi$. Das bedeutet, daß in etwa der Hälfte des betrachteten Gebietes das φ-Feld nicht ab-, sondern zunimmt. Deshalb wächst in der Zeit $\Delta t = H^{-1}$ das von einem *zunehmenden* φ-Feld erfüllte Gebiet um das etwa $e^3/2 \approx 10$-fache.

Das heißt jedoch keinesfalls, daß sich das gesamte Universum in einem Zustand mit der Planck-Dichte befinden muß. Fluktuationen des φ-Feldes führen dazu, daß sich ständig nicht nur Gebiete mit $\varphi \gg \varphi^*$, sondern auch solche mit $\varphi \ll \varphi^*$ bilden. Gerade aus solchen Gebieten entstehen riesige, relativ homogene Domänen des Universums wie die, in der wir uns gerade befinden. Die charakteristische Größe jeder dieser Domänen beträgt für $\lambda \sim 10^{-14}$ mehr als

$$l^* \sim M_P^{-1} \exp\left[\frac{\pi(\varphi^*)^2}{M_P^2}\right] \sim M_P^{-1} \exp(\pi \lambda^{-1/3}) \sim 10^{6 \cdot 10^4} \text{ cm}. \qquad (1.8.8)$$

Dies ist weit weniger als $l \sim M_P^{-1} \exp(\pi \lambda^{-1/2}) \sim 10^{10^7}$ cm, was wir in (1.7.40) ohne Berücksichtigung der Quantenfluktuationen erhalten hatten, liegt aber immer noch um mehrere hundert Größenordnungen über der Größe des sichtbaren Teils des Universums.

Eine genauere Begründung der eben erwähnten Resultate [132, 133] konnte in einem stochastischen Zugang zur Theorie des inflationären Universums [134, 135] gegeben werden (siehe die Abschnitte 10.2–10.4). Wir wollen hier zwei wichtige Folgerungen aus diesen Resultaten betrachten.

Selbstreproduzierendes Universum und Singularitätsproblem. Wie schon im vorigen Abschnitt bemerkt, ist der natürlichste Anfangswert des φ-Feldes in einem inflationären Gebiet des Universums $\varphi \sim \lambda^{-1/4} M_P \gg \varphi^* \sim \lambda^{-1/6} M_P$. Ein solches Gebiet produziert ständig neue Regionen des inflationären Universums mit Feldern $\varphi \gg \varphi^*$. Das Universum *als Ganzes* wird deshalb selbst dann, wenn es als geschlossenes Friedman-Universum begann, nie kollabieren (Abbildung 11). Mit anderen Worten, im Gegensatz zur herkömmlichen Vorstellung wird selbst ein geschlossenes (kompaktes) Universum keine globale singuläre raumartige Hyperfläche haben – das Universum als Ganzes wird sich also niemals „in Nichts" auflösen. Ebenso gibt es aber auch keinen ersichtlichen Grund anzunehmen, daß eine solche Hyperfläche in der Vergangenheit jemals existiert hat, d.h. das Universum als Ganzes zu irgendeinem Zeitpunkt $t = 0$ „aus dem Nichts" entstanden ist.

Das heißt natürlich nicht, daß ein inflationäres Universum keine Singularitäten hat. Im Gegenteil, ein beträchtlicher Teil des physikalischen Volumens des Weltalls ist mit einer Energiedichte in der Größenordnung der Planck-Dichte $V(\varphi) \sim M_P^4$ ständig in einem fast singulären Zustand. Entscheidend ist, daß verschiedene Gebiete des Universums den singulären Zustand zu verschiedenen Zeiten durchlaufen und es deshalb kein eindeutiges Ende der Zeit gibt, mit dem Raum und Zeit verschwinden. Ebenso ist möglich, daß es keinen einheitlichen Beginn der Zeit im Universum gab.

Es sei angemerkt, daß die Standardaussage über eine globale kosmologische Singularität (d.h. einer globalen singulären raumartigen Hyperfläche im Universum, oder, was dasselbe ist, eines einheitlichen Beginns oder Endes der Zeit im Universum als Ganzes) *keine* notwendige Folge der bekannten Singularitätentheoreme der Allgemeinen Relativitätstheorie [69, 70] oder des Verhaltens allgemeiner Lösungen der Einstein-Gleichungen in der Nähe einer Singularität [68] ist. Diese Aussage beruht primär auf einer Analyse homogener kosmologischer Modelle von der Art der Friedman- oder Bianchi-Modelle. Schon früher hatten verschiedene Autoren betont, daß unser Universum tatsächlich weder einen einheitlichen Anfang, noch ein einheitliches Ende gehabt haben könnte, falls es nur lokal ein Friedman-Universum, global aber inhomogen (ein sogenanntes quasihomogenes Universum [34, 136]) wäre. Infolge des Fehlens jeglicher experimenteller Grundlage für die Hypothese starker großräumiger Inhomogenitäten im Universum stieß dieser Zugang zur Lösung des Problems der globalen kosmologischen Singularität seinerzeit aber kaum auf Interesse.

Heute hat sich das Verhältnis zu diesem Problem grundlegend gewandelt. Tatsächlich liefert das Szenarium des inflationären Universums die einzige bekannte Erklärung für die Homogenität des sichtbaren Teils des Universums. Wie wir eben gesehen hatten, folgt aus diesem Szenarium weiter, daß das Universum über sehr große Entfernungen mit Dichten zwischen $\varrho \lesssim 10^{-29}$ g/cm³ (wie im sichtbaren Teil des Universums) und $\varrho \sim M_P^4 \sim 10^{94}$ g/cm³ (im Großteil des physikalischen Volumens des Universums) absolut *in*homogen sein muß. Deshalb gibt es derzeit keinerlei überzeugenden Grund für die Annahme eines einheitlichen Beginns oder Endes des gesamten Universums.

Im Prinzip ist natürlich nicht ausgeschlossen, daß das Universum als Ganzes „aus dem Nichts" oder einer einheitlichen Anfangssingularität entstanden sein

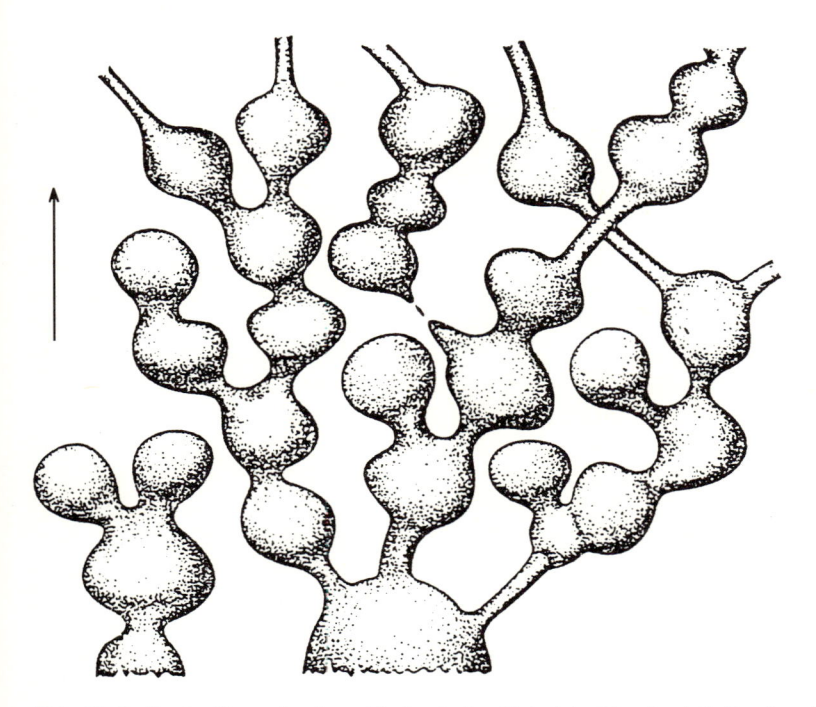

Abb. 11 Bedingter Versuch, einen Eindruck der Globalstruktur des inflationären Universums zu vermitteln. Ein Gebiet des inflationären Universums bringt eine Vielzahl neuer inflationärer Gebiete hervor, wobei die Eigenschaften der Raumzeit und die Wechselwirkungsgesetze der Elementarteilchen in verschiedenen Gebieten unterschiedlich sein können. Bei Berücksichtigung der ständigen Erzeugung inflationärer Gebiete hat die Entwicklung des Weltalls als Ganzes kein Ende und möglicherweise auch keinen Anfang.

könnte. Eine solche Hypothese wäre durchaus einzusehen, wenn dabei ein kompaktes (z. B. geschlossenes) Universum von der Größe $l = O(M_P^{-1})$ erzeugt würde. Für ein nichtkompaktes Universum wäre diese Hypothese jedoch nicht nur schwer zu interpretieren, es scheint auch extrem unwahrscheinlich, daß alle kausal unzusammenhängenden Gebiete eines unbegrenzten Universums *gleichzeitig* aus einer Singularität entstanden sein könnten (vergleiche die Diskussion des Horizontproblems in Abschnitt 1.5). Glücklicherweise ist diese Annahme für das hier entwickelte Szenarium auch völlig unnötig; in diesem Sinn scheint es möglich zu sein, die mit dem Problem der kosmologischen Singularität zusammenhängende grundlegende konzeptionelle Schwierigkeit zu umgehen [57].

Das Problem der Einzigartigkeit des Universums und das anthropische Prinzip.
Der Prozeß der unaufhörlichen Erzeugung immer neuer Gebiete des inflationären Universums vollzieht sich bei $\lambda^{-1/6} M_P \lesssim \varphi \lesssim \lambda^{-1/4} M_P$, d. h. bei $\lambda^{-1/3} M_P^4 \lesssim V(\varphi) \lesssim$ $\lesssim M_P^4$ (für $\lambda \sim 10^{-14}$ heißt das $10^{-5} M_P^4 \lesssim V(\varphi) \lesssim M_P^4$). Zur Beschreibung dieses Prozesses ist es also keineswegs nötig, irgendwelche Annahmen über Erscheinungen bei höherer, als der Planck-Dichte zu machen.

Andererseits ist wesentlich, daß ein beträchtlicher Teil des physikalischen Volumens des Universums ständig eine Dichte in der Größenordnung der Planck-Dichte hat und sich exponentiell mit einer Hubble-Konstante H in der Größenordnung von M_P ausdehnt. In realistischen Elementarteilchentheorien gibt es neben dem für die Inflation verantwortlichen Feld φ noch viele weitere Typen von Skalarfeldern Φ, H usw. mit Massen $m \ll M_P$. Die Inflation führt nicht nur zur Entstehung langwelliger Fluktuationen des φ-Feldes, sondern aller Skalarfelder mit $m \ll H \sim M_P$. Dadurch entstehen im Universum Felder φ, Φ usw., die sich räumlich nur schwach ändern und alle möglichen Werte mit $V(\varphi, \Phi, \cdots) \lesssim M_P^4$ annehmen. In den Gebieten, in denen die Inflation aufhört, „rollen" die Skalarfelder in das nächste Minimum des effektiven Potentials $V(\varphi, \Phi, \cdots)$, und das Universum spaltet in exponentiell große Gebiete (Mini-Universen) mit Feldern φ, Φ usw. auf, deren Werte in den verschiedenen Gebieten allen möglichen lokalen Minima von $V(\varphi, \Phi, \cdots)$ entsprechen. So können Quantenfluktuationen in Kaluza-Klein- und Superstring-Theorien über Entfernungen $O(H^{-1}) \sim O(M_P^{-1})$ zu einer lokalen Änderung des Kompaktifizierungstyps führen. Während das betreffende Gebiet des Universums nach einer solchen Änderung des Kompaktifizierungstyps weiter inflationär expandiert, können wegen des „No-Hair"-Theorems des de-Sitter-Raumes die Eigenschaften des Universums außerhalb dieses Gebietes (Größe und Kompaktifizierungstyp) keinen Einfluß auf das Gebiet selbst haben. Nach der Inflation ist damit ein exponentiell großes Mini-Universum mit einem anderen Kompaktifizierungstyp entstanden.

Im Ergebnis spaltet das Universum in Mini-Universen auf, in denen alle möglichen Typen von (metastabilen) Vakuumzuständen und alle möglichen Kompaktifizierungstypen, die das inflationäre Verhalten unterstützen, realisiert sind. Wir leben in einem Gebiet des Universums, in dem es schwache, starke und elektromagnetische Wechselwirkungen gibt und in dem die Raumzeit vierdimensional ist. Es ist aber gar nicht ausgeschlossen, daß das nicht daran liegt, daß unser Gebiet das einzige oder beste wäre, sondern daran, daß solche Gebiete eben existieren, exponentiell (oder, wahrscheinlicher, unendlich) häufig sind und Leben unserer Art in Gebieten anderer Art unmöglich wäre [57, 78].

Diese Diskussion beruht auf dem anthropischen Prinzip, dessen Gültigkeit wir zuvor (in Abschitt 1.5) selbst in Frage gestellt hatten. Nun ist die Situation jedoch eine andere – es ist gar nicht nötig, daß jemand dasitzt und ein Universum nach dem anderen erzeugt, bis er schließlich Erfolg hat. Das einmal entstandene (oder ewig existierende) Universum selbst erzeugt exponentiell große Gebiete (Mini-Universen) mit unterschiedlichen Eigenschaften der Elementarteilchen und der Raumzeit. Falls dabei in der Umgebung eines Sonnensystems gute Bedingungen für die Entstehung von Leben vorhanden sind, zeigt sich, daß diese notwendig über Entfernungen realisiert sein müssen, die groß gegen den gesamten sichtbaren Teil des Universums sind. So braucht man für die Entstehung von Galaxien in dem hier betrachteten einfachen Modell eine Kopplungskonstante $\lambda \sim 10^{-14}$, und wie wir gesehen hatten, führt dies auf homogene Gebiete der typischen Größe $l \gtrsim 10^{6 \cdot 10^4}$ cm. Im Rahmen des hier entwickelten Zugangs kann man damit die Haupteinwände gegen die kosmologische Anwendung des anthropischen Prinzips entkräften.

Diese Tatsache hat weitreichende methodologische Konsequenzen. Versuche, eine Theorie zu entwickeln, in der der beobachtete Zustand des Universums und die beobachteten Wechselwirkungsgesetze der Elementarteilchen die einzig möglichen und im gesamten Weltall realisiert wären, werden damit überflüssig. Stattdessen braucht man eine Theorie, in der große Gebiete des Universums mit den uns bekannten Eigenschaften entstehen können. An Stelle der Frage nach den wahrscheinlichsten Anfangsbedingungen in der Nähe der Singularität und nach der Wahrscheinlichkeit der Erzeugung eines inflationären Universums tritt die nach den möglichen Werten der physikalischen Felder, nach den Raumeigenschaften in der Mehrzahl der inflationären Universen und nach der wahrscheinlichsten Möglichkeit zur Erzeugung eines Gebietes des Universums von der Größe $R_T \sim 10^{28}$ cm mit den von uns beobachteten Eigenschaften.

Diese Neuformulierung des Problems eröffnet vielfältige Möglichkeiten zur Konstruktion realistischer Modelle des inflationären Universums und im Zusammenhang damit auch realistischer Elementarteilchentheorien.

In diesem einleitenden Kapitel haben wir am Beispiel der einfachsten Modelle einige wichtige Etappen bei der Herausbildung der modernen kosmologischen Vorstellungen kennengelernt. Die Wandlungen, die sich in den letzten Jahren in der Theorie der Evolution des Universums vollzogen haben sind tiefgreifend und, wahrscheinlich, unumkehrbar. Es ist ein Konzept entstanden, das man zunehmend nicht mehr als Szenarium des inflationären Universums, sondern als Theorie der Inflation oder sogar inflationäres Paradigma zu charakterisieren beginnt. Allerdings ist klar, daß wir erst am Anfang des Weges stehen und viele Details der Theorie revidiert werden müssen. Die bisher beschriebenen Ideen lassen sich im Rahmen der verschiedensten Theorien realisieren. Schließlich können diese Theorien auch ganz verschieden von den hier betrachteten einfachen Modellen sein. Insbesondere muß das für die Inflation zuständige Feld φ nicht notwendig ein elementares Skalarfeld sein. In bestimmten Theorien kann auch der Krümmungsskalar R, ein Fermionenkondensat $\langle \bar{\psi}\psi \rangle$, ein Vektormesonenkondensat $\langle G^a_{\mu\nu} G^a_{\mu\nu} \rangle$

oder sogar der Logarithmus des Radius eines kompaktifizierten Raumes seine Rolle übernehmen. Bei der weiteren Entwicklung der inflationären Theorie wird der Schwerpunkt auf einer gründlichen Untersuchung verschiedener konkreter Modelle sowie einer strengeren und sorgfältigeren Begründung der bisher qualitativ diskutierten Vorstellungen zur Struktur und Entwicklung des Universums liegen.

2. Skalarfeld, effektives Potential und spontane Symmetriebrechung

2.1 Klassische und quantisierte Skalarfelder

Wie wir gesehen hatten, spielen klassische (oder quasiklassische) Skalarfelder in den modernen kosmologischen Modellen (und modernen Elementarteilchentheorien) eine wesentliche Rolle. Mitunter haben wir es dabei auch mit inhomogenen klassischen Feldern zu tun, was die Frage aufwirft, welche Felder (und in welchem Sinn) man als klassisch betrachten kann.

Zunächst erinnern wir daran, daß im üblichen Zugang zur Quantisierung eines Skalarfeldes $\varphi(x)$ den Funktionen $a^+(k)$ und $a^-(k)$ in (1.1.3) Erzeugungs- und Vernichtungsoperatoren a_k^+ and a_k^- für skalare Teilchen mit dem Impuls k entsprechen. Die Vertauschungsrelationen haben die Form [58]

$$\frac{1}{2k_0}[\varphi_k^-, \varphi_q^+] \equiv [a_k^-, a_k^+] = \delta(\boldsymbol{k} - \boldsymbol{q}), \tag{2.1.1}$$

wobei der Operator a_k^- bei Anwendung auf das Vakuum null ergibt:

$$a_k^- |0\rangle = 0; \quad \langle 0| a_k^+ = 0; \quad \langle 0| \varphi(x) |0\rangle = 0. \tag{2.1.2}$$

Der Operator a_k^+ erzeugt ein Teilchen mit dem Impuls $\boldsymbol{k}$,

$$a_k^+ |\psi\rangle = |\psi, \boldsymbol{k}\rangle, \tag{2.1.3}$$

während der Operator a_k^- ein solches vernichtet,

$$a_k^- |\psi, \boldsymbol{k}\rangle = |\psi\rangle. \tag{2.1.4}$$

Wir betrachten nun die Green-Funktion des Skalarfeldes φ [58],

$$G(x) = \langle 0| \mathrm{T}[\varphi(x)\,\varphi(0)] |0\rangle = \frac{1}{(2\pi)^4} \int \frac{e^{-ikx}}{m^2 - k^2 - i\varepsilon} \, d^4k. \tag{2.1.5}$$

Dabei ist T der Zeitordnungsoperator, und ε gibt an, auf welchem Integrationsweg man die Singularität bei $k^2 = m^2$ zu umgehen hat (im folgenden lassen wir beide Zeichen weg). Die Berechnung von $G(x)$ zeigt, daß die Green-Funktion für $t = 0$ und $x \gtrsim m^{-1}$ exponentiell mit dem Abstand x abfällt, d.h., die Korrelation zwischen $\varphi(x)$ und $\varphi(0)$ wird exponentiell klein. Für $m = 0$ fällt $G(x)$ mit wachsendem x nach einem Potenzgesetz ab.

2. Skalarfeld, effektives Potential und spontane Symmetriebrechung

Weiterhin benötigen wir die Größe $G(0)$, die nach einer Transformation in den euklidischen Raum (durch eine Wick-Rotation $k_0 \to -ik_4$) in der Form

$$G(0) = \langle 0| \varphi^2 |0\rangle = \frac{1}{(2\pi)^4} \int \frac{d^4k}{k^2+m^2} = \frac{1}{(2\pi)^3} \int \frac{d^3k}{2\sqrt{k^2+m^2}} \qquad (2.1.6)$$

geschrieben werden kann. Mitteln wir nicht über das übliche Vakuum im Minkowski-Raum, sondern z. B. über einen Mehrteilchenzustand, können wir $\langle 0| \varphi^2 |0\rangle \equiv \langle \varphi^2 \rangle$ in der Form

$$\langle \varphi^2 \rangle = \frac{1}{(2\pi)^3} \int \frac{d^3k}{2\sqrt{k^2+m^2}} (1 + 2\langle a_k^+ a_k^- \rangle)$$

$$= \frac{1}{(2\pi)^3} \int \frac{d^3k}{\sqrt{k^2+m^2}} \left(\frac{1}{2} + n_k\right) \qquad (2.1.7)$$

schreiben. Dabei ist n_k die Anzahldichte von Teilchen mit dem Impuls k. Für ein Bose-Gas erhält man so z. B. bei nichtverschwindenden Temperaturen T

$$n_k = \frac{1}{\exp\left(\frac{\sqrt{k^2+m^2}}{T}\right) - 1}. \qquad (2.1.8)$$

Ein weiteres wichtiges Beispiel ist ein Bose-Kondensat φ_0 wechselwirkungsfreier Teilchen des φ-Feldes mit der Masse m und verschwindendem Impuls k, für das man

$$n_k = (2\pi)^3 \varphi_0^2 m \delta(k) \qquad (2.1.9)$$

erhält. Für eine kohärente Welle φ_p von Teilchen mit dem Impuls p ist

$$n_k = (2\pi)^3 \varphi_p^2 \sqrt{p^2+m^2}\, \delta(k-p). \qquad (2.1.10)$$

In beiden Fällen geht n_k für einen bestimmten Wert des Impulses k gegen unendlich; daß die Operatoren $a_k^\pm$ nach (2.1.1) nicht kommutieren, kann man dann vernachlässigen, da in (2.1.7) $n_k \gg 1$ ist. Folglich kann man das Kondensat φ_0 und die kohärente Welle φ_p als *klassische* Skalarfelder charakterisieren. In Rechnungen ist es nützlich, das φ-Feld in ein klassisches Feld (Kondensat) $\varphi_0(\varphi_p)$ und Anregungen auf dem Hintergrund des Kondensats (Skalarteilchen) zu zerlegen, wobei Quanteneffekte nur mit den Anregungen zusammenhängen. Formal ist das der Bildung eines nichtverschwindenden Vakuumerwartungswertes des ursprünglichen φ-Feldes, $\langle 0| \varphi |0\rangle = \varphi_0$, äquivalent, und bei Rückkehr zum Standardformalismus (2.1.2) muß man den klassischen Anteil φ_0 des φ-Feldes abspalten, siehe Gleichung (1.1.12).

2.1 Klassische und quantisierte Skalarfelder

Der eben betrachtete Fall ist jedoch nicht der allgemeinste. Wenn das Kondensat von dynamischen Effekten (Minimierung des relativistisch-invarianten effektiven Potentials) herrührt, ändern seine Bestandteilchen ihre Eigenschaften, und das Kondensat selbst kann (im Unterschied zu (2.1.9) und (2.1.10)) relativistisch invariant werden. Dies passiert gerade in Theorien vom Typ des Glashow-Weinberg-Salam-Modells, in denen $\langle \varphi^2 \rangle$ in der Form

$$\langle \varphi^2 \rangle = \frac{1}{(2\pi)^3} \int \frac{d^3 k}{2\sqrt{k^2 + m^2}} + \frac{1}{(2\pi)^3} \int \frac{d^3 k}{\sqrt{k^2}} n_k \qquad (2.1.11)$$

mit $k = \sqrt{k^2}$ und

$$n_k = (2\pi)^3 \varphi_0^2 \, k \, \delta(\boldsymbol{k}) \qquad (2.1.12)$$

geschrieben werden kann. Der Sinn dieser Darstellung besteht darin, daß das konstante klassische Skalarfeld φ_0 aus (1.1.12) lorentzinvariant ist und deshalb nur dann ein Kondensat sein kann, wenn die Teilchen, aus denen es besteht, verschwindenden Impuls und verschwindende Energie, d. h. auch verschwindende Masse haben (vergleiche (2.1.11) und (2.1.7)).

Es ist nicht unbedingt notwendig, das konstante klassische Feld als Kondensat zu interpretieren; bei der Untersuchung von Phasenübergängen in Eichtheorien hat sich dies aber als sehr nützlich und fruchtbar erwiesen. Dort führt die relativistisch-invariante Form des Kondensats (2.1.11), (2.1.12) zu einer Reihe von Effekten, die in der Festkörpertheorie mit dem üblichen Kondensat (2.1.9) nicht auftreten. Im nächsten Kapitel kommen wir auf diese Frage zurück.

Wir weisen darauf hin, daß für ein ultrarelativistisches Bose-Gas (2.1.8) mit $\sqrt{k^2 + m^2} \ll T$ die Teilchenzahldichte $n_k \gg 1$ ist. Man könnte deshalb das φ-Feld in einen quantisierten Anteil mit $\sqrt{k^2 + m^2} \gtrsim T$ und einen (quasi)klassischen Anteil mit $\sqrt{k^2 + m^2} \ll T$ zerlegen. Eine solche Aufteilung ist jedoch nicht besonders sinnvoll, da gerade die Anregungen mit $\sqrt{k^2 + m^2} \sim T$ den Hauptbeitrag zu den meisten thermodynamischen Funktionen geben.

Zu weitaus interessanteren Effekten kommt es in einem inflationären Universum, in dem der Hauptbeitrag zu $\langle \varphi^2 \rangle$, zu Dichteinhomogenitäten und zu einer Reihe anderer Größen gerade von langwelligen Moden mit $k \ll H$, für die $n_k \gg 1$ ist, kommt. Die Interpretation dieser Moden als inhomogene klassische Felder erleichtert das Verständnis einer Reihe prinzipieller Besonderheiten des Szenariums des inflationären Universums wesentlich. Solche Effekte hatten wir bereits in Abschnitt 1.8 kennengelernt, und wir werden in den Kapiteln 7 und 10 darauf zurückkommen.

Wir wollen einige weitere Kriterien formulieren, mit deren Hilfe man entscheiden kann, ob ein Feld φ (quasi)klassisch ist. Eines dieser Kriterien hatten wir bereits diskutiert: die Existenz von Moden mit $n_k \gg 1$. Ein weiteres beruht auf dem Verhalten der Korrelationsfunktion $G(x)$ für große x. Gewöhnlich (ohne klassische Felder) fällt diese Funktion für große x entweder exponentiell oder nach einem Potenzgesetz (wie x^{-2}) ab. In Anwesenheit eines Kondensats (2.1.9), (2.1.11) oder einer ebenen Welle (2.1.10) nimmt die Korrelationsfunktion für große x aber überhaupt nicht mehr ab (da das Kondensat überall dasselbe ist, d.h. seine Werte in verschiedenen Punkten korreliert sind). Die Entstehung einer solchen „Fernordnung" ist ein weiteres Kriterium für das Auftreten eines klassischen Feldes in einem Medium, ein Kriterium, das in der Theorie der Phasenübergänge schon seit langem erfolgreich angewandt wird. Wie wir später noch sehen werden, fällt die entsprechende Korrelationsfunktion in der Theorie des inflationären Universums erst bei exponentiell großen Abständen $x \sim H^{-1} \exp(Ht)$, $Ht \gg 1$ ab, weshalb wir auch von der Entstehung eines klassischen Feldes $\delta\varphi(x)$ während der Inflation sprechen können.

Etwas überraschend ist die Tatsache, daß das klassische φ-Feld nicht allzu inhomogen sein kann (es sei denn, es handelt sich um eine kohärente Welle mit einem wohldefinierten Impuls (2.1.10)). Nehmen wir einmal an, daß in einem bestimmten Raumgebiet $\nabla\varphi \sim k\varphi \gg m\varphi$ ist. Damit sich dieses Feld von dem Hintergrund der Quantenfluktuationen abhebt, muß es größer sein als der Beitrag, den Quantenfluktuationen mit Impulsen $\sim k \gg m$ zur Schwankung $\sqrt{\langle\varphi^2\rangle}$ geben. Mit (2.1.6) erhält man also

$$\varphi^2 \gtrsim C k^2, \tag{2.1.13}$$

mit $C = O(1)$, oder

$$(\nabla\varphi)^2 \lesssim \varphi^4. \tag{2.1.14}$$

Insbesondere heißt das, daß der Anfangswert des *klassischen* Skalarfeldes φ nicht beliebig sein kann; die Inhomogenitäten des Skalarfeldes dürfen einen bestimmten Grenzwert nicht übersteigen.

Noch wichtigere Schranken kann man bei Berücksichtigung von Quantengravitations-Effekten ableiten. Nach unseren heutigen Vorstellungen werden die Fluktuationen der Metrik bei Energiedichten in der Größenordnung der Planck-Dichte so groß, daß man (im selben Sinn wie bei dem klassischen Feld φ) nicht mehr von einer klassischen Raumzeit mit der klassischen Metrik $g_{\mu\nu}$ sprechen kann. Man kann deshalb ein φ-Feld, das nicht den Bedingungen

$$\partial_\mu \varphi \, \partial^\mu \varphi \lesssim M_P^4, \quad \mu = 0, 1, 2, 3, \tag{2.1.15}$$

$$V(\varphi) \lesssim M_P^4 \tag{2.1.16}$$

genügt, nicht mehr als klassisch betrachten. In Abschnitt 1.7 hatten wir bei der Diskussion der Anfangsbedingungen im inflationären Universum von diesen Schranken häufig Gebrauch gemacht.

2.2 Quantenkorrekturen zum effektiven Potential $V(\varphi)$

In Abschnitt 1.1 hatten wir die Frage der Symmetriebrechung in den einfachsten quantenfeldtheoretischen Modellen untersucht, ohne dabei Korrekturen zum effektiven Potential $V(\varphi)$ des Skalarfeldes φ zu berücksichtigen. Es gibt jedoch eine Reihe von Fällen, in denen Quantenkorrekturen wesentlich sind. Außerdem braucht man eine Vorstellung davon, bei welchen Werten des φ-Feldes Quantenkorrekturen zu $V(\varphi)$ vernachlässigt werden können.

2.2 Quantenkorrekturen zum effektiven Potential $V(\varphi)$

In einer Theorie mit der Lagrange-Dichte $L(\varphi + \varphi_0)$ ohne in φ lineare Terme sind die Quantenkorrekturen zum klassischen Ausdruck für das effektive Potential nach [137, 138] durch die Menge aller 1-Teilchen-irreduziblen Vakuumdiagramme (Diagramme, die beim Auftrennen einer Linie nicht in zwei zerfallen) gegeben. Entsprechende Diagramme mit ein, zwei usw. Schleifen sind für die Theorie (1.1.5) in Abbildung 12 dargestellt. In unserem Fall entspricht die Entwicklung nach der Zahl der Schleifen gerade einer Entwicklung nach der kleinen Kopplungskonstanten λ. In der Einschleifen-Näherung (unter Berücksichtigung lediglich des ersten Diagramms in Abbildung 12) findet man

$$V(\varphi) = -\frac{\mu^2}{2} \varphi^2 + \frac{\lambda}{4} \varphi^4 + \frac{1}{2(2\pi)^4} \int d^4k \ln[k^2 + m^2(\varphi)]. \tag{2.2.1}$$

Dabei ist $k^2 = k_4^2 + \boldsymbol{k}^2$ (d.h. wir haben die Wick-Rotation $k_0 \to -ik_4$ ausgeführt und die Integration erstreckt sich demzufolge über den euklidischen Impulsraum); das effektive Massenquadrat des φ-Feldes ist

$$m^2(\varphi) = 3\lambda\varphi^2 - \mu^2. \tag{2.2.2}$$

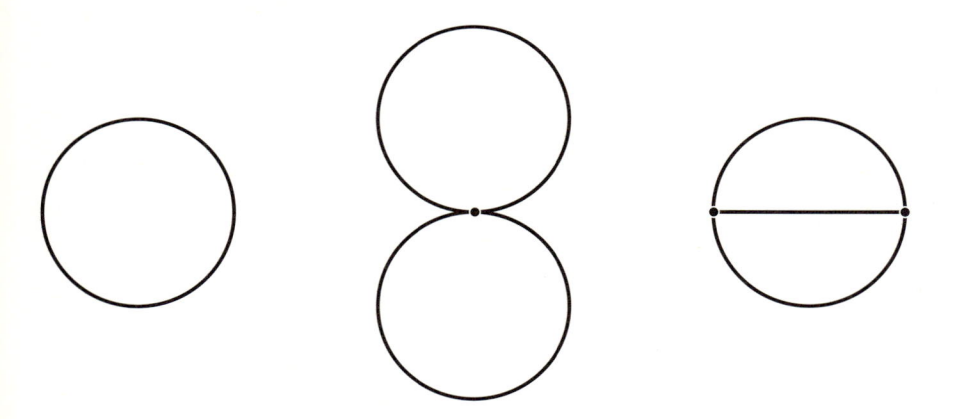

Abb. 12 Ein- und Zweischleifendiagramme für das effektive Potential $V(\varphi)$ in der skalaren Feldtheorie (1.1.5).

Wie schon bisher haben wir in Gleichung (2.2.1) und (2.2.2) den Index 0 am klassischen φ-Feld weggelassen. Das Integral in (2.2.1) divergiert für große k. In Ergänzung des Ausdrucks (2.2.1) muß man deshalb die Wellenfunktion, die Masse, die Kopplungskonstante und die Vakuumenergie renormieren [2, 8, 9]. Dies erreicht man, indem man zu $L(\varphi + \varphi_0)$ aus (1.1.5) die Konterterme

$$C_1 \partial_\mu(\varphi + \varphi_0) \partial^\mu(\varphi + \varphi_0), \quad C_2(\varphi + \varphi_0)^2, \quad C_3(\varphi + \varphi_0)^4 \quad \text{und} \quad C_4$$

addiert.

2. Skalarfeld, effektives Potential und spontane Symmetriebrechung

Die Interpretation des Ausdrucks (2.2.1) wird nach der Integration über k_4 besonders deutlich. Man erhält (bis auf eine unendliche Konstante, die durch die Renormierung der Vakuumenergie, d.h. durch die Addition von C_4 zu $L(\varphi + \varphi_0)$ elimiert wird)

$$V(\varphi) = -\frac{\mu^2}{2}\varphi^2 + \frac{\lambda}{4}\varphi^4 + \frac{1}{(2\pi)^3}\int d^3k\sqrt{k^2 + m^2(\varphi)}. \tag{2.2.3}$$

In der Einschleifennäherung ist das effektive Potential $V(\varphi)$ also eine Summe des klassischen Ausdrucks für die potentielle Energie des φ-Feldes und einer von den Quantenfluktuationen des φ-Feldes herrührenden φ-abhängigen Verschiebung der Vakuumenergie. Zur Bestimmung der C_i muß man Normierungsbedingungen an das Potential stellen, die z.B. in der Form

$$\left.\frac{dV}{d\varphi}\right|_{\varphi=\mu/\sqrt{\lambda}} = 0, \quad \left.\frac{d^2V}{d\varphi^2}\right|_{\varphi=\mu/\sqrt{\lambda}} = 2\mu^2, \tag{2.2.4}$$

gewählt werden können [139]. Diese Normierungsbedingungen besagen, daß die Lage des Minimums $\varphi = \mu/\sqrt{\lambda}$ von $V(\varphi)$ und die Krümmung von $V(\varphi)$ in diesem Minimum (die in niedrigster Ordnung in λ mit dem Massenquadrat des Skalarfeldes φ übereinstimmt) die gleichen Werte wie in der klassischen Theorie behalten. Es gibt aber auch andere Varianten der Normierungsbedingungen, so z.B. die Coleman-Weinberg-Bedingungen [137]

$$\left.\frac{d^2V}{d\varphi^2}\right|_{\varphi=0} = m^2, \quad \left.\frac{d^4V}{d\varphi^4}\right|_{\varphi=M} = \lambda, \tag{2.2.5}$$

bei denen M ein beliebiger Normierungspunkt ist. Alle mit den Normierungsbedingungen (2.2.4) und (2.2.5) berechneten physikalischen Ergebnisse sind äquivalent, wenn man die richtigen Beziehungen zwischen den Parametern μ, m, M und λ in die jeweiligen renormierten Ausdrücke für $V(\varphi)$ einsetzt. Für praktische Rechnungen sind die Bedingungen (2.2.4) bei Theorien mit spontan gebrochener Symmetrie oft zweckmäßiger, während man in bestimmten Fällen, die mit der Untersuchung prinzipieller Eigenschaften der Theorie zusammenhängen, die Bedingungen (2.2.5) vorzieht, da die erste Bedingung das Massenquadrat des Skalarfeldes vor der Symmetriebrechung bestimmt. Wir werden in diesem Abschnitt die Bedingungen (2.2.4) verwenden, da uns das Verhalten von $V(\varphi)$ für bestimmte Werte von $m^2(\varphi) = d^2V/d\varphi^2$ im Minimum von $V(\varphi)$ interessiert. In diesem Fall sieht das effektive Potential $V(\varphi)$ folgendermaßen aus [23]:

$$V(\varphi) = -\frac{\mu^2}{2}\varphi^2 + \frac{\lambda}{4}\varphi^4 + \frac{(3\lambda\varphi^2 - \mu^2)^2}{64\pi^2}\ln\left(\frac{3\lambda\varphi^2 - \mu^2}{2\mu^2}\right)$$

$$+ \frac{21\lambda\mu^2}{64\pi^2}\varphi^2 - \frac{27\lambda^2}{128\pi^2}\varphi^4. \tag{2.2.6}$$

Man sieht, daß für $\lambda \ll 1$ die Quantenkorrekturen nur für asymptotisch große φ (bei $\lambda\ln(\varphi/\mu) \gg 1$) wichtig werden, wobei man dann auch höhere Korrekturen in

2.2 Quantenkorrekturen zum effektiven Potential $V(\varphi)$

λ berücksichtigen muß. Bei $\lambda > 0$ ist die Berechnung höherer Korrekturen zu $V(\varphi)$ für große φ jedoch eine extrem schwierige Aufgabe, die sich nur für eine spezielle Klasse von Theorien des $\lambda \varphi^4$-Typs lösen läßt (vergleiche hierzu den nächsten Abschnitt).

Wesentlich weiter kommen wir jedoch bei der Klärung der Rolle von Quantenkorrekturen in Theorien mit mehreren Kopplungskonstanten. Als Beispiel betrachten wir das Higgs-Modell (1.1.15) in der transversalen Eichung $\partial_\mu A_\mu = 0$. Das effektive Potential in der Einschleifen-Näherung ist in diesem Fall durch die Diagramme der Abbildung 13 gegeben.

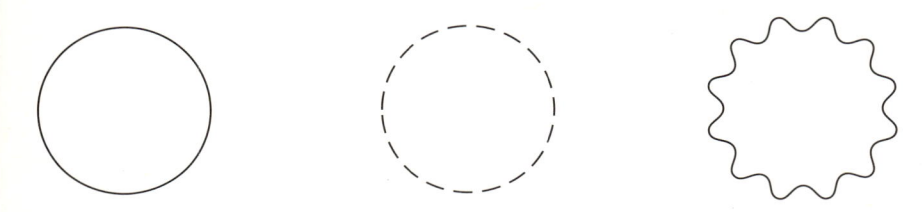

Abb. 13 Diagramme für $V(\varphi)$ im Higgs-Modell. Die durchgehende, die gestrichelte und die gewellte Linie entsprechen den Feldern χ_1, χ_2 und A_μ.

Für $e^2 \ll \lambda$ kann der Beitrag der Vektorteilchen vernachlässigt werden und wir haben dieselbe Situation wie bisher. Ist dagegen $e^2 \gg \lambda$, kann man den Beitrag der Skalarteilchen vernachlässigen. In diesem Fall erhält man für $V(\varphi)$ den folgenden Ausdruck [139]:

$$V(\varphi) = -\frac{\mu^2 \varphi^2}{2}\left(1 - \frac{3e^4}{16\pi^2 \lambda}\right) + \frac{\lambda \varphi^4}{4}\left(1 - \frac{9e^4}{32\pi^2 \lambda}\right)$$
$$+ \frac{3e^4 \varphi^4}{64\pi^2} \ln\left(\frac{\lambda \varphi^2}{\mu^2}\right). \tag{2.2.7}$$

Man sieht, daß das effektive Potential für $\lambda < 3e^4/16\pi^2$ ein zusätzliches Minimum bei $\varphi = 0$ bekommt, und für $\lambda < 3e^4/32\pi^2$ wird dieses Minimum sogar tiefer, als das übliche Minimum bei $\varphi = \varphi_0 = \mu/\sqrt{\lambda}$ (Abbildung 14).

Folglich ist im Higgs-Modell für $\lambda < 3e^4/16\pi^2$ die Symmetriebrechung nicht mehr energetisch bevorzugt. Das liegt nicht an großen logarithmischen Faktoren der Art $\lambda \ln \varphi/\mu \gtrsim 1$, sondern an speziellen Beziehungen zwischen λ und e^2 ($\lambda \sim e^4$), durch die die klassischen Beiträge zum effektiven Potential (2.2.7) in dieselbe Größenordnung wie die Quantenkorrekturen von der Ordnung e^2 bekommen. Korrekturen höherer Ordnung zu (2.2.7) sind proportional λ^2 und e^6 und führen im hier interessierenden Bereich $\varphi \lesssim \mu/\sqrt{\lambda}$ zu keiner wesentlichen Modifizierung der Form (2.2.7) von $V(\varphi)$. Bis auf Korrekturen höherer Ordnung in e^2 findet man $m_A^2 = e^2 \varphi_0^2 = e^2 \mu^2/\lambda$, $m_\varphi^2 = 2\lambda \varphi_0^2$. Das heißt, daß die Symmetriebrechung im

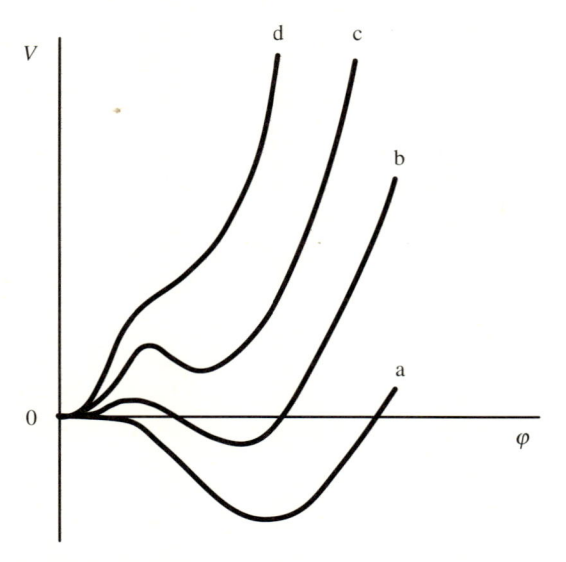

Abb. 14 Das effektive Potential im Higgs-Modell.
a) $\lambda > 3e^4/16\pi^2$; b) $3e^4/16\pi^2 > \lambda > 3e^4/32\pi^2$; c) $3e^4/32\pi^2 > \lambda > 0$; d) $\lambda = 0$.

Higgs-Modell nur für

$$m_\varphi^2 > \frac{3e^4}{16\pi^2} m_A^2 \qquad (2.2.8)$$

energetisch bevorzugt ist. Auf die Salam-Weinberg-Theorie übertragen folgt daraus, daß die Masse des Higgs-Bosons dieser Theorie (genauer, in deren Standardversion mit einer Sorte Higgs-Bosonen, ohne superschwere Fermionen, sowie bei $\sin^2 \theta_W \sim 0{,}23$) die Ungleichung [139, 140]

$$m_\varphi \gtrsim 7\,\text{GeV} \qquad (2.2.9)$$

befriedigen muß.

Aus Gleichung (2.2.7) folgt auch eine Schranke für die Higgs-Bosonen-Selbstkopplungskonstante $\lambda(\varphi = \varphi_0) = (1/6)\,d^4 V/d\varphi^4|_{\varphi=\varphi_0}$ [139]. Wegen $\lambda > 0$ und

$$\lambda(\varphi_0) = \lambda + \frac{e^4}{2\pi^2} \qquad (2.2.10)$$

hat $V(\varphi)$ ein Minimum bei $\varphi_0 \neq 0$, wenn

$$\lambda(\varphi_0) > \frac{11 e^4}{16\pi^2} \qquad (2.2.11)$$

2.2 Quantenkorrekturen zum effektiven Potential $V(\varphi)$

ist, und für

$$\lambda(\varphi_0) > \frac{19\,e^4}{32\,\pi^2} \tag{2.2.12}$$

ist dieses Minimum bei $\varphi = \varphi_0$ tiefer als das bei $\varphi = 0$. Im Salam-Weinberg-Modell liefert eine ähnliche Abschätzung wie (2.2.12) die Bedingung

$$\lambda(\varphi_0) \gtrsim 3 \cdot 10^{-3}. \tag{2.2.13}$$

Diese Schranken können durch kosmologische Überlegungen noch etwas verschärft werden. Wie schon in der Einleitung erwähnt, war im frühen Universum bei $T \gtrsim 10^2$ GeV die Symmetrie in der Glashow-Salam-Weinberg-Theorie ungebrochen, und das einzige Minimum von $V(\varphi, T)$ war das bei $\varphi = 0$. Ein Minimum bei $\varphi \neq 0$ entstand erst mit der Abkühlung des Universums. Falls dabei das Minimum des effektiven Potentials $V(\varphi)$ bei $\varphi = 0$ bestehen bleibt, ist nicht von vornherein klar, ob es dem Feld gelingt, aus dem lokalen Minimum bei $\varphi = 0$ in das globale Minimum bei $\varphi = \varphi_0 \sim 250$ GeV „hinüberzuspringen" und welche Eigenschaften das Universum nach einem solchen Phasenübergang haben wird. Mit Hilfe der Theorie der Tunnelübergänge bei hohen Temperaturen [62] konnte gezeigt werden, daß im Glashow-Salam-Weinberg-Modell die Wahrscheinlichkeit eines solchen Übergangs sehr stark unterdrückt ist. Deshalb kann der Phasenübergang nur dann stattfinden, wenn das Minimum von $V(\varphi)$ bei $\varphi = 0$ sehr flach, d.h. $\mathrm{d}^2 V/\mathrm{d}\varphi^2|_{\varphi=0} \ll \mu^2$ ist. Dies führt zu einer etwas schärferen Schranke für die Higgs-Bosonen-Masse [141–144],

$$m_\varphi \gtrsim 10 \text{ GeV}. \tag{2.2.14}$$

Ein vom Standpunkt der Kosmologie (wie auch der Elementarteilchentheorie) besonders interessanter Fall ist $\mathrm{d}^2 V/\mathrm{d}\varphi^2|_{\varphi=0} = 0$. Diese Theorie nennt man Coleman-Weinberg-Theorie [137]. Das auf der Grundlage des Higgs-Modells (1.1.15) berechnete effektive Potential ist in dieser Theorie

$$V(\varphi) = \frac{25\,e^4}{128\,\pi^2} \left(\varphi^4 \ln \frac{\varphi}{\varphi_0} - \frac{\varphi^4}{4} + \frac{\varphi_0^4}{4} \right). \tag{2.2.15}$$

Hier haben wir einen Term $25\,e^4 \varphi_0^4/512\,\pi^2$ addiert, um für die gegenwärtige Vakuum-Energiedichte $V(\varphi_0) = 0$ zu erhalten. Im SU(5)-Modell lautet das entsprechende effektive Potential

$$V(\varphi) = \frac{25\,g^4}{128\,\pi^2} \varphi^4 \left(\ln \frac{\varphi}{\varphi_0} - \frac{1}{4} \right) + \frac{9}{32\,\pi^2} M_X^4, \tag{2.2.16}$$

wobei g^2 die SU(5)-Eichkopplungskonstante und M_X die Masse des X-Bosons ist; φ_0 ist in Gleichung (1.1.19) definiert. Auf dem Potential (2.2.16) beruhte die erste Version des neuen inflationären Universums, weshalb wir noch öfter darauf zurückkommen werden.

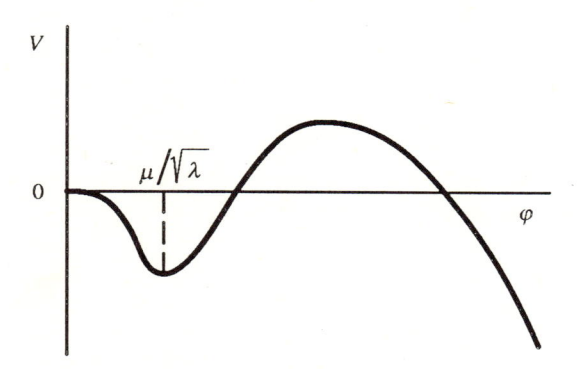

78   2. Skalarfeld, effektives Potential und spontane Symmetriebrechung

Abb. 15 Das effektive Potential in der Theorie (1.1.13) mit $m_\psi \gg m_\varphi$.

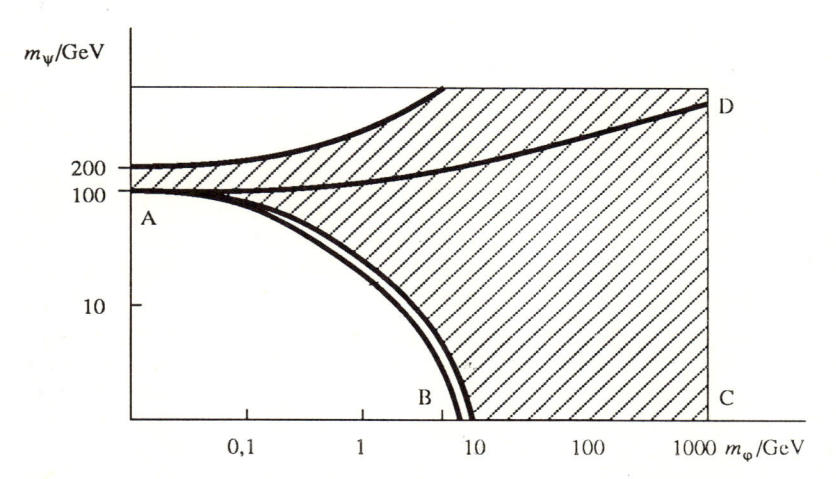

Abb. 16 Das schraffierte Gebiet entspricht den möglichen Werten für die Massen des Higgs-Bosons m_φ und schwerer Fermionen m_ψ (genauer gesagt, $\sum_i (m_{\psi_i}^4)^{1/4}$) bei Berücksichtigung von kosmologischen Abschätzungen und Quantenkorrekturen zum effektiven Potential im Glashow-Weinberg-Salam-Modell. Die durch die Kurve ABCD begrenzte Fläche umreißt das Gebiet absoluter Phasenstabilität mit spontaner Symmetriebrechung, $\varphi = \mu/\sqrt{\lambda}$.

Während von den Nullpunktfluktuationen der Vektorfelder herrührende Korrekturen eine dynamische Wiederherstellung der Symmetrie unterstützen, führen mit Fermionen zusammenhängende Effekte zu einer dynamischen Symmetriebrechung. Als Beispiel betrachten wir das einfache σ-Modell (1.1.13). Für große φ ist das effektive Potential in dieser Theorie durch

$$V(\varphi) = -\frac{\mu^2}{2}\varphi^2 + \frac{\lambda}{4}\varphi^4 + \frac{9\lambda^2 - 4h^4}{64\pi^2}\varphi^4 \ln\frac{\lambda\varphi^2}{\mu^2} \qquad (2.2.17)$$

gegeben [145]. Man sieht, daß die Fermionen für große φ einen negativen Beitrag geben, und bei $3\lambda < 2h^2$ ist das effektive Potential $V(\varphi)$ nach unten unbeschränkt (Abbildung 15).

Für $\varphi \to \infty$ ist die Einschleifen-Näherung natürlich nicht mehr gültig. Ist jedoch $\lambda \ll h^2$ erfüllt, so gibt es immer einen Wertebereich für das φ-Feld ($\varphi^2 \sim (\mu^2/\lambda) \exp(\lambda/h^4)$), für den $V(\varphi) < V(\mu/\sqrt{\lambda})$ ist und die Einschleifen-Näherung weiterhin verläßliche Resultate liefert. Der Zustand $\varphi = \mu/\sqrt{\lambda}$ ist deshalb im σ-Modell mit $\lambda \ll h^2$, oder gleichbedeutend $m_\varphi \ll m_\psi$, instabil, und es kommt zu einer starken dynamischen Symmetriebrechung.

Dieses Resultat läßt sich leicht auf eine größere Klasse von Theorien, in die auch die Glashow-Weinberg-Salam-Theorie fällt, verallgemeinern, was zu einer Reihe von Massenschranken für die Massen des Higgs-Mesons und der Fermionen in der Theorie (Abbildung 16) führt [139–151]. Eine Verschärfung dieser Bedingungen durch Berücksichtigung kosmologischer Überlegungen findet man in Kapitel 6.

2.3 1/N-Entwicklung und effektives Potential in der $\lambda\varphi^4/N$-Theorie

In der Regel läßt sich das Verhalten des effektiven Potentials für $\varphi \to \infty$ mit der üblichen Störungstheorie nicht untersuchen. Eine wichtige Ausnahme machen die (in allen Kopplungskonstanten) asymptotisch freien Theorien. So kann man z.B. zeigen, daß in einer masselosen $\lambda\varphi^4$-Theorie mit negativem λ das effektive Potential $V(\varphi)$ für $\varphi \to \infty$ sowohl in der klassischen Näherung, als auch unter Berücksichtigung von Quantenkorrekturen unbeschränkt fällt [137, 152]. Für die $\lambda\varphi^4$-Theorie mit $\lambda > 0$ ist es bisher nicht gelungen, das Verhalten von $V(\varphi)$ für $\varphi \to \infty$ mit Hilfe der üblichen Störungstheorie allgemein zu bestimmen. Es gibt jedoch eine Klasse von Theorien, bei denen man im Verständnis der Eigenschaften von $V(\varphi)$ sowohl für kleine, als auch für große φ beachtliche Fortschritte verzeichnen kann, wobei auch eine Reihe überraschender Ergebnisse zutage traten.

Wir betrachten die O(N)-symmetrische Theorie des Skalarfeldes $\Phi = \{\Phi_1, \ldots, \Phi_N\}$ mit der Lagrange-Dichte

$$L = \frac{1}{2}(\partial_\mu \Phi)^2 - \frac{\mu^2}{2} \Phi^2 - \frac{\lambda}{4!N}(\Phi^2)^2, \tag{2.3.1}$$

wobei $\Phi^2 = \sum_i \Phi_i^2$ ist. Das Feld Φ kann dabei einen klassischen Anteil $\Phi_0 = \sqrt{N}\{\varphi, 0, \ldots, 0\}$ haben. Weiter führen wir das zusammengesetzte Feld

$$\hat{\chi} = \mu^2 + \frac{\lambda}{6N} \Phi^2 \tag{2.3.2}$$

80   2. Skalarfeld, effektives Potential und spontane Symmetriebrechung

mit dem klassischen Anteil χ ein und fügen zu (2.3.1) einen Zusatzterm

$$\Delta L = \frac{3N}{2\lambda}\left(\hat{\chi} - \mu^2 - \frac{\lambda}{6N}\Phi^2\right)^2 \tag{2.3.3}$$

hinzu, so daß

$$L' = L + \Delta L = \frac{1}{2}(\partial_\mu \Phi)^2 - \frac{3N}{\lambda}\mu^2\hat{\chi} + \frac{3N}{\lambda}\hat{\chi}^2 - \frac{1}{2}\hat{\chi}\Phi^2 \tag{2.3.4}$$

wird. Die Theorie (2.3.4) ist zur Theorie (2.3.1) äquivalent, da die Lagrange-Gleichung für das Feld $\hat{\chi}$ in der Theorie (2.3.4) gerade Gleichung (2.3.2) ist, während die Lagrange-Gleichung für das Feld Φ in der Theorie (2.3.4) bei Beachtung von (2.3.2) gerade die Lagrange-Gleichung für das Feld Φ in der Theorie (2.3.1) ergibt [153]. In der Einschleifen-Näherung ist das effektive Potential $V(\varphi, \chi) \equiv Nv(\varphi, \chi)$ der Theorie (2.3.4) durch

$$v(\varphi, \chi) = -\frac{3}{2}\left(\frac{1}{\lambda} + \frac{1}{96\pi^2}\right)\chi(\chi - 2\mu^2) + \frac{1}{2}\chi\varphi^2$$

$$+ \frac{\chi^2}{128\pi^2}\left(2\ln\frac{\chi}{M^2} - 1\right) \tag{2.3.5}$$

gegeben [154], wobei M ein Renormierungsparameter und

$$(\chi - \mu^2)\left(\frac{1}{\lambda} + \frac{1}{96\pi^2}\right) = \frac{\varphi^2}{6} + \frac{\chi}{96\pi^2}\ln\frac{\chi}{M^2} \tag{2.3.6}$$

ist. Das effektive Potential $V(\varphi) \equiv Nv(\varphi)$ der ursprünglichen Theorie (2.3.1) stimmt mit $V(\varphi, \chi(\varphi))$ überein. Entscheidend ist nun, daß alle Korrekturen höherer Ordnung zu (2.3.5) und (2.3.6) höhere Potenzen von $1/N$ enthalten und für $N \to \infty$ verschwinden. In diesem Sinn sind die Gleichungen (2.3.5) und (2.3.6) für $N \to \infty$ *exakt*.

Wir formulieren nun die folgenden Normierungsbedingungen für μ^2 und λ in (2.3.5) und (2.3.6):

$$\mathrm{Re}\,\frac{\mathrm{d}^2 v}{\mathrm{d}\varphi^2}\bigg|_{\varphi=0} = \mu^2, \tag{2.3.7}$$

$$\mathrm{Re}\,\frac{\mathrm{d}^4 v}{\mathrm{d}\varphi^4}\bigg|_{\varphi=0} = \lambda. \tag{2.3.8}$$

Daraus folgt, daß nach der Renormierung der Parameter M^2 in (2.3.5) gleich μ^2 ist.

Die Vorzeichen von μ^2 und λ in (2.3.7) und (2.3.8) sind beliebig. Der Einfachheit halber betrachten wir den Fall $\mu^2 > 0$, $\lambda > 0$. Man findet, daß das Feld χ für $\varphi < \bar{\varphi}$, mit

$$1 - \frac{\lambda}{96\pi^2} \ln \frac{\chi(\bar{\varphi})}{\mu^2} = 0, \qquad (2.3.9)$$

eine zweiwertige Funktion von φ wird. Dadurch wird das effektive Potential $v(\varphi)$ für $\varphi < \bar{\varphi}$ eine zweiwertige Funktion von φ (mit den Zweigen $v^I(\varphi)$ und $v^{II}(\varphi)$, $v^I > v^{II}$; Abbildung 17) [154]. Die Normierungsbedingungen (2.3.7) und (2.3.8) beziehen sich auf den oberen Zweig von $v(\varphi)$.

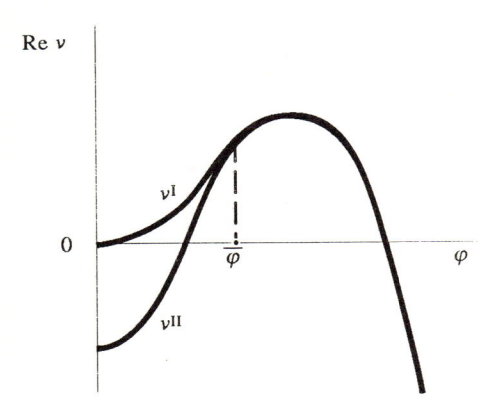

Abb. 17 Das effektive Potential in der Theorie (2.3.1) mit $\mu^2 > 0$.

Auf dem Zweig v^{II} nimmt das Feld χ extrem große Werte an $\left(\frac{\lambda}{96\pi^2} \ln \frac{\chi}{\mu^2} > 1\right)$, und man könnte fragen, ob die Gleichungen (2.3.5) und (2.3.6) tatsächlich für solch große χ und beliebig große, aber endliche N noch gültig sind. Dies ist jedoch der Fall, da χ auf dem Zweig v^{II} zwar groß, aber endlich und unabhängig von N ist. Für ein beliebig großes χ existiert deshalb immer ein N, so daß für dieses χ die Korrekturen $\sim O(1/N)$ zu den Ausdrücken (2.3.5) und (2.3.6) klein sind [155].

Für $\varphi = 0$ konnte in [153] in der niedrigsten Ordnung bezüglich $1/N$ gezeigt werden, daß die Green-Funktion $G_{\chi\chi}(k^2)$ des χ-Feldes auf dem oberen Zweig v^I einen tachyonischen Pol bei $k^2 = -\mu^2 e^{1/\lambda}$ hat. Mit derselben Begründung wie oben kann man zeigen, daß Korrekturen höherer Ordnung in $1/N$ zu $G_{\chi\chi}(k^2)$ zwar den Typ der Singularität bei $k^2 < 0$, nicht aber die Tatsache eines Vorzeichenwechsels von $G_{\chi\chi}(k^2)$ bei $k^2 < 0$ ändern können. Ein solches Verhalten von $G_{\chi\chi}(k^2)$ ist aber inkompatibel mit dem Källén-Lehmann-Theorem und weist darauf hin, daß die Theorie bezüglich der Erzeugung eines klassischen χ-Feldes instabil ist. Das liegt einfach daran, daß der Punkt $\varphi = 0$ auf dem Zweig v^I kein Minimum, sondern ein Sattelpunkt des Potentials $v(\varphi, \chi)$ ist, und somit ein Übergang in das Minimum $\varphi = 0$ auf dem Zweig v^{II} stattfindet.

82   2. Skalarfeld, effektives Potential und spontane Symmetriebrechung

Aber auch dieser Punkt ist kein absolutes Minimum von $v(\varphi)$. Tatsächlich ist nach (2.3.5) und (2.3.6) für $\varphi \to \infty$

$$v(\varphi) = -4\pi^2 \frac{\varphi^4}{\ln \varphi^2/\mu^2} \left(1 + \frac{i\pi}{\ln \varphi^2/\mu^2}\right). \tag{2.3.10}$$

Das heißt, $v(\varphi)$ ist nach unten unbeschränkt und die Theorie (2.3.1) instabil bezüglich der Erzeugung eines beliebig großen φ-Feldes [155].

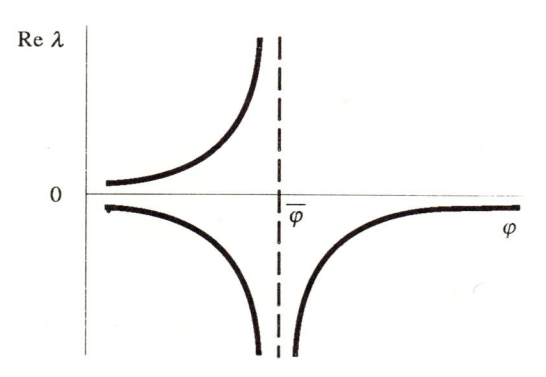

Abb. 18 Die effektive Kopplungskonstante $\lambda(\varphi)$ in der Theorie (2.3.1).

Gegen diese Schlußfolgerung ließ sich eine Reihe von Einwänden vorbringen, von denen der folgende der wichtigste ist. Gleichung (2.3.10) ist nur im Grenzfall $N = \infty$ gültig; für jedes endliche N könnte es aber ein Feld $\varphi = \varphi_N$ geben, das so groß ist, daß der Ausdruck (2.3.10) für $\varphi > \varphi_N$ seine Gültigkeit verliert und für $\varphi > \varphi_N$ ein absolutes Minimum von $v(\varphi)$ existiert.

Diesen Einwand kann man entkräften, indem man die $1/N$-Entwicklung mit der Renormierungsgruppengleichung kombiniert [155]. Dazu bemerken wir zunächst, daß sich die unter Benutzung von (2.3.5) und (2.3.6) zu berechnende effektive Kopplungskonstante $\lambda(\varphi) = d^4 V/d\varphi^4$ wie in Abbildung 18 dargestellt verhält. Das hat mehrere Konsequenzen:

1. Für hinreichend große N ist eine $\lambda\varphi^4/N$-Theorie mit $\lambda > 0$ äquivalent einer Theorie mit $\lambda < 0$ und stellt lediglich einen anderen Zweig der gleichen Theorie dar.

2. Im Gegensatz zu den üblichen Annahmen ist eine $\lambda\varphi^4/N$-Theorie mit $\lambda > 0$ instabil, während eine Theorie mit $\lambda < 0$ für kleine φ metastabil ist.

3. Für hinreichend große φ wird $\operatorname{Re}\lambda$ negativ und geht mit wachsendem φ gegen null.

Entscheidend ist der letzte Punkt. Man kann ein so großes $\varphi = \varphi_1$ wählen, daß λ tatsächlich klein und negativ wird, sowie ein solches $N(\varphi_1)$, daß die Korrekturen höherer Ordnung in $1/N$ zu $\lambda(\varphi)$ bei $\varphi \sim \varphi_1$ klein werden. Dann kann man die Renormierungsgruppengleichung benutzen, um $\lambda(\varphi)$ von $\varphi \sim \varphi_1$ bis $\varphi \to \infty$ fortzusetzen, da die $\lambda\varphi^4/N$-Theorie für $\lambda < 0$ asymptotisch frei ist. Nun integriert man $\lambda(\varphi)$ über φ und erhält $v(\varphi)$. Das auf diese Weise erhaltene $v(\varphi)$ stimmt mit (2.3.10) überein, was bestätigt, daß das effektive Potential in dieser Theorie tatsächlich für große φ nach unten unbeschränkt ist [155].

Diese Schlußfolgerung ist unabhängig vom Vorzeichen von μ^2 und λ bei $\varphi = 0$. Entscheidend ist, daß es zur spontanen Symmetriebrechung, die man in der Theorie (2.3.1) für $\mu^2 < 0$ erwartet, tatsächlich nur auf dem oberen (instabilen) Zweig von $v(\varphi)$ kommt; auf dem unteren (metastabilen) Zweig von $v(\varphi)$ ist das effektive Massenquadrat des φ-Feldes immer positiv und die Symmetriebrechung verschwindet [154].

Diese Ergebnisse sind ziemlich unerwartet und in verschiedener Beziehung lehrreich. Sie zeigen, daß Quantenkorrekturen sogar in den Theorien zur Instabilität führen können, von denen man das am allerwenigsten erwartet hätte, wie z.B. in der Theorie (2.3.1) mit $\mu^2 > 0$ und $\lambda > 0$. Weiter stellt sich heraus, daß es für große N in dieser Theorie bei $\mu^2 < 0$ keine spontane Symmetriebrechung gibt. Darüber hinaus findet man, daß es sich bei der Theorie (2.3.1) für $\lambda < 0$ und $\lambda > 0$ in Wirklichkeit um zwei Zweige ein und derselben Theorie handelt. Diese Zweige treffen sich bei exponentiell großen φ-Werten, und bei weiter wachsendem φ wird die effektive Kopplungskonstante $\lambda(\varphi)$ negativ und geht von unten her gegen null. Letzteres ist übrigens nicht ganz unerwartet. Aus Untersuchungen auf der Basis der Renormierungsgruppengleichung folgt (siehe z.B. [58]), daß sich die effektive Kopplungskonstante für große Felder und hohe Impulse genau so verhalten sollte. Dieses pathologische Verhalten der effektiven Kopplungskonstanten λ liegt auch dem sogenannten Null-Ladungsproblem zugrunde [156, 157]. Lange Zeit wurden die entsprechenden Ergebnisse für ziemlich unwahrscheinlich gehalten, und es ist nicht ausgeschlossen, daß in vielen realistischen Situationen das Null-Ladungsproblem tatsächlich nicht auftritt (siehe z.B. [158]). Andererseits scheinen die Haupteinwände gegen die in [156, 157] erhaltenen Resultate für die auf der 1/N-Entwicklung beruhende Ableitung nicht zuzutreffen [155, 159]. Allgemein geht man jedenfalls davon aus, daß die Existenz des Null-Ladungsproblems in der $\lambda\varphi^4$-Theorie („Trivialität" der $\lambda\varphi^4$-Theorie) in den letzten Jahren sowohl mit analytischen [160], als auch numerischen [161] Methoden hinreichend gut bewiesen wurde.

Obige Untersuchung macht das Wesens dieses Problems anhand der Theorie (2.3.1) deutlich: nach unseren Resultaten hat eine Theorie der Form (2.3.1) für große N weder ein stabiles Vakuum, noch eine nichtverschwindende Kopplungskonstante λ.

Damit entsteht natürlich die Frage, ob diese Resultate nicht auch realistische Elementarteilchentheorien mit spontaner Symmetriebrechung betreffen.

Zunächst wollen wir untersuchen, wie ernst die Mängel der Theorie (2.3.1) eigentlich sind. Auf den ersten Blick scheint die Existenz eines Pols bei $k^2 = -\mu^2 e^{1/\lambda}$ auf dem oberen Zweig von $v(\varphi)$ gar nicht so ernst zu sein, da man gewöhnlich davon ausgeht, daß die Niederenergiephysik von der Struktur der Theorie bei extrem hohen Impulsen und Massen nichts „merkt". Für große $k^2 > 0$ ist dies auch tatsächlich der Fall. Das Beispiel der Symmetriebrechung in der Theorie (1.1.5) zeigt jedoch, daß die Existenz des tachyonischen Pols bei $k^2 = -\mu^2 < 0$ schneller zur Entwicklung einer Instabilität führt, als dies bei einer tachyonischen Masse der Fall sein würde, siehe (1.1.6). Der obere Zweig des

84　2. Skalarfeld, effektives Potential und spontane Symmetriebrechung

Potentials $v(\varphi)$ entspricht deshalb tatsächlich einem instabilen Vakuumzustand (eine analoge Instabilität tritt für hinreichend große N auch in einer mehrkomponentigen Formulierung der Quantenelektrodynamik auf [159, 162]). Andererseits ist die Lebensdauer des Universums im Punkt $\varphi = 0$ für $\lambda \ll 1$ exponentiell groß, so daß aus der Ableitung einer Vakuuminstabilität in dieser Theorie durchaus nicht folgt, daß diese nicht unser Universum richtig beschreiben könnte. Ein mögliches Problem besteht hier darin, daß bei Temperaturen $T \gtrsim \mu e^{1/\lambda}$ das lokale Minimum bei $\varphi = 0$ auf dem Zweig v^{II} ebenfalls verschwindet [155, 163]. In der Theorie des inflationären Universums kann die Temperatur jedoch niemals so hohe Werte erreichen.

Vor einer Diskussion realistischerer Theorien sollte man darauf verweisen, daß der tachyonische Pol auf dem oberen Zweig von $v(\varphi)$ für $\lambda \ll 1$ bei $|k^2| \gg M_P^2$ liegt, und im Punkt $\bar{\varphi}$, in dem sich beide Zweige treffen, der Wert des effektiven Potentials $V(\varphi)$ höher als die Planck-Energiedichte M_P^4 ist. Wie im nächsten Abschnitt gezeigt wird, werden in diesem Fall alle qualitativen und quantitativen Aussagen ohne Berücksichtigung von Quantengravitations-Effekten fragwürdig. Daneben können auch schon bei niedrigeren Impulsen und Dichten von anderen Materiefeldern herrührende Quantenkorrekturen zu $V(\varphi)$ wesentlich werden. Diese Korrekturen ändern die Form von $V(\varphi)$ für kleine φ nicht; sie können jedoch die Instabilität bei großen Feldern und Impulsen völlig beseitigen. Dies passiert gerade bei der mit dem Null-Ladungsproblem zusammenhängenden Instabilität beim Übergang zu asymptotisch freien Theorien [3, 152].

Die wesentliche praktische Schlußfolgerung aus den letzten beiden Abschnitten ist die, daß für die wahrscheinlichsten Beziehungen zwischen den Kopplungskonstanten ($\lambda \sim e^2 \sim h^2 \ll 1$) Quantenkorrekturen zu $V(\varphi)$ in Theorien der schwachen, starken und elektromagnetischen Wechselwirkung nur für exponentiell große Feldstärken wichtig werden, so daß der klassische Ausdruck für $V(\varphi)$ als Näherung oft völlig ausreicht. In einer Reihe von Fällen können Quantenkorrekturen zur Instabilität des Vakuums bei exponentiell großen Feldstärken oder Impulsen führen; im Prinzip kann man dieses Problem aber lösen, ohne die allgemeine Form des effektiven Potentials bei kleinen φ zu ändern.

2.4 Effektives Potential und Quantengravitations-Effekte

Bei unserer Diskussion des inflationären Universums in Kapitel 1 haben wir häufig Felder mit $\varphi \gg M_P$ betrachtet. Das wirft die Frage auf, ob nicht Quantengravitations-Effekte zu einer wesentlichen Modifizierung von $V(\varphi)$ bei $\varphi \gg M_P$ führen und damit letzten Endes das Szenarium der chaotischen Inflation in Frage stellen könnten. Entsprechende Vermutungen findet man in einer Reihe von Arbeiten (siehe z.B. [164]), weshalb wir uns hier mit dieser Frage besonders beschäftigen wollen.

Von der Gravitation herrührende Korrekturen $\Delta V(\varphi)$ zum Potential $V(\varphi)$ können zwei Ursachen haben. Die Korrekturen der ersten Art hängen mit der Gravitationswechselwirkung der Vakuumfluktuationen zusammen (siehe die Diagramme in Abbildung 19). Die Gesamtheit dieser Graphen läßt sich aufsummie-

2.4 Effektives Potential und Quantengravitations-Effekte

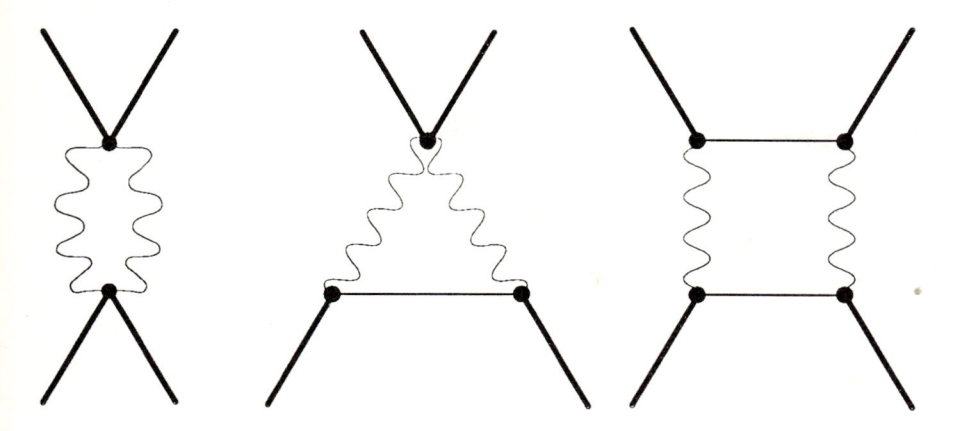

Abb. 19 Typische Diagramme für $V(\varphi)$ bei Berücksichtigung von Gravitationseffekten. Die stark gezeichneten Linien entsprechen dem klassischen äußeren φ-Feld, die dünnen Linien skalaren φ-Teilchen und die Wellenlinien den Gravitonen.

ren, wobei man

$$\Delta V(\varphi) = C_1 \frac{d^2 V}{d\varphi^2} \frac{V}{M_P^2} \ln \frac{\Lambda^2}{M_P^2} + C_2 \frac{V^2(\varphi)}{M_P^4} \ln \frac{\Lambda^2}{M_P^2} \qquad (2.4.1)$$

erhält [165]. Die C_i sind hier numerische Koeffizienten in der Größenordnung $O(1)$ und Λ ist ein Abschneideimpuls. Wie man sieht, divergieren diese Korrekturen für $\Lambda \to \infty$ und führen im allgemeinen nicht allein zu einer Renormierung des ursprünglichen Potentials $V(\varphi)$. Dies ist Ausdruck der bekannten, mit der Nichtrenormierbarkeit der Quantengravitation zusammenhängenden Schwierigkeit. Meist nimmt man an, daß bei Impulsen in der Größenordnung von M_P und darüber ein natürlicher Abschneideparameter existiert, der entweder mit einer nichttrivialen Vakuumstruktur der Gravitation, oder damit, daß die Gavitation für $|k^2| \gtrsim M_P^2$ Teil einer allgemeineren, divergenzfreien Theorie wird, zusammenhängt. Falls das Quadrat des Abschneideimpulses Λ^2 entsprechend dieser Überlegungen nicht viele Größenordnungen über M_P^2 liegt, ist

$$\Delta V = \tilde{C}_1 \frac{d^2 V}{d\varphi^2} \frac{V}{M_P^2} + \tilde{C}_2 \frac{V^2}{M_P^4}, \qquad (2.4.2)$$

mit $\tilde{C}_i = O(1)$. Man kann leicht zeigen, daß für

$$m_\varphi^2 = \frac{d^2 V}{d\varphi^2} \ll M_P^2, \qquad (2.4.3)$$

$$V(\varphi) \ll M_P^4 \qquad (2.4.4)$$

Gravitationskorrekturen zu $V(\varphi)$ vernachlässigbar sind. Insbesondere ist für die $\lambda\varphi^4$-Theorie die Bedingung (2.4.4) eine viel stärkere Forderung als (2.4.3); sie ist erfüllt, wenn

$$\varphi \ll \varphi_P = \lambda^{-1/4} M_P \qquad (2.4.5)$$

ist. Für $\lambda \sim 10^{-14}$ erhalten wir aus (2.4.5) eine sehr schwache Schranke für φ:

$$\varphi \ll 3000 M_P. \qquad (2.4.6)$$

In einer klassischen Raumzeit, in der die Bedingung (2.4.5) gilt (siehe Abschnitt 1.7), sind die erwähnten Quantengravitations-Korrekturen zu $V(\varphi)$ deshalb vernachlässigbar.

Ein anderer Typ von Korrekturen zu $V(\varphi)$ hängt mit der Änderung des Spektrums der Vakuumfluktuationen in einem äußeren Gravitationsfeld zusammen. Da jedoch der Energieimpulstensor selbst proportional $V(\varphi)$ ist, sind die entsprechenden Korrekturen in der Mehrzahl der Fälle bei $V(\varphi) \ll M_P^4$ ebenfalls vernachlässigbar. Die wichtigste Ausnahme betrifft denjenigen Beitrag zu $V(\varphi)$, der von während der Inflation erzeugten, langwelligen Fluktuationen des Skalarfeldes φ herrührt. Wie schon in Abschnitt 1.8 erwähnt, führt die Berücksichtigung dieses Effekts jedoch nicht etwa zu Problemen bei der Realisierung des Szenariums der chaotischen Inflation, sondern im Gegenteil zur Herausbildung eines sich selbst aufrechterhaltenden inflationären Prozesses in einem großen Teil des physikalischen Volumens des Weltalls. Wir kommen auf diese Frage in Kapitel 10 zurück.

3. Die Wiederherstellung der Symmetrie bei hohen Temperaturen

3.1 Phasenübergänge in den einfachsten Modellen mit spontaner Symmetriebrechung

Nach der Erörterung der Grundlagen der spontanen Symmetriebrechung in der Quantenfeldtheorie wollen wir nun das Symmetrieverhalten eines Teilchensystems untersuchen, das durch eine einheitliche Theorie der schwachen, starken und elektromagnetischen Wechselwirkung beschrieben wird und sich im thermodynamischen Gleichgewicht befindet. Zunächst betrachten wir ein Gleichgewichtssystem von Skalarteilchen φ mit der Lagrange-Dichte (1.1.5). Solche Teilchen haben keine erhaltene Ladung, und ihre Teilchenzahl ist ebenfalls nicht erhalten. Das chemische Potential dieser Teilchen ist deshalb null, und ihre Teilchendichte im Impulsraum ist

$$n_k = \frac{1}{\exp(k_0/T) - 1}, \tag{3.1.1}$$

wobei $k_0 = \sqrt{k^2 + m^2}$ die Energiedichte eines Teilchens mit dem Impuls k und der Masse m ist. Bei $T = 0$ verschwinden alle Teilchen ($n_k \to 0$) und wir haben wieder die im vorigen Abschnitt betrachtete Situation.

Bei endlichen Temperaturen sind alle physikalisch relevanten Größen (thermodynamische Potentiale, Green-Funktionen usw.) des betrachteten Systems nicht mehr durch den Vakuumerwartungswert, sondern durch den Gibbsschen Mittelwert

$$\langle \cdots \rangle = \frac{\mathrm{Sp}\left[\exp\left(-\frac{H}{T}\right) \cdots \right]}{\mathrm{Sp}\left[\exp\left(-\frac{H}{T}\right)\right]} \tag{3.1.2}$$

gegeben, wobei H der Hamilton-Operator des Systems ist. Insbesondere ist der Parameter für die Symmetriebrechung (das „klassische" Skalarfeld φ) in diesem System nicht mehr $\langle 0|\varphi|0\rangle$, sondern $\varphi(T) = \langle \varphi \rangle$.

Um das Verhalten von $\varphi(T)$ bei $T \neq 0$ zu untersuchen, betrachten wir die Lagrange-Gleichung für das φ-Feld in der Theorie (1.1.5):

$$(\Box - \mu^2 + \lambda \varphi^2)\varphi = 0. \tag{3.1.3}$$

Der Gibbssche Mittelwert dieser Gleichung ist

$$\Box \varphi(T) + [\lambda \varphi^2(T) - \mu^2]\varphi(T) + 3\lambda \varphi(T)\langle \varphi^2 \rangle + \lambda \langle \varphi^3 \rangle = 0. \tag{3.1.4}$$

3. Die Wiederherstellung der Symmetrie bei hohen Temperaturen

Wie bei der Untersuchung der spontanen Symmetriebrechung bei $T=0$ haben wir hier den dem klassischen Feld entsprechenden Anteil $\varphi(T)$ durch die Verschiebung $\varphi \to \varphi + \varphi(T)$ mit

$$\langle \varphi \rangle = 0 \tag{3.1.5}$$

abgespalten. In der niedrigsten Ordnung in λ ist der Mittelwert $\langle \varphi^3 \rangle$ gleich null, während

$$\langle \varphi^2 \rangle = \frac{1}{(2\pi)^3} \int \frac{d^3 k}{2\sqrt{k^2 + m^2}} (1 + 2\langle a_k^+ a_k^- \rangle)$$

$$= \frac{1}{(2\pi)^3} \int \frac{d^3 k}{\sqrt{k^2 + m^2}} \left(\frac{1}{2} + n_k \right) \tag{3.1.6}$$

ist. Der erste Term in (3.1.6) verschwindet nach der Massenrenormierung des φ-Feldes (bei $T=0$). Damit erhält man

$$\langle \varphi^2 \rangle = F(T, m(\varphi))$$

$$= \frac{1}{2\pi^2} \int_0^\infty \frac{k^2 \, dk}{\sqrt{k^2 + m^2(\varphi)} \left(\exp \frac{\sqrt{k^2 + m^2(\varphi)}}{T} - 1 \right)}. \tag{3.1.7}$$

Wie man sieht, gibt es in dieser Theorie (bei $\lambda \ll 1$) nur interessante Effekte bei $T \gg m$, wobei man die Masse m in (3.1.7) vernachlässigen kann. In diesem Fall ist

$$\langle \varphi^2 \rangle = F(T, 0) = \frac{T^2}{12}, \tag{3.1.8}$$

und aus Gleichung (3.1.4) wird

$$\Box \varphi(T) + \left[\lambda \varphi^2(T) - \mu^2 + \frac{\lambda}{4} T^2 \right] \varphi(T) = 0. \tag{3.1.9}$$

Für ein konstantes Feld $\varphi(T)$ erhält man aus (3.1.9)

$$\varphi(T) \left[\lambda \varphi^2(T) - \mu^2 + \frac{\lambda}{4} T^2 \right] = 0. \tag{3.1.10}$$

Bei hinreichend niedrigen Temperaturen hat diese Gleichung zwei Lösungen:

1. $\varphi(T) = 0$;

2. $\varphi(T) = \sqrt{\dfrac{\mu^2}{\lambda} - \dfrac{T^2}{4}}$. \hfill (3.1.11)

Die zweite Lösung verschwindet oberhalb einer kritischen Temperatur

$$T_c = \frac{2\mu}{\sqrt{\lambda}} = 2\varphi_0. \tag{3.1.12}$$

3.1 Phasenübergänge in einfachsten Modellen mit spontaner Symmetriebrechung

Um das Anregungsspektrum bei $T \neq 0$ zu erhalten, muß man in (3.1.9) die Verschiebung $\varphi \to \varphi + \delta\varphi$ ausführen. Für $\varphi(T) = 0$ lautet die entsprechende Gleichung

$$\Box \delta\varphi + \left(-\mu^2 + \frac{\lambda}{4}T^2\right)\delta\varphi = 0, \qquad (3.1.13)$$

was einer Masse des Skalarfeldes bei $\varphi = 0$

$$m^2 = -\mu^2 + \frac{\lambda}{4}T^2 \qquad (3.1.14)$$

entspricht. Diese Masse ist für $T < T_c$ negativ und wird positiv für $T > T_c$. Für die zweite Lösung in (3.1.11) ist das Massenquadrat des Feldes positiv:

$$m^2 = 3\lambda\varphi^2(T) - \mu^2 + \frac{\lambda}{4}T^2 = 2\lambda\varphi^2(T). \qquad (3.1.15)$$

Für $T < T_c$ ist die Lösung $\varphi(T) = \sqrt{\mu^2/\lambda - T^2/4}$ deshalb stabil; sie verschwindet für $T > T_c$ in dem Moment, wo die Lösung $\varphi = 0$ stabil wird. Das bedeutet, daß bei der Temperatur $T = T_c$ ein Phasenübergang stattfindet, bei dem die Symmetrie wiederhergestellt wird [18-24].

Abbildung 20 illustriert diese Ergebnisse. Man sieht, daß die Größe $\varphi(T)$ mit steigender Temperatur stetig abnimmt, was einem Phasenübergang zweiter Ordnung entspricht.

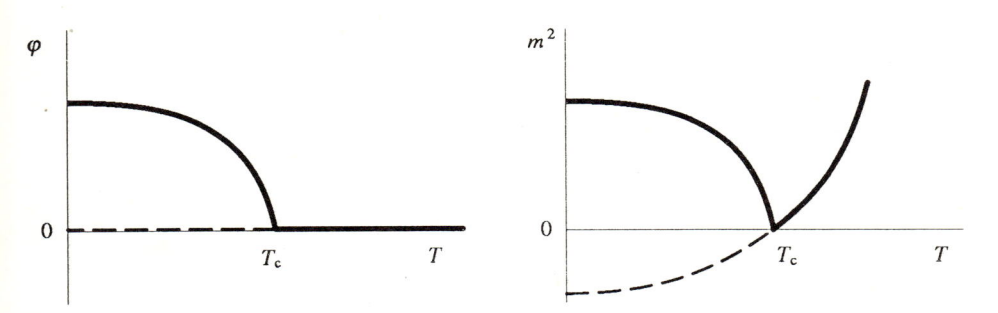

Abb. 20 Die Größen $\varphi(T)$ und $m^2(T)$ in der Theorie (1.1.5). Die gestrichelten Linien entsprechen der instabilen Phase $\varphi = 0$ bei $T < T_c$.

Man kann diese Resultate auch noch auf einem anderen Weg, über eine Verallgemeinerung des Konzepts des effektiven Potentials $V(\varphi)$ auf den Fall nichtverschwindender Temperaturen ableiten. Wir wollen uns bei dieser Frage nicht lange aufhalten und merken lediglich an, daß das effektive Potential $V(\varphi, T)$ in seinen Extrempunkten mit der freien Energie $F(\varphi, T)$ übereinstimmt. Zur Berechnung von $V(\varphi, T)$ braucht man sich nur an die Äquivalenz der Quantenstatistik bei $T \neq 0$ und der euklidischen Quantenfeldtheorie, bei der die „imaginäre Zeitachse" periodisch mit der Periode $1/T$ ist, zu erinnern [166, 20]. Um von $V(\varphi, 0)$ zu $V(\varphi, T)$ zu gelangen, muß man deshalb lediglich alle Bosonen-Impulse k_4 in den euklidischen Integralen durch $2\pi n T$, und die der Fermionen durch $(2n+1)\pi T$ ersetzen und anstelle der Integration über k_4 eine Summation über n durchführen: $\int dk_4 \to 2\pi n T \sum_{n=-\infty}^{\infty}$. Auf diese Weise geht z. B. Gleichung (2.2.1) für $V(\varphi)$ in der Theorie (1.1.5) bei $T \neq 0$ in

$$V(\varphi, T) = -\frac{\mu^2}{2}\varphi^2 + \frac{\lambda}{4}\varphi^4$$

$$+ \frac{T}{2(2\pi)^3} \sum_{n=-\infty}^{\infty} \int d^3k \ln[(2\pi n T)^2 + k^2 + m^2(\varphi)] \qquad (3.1.16)$$

über, wobei $m^2(\varphi) = 3\lambda\varphi^2 - \mu^2$ ist. Dieser Ausdruck kann durch dieselben Konterterme wie bei $T = 0$ renormiert werden. Im Ergebnis der Berechnung von $V(\varphi, T)$ für $T \gg m$ erhält man den Ausdruck (1.2.3). Man kann leicht zeigen, daß die Gleichung $dV/d\varphi = 0$ zur Bestimmung der Gleichgewichtswerte von $\varphi(T)$ mit (3.1.10) übereinstimmt, und daß die Größe $d^2V/d\varphi^2$, die das Massenquadrat des Feldes bestimmt (für die Gleichgewichtswerte von $\varphi(T)$), identisch mit (3.1.14) und (3.1.15) ist. Eine Beschreibung des Phasenübergangs hatten wir über eine Analyse von $V(\varphi, T)$ in Abschnitt 1.2 gegeben.

Die eben entwickelten Methoden lassen sich leicht auf kompliziertere Modelle verallgemeinern. So tritt z. B. im Higgs-Modell (1.1.15) in der transversalen Eichung $\partial_\mu A_\mu = 0$ anstelle von (3.1.4) für ein konstantes Feld $\varphi(T)$ die Gleichung

$$\langle \delta L/\delta\varphi \rangle = \varphi(T)[\mu^2 - \lambda\varphi^2(T) - 3\lambda\langle \chi_1^2 \rangle - \lambda\langle \chi_2^2 \rangle + e^2\langle A_\mu^2 \rangle]$$
$$= 0. \qquad (3.1.17)$$

Zunächst nehmen wir einmal an, daß $\lambda \sim e^2$ ist. Wie schon in der Theorie (1.1.5) findet der Phasenübergang dann bei $T \gg m_\chi, m_A$ statt. In diesem Fall ist

$$\langle \chi_1^2 \rangle = \langle \chi_2^2 \rangle = -\frac{1}{3}\langle A_\mu^2 \rangle = \frac{T^2}{12} \qquad (3.1.18)$$

und Gleichung (3.1.17) lautet

$$\varphi\left(\lambda\varphi^2 - \mu^2 + \frac{4\lambda + 3e^2}{12}T^2\right) = 0. \qquad (3.1.19)$$

Daraus folgt, daß der Phasenübergang im Higgs-Modell bei der kritischen Temperatur

$$T_{c_1}^2 = \frac{12\mu^2}{4\lambda + 3e^2} \qquad (3.1.20)$$

stattfindet. Nach Gleichung (3.1.19) ist $\varphi(T)$ eine stetige Funktion von T, damit ist dies ein Phasenübergang zweiter Ordnung [18–20].

3.1 Phasenübergänge in einfachsten Modellen mit spontaner Symmetriebrechung   91

Betrachten wir dagegen eine Theorie mit $\lambda \lesssim e^4$, dann haben wir

$$m_A(T_{c_1}) \approx e\mu/\sqrt{\lambda} \gtrsim T_{c_1},$$

d.h. die Bedingung $T \gg m_A$ ist nicht mehr erfüllt, und der Beitrag der Vektorteilchen zu (3.1.19) bei $T \sim T_{c_1}$ ist stark unterdrückt. In diesem Fall kann man also bei der Berechnung von $\langle A_\mu^2 \rangle = -F(T, m_A)$ nicht mehr m_A gegenüber T vernachlässigen und alle Gleichungen werden stark modifiziert. Am einfachsten sieht man das, wenn man berücksichtigt, daß die Funktion $F(T, m)$ für $m < T$ durch eine Potenzreihe in m/T dargestellt werden kann:

$$F(T, m) = \frac{T^2}{12} \left[1 - \frac{3}{\pi} \frac{m}{T} + O\left(\frac{m^2}{T^2}\right) \right]. \tag{3.1.21}$$

Berücksichtigt man, daß in der niedrigsten Ordnung der Störungstheorie $m_A = e\varphi$ ist, kann man Gleichung (3.1.19) in

$$\varphi \left(\lambda \varphi^2 - \mu^2 + \frac{4\lambda + 3e^2}{12} T^2 - \frac{3e^3}{4\pi} T\varphi \right) = 0 \tag{3.1.22}$$

umschreiben. Im Gegensatz zu (3.1.19) hat diese Gleichung in einem bestimmten Temperaturbereich $T_{c_1} < T < T_{c_2}$ nicht mehr nur zwei, sondern bereits drei Lösungen, die drei verschiedenen Extrema von $V(\varphi, T)$ entsprechen (Abbildung 21). Die Lösung $\varphi = 0$ ist metastabil bei $T > T_{c_1}$. Die Lösung $\varphi_2 \neq 0$ entspricht einem lokalen Maximum von $V(\varphi, T)$ und ist immer instabil. Der Phasenübergang aus der Phase $\varphi = \varphi_1$ in die Phase $\varphi = 0$ beginnt beim Erhitzen bei einer Temperatur T_c, bei der

$$V(\varphi_1(T_c), T_c) = V(0, T_c) \tag{3.1.23}$$

ist. Im Higgs-Modell mit $\lambda \lesssim e^4$ ist (vergleiche [23])

$$T_c = \left(\frac{15\lambda}{2\pi^2} \right)^{\frac{1}{4}} \mu. \tag{3.1.24}$$

Man sieht, daß der Phasenübergang in diesem Fall unstetig ist, d.h., daß es sich um einen Phasenübergang erster Ordnung handelt (vergleiche Abbildung 21).

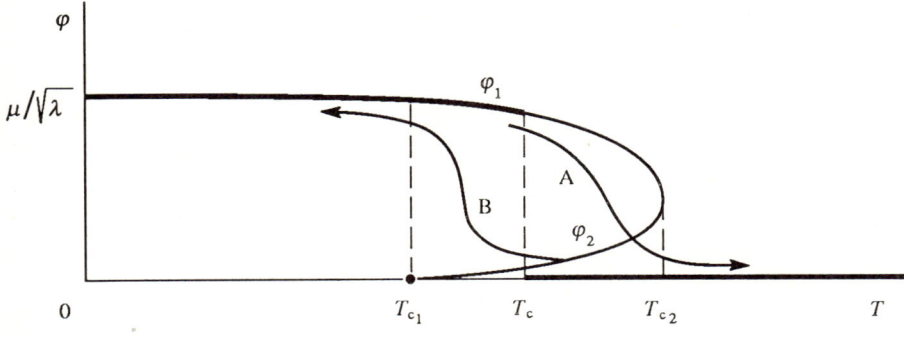

Abb. 21 Die Funktion $\varphi(T)$ im Higgs-Modell mit $3e^4/16\pi^2 < \lambda \lesssim e^4$. Die stark gezeichnete Linie entspricht dem stabilen Zustand des Systems. Die Pfeile zeigen das Verhalten von φ bei steigender (A) und fallender (B) Temperatur.

92   3. Die Wiederherstellung der Symmetrie bei hohen Temperaturen

Wir erinnern daran, daß die Quantenkorrekturen zu $V(\varphi, T)$ für $\lambda \lesssim 3e^4/16\pi^2$ sogar bei $T=0$ zur Existenz eines lokalen Minimums von $V(\varphi)$ führen (Abbildung 22), und für $\lambda \lesssim 3e^4/32\pi^2$ wird dieses Minimum tiefer als das übliche bei $\varphi = \mu/\sqrt{\lambda}$ (vergleiche Abschnitt 2.2). Aus diesem Grund geht für $\lambda \to 3e^4/32\pi^2$ die kritische Temperatur $T_c \to 0$. Das heißt aber nicht, daß man in einer solchen Theorie einen Phasenübergang leicht unter Laborbedingungen realisieren könnte. Das Problem besteht darin, daß ein derartiger Phasenübergang erster Ordnung über die unterschwellige Erzeugung und das nachfolgende Wachstum von Bläschen der neuen Phase abläuft. Diese Bläschenerzeugung ist jedoch häufig so stark unterdrückt, daß die Zeit für den Phasenübergang extrem lang werden kann. In der Realität beginnt deshalb der Phasenübergang beim Erwärmen des Systems aus einer überhitzten Phase φ_1 bei einer Temperatur größer als T_c. Ebenso findet der Phasenübergang erster Ordnung beim Abkühlen des Systems aus einem unterkühlten Zustand bei einer Temperatur $T < T_c$ statt. Die Theorie der Bläschenbildung ist in Kapitel 5 behandelt; kosmologische Konsequenzen solcher Phasenübergänge erster Ordnung findet man in den Kapiteln 6 und 7.

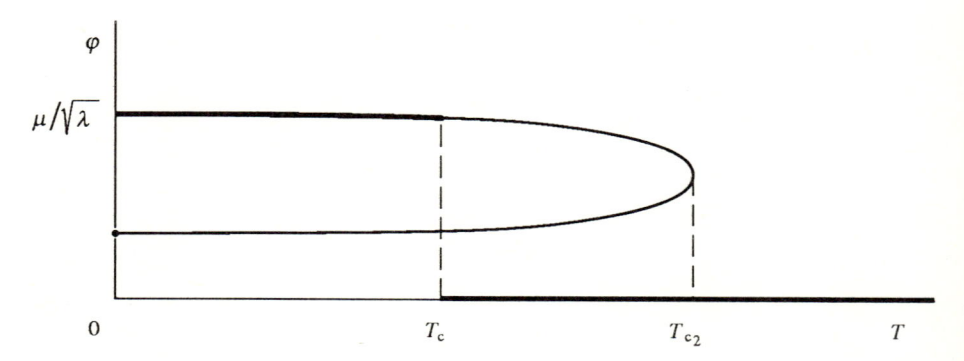

Abb. 22 Die Funktion $\varphi(T)$ im Higgs-Modell mit $\lambda < 3e^4/16\pi^2$.

3.2 Phasenübergänge in realistischen Theorien der schwachen, starken und elektromagnetischen Wechselwirkung

Wie wir im vorigen Abschnitt gesehen hatten, handelt es sich beim Phasenübergang im Higgs-Modell unter Annahme des natürlichsten Zusammenhangs zwischen den Kopplungskonstanten λ und e^2 um einen Übergang zweiter Ordnung, für $\lambda \sim e^4$ dagegen um einen Übergang erster Ordnung. Man kann zeigen, daß dasselbe auch für den Phasenübergang in der Glashow-Salam-Weinberg-Theorie zutrifft.

3.2 Phasenübergänge in realistischen Theorien

So lautet z. B. die zu (3.1.19) analoge Gleichung für $\lambda \sim e^2$ in der Glashow-Salam-Weinberg-Theorie [24]

$$\varphi \left(\lambda \varphi^2 - \mu^2 + \left[\lambda + \frac{e^2(1 + 2\cos^2 \theta_W)}{\sin^2 2\theta_W} \right] \frac{T^2}{2} \right) = 0, \qquad (3.2.1)$$

wobei θ_W der Weinberg-Winkel, $\sin^2 \theta_W \sim 0{,}23$, ist. Aus Gleichung (3.2.1) folgt

$$T_c^2 = \frac{2\mu^2}{\lambda + \dfrac{e^2(1 + 2\cos^2 \theta_W)}{\sin^2 2\theta_W}} = \frac{2\varphi_0^2}{1 + \dfrac{e^2(1 + 2\cos^2 \theta_W)}{\lambda \sin^2 2\theta_W}} \qquad (3.2.2)$$

mit $\varphi_0 \approx 250$ GeV. Setzen wir $\lambda \sim e^2 \sim 0{,}1$ ein, so erhalten wir

$$T_c \sim 200 \text{ GeV}, \qquad (3.2.3)$$

also mehr als das Doppelte der Masse der $W^\pm$- und Z-Teilchen und der Masse des Higgs-Bosons für $\lambda \sim e^2$, $T = 0$. Eine ähnliche Analyse wie in Abschnitt 3.1 zeigt, daß der Phasenübergang in diesem Fall mit hoher Genauigkeit als Phasenübergang zweiter Ordnung charakterisiert werden kann: der Sprung des φ-Feldes im Phasenübergangspunkt ist um eine Größenordnung kleiner als φ_0.

Andererseits sind die Phasenübergänge in den GUT-Theorien bei $T \gtrsim 10^{14}$ GeV in der Regel Übergänge erster Ordnung mit einem beachtlichen Sprung des φ-Feldes im kritischen Punkt [104]. Das hat zwei Ursachen. Zunächst ist bei $T \sim 10^{14}$ GeV die effektive Eichkopplungskonstante $g^2 \sim 0{,}3$, d. h. dreimal so groß wie e^2 bei $T \sim 10^2$ GeV. Zum anderen gibt es in GUT-Theorien eine Vielzahl von Teilchen, die temperaturabhängige Korrekturen zum effektiven Potential liefern. Das Gesamtergebnis ist, daß die kritische Temperatur T_{c_1} des Phasenübergangs in der gleichen Größenordnung wie die Teilchenmassen bei dieser Temperatur liegt. In Abschnitt 3.1 hatten wir gesehen, daß dies zu einem Phasenübergang erster Ordnung führt.

Als Beispiel betrachten wir eine SU(5)-symmetrische Theorie [91]. In deren einfachster Variante ist das effektive Potential

$$V(\Phi) = -\frac{\mu^2}{2} \operatorname{Sp} \Phi^2 + \frac{a}{4} (\operatorname{Sp} \Phi^2)^2 + \frac{b}{2} \operatorname{Sp} \Phi^4, \qquad (3.2.4)$$

wobei Φ eine spurfreie 5×5-Matrix ist. Wir definieren $\lambda = a + 7b/15$. Für $b > 0$, $\lambda > 0$ ist der symmetrische Zustand $\Phi = 0$ instabil bezüglich der Bildung des Skalarfeldes (1.1.19)

$$\Phi = \sqrt{\frac{2}{15}}\, \varphi \cdot \operatorname{diag}\left(1, 1, 1, -\frac{3}{2}, -\frac{3}{2}\right), \qquad (3.2.5)$$

das die SU(5)-Symmetrie auf eine $SU(3) \times SU(2) \times U(1)$ bricht. Für $T = 0$ liegt das Minimum von $V(\varphi)$ bei $\varphi_0 = \mu/\sqrt{\lambda}$. Bei endlichen Temperaturen geben 24 Higgs-

Bosonen unterschiedlichen Typs sowie 12 vektorielle X- und Y-Bosonen Korrekturen zu $V(\varphi)$. Im Ergebnis dessen lautet die (3.2.1) entsprechende Gleichung für $\varphi(T)$ in der SU(5)-Theorie [104]:

$$\varphi\left(\mu^2 - \beta T^2 - \lambda \varphi^2 - \frac{T\varphi}{30\pi} Q(g^2, \lambda, b)\right) = 0, \tag{3.2.6}$$

wobei

$$\beta = (75 g^2 + 130 a + 94 b)/60, \tag{3.2.7}$$

$$Q = 7\lambda\sqrt{10b} + \frac{16}{3} b\sqrt{10b} + 3\sqrt{15}\,\lambda^{3/2} + 2\sqrt{15}\,\lambda g + \frac{75}{4}\sqrt{2}\,g^3 \tag{3.2.8}$$

ist. Wie wir bereits festgestellt hatten, findet der symmetriebrechende Phasenübergang beim Abkühlen zwischen den Temperaturen T_{c_1} und T_c mit

$$T_{c_1} = \frac{\mu}{\sqrt{\beta}} \tag{3.2.9}$$

statt. Um den Sprung im Phasenübergangspunkt abschätzen zu können, bestimmen wir $\varphi_1(T_{c_1})$ (siehe Abbildung 21). Bei $T = T_{c_1}$ heben sich die ersten beiden Terme in (3.2.6) weg und wir finden

$$\varphi_1(T_{c_1}) = \frac{Q\varphi_0}{30\pi\sqrt{\beta\lambda}}. \tag{3.2.10}$$

Für die natürlichsten Parameterwerte $a \sim b \sim g^2 = 0{,}3$ folgt aus den Gleichungen (3.2.7) bis (3.2.10)

$$\varphi_1(T_{c_1}) \sim 0{,}75\,\varphi_0, \tag{3.2.11}$$

d.h. das Feld hat im Phasenübergangspunkt einen beträchtlichen Sprung (von der gleichen Größenordnung wie φ_0).

In der bisherigen Diskussion haben wir nur einen „Kanal" des Phasenübergangs berücksichtigt, bei dem ein direkter Übergang aus der SU(5)-Phase in die SU(3) × SU(2) × U(1)-Phase stattfindet. Tatsächlich verläuft der Phasenübergang aber gewöhnlich über die Bildung einer Zwischenphase mit einer SU(4) × U(1)-Symmetrie usw. [167, 42]. Jeder der intermediären Phasenübergänge ist ebenfalls ein Übergang erster Ordnung. Die Kinetik der Phasenübergänge in der minimalen SU(5)-Theorie wird in Kapitel 6 untersucht.

3.3 Höhere Ordnungen der Störungstheorie und das Infrarotproblem in der Thermodynamik von Eichfeldern

Die in Abschnitt 3.1 durchgeführte Analyse der Symmetrie-Wiederherstellung bei hohen Temperaturen in der Theorie (1.1.5) beruhte auf der niedrigsten Ordnung der Störungstheorie in λ. Dies wirft die Frage auf, wie verläßlich die dabei erhaltenen Ergebnisse sind.

Diese Frage ist nicht ganz trivial. So können z.B. Korrekturen höherer Ordnung in λ zu $V(\varphi, T)$ bei $T \neq 0$ neben kleinen Beiträgen $\sim \lambda^n T^4$, $\lambda^n T^2 m^2$ Terme proportional m^{-n} enthalten. Solche Terme werden für kleine m groß.

Um diese Frage genauer zu untersuchen, wollen wir in der Theorie (1.1.5) diejenigen Diagramme zu $V(\varphi, T)$, die von N-ter Ordnung in λ sind, bei $\varphi = 0$ betrachten. Der Beitrag dieser Diagramme zu $V(0, T)$ kann in der Form

$$V_N(0, T) \sim (2\pi T)^{N+1} \lambda^N \int d^3 p_1 \cdots d^3 p_{N+1}$$

$$\times \sum_{n_i = -\infty}^{\infty} \prod_{k=1}^{2N} [(2\pi r_k T)^2 + q_k^2 + m^2(T)]^{-1} \qquad (3.3.1)$$

dargestellt werden, wobei q_k eine homogene Linearkombination der p_i und r_k eine entsprechende Kombination der n_i, $i = 1, \ldots, N+1$, $k = 1, \ldots, 2N$ ist. Für $m \to 0$ ist der führende Term in der Summe über n_i derjenige, bei dem alle $n_i = 0$ ($r_k = 0$) sind, da Faktoren, die Terme $(2\pi r_k T)^2$ enthalten, für $m \to 0$, $q_k \to 0$ nicht singulär sind. Dieser führende Term ist

$$\Delta V_N(0, T) \sim (2\pi T)^{N+1} \lambda^N \int d^3 p_1 \cdots d^3 p_{N+1} \prod_{k=1}^{2N} [q_k^2 + m^2(T)]^{-1}$$

$$\sim \lambda^3 T^4 \left(\frac{\lambda T}{m(T)}\right)^{N-3}. \qquad (3.3.2)$$

Man sieht, daß ab $N = 4$ in der Störungsentwicklung von $V(0, T)$ gefährliche Terme $\sim (\lambda T/m)^{N-3}$ auftreten, die es für $m < \lambda T$ unmöglich machen, mit der Störungstheorie verläßliche Resultate zu erhalten. Glücklicherweise kann man mit Hilfe von (3.1.14) aber zeigen, daß bis auf ein kleines Gebiet nahe der kritischen Temperatur T_c,

$$|T - T_c| \lesssim \lambda T_c, \qquad (3.3.3)$$

überall $m \gg \lambda T$ ist. Überall außerhalb dieses Gebietes sind die in den letzten zwei Abschnitten erhaltenen Resultate verläßlich.

Wesentlich schwieriger ist jedoch die Behandlung von Phasenübergängen in nichtabelschen Eichtheorien, die die Selbstwechselwirkung von Yang-Mills-Feldern A_μ^a sowie deren Wechselwirkung mit Skalarfeldern φ mit einer Kopplungskonstante g^2 beschreiben. In einer solchen Theorie divergiert die Störungsreihe für $m_A \lesssim g^2 T$ bei $T \neq 0$. Da bei allen Temperaturen oberhalb der kritischen m_A in der klassischen Näherung gegen null geht ($m_A \sim g\varphi(T)$), entsteht die Frage, ob Hochtemperatur-Korrekturen zu einer hinreichend großen Masse $m_A(T) \neq 0$ und einem entsprechenden Abschneiden infrarot-divergenter Potenzen vom Typ $(g^2 T/m_A)^N$ führen.

In den Arbeiten [168, 169] ist gezeigt worden, daß Hochtemperatureffekte zur Entstehung eines Pols der Green-Funktion des Yang-Mills-Feldes $G_{\mu\nu}^{ab}(k)$ bei $k_0 \sim gT$, $k=0$ führen. Dieses Resultat könnte man als Herausbildung eines Infrarot-Abschneideimpulses bei $m_A \sim gT$, der die Terme $(g^2 T/m_A)^N$ klein macht, interpretieren. Tatsächlich ist diese Interpretation aber nicht korrekt. Aus der obigen Untersuchung folgt nämlich, daß die führenden Infrarotsingularitäten für $m_A \to 0$ nicht vom Verhalten der Green-Funktion bei $k=0$, $k_0 \neq 0$, sondern von deren Verhalten bei $k_0 = 0$, $k \to 0$ abhängen ($k_0 = 0$ entspricht gerade $n_i = 0$ in (3.3.1)). Der entsprechende Grenzwert von $G_{\mu\nu}^{ab}(k)$ läßt sich am besten in der Coulomb-Eichung untersuchen, in der [166, 24]

$$G_{00}^{ab} = \delta^{ab} [k^2 + \pi_{00}(k)]^{-1}, \tag{3.3.4}$$

$$G_{i0}^{ab} = G_{0j}^{ab} = 0, \tag{3.3.5}$$

$$G_{ij}^{ab} = \delta^{ab} \left(\delta_{ij} - \frac{k_i k_j}{k^2} \right) G(k) \tag{3.3.6}$$

ist; dabei ist $k = |\mathbf{k}|$, a and b sind Isospinindizes, $i, j = 1, 2, 3$, und in niedrigster Ordnung in g^2 ist $\pi_{00}(0) \sim g^2 T^2$.

Man sieht hieraus, daß in G_{00}^{ab} tatsächlich ein Infrarot-Abschneideparameter entsteht, was am Auftreten der Plasmonenmasse $m_0 \sim gT$ liegt und dem üblichen Debye-Screening des elektromagnetischen Feldes in einem heißen Plasma entspricht [166]. Aus der Quantenelektrodynamik weiß man jedoch, daß ein statisches Magnetfeld in einem Plasma nicht abgeschirmt wird und daß damit in $G_{ij}(k_0 = 0, \mathbf{k} \to 0)$ in keiner Ordnung der Störungstheorie ein Infrarot-Abschneideparameter entsteht [166]. Ebensowenig wird in einem Yang-Mills-Gas für $k_0 = 0$, $\mathbf{k} \to 0$ ein Infrarot-Abschneideparameter beim Impuls $k \sim gT$ existieren. Andererseits ist ein Abschneiden beim Impuls $k \sim g^2 T$ durchaus denkbar. Das hängt damit zusammen, daß die masselosen Yang-Mills-Teilchen (im Gegensatz zu den Photonen) unmittelbar miteinander wechselwirken und in der Thermodynamik eines Yang-Mills-Gases dieselben Infrarotdivergenzen wie in einer Skalarfeldtheorie im Phasenübergangspunkt zweiter Ordnung auftreten. Der Unterschied besteht darin, daß die Masse des Skalarfeldes im Phasenübergangspunkt „per Definition" verschwindet (die Krümmung von $V(\varphi)$ ändert im Phasenübergangspunkt ihr Vorzeichen), während das Fehlen (oder Auftreten) eines Infrarot-Abschneideparameters in der Thermodynamik des Yang-Mills-Gases nicht aus irgendwelchen allgemeinen Annahmen abgeleitet werden kann. Aus allgemeinen Überlegungen weiß man lediglich, daß für den Infrarot-Abschneideparameter die Größenordnung $k \sim g^2 T$ zu erwarten ist. Zur selben Schlußfolgerung gelangt man auf der Grundlage einer Untersuchung der maximal divergenten Anteile der Theorie [170] sowie einer Analyse der konkreten Diagramme, die zu einem solchen Abschneiden führen könnten [24, 171, 172]. Leider haben für $k \sim g^2 T$ alle Korrekturen höherer Ordnung zu Diagrammen des Polarisationsoperators des Yang-Mills-Feldes die gleiche Größenordnung, weshalb die Frage des Infrarotverhaltens der Green-Funktion für $k \lesssim g^2 T$ noch offen ist. Unsere Vorstellungen von einer Reihe grundlegender Besonderheiten der Thermodynamik von Eichtheorien hängen jedoch von der Lösung dieses Problems ab. Wir betrachten drei grundsätzliche Möglichkeiten, die die Bedeutung dieser Frage illustrieren:

1. In der Thermodynamik eines Yang-Mills-Gases gibt es keinen Infrarot-Abschneideparameter bei $k \sim g^2 T$. In diesem Fall werden bei allen thermodynamischen Größen die Beiträge in höherer Ordnung der Störungstheorie größer als die niedriger Ordnung, und die Untersuchung thermodynamischer Eigenschaften von Eichtheorien mit Hilfe der Störungstheorie wird für $T > T_c$ unmöglich. Vernünftigerweise sollte man allerdings erwarten, daß bei extrem hohen Temperaturen die Energiedichte (aus Dimensionsgründen) proportional T^4 ist. Das wäre aber nur für einen sehr groben Zugang zur Theorie der Entwicklung des heißen Universums bei $T > T_c$ ausreichend.

2. Die Green-Funktion der Yang-Mills-Teilchen $G_{ij}^{ab}(k)$ besitzt einen tachyonischen Pol oder wechselt bei einem Impuls $k \sim g^2 T$ das Vorzeichen. In beiden Fällen kann es zur Instabilität bezüglich der Erzeugung eines klassischen Yang-Mills-Feldes kommen. Besonders interessant ist dabei der zweite Fall, bei dem die Instabilität zu einer spontanen Kristallisation des Yang-Mills-Gases bei extrem hohen Temperaturen führen kann. Diese Erscheinung könnte zu nichttrivialen Folgerungen für die Untersuchung der Entstehung der großräumigen Struktur des Universums führen.

3. Im (vom Standpunkt der Anwendung der störungstheoretischen Resultate) besten Fall entsteht in der Theorie dadurch ein Abschneideparameter, daß sich $G^{-1/2}(0)$ als positive Größe $m(T)$ von der Größenordnung $g^2 T$ herausstellt. In diesem Fall kann man sicher (bis zu $\sim g^6 T^4$) die niedrigsten Terme der Störungsentwicklung in g^2 für das thermodynamische Potential des Yang-Mills-Gases berechnen [171, 172]. Im Prinzip kann das Auftreten eines solchen Abschneideparameters zum Confinement von Monopolen im heißen Yang-Mills-Plasma führen [173], siehe Kapitel 6.

Man sieht also, daß die thermodynamischen Eigenschaften von Materie, die durch Eichtheorien beschrieben wird, bei weitem noch nicht völlig verstanden sind, und man sollte vor den entsprechenden Schwierigkeiten und Unsicherheiten keinesfalls die Augen verschließen. Andererseits gibt es jedoch eine Reihe hinreichend gesicherter Resultate. Betrachtet man die in diesem Kapitel behandelte Theorie der Phasenübergänge, so hat das Infrarotproblem der Thermodynamik des Yang-Mills-Gases keinen Einfluß auf Resultate, die sich auf den Temperaturbereich $T < T_c$ beziehen. Was das Verhalten von $\varphi(T)$ bei $T > T_c$ betrifft, kann man zeigen, daß $\varphi(T)$ für $T > T_c$ sehr klein gegen φ_0 wird und bei hohen T nicht größer als $O(gT)$ werden kann. (Bei $\varphi(T) \gg gT$ bekommt das Yang-Mills-Feld eine Masse $m_A \gg g^2 T$, die störungstheoretischen Ergebnisse werden anwendbar, und aus ihnen folgt, daß bei $T > T_c$ das Feld $\varphi(T) = 0$ ist.) Bei der Diskussion solch komplizierter und diffiziler Probleme der Theorie der Phasenübergänge, wie es das Problem der Erzeugung und Entwicklung von Monopolen in GUT-Theorien darstellt, muß man die genannten Unsicherheiten jedoch im Auge behalten. In den meisten der im weiteren untersuchten Fälle sind die erwähnten Probleme unwesentlich, weshalb wir im folgenden immer annehmen werden, daß bei hinreichend hohen Temperaturen in Übereinstimmung mit den in diesem Abschnitt erhaltenen Resultaten $\varphi(T)=0$ ist. An dieser Stelle müssen wir aber noch einen letzten, sehr wichtigen Vorbehalt erwähnen. Wir haben bisher immer vorausgesetzt, daß das φ-Feld genügend Zeit hat, um ins Minimum von $V(\varphi, T)$ zu rollen. Es könnte sich aber zeigen, daß diese natürliche Voraussetzung bei weitem nicht immer erfüllt ist, und es ist gerade die Ausnahme von dieser „Regel", die zu Schwierigkeiten beim Szenarium des neuen inflationären Universums und zur Möglichkeit der Realisierung des Szenariums der chaotischen Inflation (siehe Kapitel 8 und 9) führt.

4. Phasenübergänge bei wachsender Dichte in kalter Materie

4.1 Wiederherstellung der Symmetrie in Theorien ohne neutrale Ströme

In den Kapiteln 2 und 3 hatten wir Phasenübergänge in heißer, superdichter Materie, bei der die zunehmende Dichte eine Folge der Temperaturerhöhung war, untersucht. Phasenübergänge können jedoch auch in kalter Materie stattfinden, deren Dichte bei verschwindender Temperatur durch Zunahme der erhaltenen Ladung oder Teilchenzahl wächst. In den ersten diesbezüglichen Arbeiten wurde behauptet, daß eine zunehmende Dichte in kalter Materie ebenfalls zur Wiederherstellung der Symmetrie führt [25, 26]. Die Grundannahme der Arbeiten [25, 26] besteht darin, daß die Energie von Fermionen, die mit einem Skalarfeld wechselwirken, proportional $g\varphi \langle \bar{\psi}\psi \rangle$ ist. Bei zunehmender Fermionendichte $j_0 = \langle \bar{\psi}\gamma_0\psi \rangle$ wächst $\langle \bar{\psi}\psi \rangle$ und der Zustand $\varphi \neq 0$ wird energetisch unvorteilhaft.

Als Beispiel betrachten wir die Theorie (1.1.13) mit der Lagrange-Dichte

$$L = \frac{1}{2}(\partial_\mu \varphi)^2 + \frac{\mu^2}{2}\varphi^2 - \frac{\lambda}{4}\varphi^4 + \bar{\psi}(\mathrm{i}\partial_\mu\gamma_\mu - h\varphi)\psi. \tag{4.1.1}$$

Fermionen können mit einer nichtverschwindenden Dichte $j_0 \neq 0$ existieren, wenn ihr chemisches Potential α (für $\alpha \gg m_\psi = h\varphi$) mit j_0 über die Beziehung [61]

$$j_0 = \frac{\alpha^3}{3\pi^2} \tag{4.1.2}$$

zusammenhängt. Um die von j_0 (4.1.2) herrührenden Korrekturen zu $V(\varphi)$ zu finden, muß man bei der Berechnung des Einschleifenbeitrags der Fermionen zu $V(\varphi)$ einen Term $\mathrm{i}\alpha$ zur Komponente k_4 des Fermionenimpulses addieren [166]. Das führt auf folgende Gleichung für den Gleichgewichtswert des φ-Feldes in der Theorie (4.1.1) [25, 26]

$$\frac{\mathrm{d}V}{\mathrm{d}\varphi} = 0 = \varphi\left[\lambda\varphi^2 - \mu^2 + \frac{h^2}{2}\left(\frac{9j_0^2}{\pi^2}\right)^{\frac{1}{3}}\right]. \tag{4.1.3}$$

Für $j_0 = 0$ erhalten wir, wie zuvor, $\varphi = \pm\mu/\sqrt{\lambda}$. Man sieht jedoch, daß die Anwesenheit von Fermionen mit $j_0 \neq 0$ den effektiven Wert von μ^2 ändert, und für $j_0 > j_c$, mit

$$j_c = \frac{2\pi\sqrt{2}}{3}\left(\frac{\mu}{h}\right)^3, \tag{4.1.4}$$

ist die Symmetrie in der Theorie (4.1.1) wiederhergestellt.

4.2 Verstärkung der Symmetriebrechung und Vektormesonen-Kondensation in Theorien mit neutralen Strömen

Die in der Theorie (4.1.1) zur Wiederherstellung der Symmetrie führenden Effekte beruhen lediglich auf Quantenkorrekturen zum effektiven Potential $V(\varphi)$ für $\alpha \neq 0$. Das hängt damit zusammen, daß im Modell (4.1.1) der Fermionenstrom $j_\mu = \langle \bar{\psi} \gamma_\mu \psi \rangle$ nicht direkt mit anderen physikalischen Feldern wechselwirkt. In realistischen Theorien mit neutralen Strömen, in denen der Fermionenstrom j_μ an massive neutrale Vektorfelder Z_μ gekoppelt ist, führt, wie in [27, 24] gezeigt wurde, eine Erhöhung der Fermionendichte j_0 dagegen zur Verstärkung der Symmetriebrechung. Die in den Arbeiten [25, 26] betrachteten Effekte sind dann lediglich kleine Quantenkorrekturen im Vergleich zu den in [27, 24] behandelten. Die weitere Untersuchung dieser Frage zeigte, daß die bei einer Erhöhung der Fermionendichte in nichtabelschen Eichtheorien auftretenden Effekte nicht zu einer Verstärkung der Symmetriebrechung führen. Bei hinreichend großer Dichte entsteht ein klassisches geladenes Vektorfeld, und es kommt zu einer Umverteilung der elektrischen Ladung zwischen den verschiedenen Typen von Fermionen und Bosonen [28, 29].

Als Beispiel betrachten wir die in der Glashow-Salam-Weinberg-Theorie mit $\lambda \gg e^4$ bei Anwesenheit einer nichtverschwindenden Neutrinodichte der Größe $n_\nu = \langle \bar{\nu}_e \gamma_0 (1 - \gamma_5) \nu_e \rangle / 2$ auftretenden Effekte. Der Ladungsdichteoperator der erhaltenen Leptonen ist in dieser Theorie

$$l = \bar{e} \gamma_0 e + \frac{1}{2} \bar{\nu}_e \gamma_0 (1 - \gamma_5) \nu_e. \qquad (4.2.1)$$

Es ist klar, daß bei gegebener Leptonenladungsdichte $n_L = \langle l \rangle$ die energetisch günstigste Fermionenverteilung

$$n_{e_R} = \frac{1}{2} \langle \bar{e} \gamma_0 (1 + \gamma_5) e \rangle = n_{e_L} = \frac{1}{2} \langle \bar{e} \gamma_0 (1 - \gamma_5) e \rangle = n_\nu$$

wäre. Dies könnte zur Entstehung einer nichtverschwindenden Elektronendichte führen, was aber nur möglich ist, wenn gleichzeitig ein Untersystem entsteht, das deren elektrische Ladung kompensiert. Die Rolle dieses Untersystems kann in der Glashow-Salam-Weinberg-Theorie ein Kondensat von W-Bosonen übernehmen. Wir erinnern uns, daß es in dieser Theorie drei Felder A_μ^a, $a = 1, 2, 3$ und ein Feld B_μ gibt, aus denen nach der Symmetriebrechung das elektromagnetische Feld

$$A_\mu = B_\mu \cos \theta_W + A_\mu^3 \sin \theta_W, \qquad (4.2.2)$$

das massive neutrale Feld

$$Z_\mu = B_\mu \sin \theta_W - A_\mu^3 \cos \theta_W \qquad (4.2.3)$$

4.2 Verstärkung der Symmetriebrechung und Vektormesonen-Kondensation

und das geladene Feld

$$W_\mu^\pm = \frac{1}{\sqrt{2}} (A_\mu^1 \mp A_\mu^2) \tag{4.2.4}$$

entstehen. Um die mit der nichtverschwindenden Leptonendichte zusammenhängenden Effekte beschreiben zu können, muß man zur Lagrange-Dichte einen Term αl, wobei α das der leptonischen Ladungsdichte entsprechende chemische Potential ist, hinzufügen. Das bei hinreichend hoher Fermionendichte entstehende Kondensat des Vektorfeldes hat die Form

$$W_1^\pm = C, \tag{4.2.5}$$

$$W_0^\pm = W_2^\pm = W_3^\pm = A_i^3 = 0, \tag{4.2.6}$$

$$A_0^3 = \pm \frac{\varphi}{2}, \tag{4.2.7}$$

wobei sich C und φ aus den Gleichungen

$$\left\langle \frac{\partial L}{\partial A_0^3} \right\rangle = \frac{2e^2}{\sin \theta_W} C^2 A_0^3 + e(n_{e_L} + n_{e_R}) = 0, \tag{4.2.8}$$

$$\left\langle \frac{\partial L}{\partial \varphi} \right\rangle = \varphi \left(\mu^2 - \lambda \varphi^2 + \frac{e^2 Z_0^2}{\sin^2 2\theta_W} + \frac{e^2 C^2}{2 \sin^2 \theta_W} \right) = 0, \tag{4.2.9}$$

$$\left\langle \frac{\partial L}{\partial Z_0} \right\rangle = \frac{e^2 \varphi^2 Z_0}{2 \sin 2\theta_W} + e(2n_{e_R} + n_{e_L} + 2n_v) = 0 \tag{4.2.10}$$

ergeben; die Größen n_v, n_{e_R} und n_{e_L} sind dabei

$$n_v = \frac{1}{6\pi^2} \left(\alpha + \frac{eZ_0}{\sin 2\theta_W} \right)^3, \tag{4.2.11}$$

$$n_{e_R} = \frac{1}{6\pi^2} (\alpha + eZ_0 \tan \theta_W + eA_0)^3, \tag{4.2.12}$$

$$n_{e_L} = \frac{1}{6\pi^2} (\alpha - eZ_0 \cot \theta_W + eA_0)^3. \tag{4.2.13}$$

Die Lösung $W_1^\pm = C \neq 0$ ist nur bei hinreichend hoher Leptonendichte $n_L = n_v + n_{e_R} + n_{e_L}$ möglich. Zur Bestimmung des kritischen Wertes $n_L = n_L^c$ setzen wir $\lambda \gtrsim e^4$ voraus und berücksichtigen weiter, daß das Feld Z_0 bei $n_L \sim n_L^c$ (wie man im nachhinein zeigen kann) von höherer Ordnung in e^2 klein gegen A_0^3 oder C ist. Bei der Bestimmung von n_L^c kann man deshalb in (4.2.9) bis (4.2.13) $Z_0 = 0$ setzen, was die folgende Betrachtung wesentlich vereinfacht.

Im Spezialfall kleiner Dichten existiert nur die triviale Lösung $W_\mu^\pm = 0$, und aus (4.2.8) bis (4.2.13) folgt dann $A_0^3 = A_0 \sin\theta_W = -\dfrac{\alpha}{e}\sin\theta_W$, $n_{e_L} = n_{e_R} = 0$. Beginnend mit $\dfrac{\alpha}{e}\sin\theta_W = \dfrac{\varphi_0}{2}$ entsteht die Lösung $W_1^\pm = C \neq 0$. In diesem Punkt ist

$$n_\nu = n_L{}^c = \frac{1}{6\pi^2}\left(\frac{e\varphi_0}{2\sin\theta_W}\right)^3 = \frac{M_W^3}{6\pi^2}, \qquad (4.2.14)$$

wobei M_W die Masse des W-Bosons ist. Bei weiter wachsender Fermionendichte wird diese Lösung gegenüber der Lösung $C = 0$ energetisch bevorzugt. Wie man zeigen kann, hängt das damit zusammen, daß die zum Aufbau des klassischen $W^\pm$-Feldes benötigte Energie klein gegen die Energie ist, die bei der Umverteilung der Leptonenladung zwischen den Neutrinos und Elektronen und der dadurch bedingten Verringerung der Fermi-Energie der Leptonen freigesetzt wird.

Das Endergebnis besteht darin, daß mit wachsender Fermionendichte auch C und Z_0 anwachsen. Bei hinreichend großer Fermionendichte entsteht ein Kondensat geladener $W^\pm$-Bosonen. Das führt bei den verschiedenen Typen von Leptonen zur asymptotischen Angleichung der Partialdichten rechts- und linkshändiger Teilchen in der superdichten Materie: $n_{\nu_e} = n_{e_R} = n_{e_L}$, $n_{\nu_\mu} = n_{\mu_R} = n_{\mu_L}$, usw. Außerdem führt das Anwachsen der Felder C und Z_0 nach (4.2.9) zu einem wachsenden φ-Feld, d.h. zur Verstärkung der Symmetriebrechung zwischen der schwachen und der elektromagnetischen Wechselwirkung bei zunehmender Fermionendichte.

Abschließend sei angemerkt, daß sich bei einer ganz bestimmten chemischen Zusammensetzung der superdichten Materie ($n_B = 4n_L/3$, wobei n_B und n_L die Baryonen- bzw. Leptonendichten sind) der fermionische Materieanteil als neutral gegenüber den beiden Feldern A_0 und Z_0 erweist. In diesem Fall kommt es in der superdichten Materie nicht zur Bildung eines W-Bosonen-Kondensats, und bei hinreichend großen Dichten geht das φ-Feld gegen null [29]. Dabei kann es zur Herausbildung interessanter nichtstörungstheoretischer Effekte kommen [174]. Bisher weiß man nicht, unter welchen Voraussetzungen dieser Spezialfall bei der Expansion des Universums realisiert sein könnte. Genaugenommen trifft das auch auf den oben betrachteten allgemeineren Fall $n_B \neq 4n_L/3$ zu. Das Problem besteht darin, daß gegenwärtig $n_B \sim n_e \ll n_\gamma$ ist. Die Neutrinodichte n_γ ist nicht genau bekannt, aber in Theorien mit nichterhaltener Baryonenladung, wie den GUT-Theorien, gibt es gute Gründe anzunehmen, daß derzeit $n_L \sim n_B \ll n_\gamma$ ist. In diesem Fall sind zumindest in relativ frühen Entwicklungsstadien unseres Universums nicht diejenigen Prozesse dominierend, die mit dem Wachsen der Fermionendichte zusammenhängen, sondern jene im Zusammenhang mit der Zunahme der Temperatur. Im Prinzip ist nicht ausgeschlossen, daß die mit der Erhöhung der Dichte kalter Materie zusammenhängenden Effekte bei der Untersuchung irgendwelcher Zwischenstadien in der Entwicklung des Universums eine Rolle gespielt haben könnten. Nach solchen Zwischenstadien könnte es zu einem plötzlichen Anwachsen der spezifischen Entropie n_γ/n_B, z.B. durch die in den Arbeiten [97, 98, 129] betrachteten Prozesse, gekommen sein. Gleichzeitige Untersuchungen von Hochtemperatureffekten und solchen, die mit einer nichtverschwindenden Leptonen- und Baryonenladung zusammenhängen, findet man in einer Reihe neuerer Arbeiten zu diesem Thema, in denen auch dabei auftretende nichtstörungstheoretische Effekte diskutiert sind (siehe z.B. [130, 175–178]).

5. Die Theorie der Tunnelübergänge und der Zerfall einer metastabilen Phase in einem Phasenübergang erster Ordnung

5.1 Allgemeine Theorie der Bildung von Bläschen einer neuen Phase

Eine wichtige und wohl etwas unerwartete Eigenschaft von Feldtheorien mit spontaner Symmetriebrechung besteht darin, daß die Lebensdauer des Weltalls in einem energetisch ungünstigen metastabilen Vakuumzustand außerordentlich lang sein kann. Diese Tatsache liegt der ersten Variante des Szenariums des inflationären Universums zugrunde, in der die Inflation aus einem unterkühlten, metastabilen Vakuumzustand $\varphi = 0$ erfolgt [53–55]. Dieselbe Tatsache kann auch zur Aufspaltung des Universums in riesige Gebiete führen, die exponentiell lange in verschiedenen Vakuumzuständen leben, wobei diese Vakuumzustände verschiedenen lokalen Minima des effektiven Potentials entsprechen.

Um etwas Definiertes vor Augen zu haben, wollen wir den Zerfall des Vakuumzustandes $\varphi = 0$ in einer Theorie mit der Lagrange-Dichte

$$L(\varphi) = \frac{1}{2}(\partial_\mu \varphi)^2 - V(\varphi) \qquad (5.1.1)$$

diskutieren, in der das effektive Potential $V(\varphi)$ ein lokales Minimum bei $\varphi = 0$ und ein globales Minimum bei $\varphi = \varphi_0$ hat. Der Zerfall des Vakuums $\varphi = 0$ verläuft über einen Tunnelübergang mit der Bildung von Bläschen mit einem Feld $\varphi \neq 0$. Die Theorie der Bildung solcher Bläschen bei nichtverschwindender Temperatur wurde in der Arbeit [179] entwickelt und danach in den Arbeiten [180, 181], in denen ein euklidischer Zugang zur Theorie des Zerfalls eines metastabilen Vakuumzustands vorgeschlagen wurde, wesentlich ausgebaut.

Aus der elementaren Quantenmechanik weiß man, daß der Tunneldurchgang eines Teilchens durch einen eindimensionalen Potentialwall $V(x)$ als Bewegung mit imaginärer Energie, oder, mit anderen Worten, als Bewegung in einer imaginären Zeit, d.h. im euklidischen Raum, aufgefaßt werden kann. Um diesen Zugang auf den Fall eines Tunneldurchgangs durch eine Barriere $V(\varphi)$ zu verallgemeinern, muß man anstelle der Wellenfunktion eines Teilchens $\psi(x, t)$ ein Wellenfunktional $\Psi(\varphi(x, t))$ einführen und, wie in der Quantenmechanik, dessen Entwicklung im euklidischen Raum untersuchen. Eine solche Verallgemeinerung findet man in den Arbeiten [180, 181]. Der euklidische Zugang zur Theorie der Tunnelprozesse ist relativ einfach und elegant und ermöglicht recht weitreichende Fortschritte bei der Berechnung der Zerfallswahrscheinlichkeit des metastabilen Vakuums. Wir werden deshalb unten (ohne Ableitung) die grundlegenden Resultate der Arbeiten [180, 181] sowie deren Verallgemeinerung auf den Fall nichtverschwindender Temperaturen [62] darlegen. In den folgenden Abschnitten wird der euklidische Zugang dann auf die Untersuchung von Tunnelprozessen in einigen konkreten Modellen angewandt.

Analog dem Vorgehen in der gewöhnlichen Quantenmechanik muß man zur Bestimmung der Tunnelwahrscheinlichkeit zunächst die klassische Bewegungsgleichung des φ-Feldes im euklidischen Raum

$$\Box \varphi = \frac{d^2\varphi}{dt^2} + \Delta \varphi = \frac{dV}{d\varphi} \tag{5.1.2}$$

mit der Randbedingung $\varphi \to 0$ für $x^2 + t^2 \to \infty$ lösen. Normiert man $V(\varphi)$ so, daß $V(0) = 0$ wird (indem man $V(\varphi) \to V(\varphi) - V(0)$ umdefiniert), so ist die Tunnelwahrscheinlichkeit pro Zeiteinheit im Einheitsvolumen durch

$$P = A e^{-S_4(\varphi)} \tag{5.1.3}$$

gegeben, wobei $S_4(\varphi)$ die euklidische Wirkung für die Lösung der Gleichung (5.1.2) ist:

$$S_4(\varphi) = \int d^4x \left[\frac{1}{2}\left(\frac{d\varphi}{dt}\right)^2 + \frac{1}{2}(\nabla \varphi)^2 + V(\varphi) \right], \tag{5.1.4}$$

und der vor dem Exponenten stehende Faktor A lautet

$$A = \left(\frac{S_4}{2\pi}\right)^2 \left(\frac{\det'[-\Box + V''(\varphi)]}{\det[-\Box + V''(0)]}\right)^{-\frac{1}{2}}. \tag{5.1.5}$$

Dabei ist $V''(0) = d^2V/d\varphi^2$ und „det'" bedeutet, daß bei der Berechnung der Funktionaldeterminante des Operators $[-\Box + V''(\varphi)]$ dessen verschwindende Eigenwerte, die auch als Nullmoden des Operators bezeichnet werden, wegzulassen sind. Dieser Operator hat vier Nullmoden, die den möglichen Translationen der Lösung $\varphi(x)$ in Richtung einer der vier Achsen des euklidischen Raumes entsprechen. Die Beiträge $(S_4/2\pi)^{1/2}$ jeder dieser vier Nullmoden führen zu dem Faktor $(S_4/2\pi)^2$ in (5.1.5).

Die Gleichungen (5.1.3) und (5.1.5) sind in [181] über eine Berechnung des Imaginärteils des Potentials $V(\varphi)$ im Punkt $\varphi = 0$ abgeleitet. Sie sind weitgehend analog den entsprechenden Ausdrücken in der Theorie der Yang-Mills-Instantonen [182]. Im wesentlichen sind die Lösungen der Gleichung (5.1.2) mit den entsprechenden Randbedingungen skalare Instantonen der Theorie (5.1.1). Bevor wir diese Resultate auf den Fall $T \neq 0$ verallgemeinern, wollen wir einige weitere Bemerkungen anschließen.

Zunächst stellen wir fest, daß man zur Berechnung der Gesamt-Tunnelwahrscheinlichkeit die Beiträge aller möglicher Lösungen der Gleichung (5.1.2) zu P aufsummieren muß. Glücklicherweise ist es aber in den meisten Fällen ausreichend, sich auf die einfachsten O(4)-symmetrischen Lösungen $\varphi(x^2 + t^2)$ zu beschränken, da gewöhnlich gerade diese Lösungen die Wirkung S_4 minimieren. In

5.1 Allgemeine Theorie der Bildung von Bläschen einer neuen Phase

diesem Fall vereinfacht sich Gleichung (5.1.2) etwas,

$$\frac{d^2\varphi}{dr^2} + \frac{3}{r}\frac{d\varphi}{dr} = V'(\varphi), \tag{5.1.6}$$

wobei $r = \sqrt{x^2 + t^2}$ ist, und die Randbedingungen lauten $\varphi \to 0$ für $r \to \infty$ und $d\varphi/dr = 0$ für $r = 0$.

Die hohe Symmetrie der Lösung $\varphi(x^2 + t^2)$ ermöglicht eine anschauliche Beschreibung der Struktur und Entwicklung eines Bläschens des φ-Feldes nach dessen Erzeugung. Dazu muß man die Lösung analytisch in die gewöhnliche Zeit $t \to it$ fortsetzen, d.h. $\varphi(x^2 + t^2) \to \varphi(x^2 - t^2)$. Da die Lösung $\varphi(x^2 - t^2)$ nur von der invarianten Kombination $x^2 - t^2$ abhängt, wird das entsprechende Bläschen in allen Bezugssystemen gleich aussehen, und die Geschwindigkeit, mit der sich das mit dem Feld φ gefüllte Gebiet ausdehnt (die Geschwindigkeit der Bläschen-„wände"), muß asymptotisch gegen die Lichtgeschwindigkeit gehen. Die Untersuchung der Erzeugung und des Wachstums von Bläschen ist eine schöne mathematische Aufgabenstellung [180]. Da unser Hauptziel die Untersuchung von Situationen mit einer vernachlässigbar kleinen Bläschenerzeugungs-Wahrscheinlichkeit ist, wollen wir uns dabei aber nicht lange aufhalten.

Leider kann Gleichung (5.1.6) bei weitem nicht immer analytisch gelöst werden, so daß man in einer Reihe von Fällen sowohl die Lösung, als auch den entsprechenden Wert der euklidischen Wirkung $S_4(\varphi)$ nur mit dem Computer bestimmen kann. Wegen diesem Umstand lassen sich die Determinanten nur in den einfachsten Fällen berechnen. Für die meisten praktischen Problemstellungen reicht aber eine grobe Abschätzung des Faktors A vor dem Exponenten aus. Für diese Abschätzung berücksichtigen wir, daß der Faktor A die Dimension m^4 hat und durch drei verschiedene Größen von der Dimension m bestimmt ist: $\varphi(0)$, $\sqrt{V''(\varphi)}$ und r^{-1}, wobei r die charakteristische Bläschengröße ist. In der Mehrzahl der uns interessierenden Theorien unterscheiden sich alle diese Größen um nicht mehr als eine Größenordnung, so daß man für eine grobe Abschätzung

$$\frac{\det'[-\Box + V''(\varphi)]}{\det[-\Box + V''(0)]} = O(r^{-4}, \varphi^4(0), (V'')^2) \tag{5.1.7}$$

setzen kann, wobei unter r und $V''(\varphi)$ typische Durchschnittswerte dieser Parameter für eine Lösung $\varphi(r)$ der Gl. (5.1.6) zu verstehen sind.

Wir kommen nun zum Fall $T \neq 0$ [62]. Um die obigen Resultate auf diesen Fall verallgemeinern zu können, braucht man sich nur zu erinnern, daß die Quantenstatistik von Bosonen (Fermionen) bei $T \neq 0$ formal äquivalent der Quantenfeldtheorie in einem euklidischen Raum mit einer Periodizitäts- (Antiperiodizitäts-)Bedingung mit der Periode $1/T$ in der „Zeit" β ist (siehe z.B. [166]). Bei der Untersuchung von Prozessen bei fester Temperatur T spielt $V(\varphi, T)$ die Rolle der potentiellen Energie. Die Berechnung des Imaginärteils dieser Funktion in einem instabilen Vakuum kann völlig analog wie in [181] für den Fall $T = 0$ durchgeführt werden. Der einzige wesentliche Unterschied besteht darin, daß man anstelle einer O(4)-symmetrischen Lösung der Gleichung (5.1.2) nun eine (in den räumlichen Koordinaten) O(3)-symmetrische Lösung suchen muß, die mit der

Periode $1/T$ periodisch in der „Zeit" β ist. Für $T \to 0$ ist die Lösung der Gleichung (5.1.2) mit der minimalen Wirkung $S_4(\varphi)$ ein O(4)-symmetrisches Bläschen mit dem charakteristischen Radius $r(0)$ (Abbildung 23a). Für $T \ll r^{-1}(0)$ besteht die Lösung aus einer Reihe solcher Bläschen im Abstand $1/T$ in der imaginären „Zeit" β (Abbildung 23b). Bei $T \sim r^{-1}(0)$ beginnen sich die Bläschen zu überlappen (Abbildung 23c). Schließlich beschreibt die Lösung für $T \gg r^{-1}(0)$ (und gerade dieser Fall ist hier am wichtigsten und interessantesten) einen Zylinder, dessen räumlicher Querschnitt ein O(3)-symmetrisches Bläschen mit dem Radius $r(T)$ ist (Abbildung 23d).

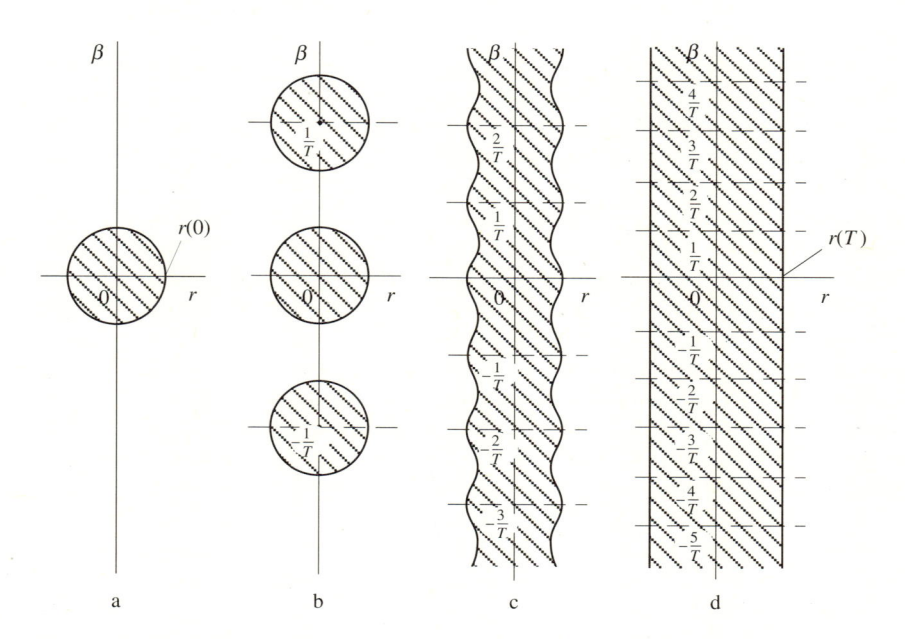

Abb. 23 Die Form der Lösung von Gleichung (5.1.2) bei verschiedenen Temperaturen: a) $T = 0$; b) $T \ll r^{-1}(0)$; c) $T \sim r^{-1}(0)$; d) $T \gg r^{-1}(0)$. Die schraffierten Gebiete enthalten ein klassisches Feld $\varphi \neq 0$. Der Einfachheit halber haben wir Bläschen dargestellt, bei denen die Dicke der Wände klein gegen deren Radius ist.

Im letzteren Fall reduziert sich die Integration über β bei der Berechnung der Wirkung $S_4(\varphi)$ einfach auf eine Multiplikation mit $1/T$, d.h., es ist $S_4(\varphi) = S_3(\varphi)/T$, wobei $S_3(\varphi)$ die dreidimensionale Wirkung für das O(3)-symmetrische Bläschen ist:

$$S_3(\varphi) = \int d^3x \left\{ \frac{1}{2} (\nabla \varphi)^2 + V(\varphi, T) \right\}. \tag{5.1.8}$$

Um $S_3(\varphi)$ zu berechnen, muß man die Gleichung

$$\frac{d^2\varphi}{dr^2} + \frac{2}{r} \frac{d\varphi}{dr} = \frac{dV(\varphi, T)}{d\varphi} = V'(\varphi, T) \tag{5.1.9}$$

5.1 Allgemeine Theorie der Bildung von Bläschen einer neuen Phase

mit den Randbedingungen $\varphi \to 0$ für $r \to \infty$ und $d\varphi/dr = 0$ für $r \to 0$ lösen. Den vollständigen Ausdruck für die Tunnelwahrscheinlichkeit pro Zeit- und Volumeneinheit erhält man im Grenzwert hoher Temperaturen ($T \gg r^{-1}(0)$) mit der gleichen Methode, mit der in [181] die Beziehungen (5.1.4) und (5.1.5) abgeleitet wurden; das Ergebnis ist

$$P(T) = T\left(\frac{S_3(\varphi, T)}{2\pi T}\right)^{\frac{3}{2}} \left(\frac{\det'[-\Delta + V''(\varphi, T)]}{\det[-\Delta + V''(0, T)]}\right)^{-\frac{1}{2}} \exp\left(-\frac{S_3(\varphi, T)}{T}\right). \quad (5.1.10)$$

Wie zuvor bedeutet „det'", daß die zu den drei Nullmoden gehörenden verschwindenden Eigenwerte des Operators $[-\Delta + V''(\varphi, T)]$ bei der Berechnung der Determinante wegzulassen sind. Der Beitrag der drei Nullmoden dieses Operators, die den Translationen der Lösung in die drei räumlichen Richtungen entsprechen, gibt den Faktor $(S_3(\varphi, T)/2\pi T)^{3/2}$ in (5.1.10), der Faktor T entsteht durch die Berücksichtigung der Periodizität des euklidischen Raumes mit der Periode $1/T$ in Richtung der „Zeit" β.

Üblicherweise kann man die Determinanten in (5.1.10) ebensowenig explizit ausrechnen wie im Fall $T = 0$. Berücksichtigt man weiter, daß die euklidischen Methoden auf die Beschreibung von Nichtgleichgewichtssystemen mit Bläschenbildung nur näherungsweise anwendbar sind, kann man zeigen, daß noch ein weiterer Vorfaktor vor dem Exponenten in (5.1.10) hinzukommt. Die Vorfaktoren können mit einer Dimensionsanalyse näherungsweise abgeschätzt werden, wobei man berücksichtigt, daß alle Massenparameter, von denen die Bläschenbildung abhängt, im allgemeinen nicht wesentlich von T verschieden sind:

$$P(T) \sim T^4 \left(\frac{S_3(\varphi, T)}{2\pi T}\right)^{\frac{3}{2}} \exp\left(-\frac{S_3(\varphi, T)}{T}\right). \quad (5.1.11)$$

Wie man den Gleichungen (5.1.10) und (5.1.11) entnimmt, besteht die Hauptaufgabe bei der Berechnung der Bläschenbildungs-Wahrscheinlichkeit in der Bestimmung der Größe $S_3(\varphi, T)$ (bzw. S_4 bei $T = 0$). Weiterhin braucht man sowohl für die Dimensionsabschätzung der Determinanten, als auch dazu, um die Kinetik der Expansion der produzierten Bläschen zu untersuchen, die Form der Funktion $\varphi(r)$ und die charakteristische Bläschengröße. Wie schon gesagt, werden die entsprechenden Ergebnisse in der Regel mit Hilfe von Computern berechnet, was die Untersuchung der Kinetik von Phasenübergängen in realistischen Theorien sehr erschwert. Besonderes Interesse verdienen deshalb die Fälle, in denen das Problem analytisch gelöst werden kann. Eines dieser Beispiele wird im folgenden Abschnitt betrachtet. Von jetzt ab werden wir nicht nur den Fall $T \gg r^{-1}(0)$, sondern auch den Fall $T = 0$ betrachten, da wir aus ihm Informationen über die Bläschenerzeugungs-Wahrscheinlichkeit im Grenzwert einer stark unterkühlten, metastabilen Phase mit $T \ll r^{-1}(0)$ erhalten.

5.2 Die Näherung dünner Wände

In der Theorie der Tunnelprozesse gibt es zwei Grenzfälle, in denen sich die Lösung des Problems wesentlich vereinfacht. Einer von ihnen hängt mit Situationen zusammen, in denen die Differenz von $V(\varphi)$ in den Minima $\varphi = 0$ und $\varphi = \varphi_0(T)$ betragsmäßig wesentlich größer ist als die Höhe der dazwischenliegenden Potentialbarriere. Diesen Fall werden wir im nächsten Kapitel behandeln. Im folgenden betrachten wir den anderen Grenzfall, bei dem $|V(\varphi_0)| = \varepsilon$ wesentlich kleiner ist als die Höhe der Potentialbarriere von $V(\varphi)$ (Abbildung 24).

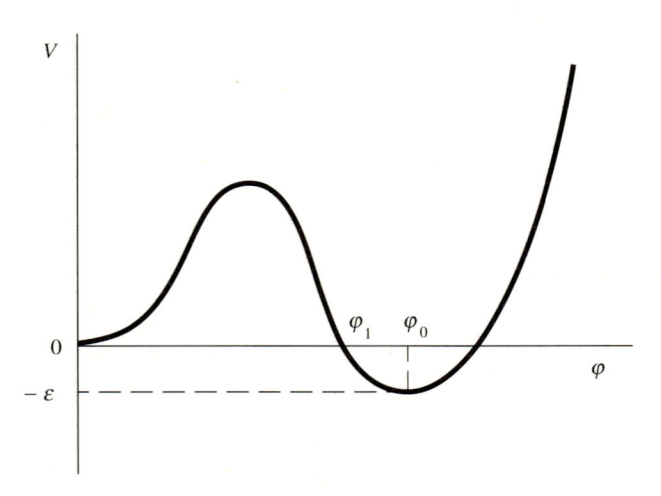

Abb. 24 Das effektive Potential $V(\varphi)$ im Falle eines leichten Unterkühlens der Phase $\varphi = 0$ (d.h. $\varepsilon = V(0, T) - V(\varphi_0, T)$ ist klein).

Man kann leicht zeigen, daß mit kleiner werdendem ε die bei der Bläschenbildung freigesetzte Volumenenergie ($\sim \varepsilon r^3$) nur für sehr große r groß gegen die Oberflächenenergie ($\sim r^2$) wird. Wenn ein Bläschen wesentlich größer als die Dicke seiner Wand (das Gebiet, in dem die Ableitung $d\varphi/dr$ groß ist) ist, kann man den zweiten Term in (5.1.6) und (5.1.9) im Vergleich zum ersten vernachlässigen, d.h. effektiv reduzieren sich beide Gleichungen auf eine Gleichung, die einen Tunnelübergang in einer eindimensionalen Raumzeit beschreibt:

$$\frac{d^2\varphi}{dr^2} = V'(\varphi, T). \tag{5.2.1}$$

Im Grenzwert $\varepsilon \to 0$ hat diese Gleichung die Lösung

$$r = \int_{\varphi}^{\varphi_0} \frac{d\varphi}{\sqrt{2V(\varphi)}} \tag{5.2.2}$$

mit der in Abbildung 25 dargestellten Funktion $\varphi(r)$.

5.2 Die Näherung dünner Wände

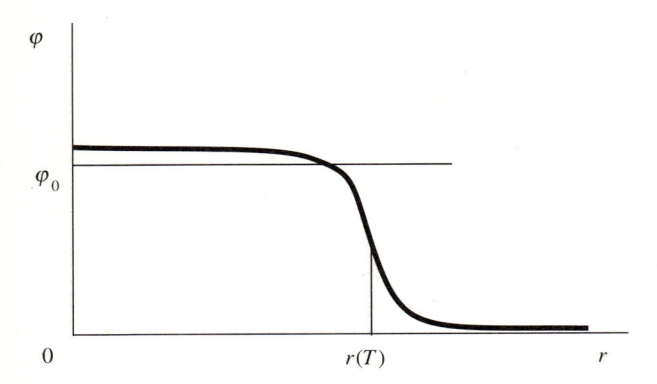

Abb. 25 Der charakteristische Verlauf der Lösung der Gleichungen (5.1.6) und (5.1.9) für $\varepsilon \to 0$.

Zunächst betrachten wir den Tunnelprozeß in der Quantenfeldtheorie bei $T = 0$. In diesem Fall lautet die Wirkung S_4 für ein O(4)-symmetrisches Bläschen (5.2.2)

$$S_4 = 2\pi^2 \int_0^\infty r^3 \, dr \left[\frac{1}{2}\left(\frac{d\varphi}{dr}\right)^2 + V \right]$$

$$= -\frac{\varepsilon}{2}\pi^2 r^4 + 2\pi^2 r^3 S_1, \tag{5.2.3}$$

wobei S_1 die Oberflächenenergie der Bläschenwand (deren Oberflächenspannung) ist, die mit der Wirkung des eindimensionalen Problems (5.2.1)

$$S_1 = \int_0^\infty dr \left[\frac{1}{2}\left(\frac{d\varphi}{dr}\right)^2 + V \right]$$

$$= \int_0^{\varphi_0} d\varphi \sqrt{2V(\varphi)} \tag{5.2.4}$$

übereinstimmt. Dabei ist das Integral in (5.2.4) im Grenzwert $\varepsilon \to 0$ zu berechnen.

Den Radius des Bläschens $r(0)$ findet man durch Minimieren von (5.2.3):

$$r(0) = \frac{3 S_1}{\varepsilon}, \tag{5.2.5}$$

woraus

$$S_4 = \frac{27\pi^2 S_1^4}{2\varepsilon^3} \tag{5.2.6}$$

folgt. Die Größenordnung der Wandstärke des Bläschens kann man einfach durch $(V''(0))^{-1/2}$ abschätzen. Unter Berücksichtigung von (5.2.5) lautet deshalb die Bedingung für die Anwendbarkeit der hier entwickelten Näherung dünner Wände

$$\frac{3S_1}{\varepsilon} \gg (V''(0))^{-1/2}. \tag{5.2.7}$$

Die obengenannten Resultate wurden in einer Arbeit von Coleman [180] abgeleitet. Es ist nun nicht mehr schwer, diese auf den uns interessierenden Fall $T \gg r^{-1}(0)$ zu verallgemeinern. Man muß dazu nur berücksichtigen, daß

$$S_3 = 4\pi \int_0^\infty r^2 \, dr \left[\frac{1}{2} \left(\frac{d\varphi}{dr} \right)^2 + V(\varphi, T) \right]$$

$$= -\frac{4\pi}{3} r^3 \varepsilon + 4\pi r^2 S_1(T) \tag{5.2.8}$$

ist, woraus

$$r(T) = \frac{2S_1}{\varepsilon} \tag{5.2.9}$$

und

$$S_3 = \frac{16\pi S_1^3}{3\varepsilon^2} \tag{5.2.10}$$

folgt. Der auf diese Weise abgeleitete Ausdruck für die Bläschenbildungs-Wahrscheinlichkeit,

$$P \sim \exp\left(-\frac{16\pi S_1^3}{3\varepsilon^3 T}\right), \tag{5.2.11}$$

stimmt mit dem bekannten Lehrbuchresultat [61] überein. Der einzige (für uns aber sehr wesentliche) Unterschied besteht darin, daß wir für die Oberflächenspannung S_1 den geschlossenen Ausdruck (5.2.4) haben, in dem man unter $V(\varphi)$ nun $V(\varphi, T)$ zu verstehen hat. Wir möchten darauf hinweisen, daß man in vielen interessanten Fällen die in Abbildung 24 dargestellte Funktion $V(\varphi, T)$ durch den Ausdruck

$$V(\varphi) = \frac{M^2}{2} \varphi^2 - \frac{\delta}{3} \varphi^3 + \frac{\lambda}{4} \varphi^4 \tag{5.2.12}$$

annähern kann. Da das Integral (5.2.4) für das Potential (5.2.12) exakt lösbar ist und damit analytische Ausdrücke für S_1, S_3, S_4 und $r(T)$ angebbar sind, wollen wir die Bläschenbildung in dieser Theorie genauer untersuchen.

5.2 Die Näherung dünner Wände

Tatsächlich kann man leicht zeigen, daß für Parameter M, δ und λ, für die die Tiefe der Minima bei $\varphi = 0$ und $\varphi = \varphi_0$ gleich ist ($\varepsilon \to 0$) (5.2.12) in

$$V(\varphi) = \frac{\lambda}{4}\,\varphi^2(\varphi - \varphi_0)^2 \tag{5.2.13}$$

übergeht, und in diesem Fall ist

$$\varphi_0 = \frac{2\delta}{\lambda}, \tag{5.2.14}$$

wobei M, δ und λ über

$$2\delta^2 = 9M^2\lambda \tag{5.2.15}$$

verknüpft sind. Aus (5.2.8) und (5.2.13)–(5.2.15) folgt

$$S_1 = \sqrt{\frac{\lambda}{2}}\,\frac{\varphi_0^3}{6} = 2^{3/2}\,3^{-4}\,\delta^3\,\lambda^{-5/2}, \tag{5.2.16}$$

woraus man für $T = 0$

$$S_4 = \frac{\pi^2\,2^5\,\delta^{12}}{3^{13}\,\lambda^{10}\,\varepsilon^3}, \quad r(0) = \frac{2^{3/2}\,\delta^3}{3^3\,\lambda^{5/2}\,\varepsilon} \tag{5.2.17}$$

erhält, während für $T \gg r^{-1}(0)$

$$S_3 = \frac{2^{17/2}\,\pi\,\delta^9}{3^{13}\,\lambda^{15/2}\,\varepsilon^2}, \quad r(T) = \frac{2^{5/2}\,\delta^3}{3^4\,\lambda^{5/2}\,\varepsilon} \tag{5.2.18}$$

ist.

Wir wenden uns nun der konkreten Untersuchung von Hochtemperatur-Phasenübergängen in Eichtheorien zu. In diesem Fall hat $V(\varphi, T)$ typischerweise die Form

$$V(\varphi, T) = \frac{\beta(T^2 - T_{c_1}^2)}{2}\,\varphi^2 - \frac{\alpha}{3}\,T\varphi^3 + \frac{\lambda}{4}\,\varphi^4, \tag{5.2.19}$$

wobei T_{c_1} die Temperatur ist, oberhalb der die symmetrische Phase $\varphi = 0$ instabil ist; β und α sind numerische Koeffizienten (vergleiche die Ableitung von $V(\varphi, T)$ (5.2.19) mit der linken Seite von (3.1.22)). Die Temperatur T_c, bei der die Werte von $V(\varphi, T)$ für die Phasen $\varphi = 0$ und $\varphi = \varphi_0(T)$ übereinstimmen, ist

$$T_c^2 = T_{c_1}^2\left(1 - \frac{2\alpha^2}{9\beta\lambda}\right)^{-1}. \tag{5.2.20}$$

Der Parameter ε läßt sich unschwer als Funktion der Abweichung der Temperatur von der Gleichgewichtstemperatur, $\Delta T = T_\mathrm{c} - T$, angeben,

$$\varepsilon = \frac{4 T_\mathrm{c} T_{\mathrm{c}_1}^2 \alpha^2 \beta}{9 \lambda^2} \Delta T. \tag{5.2.21}$$

Über die Beziehungen (5.2.14) bis (5.2.20) kann man leicht einen Ausdruck für die hier interessierenden Größen S_3 and $r(T)$ ableiten. Für den am häufigsten realisierten Fall, $x = (T_\mathrm{c} - T)/T_\mathrm{c} \ll 1$, erhält man

$$S_4 = \frac{S_3}{T} = \frac{2^{9/2} \pi \alpha^5}{3^9 \beta^2 \lambda^{7/2}} \frac{1}{x^2}, \tag{5.2.22}$$

$$r = \sqrt{\frac{2}{\lambda}} \frac{\alpha}{9 \beta T_\mathrm{c}} \frac{1}{x}. \tag{5.2.23}$$

Die Methode dünner Wände gestattet also recht weitreichende Schlußfolgerungen über die Bildung von Bläschen einer neuen Phase. Leider ist diese Methode nur im Fall relativ langsamer Phasenübergänge, genauer gesagt, unter der Bedingung

$$S_4 = \frac{S_3}{T} \gtrsim 10 \alpha \lambda^{-3/2} \tag{5.2.24}$$

anwendbar. Diese Einschränkung ist in vielen wichtigen Fällen nicht erfüllt, und wir müssen deshalb nach Methoden suchen, die über die Näherung dünner Wände hinausgehen.

5.3 Über die Näherung dünner Wände hinausgehende Methoden

Wie schon erwähnt, gibt es noch einen weiteren Fall, in dem sich die Theorie der Bläschenbildung beträchtlich vereinfacht. Ist nämlich das Minimum von $V(\varphi)$ im Punkt φ_0 tief genug, so liegt das Maximum des Feldes $\varphi(r)$ als Lösung der Gleichungen (5.1.6) und (5.1.9) in der Größenordnung von φ_1, wobei $V(\varphi_1) = V(0)$, $\varphi_1 \ll \varphi_0$ ist. In diesem Fall kann man beim Lösen der Gleichungen (5.1.6) und (5.1.9) die Details im Verhalten von $V(\varphi)$ bei $\varphi \gg \varphi_1$ vernachlässigen; für $\varphi \lesssim \varphi_1$ läßt sich das Potential $V(\varphi)$ aber häufig durch zwei Grundtypen von Funktionen approximieren:

$$V^1(\varphi) = \frac{M^2}{2} \varphi^2 - \frac{\lambda}{4} \varphi^4, \tag{5.3.1}$$

$$V^2(\varphi) = \frac{M^2}{2} \varphi^2 - \frac{\delta}{3} \varphi^3. \tag{5.3.2}$$

Bei verschwindender Temperatur und $M = 0$ kann man Gleichung (5.1.6) für die Theorie (5.3.1) streng lösen [182]:

$$\varphi = \sqrt{\frac{8}{\lambda}} \frac{\varrho}{r^2 + \varrho^2}, \qquad (5.3.3)$$

wobei ϱ ein beliebiger Parameter von der Dimension einer Länge ist. (Die Freiheit bei der Wahl von ϱ hängt mit dem Fehlen eines Parameters von der Dimension einer Masse in der Theorie (5.3.1) für $M = 0$ zusammen.) Die Wirkung ist für alle Lösungen (5.3.3) unabhängig von ϱ:

$$S_4 = \frac{8\pi^2}{3\lambda}. \qquad (5.3.4)$$

Wie man aus der Theorie der Yang-Mills-Instantonen weiß [183], muß man zur Berechnung der Gesamtwahrscheinlichkeit der Bläschenerzeugung über die Beiträge der Lösungen (Instantonen) mit allen möglichen ϱ-Werten mit einem bestimmten Gewicht abintegrieren.

Aus demselben Grund, aus dem es auch keine Instantonen in einer massiven Yang-Mills-Theorie gibt, hat die Gleichung (5.1.6) in der Theorie (5.3.1) bei $T = 0$ und beliebigem $M \neq 0$ überhaupt keine strengen Lösungen vom hier interessierenden Instantonentyp [184]. Andererseits „merkt" die Lösung (5.3.3) für $\varrho \ll M^{-1}$ praktisch nichts vom Vorhandensein einer Masse M in der Theorie (5.3.1). Aus diesem Grund hat die Theorie (5.3.1) für $T = 0$ und $M \neq 0$ „annähernd exakte Lösungen" der Gleichung (5.1.6), die für $\varrho \ll M^{-1}$ mit (5.3.3) übereinstimmen. Das heißt, es gibt eine Klasse von Trajektorien (5.3.3) im euklidischen Raum, die zur Erzeugung eines Bläschens mit einem Feld $\varphi \neq 0$ führen. Die Wirkung der Theorie (5.3.1) mit $M \neq 0$ stimmt für $\varrho \ll M^{-1}$ längs dieser Trajektorien mit hoher Genauigkeit mit der Wirkung für die Lösung (5.3.3) überein und geht für $\varrho \to 0$ gegen das Minimum (5.3.4). Infolgedessen kann es in der Theorie (5.3.1) bei $T = 0$ zu einem Tunnelübergang kommen, und um diesen zu beschreiben, muß man über die Beiträge, die alle „Lösungen" (5.3.3) mit $\varrho \ll M^{-1}$ über die Wirkung (5.3.4) zu Γ geben, abintegrieren. Dies ist analog dem üblichen Vorgehen in der Instantonentheorie, wenn das Yang-Mills-Feld massiv wird [183]. In diesem nicht ganz strengen Sinn werden wir im folgenden von Lösungen der Gleichung (5.1.6) in der Theorie (5.3.1) mit $M \neq 0$ sprechen (vergleiche die Untersuchung einer ähnlichen Situation in [185]).

In den restlichen hier interessierenden Fällen (in der Theorie (5.3.1) bei hohen Temperaturen und in der Theorie (5.3.2) bei hohen und niedrigen Temperaturen) kann man strenge Lösungen der entsprechenden Gleichungen finden (Abbildung 26). Bei $T = 0$ ist die der Lösung $\varphi(r)$ in der Theorie (5.3.2) entsprechende Wirkung S_4 gleich

$$S_4(\varphi) \approx 205 \frac{M^2}{\delta^2}. \qquad (5.3.5)$$

Im Grenzwert hoher Temperaturen ist die Wirkung $S_4(\varphi) = S_3(\varphi)/T$ für die Lösungen der Theorien (5.3.1) und (5.3.2)

$$S_4(\varphi) \approx \frac{19\,M}{\lambda T} \qquad (5.3.6)$$

bzw.

$$S_4(\varphi) \approx \frac{44\,M^3}{\delta^2 T}\,. \qquad (5.3.7)$$

Es sei angemerkt, daß sich die Gültigkeit der obigen Resultate nicht auf die Grenzfälle $T=0$ und $T \gg M$ beschränkt. Eine Untersuchung dieser Frage zeigt, daß die Ausdrücke (5.3.4) und (5.3.5) bis zu Temperaturen $T \leq 0{,}7\,M$ ($T \leq 0{,}2\,M$) gültig bleiben; bei hohen Temperaturen kann man dagegen die Ausdrücke (5.3.6) und (5.3.7) verwenden [62].

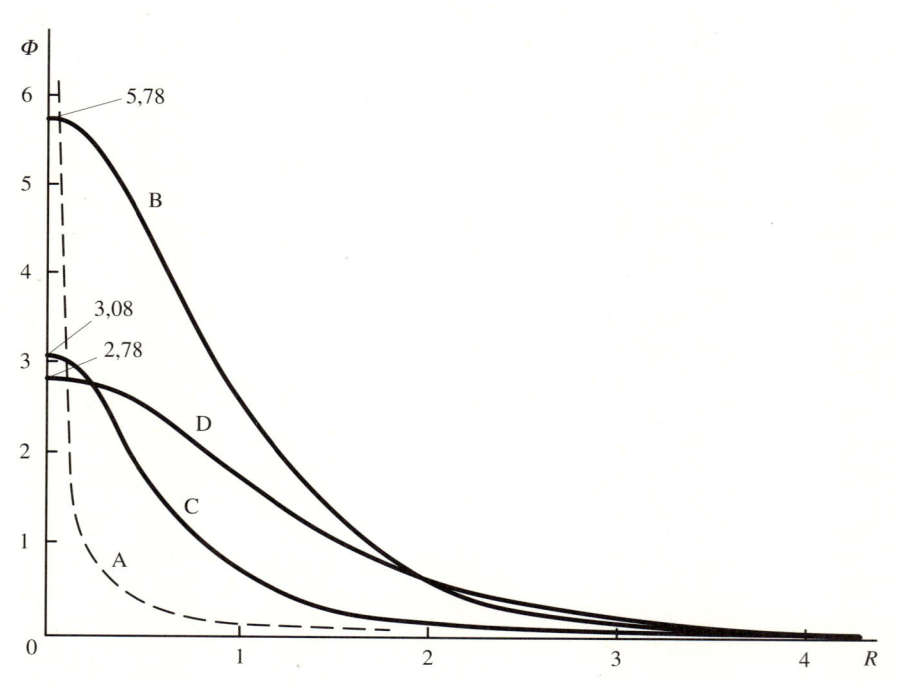

Abb. 26 Die Form der Bläschen $\varphi(r)$ in den Theorien (5.3.1) und (5.3.2) bei $T=0$ und $T \gg r^{-1}(0)$. Der Verlauf von φ als Funktion von r ist in dieser Abbildung durch die dimensionslosen Variablen $R = rM$ und $\Phi = \varphi/\varphi_1$ ausgedrückt, wobei sich φ_1 aus $V(\varphi_1, T) = V(0, T)$ ergibt. Die Kurven A und B sind O(4)-symmetrische Bläschen in den Theorien (5.3.1) bzw. (5.3.2), die Kurven C und D O(3)-symmetrische Bläschen in denselben Theorien.

5.3 Über die Näherung dünner Wände hinausgehende Methoden

Abschließend wollen wir kurz den am häufigsten realisierten Fall betrachten, daß die Potentiale V^1 und V^2 die Form

$$V^1(\varphi, T) = \frac{\beta(T^2 - T_{c_1}^2)}{2} \varphi^2 - \frac{\lambda}{4} \varphi^4, \qquad (5.3.8)$$

$$V^2(\varphi, T) = \frac{\beta(T^2 - T_{c_1}^2)}{2} \varphi^2 - \frac{\alpha}{3} T\varphi^3 \qquad (5.3.9)$$

haben. Für hinreichend hohe Temperaturen folgt aus den obigen Resultaten, daß in der Theorie (5.3.8)

$$S_4 = \frac{19\sqrt{\beta(T^2 - T_{c_1}^2)}}{\lambda T} \qquad (5.3.10)$$

und in der Theorie (5.3.9)

$$S_4 = \frac{44[\beta(T^2 - T_{c_1}^2)]^{\frac{3}{2}}}{\alpha^2 T^3} \qquad (5.3.11)$$

ist.

In den meisten realistischen Situationen läßt sich das effektive Potential in der Nähe des Phasenübergangspunktes gut durch eines der in den Abschnitten 5.2 und 5.3 betrachteten Potentiale approximieren. Die oben abgeleiteten Resultate kann man deshalb oft unmittelbar auf die Untersuchung der Kinetik von Phasenübergängen erster Ordnung in realistischen Modellen anwenden. Wir werden diese Resultate bei der Untersuchung einer Reihe konkreter Effekte in den Kapiteln 6 und 7 heranziehen.

In Verbindung mit den oben erhaltenen Resultaten sind zwei Bemerkungen angebracht. Aus den Gleichungen (5.3.4) bis (5.3.7) folgt, daß für bestimmte Parameterwerte die Zerfallswahrscheinlichkeit der metastabilen Phase außerordentlich stark unterdrückt sein kann. So ist z. B. für $\lambda \sim 10^{-2}$ der Tunnelübergang in der Theorie (5.3.1) durch einen Faktor

$$P \sim \exp\left(-\frac{8\pi^2}{3\lambda}\right) \sim \exp(-10^3) \qquad (5.3.12)$$

unterdrückt. Das erklärt, warum sich in den betrachteten Theorien metastabile Zustände als praktisch ununterscheidbar von stabilen erweisen können. Insbesondere gibt es keinerlei experimentelle Begründung, warum der Vakuumzustand, in dem wir heute leben, dem absoluten Minimum der Energie entsprechen muß. Im Prinzip könnte man sich durchaus ein Experiment zum Nachweis der Stabilität unseres Vakuums durch Erzeugung eines Keims einer neuen Phase vorstellen. Sowohl an der technischen Durchführbarkeit, als auch an der Zweckmäßigkeit eines solchen Experiments gibt es jedoch erhebliche Zweifel: Sofort nach seiner Erzeugung beginnt sich der Keim der neuen Phase nahezu mit Lichtgeschwindigkeit auszudehnen, und schon nach ganz kurzer Zeit wird der Experimentator einschließlich des ihn umgebenden Teils des Universums in den energetisch günstigeren Zustand übergegangen sein.

Die zweite Bemerkung betrifft den Anwendungsbereich der obigen Resultate. Bei deren Ableitung haben wir Effekte, die mit der Expansion des Weltalls zusammenhängen, vernachlässigt. Wenn, wie üblich, die Krümmung des effektiven Potentials $V''(\varphi)$ groß gegen den Krümmungstensor $R_{\mu\nu\alpha\beta}$ ist, ist diese Näherung völlig ausreichend. Im Szenarium des inflationären Universums ist jedoch während der Inflation $V''(\varphi) \ll R = 12H^2$. Tunnelübergänge bei der Inflation des Universums müssen wir deshalb gesondert betrachten. Wir kommen auf diese Frage in Kapitel 7 zurück.

6. Phasenübergänge im heißen Universum

6.1 Phasenübergänge mit Symmetriebrechung zwischen der schwachen, starken und elektromagnetischen Wechselwirkung

Wie schon in Kapitel 1 erwähnt, begann die Expansion des Weltalls nach der Standardtheorie des heißen Universums mit einem Zustand extrem hoher Dichte und einer Temperatur T, die wesentlich über der kritischen Temperatur für den Phasenübergang zur Wiederherstellung der Symmetrie zwischen der starken und der elektroschwachen Wechselwirkung in den GUT-Theorien lag. Die Symmetrie zwischen diesen Wechselwirkungen muß deshalb in den frühesten Entwicklungsstadien des Universums ungebrochen gewesen sein.

Mit dem Absinken der Temperatur auf $T \sim T_{c_1} \sim 10^{14}$–$10^{15}$ GeV (Gleichung (3.2.9)) muß es zu einem oder mehreren Phasenübergängen gekommen sein, wobei sich das klassische Skalarfeld $\Phi \sim 10^{15}$ GeV bildete und die Symmetrie zwischen der starken und der elektroschwachen Wechselwirkung gebrochen wurde. Nachdem dann die Temperatur auf $T_{c_2} \sim 200$ GeV (Gleichung (3.2.3)) gefallen war, wurde die Symmetrie zwischen der schwachen und der elektromagnetischen Wechselwirkung gebrochen. Schließlich muß bei $T \sim 10^2$ MeV noch ein Phasenübergang (oder zwei verschiedene) stattgefunden haben, bei dem die chirale Invarianz der Theorie der starken Wechselwirkung gebrochen wurde und sich die Quarks zu Hadronen vereinigten (Confinement).

An dieser Stelle sind einige Vorbehalte angebracht. Die Glashow-Salam-Weinberg-Theorie der elektroschwachen Wechselwirkung konnte inzwischen experimentell gut verifiziert werden. Für die GUT-Theorien sieht die Sache jedoch weit weniger günstig aus. Bis Anfang der 80er Jahre gab es kaum Zweifel an einer großen Vereinigung bei Energien $E \sim 10^{15}$ GeV, wobei man das minimale Modell mit der Symmetriegruppe SU(5) für den wahrscheinlichsten Kandiaten der einheitlichen Theorie hielt. In der Folge wurden die entsprechenden Theorien, darunter die $N=1$-Supergravitations-Theorie, dann die Kaluza-Klein-Theorie und schließlich die Superstring-Theorie, immer komplizierter. Mit der Abfolge der Theorien änderten sich auch die Bilder von der Evolution des Universums bei hohen Temperaturen. All diese Bilder hatten jedoch einen wesentlichen gemeinsamen Zug: ohne Berücksichtigung einer inflationären Phase (d.h. nur mit der Standardtheorie des heißen Universums) führten sie sämtlich auf Folgerungen, die ohne jeden Zweifel den bekannten kosmologischen Daten widersprechen. Um die Ursachen dieser Schwierigkeiten zu beleuchten und mögliche Wege zu deren Überwindung aufzuzeigen, untersuchen wir im folgenden die Kinetik von Phasenübergängen in der minimalen SU(5)-Theorie.

Das effektive Potential bezüglich des für die Symmetrie-Brechung zwischen der starken und der elektroschwachen Wechselwirkung verantwortlichen Feldes Φ hat in dieser Theorie die Form (siehe Abschnitt 3.2)

$$V(\Phi) = -\frac{\mu^2}{2} \operatorname{Sp} \Phi^2 + \frac{a}{4} (\operatorname{Sp} \Phi^2)^2 + \frac{b}{2} \operatorname{Sp} \Phi^4. \tag{6.1.1}$$

Bei $T \gg \mu$ besteht die wesentliche Modifizierung von $V(\Phi)$ in einer Vorzeichenänderung des effektiven Parameters μ^2,

$$\mu^2(T) = \mu^2 - \beta T^2, \tag{6.1.2}$$

siehe (3.2.6). Dies führt zur Wiederherstellung der Symmetrie bei hohen Temperaturen. Bei $T \lesssim \mu$ führt jedoch die Modifizierung des effektiven Potentials nach Gleichung (3.2.6) zu keiner Änderung in μ^2; das effektive Potential kann zusätzliche lokale Minima bekommen, die einer Symmetriebrechung nicht nur auf die Gruppe SU(3) × SU(2) × U(1) (vergleiche Kapitel 1), sondern auch auf die Gruppen SU(4) × U(1), SU(3) × (U(1))², oder (SU(2))² × (U(1))² [167] entsprechen. Dies, wie auch die Tatsache, daß die Phasenübergänge in den GUT-Theorien von erster Ordnung sind, erschwert die Untersuchung der Kinetik des Phasenübergangs aus der SU(5)-Phase in die SU(3) × SU(2) × U(1)-Phase beträchtlich. Im folgenden stellen wir die Resultate der hierzu in [187] durchgeführten Untersuchungen dar.

Zunächst erinnern wir daran, daß das effektive Potential $V(\varphi, T)$ nach [167] bezüglich jeder der vier eben genannten Symmetriebrechungstypen die Form

$$V(\varphi, T) = -\frac{N \pi T^4}{90} - \frac{\mu^2(T)}{2} \varphi^2 - \alpha_i T \varphi^3 + \gamma_i \varphi^4 \tag{6.1.3}$$

hat, wobei $\varphi^2 = \operatorname{Sp} \Phi^2$ ist und die Konstanten α_i und γ_i ($i = 1, 2, 3, 4$) in [167] berechnet sind. Dieses effektive Potential stimmt mit (5.2.12) überein, so daß alle zuvor in der Näherung dünner Wände erhaltenen Resultate bezüglich des Tunnelübergangs aus dem Zustand $\varphi = 0$ und der Bildung von Bläschen mit einem Feld $\varphi \neq 0$ auch auf die Theorie (6.1.3) anwendbar sind. Wo die Näherung dünner Wände dagegen nicht anwendbar ist, ist das φ-Feld im Bläschen klein, der letzte Term in (6.1.3) kann vernachlässigt werden, und das Potential stimmt mit dem Potential (5.3.2), für das der Tunnelübergang ebenfalls in Kapitel 5 untersucht wurde, überein.

Damit können wir das Problem folgendermaßen lösen. Wir müssen ermitteln, wie die Größe $V(\varphi, T)$ (6.1.3) im expandierenden Weltall von der Zeit abhängt, mit welcher Produktionsrate die Bläschen jeder der vier obengenannten Phasen zu jedem Zeitpunkt gebildet werden, in welchem Moment die so entstandenen Bläschen das gesamte Volumen des Universums ausfüllen, was mit den Bläschen der verschiedenen Phasen im weiteren geschieht und welches charakteristische Volumen die Gebiete mit den verschiedenen Phasen am Schluß dieses Prozesses einnehmen.

Da wir die Theorie der Bläschenbildung bereits ausgearbeitet haben, steht der Lösung der oben gestellten Aufgabe keine prinzipielle Schwierigkeit mehr im Wege. Trotzdem erweist sich die Lösung dieses Problems als recht schwierig, da eine sukzessive Computerrechnung für jeden konkreten Parametersatz a und b in

(6.1.1) erforderlich ist. Wir werden deshalb nur für den natürlichsten Fall

$$a \sim b \sim 0{,}1 \tag{6.1.4}$$

die grundlegenden Ergebnisse angeben und diskutieren [187].

In diesem Fall beginnt der Phasenübergang aus einem unterkühlten Zustand, bei dem die Temperatur des Universums gegen die Temperatur T_{c_1} geht; beginnend mit dieser Temperatur wird die symmetrische Phase $\varphi = 0$ absolut instabil. Das φ-Feld hat dann im Phasenübergangspunkt einen großen Sprung (von der Größenordnung φ_0). In diesem Sinn handelt es sich hier um einen Phasenübergang von „ausgeprägt" erster Ordnung.

Zum Phasenübergang kommt es durch die gleichzeitige Bildung aller vier obengenannten Phasen, wobei sich im Großteil der Bläschen die $SU(4) \times U(1)$-Phase statt der energetisch günstigeren $SU(3) \times SU(2) \times U(1)$-Phase mit einem anfänglichen Anteil am Gesamtvolumen von wenigen Prozent bildet. Danach beginnen sich innerhalb der $SU(4) \times U(1)$-Phase Bläschen der $SU(3) \times SU(2) \times U(1)$-Phase zu bilden, wobei sie die $SU(4) \times U(1)$-Phase und die beiden anderen Phasen „zu verschlingen" beginnen. Im Moment des Verschmelzens der Bläschen der $SU(3) \times SU(2) \times U(1)$-Phase haben diese eine charakteristische Größe

$$r \sim 10\, T_{c_1}^{-1}. \tag{6.1.5}$$

Die Kinetik der Prozesse im Zwischenstadium, vor Bildung der homogenen $SU(3) \times SU(2) \times U(1)$-Phase, ist sehr kompliziert und hängt wesentlich vom Verhältnis der Größen a, b und g^2 ab. Die Dauer des Zwischenstadiums ist ebenso wie die Dauer des Stadiums vor dem Phasenübergang nur für ganz bestimmte Beziehungen zwischen den Kopplungskonstanten der Theorie wesentlich von null verschieden.

Ungeachtet des großen Sprungs des φ-Feldes im Phasenübergangspunkt ist die dabei freigesetzte Energie in der Regel ziemlich unbedeutend, so daß der symmetriebrechende Übergang aus der unterkühlten $SU(5)$-symmetrischen Phase für die natürlichsten Werte der Kopplungskonstanten nicht zu einem sprungartigen Steigen der Temperatur und einer nennenswerten Zunahme der Gesamtentropie des expandierenden Universums führt.

Während die Temperatur weiter bis $T_{c_2} \sim 10^2$ GeV sinkt, kommt es zum Phasenübergang $SU(3) \times SU(2) \times U(1) \rightarrow SU(3) \times U(1)$, bei dem die Symmetrie zwischen der schwachen und elektromagnetischen Wechselwirkung gebrochen wird. Während dieses Phasenübergangs liegt die Temperatur viele Größenordnungen unter der Masse $M_X \sim 10^{14}$ GeV der beim ersten Phasenübergang entstandenen superschweren Bosonen. Die leichteren Teilchen werden in dieser Theorie durch die Glashow-Weinberg-Salam-Theorie beschrieben; der Phasenübergang bei $T_{c_2} \sim 10^2$ GeV verläuft deshalb genauso wie in der Glashow-Salam-Weinberg-Theorie (siehe Kapitel 3).

Das geschilderte Bild der Phasenübergänge bezieht sich im allgemeinen nur auf die einfachsten GUT-Theorien mit den natürlichsten Relationen zwischen den Kopplungskonstanten. In komplizierteren Theorien zeigt sich, daß die Phasenübergänge über wesentlich mehr Stufen ablaufen (siehe z. B. [42, 167]). Ein etwas ungewöhnliches Bild entsteht auch für spezielle Beziehungen zwischen den Parametern der Theorie, bei denen das effektive Potential des Skalarfeldes für kleine φ ein lokales Minimum oder ein relativ flaches Gebiet hat.

Als Beispiel betrachten wir das Glashow-Salam-Weinberg-Modell mit

$$\lambda(\varphi_0) = \frac{1}{6} \left. \frac{d^4 V}{d\varphi^4} \right|_{\varphi=\varphi_0} < \frac{11 e^4}{16 \pi^2} \frac{2\cos^4\theta_W + 1}{\sin^2 2\theta_W} \approx 3 \cdot 10^{-3}, \qquad (6.1.6)$$

$$m_\varphi^2(\varphi_0) = \left. \frac{d^2 V}{d\varphi^2} \right|_{\varphi=\varphi_0} < \frac{e^4 \varphi_0^2}{16 \pi^2} \frac{2\cos^4\theta_W + 1}{\sin^2 2\theta_W} \approx (10 \text{ GeV})^2 \qquad (6.1.7)$$

und $\sin^2\theta_W \approx 0{,}23$, $\varphi_0 \approx 250$ GeV. Für diese Werte von $\lambda(\varphi_0)$ und m_φ^2 hat das effektive Potential $V(\varphi)$ sogar bei verschwindender Temperatur ein Minimum bei $\varphi = 0$ [139–141] (siehe Abschnitt 2.2).

Wie üblich war auch hier die Symmetrie im frühen Universum mit $\varphi = 0$ ungebrochen. Danach entstand während des Abkühlens des Universums ein Minimum von $V(\varphi)$ bei $\varphi \sim \varphi_0$, das bald tiefer als das Minimum bei $\varphi = 0$ wurde. Trotzdem blieb das Universum solange im Zustand $\varphi = 0$, bis sich Bläschen der neuen Phase bildeten und das ganze Universum einnahmen. Die Bläschenbildung im Glashow-Salam-Weinberg-Modell ist in [141, 142] untersucht worden. Dabei zeigte sich, daß bereits dann, wenn m_φ nur um ein Prozent unter dem Grenzwert $m_\varphi \sim 10$ GeV (6.1.7) liegt, die Wahrscheinlichkeit für die Bildung von Bläschen $\varphi \neq 0$ extrem klein ist.

Mit Hilfe der im vorigen Kapitel abgeleiteten Resultate ist es nicht schwer, dies zu verstehen. Wir betrachten dazu den Grenzfall

$$m_\varphi^2 = \frac{e^4 \varphi_0^2}{16 \pi^2} \frac{2\cos^4\theta_W + 1}{\sin^2 2\theta_W}. \qquad (6.1.8)$$

In diesem Fall geht die Krümmung von $V(\varphi)$ bei $\varphi = 0$, $T = 0$ gegen null (Coleman-Weinberg-Modell [137], vergleiche Abschnitt 2.2). Bei $T \neq 0$ ist die Masse des Skalarfeldes in der Umgebung von $\varphi = 0$ nach (3.2.1)

$$m_\varphi \sim \frac{eT}{\sin 2\theta_W} \sqrt{1 + 2\cos^2\theta_W} \qquad (6.1.9)$$

(wir erinnern daran, daß in diesem Fall $\lambda \sim e^4 \ll e^2$ ist). Das Potential $V(\varphi)$ ist in diesem Modell für kleine φ näherungsweise durch

$$V(\varphi) = V(0) + \frac{3 e^4 \varphi^4}{32 \pi^2} \left(\frac{2\cos^4\theta_W + 1}{\sin^2 2\theta_W} \right) \ln \frac{\varphi}{\varphi_0} + \frac{m_\varphi^2 \varphi^2}{2} \qquad (6.1.10)$$

gegeben. Die Funktion $\ln(\varphi/\varphi_0)$ ist eine relativ langsam veränderliche Funktion von φ, deshalb kann man zur Bestimmung der Wahrscheinlichkeit P für einen Tunnelübergang aus dem lokalen Minimum $\varphi = 0$ die Gleichung (5.3.6) benutzen [144]:

$$P \sim \exp\left(-\frac{19\, m_\varphi(T)}{\lambda T}\right)$$

$$\sim \exp\left(-\frac{19 \sin 2\theta_W}{\frac{3 e^3}{8\pi^2}\sqrt{1+\cos^4\theta_W}\,\ln(\varphi/\varphi_0)}\right) \sim \exp\left(-\frac{15\,000}{\ln(\varphi/\varphi_0)}\right). \quad (6.1.11)$$

Der charakteristische Wert des φ-Feldes in (6.1.11) entspricht dem lokalen Maximum von $V(\varphi)$ (6.1.10) bei $\varphi \sim 10\,T$, d.h.

$$P \sim \exp\left(-\frac{15\,000}{\ln(T/\varphi_0)}\right). \quad (6.1.12)$$

Daraus folgt, daß ein Phasenübergang mit der Bildung von Bläschen des φ-Feldes in dieser Theorie nur bei exponentiell kleinen Temperaturen des Universums möglich ist. Eine ähnliche Erscheinung gibt es auch in der SU(5)-Coleman-Weinberg-Theorie, die dem Szenarium des neuen inflationären Universums zugrunde liegt (siehe Kapitel 8). In der Glashow-Salam-Weinberg-Theorie mit

$$\left.\frac{d^2 V}{d\varphi^2}\right|_{\varphi=0} = 0$$

ist die Unterkühlung aber nicht ganz so stark, wie man auf der Basis von (6.1.12) vermuten könnte: der Phasenübergang beginnt bei $T \sim 10^2$ MeV infolge von Effekten, die mit der starken Wechselwirkung zusammenhängen [144]. Durch das Freiwerden der im metastabilen Zustand $\varphi=0$ gespeicherten Energie muß die spezifische Energie des Universums n_γ/n_B dabei auf das ca. 10^5–10^6-fache wachsen [144]. Selbst wenn das effektive Potential $V(\varphi)$ ein sehr flaches Minimum bei $\varphi=0$ hat, kann die spezifische Entropie des Universums unzulässig stark wachsen [143, 144]. Außerdem ist die charakteristische Lebensdauer des Universums in einem metastabilen Zustand mit $V''(0) \gtrsim (10^2\,\text{MeV})^2$ größer als die Lebensdauer des sichtbaren Teils des Universums, $t \sim 10^{10}$ Jahre [141, 142]. Die bei einem solchen Phasenübergang gebildeten Bläschen würden zu einer starken Anisotropie und Inhomogenität des Universums führen. Dies liefert auch die stärkste Schranke für die Masse der Higgs-Bosonen in der Glashow-Salam-Weinberg-Theorie ohne superschwere Fermionen (2.2.14)[1]:

$$m_\varphi \gtrsim 10\,\text{GeV}. \quad (6.1.13)$$

Wie in Kapitel 2 gezeigt worden ist, kann sich in einer Theorie mit superschweren Fermionen herausstellen, daß das absolute Minimum von $V(\varphi)$ nicht bei $\varphi = \varphi_0 = \mu/\sqrt{\lambda}$, sondern bei $\varphi \gg \varphi_0$ liegt, was zu Schranken für die in dieser Theorie möglichen Fermionenmassen führt [146–151]. Unter Berücksichtigung

---

[1] Um Mißverständnisse zu vermeiden möchten wir betonen, daß sich diese Schranken nur auf die einfachste Version der Glashow-Salam-Weinberg-Theorie mit nur einer Art Skalarfeld φ beziehen.

kosmologischer Effekte werden diese Schranken etwas gemildert, da es dem Weltall nicht immer gelingt, aus dem Zustand $\varphi = \varphi_0$ in einen energetisch günstigeren Zustand überzugehen [188]. Die Gesamtheit der Massenschranken für die Fermionen und Higgs-Bosonen ist unter Berücksichtigung von Effekten, die mit der Theorie der Evolution des Universums zusammenhängen, in Abbildung 16 (Kapitel 2) dargestellt. Es sei angemerkt, daß bei der Untersuchung der Tunnelübergänge in [141–151, 188] die Möglichkeit eines in späteren Entwicklungsphasen des Universums durch Stoßprozesse von Teilchen der kosmischen Strahlung mit Materie hervorgerufenen Tunnelübergangs außer acht gelassen wurde. Falls solche Prozesse die Zerfallswahrscheinlichkeit des metastabilen Vakuums wesentlich erhöhen können [189], wäre das Gebiet oberhalb der Kurve AD in Abbildung 16 verboten und die stärkste Schranke für m_φ wäre durch (2.2.9) gegeben. Dies muß jedoch noch genauer untersucht werden.

6.2 Domänenwände, Strings und Monopole

Im vorigen Abschnitt hatten wir festgestellt, daß der Phasenübergang bei der Brechung der SU(5)-Symmetrie über die Bildung von Bläschen mehrerer verschiedener Phasen verläuft, und daß erst am Schluß das ganze Universum von Materie der gleichen, energetisch günstigsten Phase erfüllt wird. Dafür müssen im wesentlichen zwei Bedingungen erfüllt sein: es darf nur eine energetisch günstigste Phase existieren, und die charakteristische Größe der Bläschen r darf nicht größer als die Zeit t sein, nach der das gesamte Universum in eine einzige Phase übergegangen sein müßte. In der Theorie des heißen Universums sind (im Unterschied zur Theorie des inflationären Universums) die charakteristischen Dimensionen der Bläschen in der Regel nicht groß, $r \sim m^{-1}$ oder $r \sim T^{-1}$ (siehe Abbildung 26), so daß die zweite Bedingung gewöhnlich erfüllt ist. Im allgemeinen kann das effektive Potential jedoch mehrere Minima gleicher (oder annähernd gleicher) Tiefe haben. Ein einfaches Beispiel dafür ist die Theorie (1.1.5), in der die Minima bei $\varphi = \mu/\sqrt{\lambda}$ und $\varphi = -\mu/\sqrt{\lambda}$ die gleiche Tiefe haben. Wenn der Phasenübergang im expandierenden Universum zu einem bestimmten Zeitpunkt $t = t_c$ stattfindet, verläuft die Symmetriebrechung in verschiedenen, kausal nicht zusammenhängenden Gebieten der Größe $O(t_c)$ unabhängig voneinander. Infolgedessen teilt sich das Universum in eine annähernd gleiche Zahl von Gebieten mit dem Feld $\varphi = \mu/\sqrt{\lambda}$ oder $\varphi = -\mu/\sqrt{\lambda}$. Diese Gebiete sind durch Domänenwände der Stärke $O(\mu^{-1})$, in denen sich das φ-Feld beim Übergang von einem Gebiet in das andere von $\varphi = \mu/\sqrt{\lambda}$ auf $\varphi = -\mu/\sqrt{\lambda}$ ändert, voneinander getrennt.

Tatsächlich sind die Gebiete, in denen die Symmetriebrechung unabhängig voneinander abläuft, in der Regel anfangs nur wenig größer als T_c^{-1}, d.h., ihre Größe liegt weit unter der des Horizonts $t \sim 10^{-2} M_P/T_c^2$ zu Beginn des Phasenübergangs. Ein Beispiel dafür ist die Entstehung von Gebieten unterschiedlicher Phasen während des Phasenübergangs im SU(5)-Modell, siehe Gleichung (6.1.5).

Gebiete, in denen sich verschiedene Phasen mit der gleichen Energiedichte befinden, „verschlingen" sich ebenfalls, da die Existenz der Domänenwände ener-

6.2 Domänenwände, Strings und Monopole

getisch unvorteilhaft ist. Der Prozeß des „Verschlingens" läuft jedoch in Gebieten, deren Abstand in der Größenordnung des Weltalters t liegt, unabhängig voneinander ab. Wie schon in Abschnitt 1.5 erwähnt, bestand das heute sichtbare Universum im Alter von $t \sim 10^5$ Jahren aus etwa 10^6 kausal unzusammenhängenden Gebieten, d. h. aus ca. 10^6, durch superschwere Domänenwände getrennten, Domänen. Da der sichtbare Teil des Universums während der letzten $\sim 10^5$ Jahre für Photonen „durchsichtig" war, müßten wir wegen dieser Domänen eine starke Anisotropie der Reliktstrahlung beobachten. Tatsächlich ist die Reliktstrahlung jedoch mit einer Genauigkeit von $\Delta T/T \sim 3 \cdot 10^{-5}$ isotrop. Darin besteht gerade das Wesen des Problems der Domänenwände in der Theorie des heißen Universums [41]. Ausgehend von diesen Resultaten müßten wir uns von Theorien vom Typ (1.1.5) mit einer spontan gebrochenen diskreten Symmetrie, von Theorien mit einer spontan gebrochenen CP-Invarianz, von der minimalen SU(5)-Theorie, in der das Potential $V(\Phi)$ (6.1.1) spiegelungsinvariant unter der Transformation $\Phi \to -\Phi$ ist und anderen trennen. Mit ähnlichen Schwierigkeiten hat ein beträchtlicher Teil der Theorien mit einem Axionfeld θ zu kämpfen, in denen das Potential $V(\theta)$ häufig mehrere Minima gleicher Tiefe hat [49]. In einigen Theorien kann man diese Schwierigkeiten (z.B. durch Hinzufügen eines Terms $c \, \mathrm{Sp} \, \Phi^3$ zu $V(\Phi)$ nach (6.1.1)) überwinden, in der Mehrzahl der Fälle zeigt sich aber, daß die erwähnten Probleme nicht zu umgehen sind, ohne die Theorie wesentlich zu modifizieren (oder zum Szenarium des inflationären Universums überzugehen).

Neben den Domänenwänden können im Ergebnis von Phasenübergängen noch weitere nichttriviale Objekte entstehen. Als Beispiel betrachten wir das Modell eines komplexen Skalarfeldes χ mit der Langrange-Dichte

$$L = \partial_\mu \chi^* \partial^\mu \chi + m^2 \chi^* \chi - \lambda (\chi^* \chi)^2. \tag{6.2.1}$$

Dies ist das Higgs-Modell (1.1.15) vor Hinzufügen der Vektorfelder A_μ. Zur Untersuchung der Symmetriebrechung führt man in diesem Modell zweckmäßigerweise die Variablentransformation (1.1.18)

$$\chi(x) \to \frac{1}{\sqrt{2}} \, \varphi(x) \exp\left(\frac{\mathrm{i}\zeta(x)}{\varphi_0}\right) \tag{6.2.2}$$

durch. Das effektive Potential $V(\chi, \chi^*)$ hat unabhängig von der Phasenkonstante ζ_0 ein Minimum bei $\varphi(x) = \varphi_0 = \mu/\sqrt{\lambda}$. Das Potential $V(\chi, \chi^*)$ hat deshalb die Form eines Schüsselbodens mit dem Maximum in der Mitte (bei $\chi(x) = 0$), und die Symmetriebrechung wird nicht mehr durch ein einzelnes Skalarfeld φ_0, sondern durch den Vektor $\varphi(x) \exp(\mathrm{i}\zeta(x)/\varphi_0)$ im Isospinraum (χ, χ^*) beschrieben.

Die Bildung von Feldern mit unterschiedlichen Phasen $\zeta(x)$ in verschiedenen Gebieten des Raumes ist energetisch unvorteilhaft. Genau wie bei den Domänenwänden kann jedoch der Wert der Phase, d. h. die Richtung des Vektors $\varphi(x) \exp(\mathrm{i}\zeta(x)/\varphi_0)$, nicht über Abstände, die über der Größe des Horizonts $\sim t$ liegen korreliert sein. Darüber hinaus zeigt sich, daß die Richtung dieses Vektors unmittelbar nach dem Phasenübergang in der Regel nur über räumliche Abstände $O(T_c^{-1})$ korreliert ist.

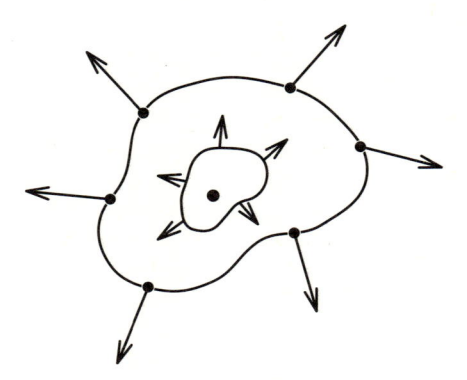

Abb. 27 Feldkonfiguration des Feldes $\chi = \varphi(x) \exp[i\zeta(x)/\varphi_0]$ im Isospinraum beim Umlaufen eines Strings $\varphi(x) = 0$.

Wir betrachten nun einen beliebigen zweidimensionalen Raumschnitt und wollen die verschiedenen Feldkonfigurationen des φ-Feldes in diesem Schnitt untersuchen. Unter ihnen kann eine Konfiguration sein, bei der der Vektor $\varphi(x)\exp(i\zeta(x)/\varphi_0)$ beim Durchlaufen einer beliebigen geschlossenen Kontur im x-Raum eine vollständige Rotation im Isospinraum (χ, χ^*) ausführt, d.h. bei der sich die Funktion $\zeta(x)/\varphi_0$ um 2π ändert (Abbildung 27). Die Entstehung einer solchen Anfangsfeldverteilung des φ-Feldes infolge des Phasenübergangs ist durch nichts verboten. Wir wollen nun allmählich die betrachtete Kontur zusammenziehen, wobei wir im Gebiet $\varphi(x) \neq 0$ bleiben. Da das Feld $\chi(x)$ stetig differenzierbar ist, muß der Vektor beim Durchlaufen der verkleinerten Kontur ebenfalls eine ganze Umdrehung ausführen. Könnten wir auf diese Weise die Kontur zu einem Punkt mit $\varphi(x) \neq 0$ zusammenziehen, wäre das Feld $\chi(x)$ in diesem Punkt nicht differenzierbar, d.h. die Bewegungsgleichungen wären nicht erfüllt. Das heißt aber, daß sich innerhalb der ursprünglichen Kontur ein Punkt befinden muß, in dem $\varphi(x) = 0$ ist. Der Einfachheit halber nehmen wir an, daß es innerhalb der betrachteten Kontur genau einen solchen Punkt gibt. Wir wählen nun einen anderen Raumschnitt und ändern die Kontur im Raum so ab, daß sie wie bisher nicht durch ein Gebiet mit $\varphi(x) = 0$ geht. Infolge der Stetigkeit wird dann der Vektor $\chi(x)$ beim Umlauf längs der verschobenen Kontur ebenfalls eine volle Drehung um 2π ausführen.

Auf diese Weise wird es in jeder solchen Kontur einen Punkt geben, in dem $\varphi(x) = 0$ ist. Das bedeutet aber, daß es im Raum eine (unendliche oder geschlossene) Linie gibt, längs der $\varphi(x) = 0$ ist. Die Existenz einer solchen Linie ist energetisch unvorteilhaft, da in ihrer Nähe $\varphi \ll \varphi_0$ ist und die Gradienten des φ-Feldes ebenfalls von null verschieden sind. Topologische Überlegungen zeigen jedoch, daß eine solche, während eines Phasenübergangs entstandene Linie nicht zerreißen kann; lediglich wenn sie geschlossen ist, kann sie sich zu einem Punkt zusammenziehen und verschwinden. Die topologische Stabilität der Linie $\varphi(x) = 0$ beruht darauf, daß der Vektor $\chi(x)$ beim Umlauf um diese Linie entweder gar keine Rotation, oder aber eine, zwei oder drei Umdrehungen macht; einen stetigen Übergang zwischen den verschiedenen Konfigurationen des χ-Feldes gibt es jedoch nicht (der Vektor kann beim Umlauf längs der geschlossenen Kontur nicht 0,99 Umdrehungen machen). Solche Linien werden gemeinsam mit dem sie umgebenden inhomogenen Feld $\chi(x)$ als Strings bezeichnet.

Analoge Konfigurationen des χ-Feldes können auch im Higgs-Modell selbst entstehen. In diesem Fall kann man jedoch überall, außer auf der Linie $\varphi(x) = 0$, eine Eichtransformation vom Typ (1.1.16) durchführen und damit die Abhängigkeit vom Feld $\zeta(x)$ vollständig „verbannen". Im Innern des Strings entsteht dabei ein Feld $A_\mu(x) \neq 0$. Ein solcher String wird ein Flußquant des Magnetfeldes $H = \nabla \times A$ enthalten und ein ähnliches Verhalten zeigen, wie der Abrikosov-String in der Theorie der Supraleitung [190]. Wie zuvor ist es unmöglich, einen solchen String zu zerreißen; in diesem Fall ist das eine Folge der Erhaltung des magnetischen Flusses. Um derartige Strings von jenen zu unterscheiden, die keine Eichfelder enthalten, bezeichnet man letztere manchmal auch als globale Strings (da ihre Existenz mit der Brechung einer globalen Symmetrie zusammenhängt).

Da die Richtungen der Isospinvektoren $\chi(x)$ unmittelbar nach dem Phasenübergang in jedem Gebiet der Größe $O(T_c^{-1})$ praktisch unkorreliert sind, sehen die Strings anfangs wie Brownsche Trajektorien mit einer charakteristischen Länge der „geraden" Abschnitte von der Größenordnung $O(T_c^{-1})$ aus. Danach werden die sich allmählich streckenden Strings durch ihre Spannung beschleunigt und beginnen, sich fast mit Lichtgeschwindigkeit fortzubewegen. Dadurch beginnen kleine geschlossene Strings (kleiner $O(t)$) sich zusammenzuziehen, zu schneiden, ihre Energie als Gravitationsstrahlung abzustrahlen und zu verschwinden. Große Strings von der Größe des Horizonts $\sim t$ werden jedoch nahezu gerade. Wenn sich schneidende Strings, wie man sich vorstellen kann, mit einer merklichen Wahrscheinlichkeit verschmelzen, muß die Zahl der gestreckten, langen Strings auf Kosten der Bildung kleiner geschlossener Strings innerhalb des Horizonts bis auf eine Zahl in der Größenordnung von eins abnehmen.

Wir wollen die Energiedichte eines Strings der Einheitslänge mit α bezeichnen. In Theorien mit Kopplungskonstanten in der Größenordnung von eins $\alpha \sim \varphi_0^2$. Die Masse eines Strings innerhalb des Horizonts liegt in der Größenordnung $\delta M \sim \alpha t \sim \varphi_0^2 t$, während die Gesamtmasse innerhalb des Horizontes nach (1.3.21) $M \sim O(10) M_P^2 t$ ist. Das heißt, daß durch die Entwicklung von Strings im Universum Dichteinhomogenitäten [191, 192, 81]

$$\frac{\delta \varrho}{\varrho} \sim \frac{\delta M}{M} \sim O(10) \frac{\alpha}{M_P^2} \sim O(10) \frac{\varphi_0^2}{M_P^2} \qquad (6.2.3)$$

entstehen. Für $\alpha \sim 10^{-6} M_P^2$, $\varphi_0 \sim 10^{16}$ GeV ist $\delta \varrho/\varrho \sim 10^{-5}$, was man gerade für die Galaxienbildung benötigt.

Bei der Herleitung dieser Abschätzung haben wir von der Annahme Gebrauch gemacht, daß kleine, geschlossene Strings schnell (in einer Zeit von der Größenordnung t) ihre Energie abstrahlen und verschwinden. Tatsächlich gelingt dies aber nur für hinreichend große Werte von α. Genauere Abschätzungen [193] führen auf einen α-Wert nahe dem obengenannten:

$$\alpha \sim 2 \cdot 10^{-6} M_P^2.$$

Wir stellen fest, daß die hier auftretende charakteristische Massenskala und der Wert φ_0 nahe der charakteristischen Energieskala für die Symmetriebrechung in den GUT-Theorien liegen. Tatsächlich können solche Strings bei der Symmetriebrechung in einer ganzen Reihe realistischer Elementarteilchentheorien entstehen. Leider lassen sich so schwere Strings nicht auf einfache Weise nach der Inflation erzeugen, da die Temperatur des Weltalls nach der Inflation in den meisten Modellen wesentlich unter $\varphi_0 \sim 10^{16}$ GeV liegt und in vielen Modellen Phasenübergänge mit String-Bildung nach der Inflation nicht auftreten. Verschiedene Möglichkeiten zur Erzeugung schwerer Strings im Szenarium des inflationären Universums werden im nächsten Kapitel untersucht.

Wir wollen nun einen weiteren wichtigen Typ topologisch stabiler Objekte, die sich während des Phasenübergangs bilden können, betrachten. Dazu untersuchen wir die Symmetriebrechung in einem O(3)-symmetrischen Modell eines Skalarfeldes φ^a, $a = 1, 2, 3$:

$$L = \frac{1}{2}(\partial_\mu \varphi^a)^2 + \frac{\mu^2}{2}(\varphi^a)^2 - \frac{\lambda}{4}[(\varphi^a)^2]^2. \qquad (6.2.4)$$

Die Symmetriebrechung beruht in diesem Modell auf der Entstehung eines Skalarfeldes φ^a, dessen absoluter Betrag φ_0 gleich $\mu/\sqrt{\lambda}$ ist, dessen Richtung im Isospinraum ($\varphi^1, \varphi^2, \varphi^3$) jedoch beliebig sein kann. Während des Phasenübergangs können Gebiete entstehen, auf deren Oberfläche der Vektor φ^a (im Isospinraum) entweder in allen Punkten „aus dem Gebiet heraus" oder „in das Gebiet hinein" zeigt. Ein Beispiel hierfür ist die als Igel bezeichnete, in Abbildung 28 dargestellte Feldkonfiguration φ^a,

$$\varphi^a(x) = \varphi_0 f(r) \frac{x^a}{r}, \qquad (6.2.5)$$

in der $\varphi_0 = \mu/\sqrt{\lambda}$, $r = \sqrt{x^2}$ und $f(r)$ eine Funktion ist, die für $r \gg \mu^{-1}$ gegen ± 1 und für $r \to 0$ gegen null geht (letzteres folgt aus der Stetigkeit der Funktion $\varphi^a(x)$). Eine solche Feldkonfiguration genügt den Bewegungsgleichungen der Theorie (6.2.4) (für eine spezielle Funktion $f(r)$ mit den genannten Eigenschaften) und ist aus demselben Grund wie die oben betrachteten globalen Strings topologisch stabil.

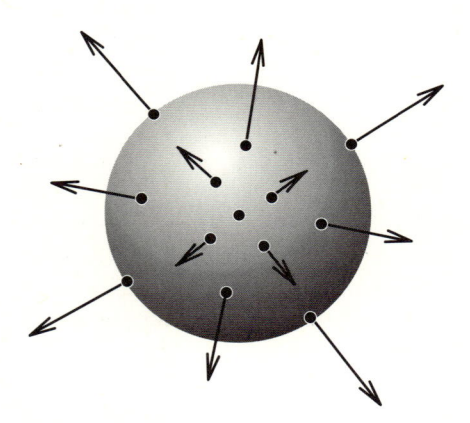

Abb. 28 Die Feldkonfiguration φ^a (6.2.5) auf der Oberfläche einer Einheitskugel um das Zentrum eines Igels.

Bei großem r kommt der Hauptbeitrag zur Energie des Igels von den Gradiententermen, die durch die Richtungsänderung des Einheitsvektors x^a/r in verschiedenen Punkten entstehen,

$$\varrho \approx \frac{1}{2}(\partial_i \varphi)^2 = \frac{3}{2} \frac{\varphi_0^2}{r^2}, \tag{6.2.6}$$

so daß die in einer Kugelfläche mit dem Radius r und dem Zentrum bei $x = 0$ enthaltene Energie des Igels

$$E(r) = 6\pi \varphi_0^2 r \tag{6.2.7}$$

ist. Folglich geht die Gesamtenergie des Igels in einem unbeschränkten Raum (wie r) gegen unendlich. Noch vor nicht allzulanger Zeit bestand deshalb an den bereits vor mehr als zehn Jahren in der Arbeit [83] gemeinsam mit den Monopolen (siehe unten) entdeckten Igellösungen (6.2.5) keinerlei Interesse.

Während der Phasenübergänge im expandierenden Universum könnten solche Igel aber durchaus erzeugt worden sein. Ihre Bildung wird durch eine der Theorie der Stringbildung analoge Theorie beschrieben, und die ersten Abschätzungen der Zahl der während eines Phasenübergangs erzeugten Monopole beruhen tatsächlich auf einer Analyse der Erzeugung von Igeln [40]. Eine entsprechende Untersuchung zeigt, daß die Igel in der Regel nicht einzeln, sondern (entsprechend den Möglichkeiten $f(r) = \pm 1$ für $r \gg m^{-1}$ in (6.25)) in Igel-Antiigel-Paaren erzeugt werden. In großem Abstand von solchen Paaren kompensiert sich ihre Wirkung auf die Feldverteilung φ, und anstelle der unendlichen Energie eines einzelnen Igels erhalten wir die Energie eines Igel-Antiigel-Paares, die dem Abstand r zwischen ihnen proportional ist (Gleichung (6.2.7)). Dieses Beispiel ist die einfachste bekannte Realisierung der Confinement-Idee.

Die weitere Entwicklung der Igel-Antiigel-Paare hängt wesentlich von der Wechselwirkung der Igel mit der Materie ab. Die typische Anfangslänge eines solchen Paares ist in der Theorie des heißen Universums nicht groß, $r \lesssim O(10^2) T_c^{-1}$. Aus dem vorigen Abschnitt folgt aber, daß die charakteristische Größe einer Domäne mit homogenem φ-Feld in der Größenordnung $O(10) T_c^{-1}$ (siehe (6.1.5)) liegt. Einfache kombinatorische Abschätzungen zeigen, daß man in Gebieten, die 10^2–10^3 solcher Domänen mit unkorrelierten Feldwerten φ^a enthalten, mit Sicherheit mindestens einen Igel finden wird. Daraus folgt auch die obige Abschätzung.

Wenn das Feld φ^a schwach mit der Materie wechselwirkt, kommen sich Igel und Antiigel schnell näher, beginnen zu schwingen, strahlen Goldstone-Bosonen und Gravitationswellen ab, nähern sich dabei noch weiter, annihilieren schließlich und strahlen dabei ihre Energie auf die gleiche Weise wie die geschlossenen (globalen) Strings ab. Wenn aber die Igel in ihrer Bewegung stark durch die Materie gebremst werden, kann sich auch ihr Vernichtungsprozeß wesentlich verzögern. Auf die Betrachtung möglicher kosmologischer Effekte im Zusammenhang mit den Igeln kommen wir bei der Behandlung der Erzeugung von Dichteinhomogenitäten im Szenarium des inflationären Universums zurück.

Wenn man die Theorie (6.2.4) durch O(3)-symmetrische Yang-Mills-Felder mit einer Kopplungskonstante e erweitert, wird in dieser Theorie ebenfalls eine Lösung der Bewegungsgleichungen für das Feld φ^a vom Typ (6.2.5) existieren, gleichzeitig damit aber auch ein klassisches Yang-Mills-Feld entstehen. Durch Eichtransformationen der Felder φ^a und A_μ^a kann man „einen Igel kämmen", d.h. das Feld φ^a, mit Ausnahme eines unendlich dünnen Strings mit dem Ursprung im Punkt $x=0$, in eine Richtung (z.B. $\varphi^a \sim x^3 \delta_3^a$) ausrichten. Dabei bekommen die Vektorfelder $A_\mu^{1,2}$ fernab vom Punkt $x=0$ eine Masse $m_A = e\varphi_0$, während das Vektorfeld A_μ^3 masselos bleibt. Die wichtigste Besonderheit der dadurch entstandenen Feldkonfigurationen φ^a und A_μ^a besteht in der Bildung eines Magnetfeldes $\boldsymbol{H} = \nabla \times \boldsymbol{A}^3$, das in großer Entfernung vom Zentrum wie

$$\boldsymbol{H} = \frac{1}{e} \frac{\boldsymbol{x}}{r^3} \tag{6.2.8}$$

abfällt. Auf diese Weise entstehen in der Theorie den Diracschen Monopolen analoge Teilchen (sogenannte 't Hooft-Polyakov-Monopole) mit einer magnetischen Ladung

$$g = \frac{4\pi}{e} \tag{6.2.9}$$

und der extrem großen Masse M,

$$M = C\left(\frac{\lambda}{e^2}\right) \frac{4\pi m_A}{e^2} = \frac{C m_A}{\alpha}, \tag{6.2.10}$$

wobei $\alpha = e^2/4\pi$ ist und $C(\lambda/e^2)$ in der Größenordnung von eins liegt: ($C(0) = 1$, $C(0,5) = 1,42$, $C(10) = 1,44$).

Im Gegensatz zu den Igeln (6.2.5) müssen 't Hooft-Polyakov-Monopole praktisch in allen GUT-Theorien, in denen die schwache, starke und elektromagnetische Wechselwirkung vor der Symmetriebrechung durch eine einheitliche Theorie mit einer einfachen Symmetriegruppe (SU(5), O(10), E$_6$, ...) beschrieben wird, existieren. Wie schon die Igel, werden auch die Monopole während des Phasenübergangs in einem Abstand von der Größenordnung $10^2 T_c^{-1}$ erzeugt. Dadurch lag ihre Anfangsdichte n_M in der Größenordnung des 10^{-6}-fachen der Photonendichte n_γ in dieser Epoche. Eine von Zeldovich und Khlopov [40] durchgeführte Untersuchung der Annihilationsrate von Monopolen und Antimonopolen zeigte, daß die Annihilation sehr langsam verläuft, so daß gegenwärtig $n_M/n_\gamma \sim 10^{-9}$–$10^{-10}$, d.h. $n_M \approx n_B$ (n_B ist die Dichte der Baryonen, d.h. Protonen und Neutronen) sein müßte. Die derzeitige Dichte baryonischer Materie im Universum ϱ_B unterscheidet sich um nicht mehr als ein bis zwei Größenordnungen von der kritischen Dichte, $\varrho_B \sim 10^{-29}$ g/cm^3. Nach (6.2.10) müssen die Monopole in den GUT-Theorien eine Masse in der Größenordnung von

$$10^2 M_X \sim 10^{16}\text{–}10^{17} \text{ GeV},$$

d.h. des 10^{16}–10^{17}-fachen der Protonenmasse, besitzen. Mit der Abschätzung $n_M \approx n_B$ würde dies aber dazu führen, daß die Materiedichte im Universum um mehr als 16 Größenordnungen über der kritischen Dichte liegen müßte. Ein solches Weltall wäre aber schon längst kollabiert!

Noch stärkere Schranken für die gegenwärtige Monopoldichte folgen aus der Existenz eines galaktischen Magnetfeldes [194] sowie aus theoretischen Abschätzungen der durch die monopolinduzierte Katalyse des Protonzerfalls [196, 197] verursachten Leuchtkraft von Pulsaren [195]. Diese Abschätzungen führen zu dem Schluß, daß gegenwärtig mit hoher Wahrscheinlichkeit $n_M/n_B \lesssim 10^{-25}$–$10^{-30}$ ist. Infolge des krassen Widerspruchs zwischen den beobachteten Schranken für die Monopoldichte im Universum und den theoretischen Voraussagen entstand eine Krisensituation: die moderne Elementarteilchentheorie steht im Widerspruch zur Theorie des heißen Universums. Es gibt drei Möglichkeiten, diesen Widerspruch zu lösen:

1. die GUT-Theorien aufzugeben;
2. Bedingungen zu finden, unter denen die Monopol-Annihilation wesentlich effektiver abläuft;
3. das Standardmodell des heißen Universums aufzugeben.

Der erste Weg war Ende der 70er Jahre buchstäblich Ketzerei. In den letzten Jahren, mit der Entwicklung komplizierterer Theorien auf der Grundlage der Supergravitations- und Superstring-Theorie, begann sich das Verhältnis zu den GUT-Theorien zu ändern. In den meisten Fällen ist es allerdings so, daß die neuen Theorien, anstatt bei der Lösung des Monopolproblems zu helfen, zu neuen, nicht weniger ernsten Widersprüchen mit der Theorie des heißen Universums führen (siehe Abschnitt 1.5).

Der zweite Weg ist bisher noch nicht vollständig untersucht worden. Die Grundaussagen zur Monopol-Annihilation in [40] wurden später von vielen Autoren bestätigt. Andererseits wurde in [173] darauf hingewiesen, daß nicht-störungstheoretische Effekte im hocherhitzten Yang-Mills-Gas zu einem Confinement der Monopole führen können, was deren Annihilation wesentlich beschleunigt. Dem liegt folgende Vorstellung zugrunde.

In großer Entfernung vom Zentrum ist das Feld eines Monopols effektiv abelsch, $H^a = \nabla \times A^a \cdot \delta_3^a$. Ein solches Feld erfüllt das Gaußsche Gesetz $\nabla \cdot H = 0$ exakt, d.h. sein Fluß muß erhalten sein. Wenn jedoch das Yang-Mills-Feld in dem heißen Plasma eine effektive Masse $m_A \sim e^2 T$ bekommt (siehe Abschnitt 3.3), kann das Magnetfeld nicht tiefer als m_A^{-1} ins umgebende Medium eindringen. Die einzige Möglichkeit, diese Bedingung gleichzeitig mit dem Gaußschen Gesetz für das Magnetfeld zu erfüllen, besteht in der Bildung eines Strings vom Durchmesser $\Delta l \sim m_A^{-1}$, der von den Monopolen ausgeht und deren gesamtes Magnetfeld enthält. Genau so verhält sich (aus dem gleichen Grund) das Magnetfeld magnetischer Monopole, die man in einen Supraleiter bringt: zwischen den Monopolen und den Antimonopolen bildet das Magnetfeld einen Abrikosov-String [190] (siehe Abbildung 29). Da die Energie jedes solchen Strings proportional seiner Länge ist, müssen sich Monopole in einem Supraleiter in der Confinementphase befinden [198]. Falls es im heißen Yang-Mills-Plasma zu einer ähnlichen Erscheinung kommt, sind auch dort die Monopole mit den Antimonopolen durch Strings vom Durchmesser $\Delta l \sim (e^2 T)^{-1}$ verbunden. Infolgedessen werden die Monopol-Antimonopol-Paare wesentlich schneller annihilieren, als wenn zwischen ihnen nur die gewöhnliche Coulombsche Anziehungskraft wirken würde.

Leider reicht unsere Kenntnis der Thermodynamik des Yang-Mills-Gases bislang weder aus, die Existenz eines Confinements im heißen Plasma zu bestätigen, noch diese zu widerlegen. Nichtstörungstheoretische Untersuchungen des Problems mit Hilfe von Monte-Carlo-Rechnungen auf dem Gitter [199, 200] erweisen sich als nicht aussagekräftig genug, da bei der Modellierung der Situation auf dem Gitter fiktive Monopole mit einer kleinen, der Gitterkonstanten α^{-1} umgekehrt proportionalen Masse entstehen. Diese Monopole schirmen die Wechselwirkung der 't Hooft-Polyakov-Monopole ab. Mit den gegenwärtigen rechentechnischen Möglichkeiten kann man sich nur schwer von den fiktiven Monopolen befreien.

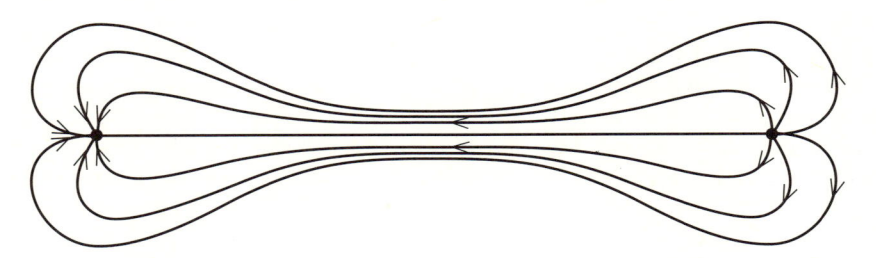

Abb. 29 Magnetfeldkonfiguration eines in einen Supraleiter eingebetteten Monopol-Antimonopol-Paares.

Neben dem eben erwähnten Mechanismus des Monopolconfinements gibt es einen weiteren, einfacheren Mechanismus [200][2]. Bekanntlich kann ein Magnetfeld nicht nur in einen Supraleiter, sondern auch in einen ideal leitenden Körper nicht eindringen (falls es nicht schon vorher in diesem Leiter war). Das liegt an der Entstehung von Induktionsströmen, die das äußere Magnetfeld abschirmen. Die Leitfähigkeit des Yang-Mills-Plasmas ist extrem groß. Deshalb dringt bei der Entstehung der Monopole beim Phasenübergang deren Magnetfeld nicht unmittelbar in das Medium ein. Das gesamte Magnetfeld muß anfangs in einem String konzentriert sein, der Monopol und Antimonopol, wie in Abbildung 29 dargestellt, verbindet. (Wegen der Erhaltung des Gesamtflusses des Magnetfeldes können die induzierten Ströme nicht den gesamten magnetischen Fluß abschirmen, so daß dieser innerhalb des Strings verläuft.) Danach bläht sich der String auf und es entsteht die übliche Coulomb-Feldverteilung. Wenn die Wachstumsrate des Strings jedoch klein gegen die Geschwindigkeit ist, mit der sich die Monopole durch die Expansion des Weltalls entfernen, bleibt die Feldverteilung über lange Zeit effektiv äeindimensional und auf diese Weise entsteht ebenfalls ein Confinement-Regime. Von uns in konkreten GUT-Theorien durchgeführte Abschätzungen der Wachstumsrate der Strings deuten darauf hin, daß ein solches Verhalten tatsächlich möglich ist.

Eine vorläufige Untersuchung der Monopol-Annihilation in der Confinementphase zeigt, daß die heutige Dichte der Monopole um 10–20 Größenordnungen unter den anfänglichen Annahmen liegen kann. Das Problem ist jedoch extrem kompliziert, und es ist nicht klar, ob man unter Berücksichtigung des Confinementmechanismus der Monopole theoretische Aussagen über deren Dichte

---

[2] Dieser Mechanismus geht auf Namiot zurück.

ableiten kann, die mit den schärfsten experimentellen Schranken, die aus der Existenz eines galaktischen Magnetfeldes und dem Fehlen einer starken Röntgenstrahlung der Pulsare folgen, in Übereinstimmung stehen.

Die Theorie der Wechselwirkung von Monopolen mit Materie kann noch viele Überraschungen bergen. Doch selbst dann, wenn sich das Problem der Reliktmonopole im Rahmen der Standardtheorie des heißen Universums als lösbar erweisen sollte, läßt sich die Bedeutung dieses Problems für die Entwicklung der modernen Kosmologie kaum überschätzen. Gerade die zahlreichen Lösungsansätze für dieses Problem haben zur intensiven Erörterung der inneren Schwierigkeiten der Theorie des heißen Universums und zur Erkenntnis einer notwendigen Revision der Grundlagen dieser Theorie geführt. Diese Ansätze haben die Entwicklung des Szenariums des inflationären Universums und die Herausbildung neuer Vorstellungen von den ersten Entwicklungsstadien sowohl des sichtbaren Teils des Universums, als auch der Globalstruktur des Weltalls sehr befruchtet. Der Darlegung dieser Vorstellungen wollen wir uns nun zuwenden.

7. Grundprinzipien der inflationären Kosmologie

7.1 Grundrichtungen der Entwicklung der inflationären Kosmologie

Im ersten Kapitel haben wir die Grundideen des Szenariums des inflationären Universums und die Ursachen für seine Entwicklung ausführlich diskutiert. Der weitere Ausbau dieses Szenariums betraf in den letzten Jahren drei Grundrichtungen:

1. Untersuchung der grundlegenden Spezifika dieses Szenariums und Herausarbeiten seiner Potenzen für eine präzisere Beschreibung unseres Weltalls. Hierher gehören im wesentlichen Fragen, die mit der Erzeugung der Dichteinhomogenitäten bei der Inflation, mit dem Wiederaufheizen des Universums und der Erzeugung der Baryonenasymmetrie nach der Inflation, sowie mit den auf der Grundlage der vorliegenden Beobachtungsergebnisse experimentell verifizierbaren Aussagen des Szenariums zusammenhängen.

2. Konstruktion realistischer Varianten des Szenariums des inflationären Universums auf der Grundlage moderner Elementarteilchentheorien.

3. Untersuchung der globalen Eigenschaften von Raum und Zeit im Rahmen der Quantenkosmologie unter Ausnutzung des Szenariums des inflationären Universums.

Die erste Richtung wird in diesem Kapitel behandelt, die zweite in den Kapiteln 8 und 9 und die dritte in Kapitel 10.

7.2 Inflationäres Universum und de-Sitter-Raum

Im ersten Kapitel hatten wir gesehen, daß eine grundlegende Besonderheit der inflationären Entwicklungsphase des Universums in der (im Vergleich zur Expansionsrate des Universums) langsamen Änderung der Energiedichte ϱ besteht. Im Grenzfall $\varrho =$ const. hat die Einstein-Gleichung für ein homogenes Universum (1.3.7) den de-Sitter-Raum (1.6.1)–(1.6.3) als Lösung.

Wie man leicht sieht, verschwindet für $Ht \gg 1$ der Unterschied zwischen einem offenen, geschlossenen und flachen de-Sitter-Raum. Weit weniger trivial ist die Tatsache, daß alle drei Lösungstypen (1.6.1)–(1.6.3) tatsächlich ein und denselben de-Sitter-Raum beschreiben.

Für eine anschauliche Interpretation des vierdimensionalen Raumes ist es oft günstig, sich diesen als gekrümmte vierdimensionale Hyperfläche in einem höherdimensionalen Raum vorzustellen. Am einfachsten stellt man dazu den de-Sitter-

7. Grundprinzipien der inflationären Kosmologie

Raum als Hyperboloid

$$z_0^2 - z_1^2 - z_2^2 - z_3^2 - z_4^2 = -H^{-2} \tag{7.2.1}$$

in einem fünfdimensionalen Minkowski-Raum $(z_0, z_1, \ldots, z_4)$ dar. Um zum flachen Friedman-Universum (1.3.2), (1.6.2) überzugehen, braucht man auf dem Hyperboloid (7.2.1) lediglich ein Koordinatensystem (t, x_i), das durch

$$z_0 = H^{-1} \sinh Ht + \frac{1}{2} H e^{Ht} x^2,$$

$$z_4 = H^{-1} \cosh Ht - \frac{1}{2} H e^{Ht} x^2,$$

$$z_i = e^{Ht} x_i, \quad i = 1, 2, 3 \tag{7.2.2}$$

definiert ist, zu betrachten. Dieses Koordinatensystem spannt die Hälfte des Hyperboloids mit $z_0 + z_4 > 0$ auf (Abbildung 30). Die Metrik hat in diesem Koordinatensystem die Form

$$ds^2 = dt^2 - e^{2Ht} dx^2. \tag{7.2.3}$$

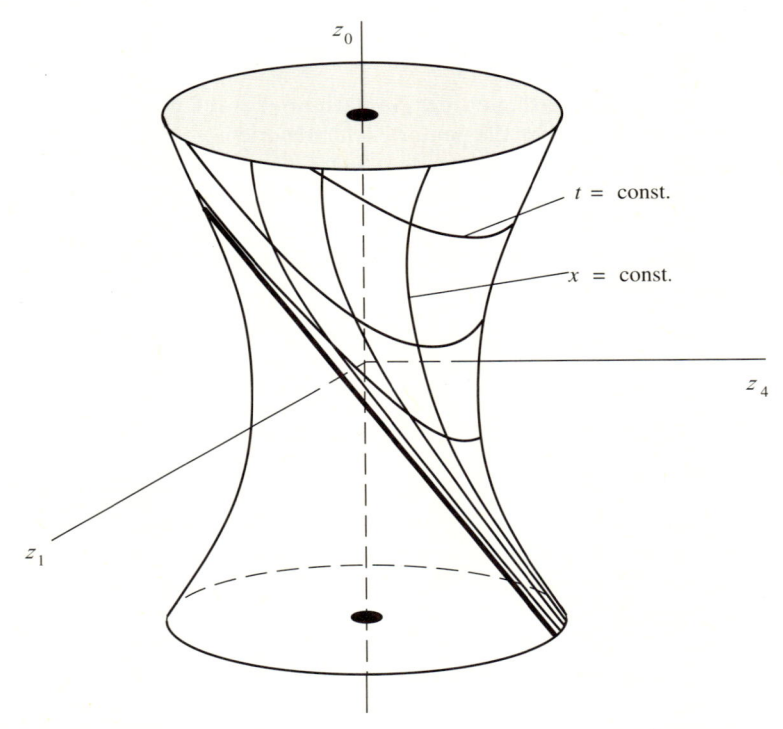

Abb. 30 Der de-Sitter-Raum, dargestellt als Hyperboloid in einer fünfdimensionalen Raumzeit (zwei Dimensionen sind unterdrückt). In den Koordinaten (7.2.2) ist der dreidimensionale Raum bei $t = $ const. flach und expandiert exponentiell mit wachsender Zeit t; siehe (7.2.3). Die Koordinaten (7.2.2) spannen nur die Hälfte des Hyperboloids auf.

7.2 Inflationäres Universum und de-Sitter-Raum

Das einem geschlossenen de-Sitter-Raum entsprechende Koordinatensystem $(t, \chi, \theta, \varphi)$ wird durch die Beziehungen

$$z_0 = H^{-1} \sinh Ht,$$
$$z_1 = H^{-1} \cosh Ht \cos\chi,$$
$$z_2 = H^{-1} \cosh Ht \sin\chi \cos\theta,$$
$$z_3 = H^{-1} \cosh Ht \sin\chi \sin\theta \cos\varphi,$$
$$z_4 = H^{-1} \cosh Ht \sin\chi \sin\theta \sin\varphi \qquad (7.2.4)$$

definiert. Die Metrik lautet dann

$$ds^2 = dt^2 - H^{-2} \cosh^2 Ht [d\chi^2 + \sin^2\chi (d\theta^2 + \sin^2\theta \, d\varphi^2)]. \qquad (7.2.5)$$

Wir betonen, daß die Metrik des geschlossenen de-Sitter-Raums (7.2.5), im Unterschied zu der des flachen (7.3.2) und des (hier nicht aufgeführten) offenen, das ganze Hyperboloid beschreibt. In diesem Sinne ist der geschlossene de-Sitter-Raum gegenüber dem flachen und offenen geodätisch vollständig (Abbildung 31).

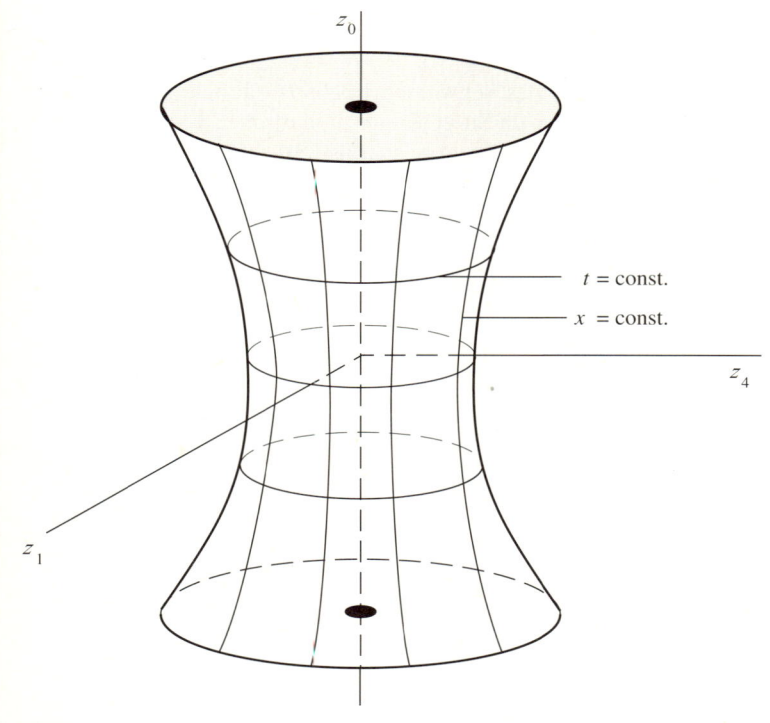

Abb. 31 Der de-Sitter-Raum, dargestellt als geschlossenes Friedman-Universum in den Koordinaten (7.2.4), (7.2.5). Diese Koordinaten spannen das gesamte Hyperboloid auf.

7. Grundprinzipien der inflationären Kosmologie

Zum besseren Verständnis der Situation bedient man sich zweckmäßigerweise einer Analogie zu den Verhältnissen in der Nähe eines Schwarzen Lochs. Bekanntlich beschreibt ja die Schwarzschild-Metrik auch nicht, was sich innerhalb des Gravitationsradius des Schwarzen Lochs r_g ereignet. Es gibt aber andere Koordinatensysteme, mit deren Hilfe man auch beschreiben kann, was innerhalb des Schwarzen Lochs passiert. Das Analogon der Schwarzschild-Metrik ist in unserem Fall die Metrik des flachen (oder offenen) de-Sitter-Raums. Ein noch besseres Analogon zur Schwarzschild-Metrik sind die statischen Koordinaten (r, t, θ, φ):

$$z_0 = \sqrt{H^{-2} - r^2} \sinh Ht,$$
$$z_1 = \sqrt{H^{-2} - r^2} \cosh Ht,$$
$$z_2 = r \sin\theta \cos\varphi,$$
$$z_3 = r \sin\theta \sin\varphi,$$
$$z_4 = r \cos\theta, \quad 0 \leq r \leq H^{-1}. \tag{7.2.6}$$

Diese Koordinaten spannen den Teil des de-Sitter-Raums mit $z_0 + z_1 > 0$ auf, und die Metrik bekommt die Form

$$ds^2 = (1 - r^2 H^2) dt^2 - (1 - r^2 H^2)^{-1} dr^2 - r^2(d\theta^2 + \sin^2\theta \, d\varphi^2), \tag{7.2.7}$$

die der Schwarschild-Metrik

$$ds^2 = (1 - r_g r^{-1}) dt^2 - (1 - r_g r^{-1})^{-1} dr^2 - r^2(d\theta^2 + \sin^2\theta \, d\varphi^2) \tag{7.2.8}$$

($r_g = 2M/M_P^2$, wobei M die Masse des Schwarzen Lochs ist) ähnelt. Ein Vergleich von (7.2.7) und (7.2.8) zeigt, daß der de-Sitter-Raum in statischen Koordinaten ein Gebiet mit dem Radius H^{-1} beschreibt, das so aussieht, als sei es von einem Schwarzen Loch *umgeben*. Im ersten Kapitel hatten wir bereits eine physikalische Interpretation dieses Resultats mit Hilfe des zuvor definierten Ereignishorizonts (1.4.14) gegeben. Die Analogie zwischen den Eigenschaften des de-Sitter-Raums und denen eines Schwarzen Lochs ist für das Verständnis vieler Spezifika des Szenariums des inflationären Universums sehr wichtig und erfordert deshalb eine eingehendere Betrachtung.

Es ist wohlbekannt, daß beliebige Störungen der Metrik (7.2.8) schnell abklingen, so daß die einzige beobachtbare Eigenschaft eines Schwarzen Lochs seine Masse (und, falls es rotiert, noch seine elektrische Gesamtladung und sein Gesamtdrehimpuls) ist. Informationen über Prozesse, die im Innern des Schwarzen Lochs ablaufen, können dessen Oberfläche (den Horizont bei $r = r_g$) nicht verlassen. Die Gesamtheit dieser Aussagen wird, einschließlich einer Reihe von Präzisierungen und Ergänzungen, häufig als „No Hair"-Theorem der Schwarzen Löcher („Schwarze Löcher haben keine Haare", siehe z. B. [119]) bezeichnet.

Die Verallgemeinerung dieses „Theorems" auf den de-Sitter-Raum [120, 121] besagt, daß beliebige Störungen des de-Sitter-Raums exponentiell schnell „vergessen werden", d. h., das Weltall wird lokal von einem de-Sitter-Raum ununterscheidbar. Infolge der Existenz des Ereignishorizonts hängen dabei alle physikalischen Prozesse in einem gegebenen Gebiet des de-Sitter-Raums nicht davon ab, was in Abständen größer als H^{-1} von diesem Gebiet passiert.

7.2 Inflationäres Universum und de-Sitter-Raum

Die physikalische Aussage des ersten Teils des Theorems ist in dem Koordinatensystem (7.2.3) (oder für $t \gg H^{-1}$ (7.2.5)) besonders offensichtlich: eine beliebige, von der allgemeinen kosmologischen Expansion erfaßte Störung der de-Sitter-Metrik wird exponentiell gedehnt. Räumliche Gradienten der Metrik, die lokal den Grad der Inhomogenität und Anisotropie charakterisieren, werden dementsprechend exponentiell schnell gedämpft. Dieser, für eine große Klasse konkreter Modelle in den Arbeiten [122] bewiesene, allgemeine Satz liegt der Lösung des Problems der Homogenität und Isotropie im inflationären Universum [54–56] zugrunde.

Der zweite Teil des Theorems besagt, daß in einem inflationären Gebiet des Universums, das anfangs größer als der Horizont ($r > H^{-1}$) ist, keine Ereignisse außerhalb dieses Gebietes die Inflation stören können, da Informationen über solche Ereignisse das Innere des Gebietes nicht erreichen können. Die Gleichgültigkeit der inflationären Gebiete gegenüber dem, was in ihrer Nachbarschaft passiert, könnte man als eine Art relativ unschädlichen Egoismus charakterisieren: das Volumenwachstum eines inflationären Gebietes geschieht im Grunde auf Kosten seiner eigenen Ressourcen, und nicht auf Kosten des Volumens benachbarter Gebiete des Weltalls. Ein solcher Prozeß (der chaotischen Inflation) führt natürlich in extrem großen Dimensionen zu einer sehr komplizierten Struktur des Universums; innerhalb eines jeden inflationären Gebietes wird das Weltall aber mit hoher Genauigkeit homogen aussehen. Diese Tatsache hat große Bedeutung für das Problem der für die Entstehung einer inflationären Phase nötigen Randbedingungen (siehe die Abschnitte 1.7 und 9.1) sowie bei der Untersuchung der Globalstruktur des Universums (Abschnitte 1.8 und 10.2).

Im nächsten Abschnitt kommen wir noch einmal auf die Analogie zwischen physikalischen Prozessen in der Umgebung Schwarzer Löcher und solchen im inflationären Universum zu sprechen. An dieser Stelle wollen wir noch eine Bemerkung bezüglich des de-Sitter-Raums und seiner Beziehung zur Theorie des inflationären Universums hinzufügen.

In vielen klassischen Lehrbüchern der Allgemeinen Relativitätstheorie wird der de-Sitter-Raum lediglich als statischer Raum (7.2.7) behandelt. Wie wir aber schon festgestellt hatten, ist der durch die Metrik (7.2.7) beschriebene Raum geodätisch unvollständig, d.h., es gibt Geodäten, die über das durch die Koordinaten (7.2.6) beschriebene Raumgebiet hinausgehen. So wie ein in ein Schwarzes Loch fallender Beobachter in endlicher Eigenzeit den Schwarzschild-Radius $r = r_g$ durchfliegt, ohne dabei etwas besonderes zu spüren, kann ein Beobachter im de-Sitter-Raum, der sich in einem beliebigen Anfangspunkt $r = r_0 < H^{-1}$ befindet, nach einer bestimmten, (seinen Uhren zufolge) endlichen Zeit über die Grenzen des durch (7.2.6) beschriebenen Gebietes hinausfliegen. (Ein bei $r = \infty$ in der Metrik (7.2.8), oder bei $t = 0$ in der Metrik (7.2.7) ruhender Beobachter wird jedoch niemals das Verschwinden seines Feindes hinter dem Horizont erleben, sondern nur immer weniger Informationen von diesem erhalten.) Die geodätisch vollständige Metrik (7.2.5) ist demgegenüber nichtstatisch.

In Abwesenheit von Beobachtern, Materie und sogar Testteilchen ist diese Zeitabhängigkeit aber ein „Ding an sich", da alle invarianten charakteristischen Größen des de-Sitter-Raums selbst, die sich aus seinem Krümmungstensor bilden lassen, nicht von der Zeit abhängen. So ist z.B. der Krümmungsskalar des de-Sitter-Raums

$$R = 12 H^2 = \text{const.} \tag{7.2.9}$$

Wäre das inflationäre Universum also lediglich ein leerer de-Sitter-Raum, könnte man nur schwerlich von dessen Expansion sprechen. Man könnte dann immer ein Koordinatensystem finden, in dem der de-Sitter-Raum z. B. so erscheinen würde, als zöge er sich zusammen oder als hätte er die Größe $\sim H^{-1}$ (7.2.5), (7.2.7). Im inflationären Universum ist die de-Sitter-Invarianz jedoch entweder spontan (wegen des Zerfalls des urprünglichen de-Sitter-Vakuums) oder infolge einer anfänglichen Abweichung des Universums von einem de-Sitter-Raum gebrochen. Insbesondere stimmt im Szenarium der chaotischen Inflation der Energieimpulstensor $T_{\mu\nu}$, obgleich annähernd gleich $V(\varphi) g_{\mu\nu}$, nie vollständig mit dieser Größe überein. In den letzten Stadien der Inflation wird die kinetische Energie des Feldes $\dot\varphi^2/2$ sogar mit $V(\varphi)$ vergleichbar und der Unterschied zwischen $T_{\mu\nu}$ und $V(\varphi) g_{\mu\nu}$ wird ganz wesentlich. Ein besonders deutlicher Unterschied zwischen einem statischen de-Sitter-Raum und dem inflationären Universum zeigt sich auf der Ebene der Quantentheorie, bei der Untersuchung der während der Inflation erzeugten Dichteinhomogenitäten $\delta\varrho/\varrho$. Wie in Abschnitt 7.5 gezeigt wird, wachsen diese Inhomogenitäten bis auf $\delta\varrho/\varrho \sim H^2/\dot\varphi$ nach Ende der Inflation. Wäre das φ-Feld konstant und würde sich der Raum während der Inflation nicht von einem de-Sitter-Raum unterscheiden, müßte unser Weltall deshalb am Ende dieser Phase stark inhomogen sein. Mit anderen Worten, für eine richtige Beschreibung des inflationären Universums muß man nicht nur dessen Ähnlichkeit zum de-Sitter-Raum, sondern auch die bestehenden Unterschiede berücksichtigen. Dies trifft besonders auf die letzten Stadien der Inflation zu, in denen die Struktur des sichtbaren Teils des Universums entsteht.

7.3 Quantenfluktuationen im inflationären Universum

Die Analogie zwischen einem Schwarzen Loch und dem de-Sitter-Raum ist auch bei der Untersuchung von Quanteneffekten während der Inflation von Nutzen. So weiß man z. B., daß ein Schwarzes Loch unter Aussenden einer Strahlung mit der Hawking-Temperatur $T_\text{H} = M_\text{P}^2/8\pi M = 1/4\pi r_\text{g}$ (M ist die Masse des Schwarzen Lochs) verdampft [119]. Eine ähnliche Erscheinung gibt es auch im de-Sitter-Raum, wo ein Beobachter ebenfalls das Gefühl hat, „in einem Wärmebad" der Temperatur $T_\text{H} = H/2\pi$ zu sein. Formal kann man das zeigen, indem man in Gleichung (7.2.5) $t \to i\tau$ substituiert, um dadurch zur euklidischen Formulierung der Quantenfeldtheorie im de-Sitter-Raum überzugehen. Die Metrik wird dabei die einer vierdimensionalen Kugeloberfläche S^4,

$$-ds^2 = d\tau^2 + H^{-2}\cos^2 H\tau \, [d\chi^2 + \sin^2\chi (d\theta^2 + \sin^2\theta \, d\varphi^2)]. \tag{7.3.1}$$

Bose-Felder auf der Kugeloberfläche sind mit der Periode $2\pi/H$ periodisch in τ, was gleichbedeutend mit der Betrachtung einer Quantenstatistik bei der Temperatur $T_\text{H} = H/2\pi$ ist [201]. Vom physikalischen Standpunkt hängt das Auftreten

7.3 Quantenfluktuationen im inflationären Universum

einer Temperatur T_H im de-Sitter-Raum (ebenso wie im Fall eines Schwarzen Lochs) mit der Existenz eines Ereignishorizonts und der Notwendigkeit, über Zustände hinter dem Horizont zu mitteln, zusammen [119, 120]. Die „Temperatur" im de-Sitter-Raum ist jedoch sehr ungewöhnlich, da die euklidische vierdimensionale Kugeloberfläche S^4 periodisch in *allen vier Richtungen* ist. Das Spektrum der Vakuumfluktuationen unterscheidet sich deshalb auch deutlich von einem Planckschen.

Im folgenden werden wir uns besonders für Mittelwerte der Art $\langle \varphi(x)\,\varphi(y) \rangle$ und $\langle \varphi(x)^2 \rangle$ interessieren. Im Minkowski-Raum ist bei nichtverschwindenden Temperaturen

$$\langle \varphi(x)^2 \rangle = \frac{T}{(2\pi)^3} \sum_{n=-\infty}^{\infty} \int \frac{d^3k}{(2\pi n T)^2 + \boldsymbol{k}^2 + m^2}, \tag{7.3.2}$$

was nach Ausführung der Summation über n auf den Ausdruck (3.1.7) für $\langle \varphi^2 \rangle$ führt. Im vierdimensionalen Raum S^4 treten an die Stelle *aller* Integrationen Summationen über n_i, $i = 1, 2, 3, 4$, und anstelle der Temperatur steht die Größe $H/2\pi$. Von besonderer Bedeutung ist in der Summe über n_i der Term $n_i = 0$, der im Grenzwert $m^2 \to 0$ den führenden Beitrag zu $\langle \varphi^2 \rangle$ gibt. Man kann leicht zeigen, daß dieser Beitrag proportional H^4/m^2 ist. Für $m^2 \ll H^2$ ergibt die (ursprünglich auf andere Weise durchgeführte [202, 126–128]) Berechnung dieses Beitrags zu $\langle \varphi^2 \rangle$

$$\langle \varphi^2 \rangle = \frac{3 H^4}{8\pi^2 m^2}. \tag{7.3.3}$$

Bemerkenswert ist an diesem Ausdruck das pathologische Verhalten von $\langle \varphi^2 \rangle$ für $m^2 \to 0$. Formal liegt das gerade daran, daß wir anstelle *einer* Summation nun *vier* haben und die entsprechenden Infrarotdivergenzen einer Skalarfeldtheorie im de-Sitter-Raum um drei Größenordnungen stärker als diejenigen der Quantenstatistik sind. Im weiteren wollen wir versuchen, die physikalische Ursache dieses seltsamen Resultats zu verstehen.[1]

Dazu quantisieren wir das masselose Skalarfeld φ im de-Sitter-Raum mit den Koordinaten (7.2.3) ähnlich dem Vorgehen im Minkowski-Raum [202, 126–128]. Den Operator des Skalarfeldes $\varphi(x)$ kann man in der Form

$$\varphi(x, t) = (2\pi)^{-3/2} \int d^3 p\, [a_p^+ \psi_p(t) e^{ipx} + a_p^- \psi_p^*(t) e^{-ipx}] \tag{7.3.4}$$

darstellen, wobei man wegen (1.7.13) für die Funktion $\psi_p(t)$ die Gleichung

$$\ddot{\psi}_p(t) + 3 H \dot{\psi}_p(t) + \boldsymbol{p}^2 e^{-2Ht} \psi_p(t) = 0 \tag{7.3.5}$$

erhält. Im Minkowski-Raum stand anstelle von $\psi_p(t)$ die Funktion $e^{-ipt}/\sqrt{2p}$ mit $p = \sqrt{\boldsymbol{p}^2}$ (vergleiche (1.1.3)). Im de-Sitter-Raum (7.2.3) hat die allgemeine Lösung

---

[1] Es sein angemerkt, daß einer Vektor- oder Spinorfeldtheorie die Summen über n_i eine solche Struktur haben, daß im Grenzwert $m \to 0$ keine Divergenzen auftreten.

von (7.3.5) die Form

$$\psi_p(t) = \frac{\sqrt{\pi}}{2} H \eta^{3/2} [C_1(p) H_{3/2}^{(1)}(p\eta) + C_2(p) H_{3/2}^{(2)}(p\eta)], \tag{7.3.6}$$

wobei $\eta = -H^{-1} e^{-Ht}$ die Konformzeit ist; $H_{3/2}^{(i)}$ sind die Hankel-Funktionen:

$$H_{3/2}^{(2)}(x) = [H_{3/2}^{(1)}(x)]^* = -\sqrt{\frac{2}{\pi x}} e^{-ix} \left(1 + \frac{1}{ix}\right). \tag{7.3.7}$$

Im Grenzwert hoher Frequenzen sollte sich die Quantisierung im de-Sitter-Raum nicht von der im Minkowski-Raum unterscheiden, d.h. für $p \to \infty$ sollte $C_1(p) \to 0$ und $C_2(p) \to -1$ gehen. Diese Bedingung ist insbesondere für $C_1 \equiv 0$, $C_2 \equiv -1$ erfüllt.[2] In diesem Fall ist

$$\psi_p(t) = \frac{iH}{p\sqrt{2p}} \left(1 + \frac{p}{iH} e^{-Ht}\right) \exp\left(\frac{ip}{H} e^{-Ht}\right). \tag{7.3.8}$$

Wir weisen darauf hin, daß für hinreichend große t (bei $pe^{-Ht} < H$) die Funktion $\psi_p(t)$ zu oszillieren aufhört und gleich $iH/p\sqrt{2p}$ wird.

Die Größe $\langle \varphi^2 \rangle$ läßt sich leicht durch ψ_p ausdrücken:

$$\langle \varphi^2 \rangle = \frac{1}{(2\pi)^3} \int |\psi_p|^2 d^3p = \frac{1}{(2\pi)^3} \int \left(\frac{e^{-2Ht}}{2p} + \frac{H^2}{2p^3}\right) d^3p. \tag{7.3.9}$$

Die physikalische Bedeutung dieses Ergebnisses wird klar, wenn man vom zeitunabhängigen Konformimpuls p zum gewöhnlichen, bei der Expansion des Weltalls abnehmenden physikalischen Impuls $k = pe^{-Ht}$ übergeht:

$$\langle \varphi^2 \rangle = \frac{1}{(2\pi)^3} \int \frac{d^3k}{k} \left(\frac{1}{2} + \frac{H^2}{2k^2}\right). \tag{7.3.10}$$

Der erste Term enthält die üblichen Vakuumfluktuationen im Minkowski-Raum (für $H = 0$ vergleiche (2.1.6), (2.1.7)). Wie in der Theorie der Phasenübergänge (siehe (3.1.6)) wird dieser Term durch die Renormierung eliminiert. Der zweite Term hängt jedoch unmittelbar mit der Inflation zusammen. Vom Standpunkt der Quantisierung im Minkowski-Raum aus gesehen entsteht dieser Term dadurch, daß der de-Sitter-Raum gegenüber den üblichen, auch bei $H = 0$ vorhandenen Quantenfluktuationen noch φ-Teilchen mit den Besetzungszahlen

$$n_k = \frac{H^2}{2k^2} \tag{7.3.11}$$

enthält. Man sieht aus (7.3.10), daß der Beitrag der langwelligen Fluktuationen des

---

[2] Es ist wichtig, daß bei hinreichend langer inflationärer Phase alle physikalischen Ergebnisse unabhängig von der speziellen Wahl der Funktionen $C_1(p)$ und $C_2(p)$ werden, wenn diese für $p \to \infty$ den Bedingungen $C_1(p) \to 0$, $C_2(p) \to -1$ genügen.

φ-Feldes zu $\langle\varphi^2\rangle$ divergiert. Das ist auch die Ursache dafür, daß $\langle\varphi^2\rangle$ in Gleichung (7.3.3) für $m^2 \to 0$ unendlich wird.

Tatsächlich divergiert jedoch die Größe $\langle\varphi^2\rangle$ für ein masseloses φ-Feld nur in einem unendlich lange existierenden de-Sitter-Raum, nicht aber in einem inflationären Universum, dessen exponentielle (bzw. quasiexponentielle) Expansion zu einem bestimmten Zeitpunkt $t=0$ (z.B., wenn die Dichte des Universums gleich der Planck-Dichte ist) beginnt. Das Spektrum der Vakuumfluktuationen (7.3.10) unterscheidet sich vom Fluktuationsspektrum im Minkowski-Raum lediglich für $k \lesssim H$. Wenn das Spektrum vor der Inflation bei $k \lesssim k_0 \sim T$ durch Hochtemperatureffekte, oder bei $k \lesssim k_0 \sim H$, da die Gesamt-Anfangsgröße des inflationären Universums in der Größenordnung $O(H^{-1})$ liegt, abgeschnitten ist [127], kommt es wegen des exponentiellen Anwachsens der Wellenlänge der Vakuumfluktuationen während der Inflation zu einer Änderung des Spektrums. Allmählich bildet sich dann das Spektrum (7.3.10) heraus, allerdings nur für Impulse $k \gtrsim k_0 \mathrm{e}^{-Ht}$. Das führt zum Abschneiden der Impulsintegration in (7.3.9). Beschränken wir uns auf den Beitrag der langwelligen Fluktuationen mit $k \lesssim H$, die uns im folgenden allein interessieren, und nehmen wir weiter an, daß $k_0 = O(H)$ ist, erhalten wir

$$\langle\varphi^2\rangle \approx \frac{H^2}{2(2\pi)^3} \int_{H\mathrm{e}^{-Ht}}^{H} \frac{\mathrm{d}^3 k}{k^3} = \frac{H^2}{4\pi^2} \int_{-Ht}^{0} \mathrm{d}\ln\frac{k}{H}$$

$$\equiv \frac{H^2}{4\pi^2} \int_{0}^{Ht} \mathrm{d}\ln\frac{p}{H} = \frac{H^3}{4\pi^2} t. \qquad (7.3.12)$$

Für $t \to \infty$ geht $\langle\varphi^2\rangle$ in Übereinstimmung mit (7.3.3) gegen unendlich. Ein ähnliches Resultat erhält man auch für ein massives Skalarfeld φ. In diesem Fall verhalten sich die langwelligen Fluktuationen mit $m^2 \ll H^2$ wie

$$\langle\varphi^2\rangle = \frac{3H^4}{8\pi^2 m^2}\left[1 - \exp\left(-\frac{2m^2}{3H} t\right)\right]. \qquad (7.3.13)$$

Für $t \lesssim 3H/m^2$ wächst die Größe $\langle\varphi^2\rangle$, genau wie im Fall des masselosen Feldes (7.3.12), linear und geht dann gegen ihren asymptotischen Wert (7.3.3).

Wir wollen nun eine anschauliche physikalische Interpretation dieser Resultate versuchen. Wir weisen darauf hin, daß der Hauptbeitrag zu $\langle\varphi^2\rangle$ in (7.1.13) von der Integration über exponentiell kleine k ($k \sim H\exp(-Ht)$) kommt. Die entsprechenden Besetzungszahlen n_k sind nach (7.3.11) exponentiell groß. Die Korrelationsfunktion $\langle\varphi(x)\varphi(y)\rangle$ des masselosen Feldes ist für große $l = |\boldsymbol{x}-\boldsymbol{y}|\exp(Ht)$ gleich [203]

$$\langle\varphi(\boldsymbol{x},t)\varphi(\boldsymbol{y},t)\rangle \approx \langle\varphi^2(\boldsymbol{x},t)\rangle\left(1 - \frac{1}{Ht}\ln Hl\right). \qquad (7.3.14)$$

Das heißt, daß die Feldstärken $\varphi(x)$ und $\varphi(y)$ in verschiedenen Punkten bis zu exponentiell großen Abständen $l \sim H^{-1}\exp(Ht)$ stark korreliert sind. Nach allen

7. Grundprinzipien der inflationären Kosmologie

diesen Kriterien verhalten sich die langwelligen Quantenfluktuationen des φ-Feldes mit $k \ll H^{-1}$ wie ein während der Inflation erzeugtes, schwach inhomogenes (quasi)klassisches φ-Feld (vergleiche hierzu die Diskussion in Abschnitt 2.1).

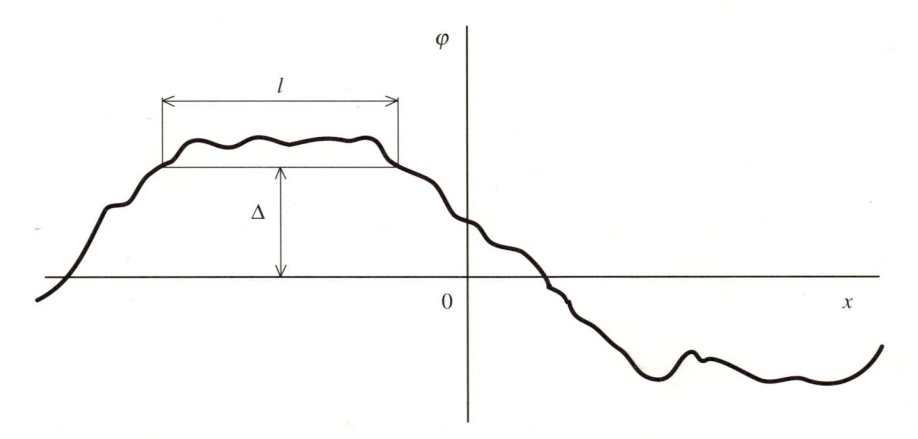

Abb. 32 Feldverlauf des während der Inflation erzeugten quasiklassischen φ-Feldes. Für ein masseloses Feld ist die Schwankung Δ gleich $(H/2\pi)\sqrt{Ht}$ und die charakteristische Korrelationslänge l gleich $H^{-1}\exp(Ht)$. Für ein massives Feld mit $m \ll H$ stellt sich in der Zeit $\Delta t \sim H/m^2$ eine Gleichgewichtsverteilung mit $\Delta \sim H^2/m$ und $l \sim H^{-1}\exp(3H^2/2m^2)$ ein.

Analoge Resultate erhält man auch für ein massives Feld mit $m^2 \ll H^2$. In diesem Fall geben die Moden mit $k \sim H \exp(-3H^2/2m^2)$ den Hauptbeitrag zu $\langle \varphi^2 \rangle$, und die Korrelationslänge liegt in der Größenordnung $H^{-1}\exp(3H^2/2m^2)$ (Abbildung 32).

An dieser Stelle ist eine wichtige Bemerkung angebracht. Als die Theorie der Teilchenerzeugung im expandierenden Kosmos entwickelt wurde, mußte man sich mit der Tatsache auseinandersetzen, daß die Unterscheidung zwischen realen Teilchen und Vakuumschwankungen in der Allgemeinen Relativitätstheorie recht willkürlich ist [74]. Auf eine ähnliche Situation sind wir auch hier gestoßen. Bei der Quantisierung im Koordinatensystem (7.2.3) entsprechen die betrachteten langwelligen Fluktuationen mit $He^{-Ht} \lesssim k \lesssim H$ nämlich Impulsen mit $H \lesssim p \lesssim He^{Ht}$. Die entsprechenden Besetzungszahlen im p-Raum nehmen jedoch keineswegs exponentiell mit der Zeit zu. Die Korrelation zwischen $\varphi(x)$ und $\varphi(y)$ ist für große $|x-y|$ vernachlässigbar. Vom Standpunkt der Quantisierung im de-Sitter-Raum (7.2.3) haben wir es deshalb mit Quantenfluktuationen zu tun. Vom Standpunkt der Besetzungszahlen bei *physikalischen* Impulsen $k = p \exp(-Ht)$ und Korrelationen über große *physikalische* Abstände $l \sim |x-y|e^{Ht}$ handelt es sich jedoch um ein quasiklassisches, schwach inhomogenes φ-Feld.

Dieser Unterschied wird anhand eines Vergleichs der Funktionen $\psi_p(t)$ (7.3.8) mit den Funktionen $\psi_k(t) = \psi_p e^{(3/2)Ht}$, deren Quadrat auch das durch den physikalischen Impuls k ausgedrückte Spektrum (7.3.10) bestimmt,

$$\psi_k(t) = -\frac{1}{\sqrt{2}} e^{-ik/H}\left(1 + \frac{H}{ik}\right), \qquad (7.3.15)$$

7.3 Quantenfluktuationen im inflationären Universum

deutlich. Für $k \gg H$ haben wir es mit einem Feld zu tun, das mit der konstanten Amplitude $1/\sqrt{2}$ oszilliert. Wenn jedoch nach einiger Zeit $k \sim p\,\mathrm{e}^{-Ht}$ ($p = \text{const.}$) kleiner als H geworden ist, hören die Schwingungen auf, und die Amplitude der Feldverteilung $\psi_k(t)$ beginnt bei „eingefrorener" Phase nach folgender Beziehung exponentiell zu wachsen,

$$\psi_k(t) = \frac{\mathrm{i}H}{\sqrt{2k}} \sim \frac{\mathrm{i}H}{\sqrt{2p}}\,\mathrm{e}^{Ht} \tag{7.3.16}$$

was zum gleichzeitigen exponentiellen Anwachsen der Besetzungszahlen führt. Diese Erscheinung hatten wir bereits bei der Behandlung des Bose-Kondensats und der Symmetriebrechung in der Feldtheorie kennengelernt. Auf genau die gleiche Weise entsteht auch die zur Entstehung des klassischen Higgs-Feldes führende Instabilität (vergleiche (1.1.6)). Der Unterschied besteht darin, daß bei der Symmetriebrechung im Minkowski-Raum die Mode mit verschwindendem Impuls k am schnellsten wächst. Im inflationären Universum fällt dagegen der Impuls k aller Moden exponentiell ab. Das führt zu einem annähernd gleichförmigen Wachstum der Moden mit verschiedenen Ausgangsimpulsen k, und im Ergebnis dessen wird das klassische φ-Feld inhomogen, obgleich diese Inhomogenität nur über exponentiell große Längen $l \sim H^{-1} \exp(Ht)$ (siehe 7.3.14) wesentlich wird. Ein weiterer wichtiger Unterschied zwischen der hier untersuchten Erscheinung und der spontanen Symmetriebrechung im Minkowski-Raum besteht darin, daß es im de-Sitter-Raum notwendig zur Erzeugung des klassischen φ-Feldes kommen muß. Die langwelligen Störungen des φ-Feldes wachsen sogar dann, wenn dies energetisch unvorteilhaft ist, so z. B. für $m^2 > 0$ (allerdings nur unter der Bedingung $m^2 \ll H^2$).

Den hier betrachteten Prozeß der Erzeugung eines klassischen Skalarfeldes $\varphi(x)$ während der Inflation kann man als Ergebnis einer Brownschen Bewegung des φ-Feldes durch den Übergang von Quantenfluktuationen dieses Feldes in das quasiklassische Feld $\varphi(x)$ ansehen. Für jede gegebene Mode mit $p = \text{const.}$ findet dieser Übergang dann statt, wenn der entsprechende physikalische Impuls $k \sim p\,\mathrm{e}^{-Ht}$ vergleichbar mit H ist. Die Amplitude der Welle $\psi_p(t)$ „friert" dann ein (vergleiche 7.3.8). Infolge unterschiedlicher Phasen $\mathrm{e}^{\mathrm{i}px}$ tragen Wellen mit verschiedenen Impulsen mit unterschiedlichem Vorzeichen zum klassischen Feld $\varphi(x)$ bei. Das sieht man auch in Gleichung (7.3.9) für das mittlere Schwankungsquadrat der während der Inflation entstehenden Zufalls-Feldverteilung. Wie beim Standardproblem der Berechnung der Diffusionsgeschwindigkeit eines Brownschen Teilchens zeigt sich, daß das mittlere Quadrat seiner Entfernung vom Ausgangspunkt direkt proportional zur Dauer des Prozesses ist (siehe (7.3.12)).

Die Diffusion des φ-Feldes läßt sich in einem gegebenen Punkt mit einer Verteilungsfunktion $P_K(\varphi, t)$ für die Wahrscheinlichkeit, in diesem Punkt zur Zeit t ein bestimmtes Feld φ zu finden, beschreiben. Der Index K weist darauf hin, daß die besagte Verteilungsfunktion, wie man leicht zeigen kann, gleichzeitig den Teil des ursprünglichen Koordinatenvolumens $\mathrm{d}^3 x$ (7.2.3) beschreibt, in dem sich das gegebene Feld φ zur Zeit t befindet. Die Entwicklung der Verteilungsfunktion $P_K(\varphi, t)$ eines masselosen φ-Feldes im inflationären Universum kann man durch

Lösen der Diffusionsgleichung [204, 134, 135]

$$\frac{\partial P_K(\varphi, t)}{\partial t} = D \frac{\partial^2 P_K(\varphi, t)}{\partial \varphi^2} \tag{7.3.17}$$

finden. Zur Bestimmung des Diffusionskoeffizienten D in (7.3.17) nutzen wir aus, daß

$$\langle \varphi^2 \rangle \equiv \int \varphi^2 P_K(\varphi, t)\, \mathrm{d}\varphi = \frac{H^3}{4\pi^2} t$$

ist. Differenzieren wir diese Gleichung nach t und benutzen (7.3.17), finden wir

$$D = \frac{H^3}{8\pi^2}.$$

Man kann sich leicht davon überzeugen, daß die Lösung der Gleichung (7.3.17) mit der Anfangsbedingung $P_K(\varphi, 0) = \delta(\varphi)$ eine Gauß-Verteilung

$$P_K(\varphi, t) = \sqrt{\frac{2\pi}{H^3 t}} \exp\left(-\frac{2\pi^2 \varphi^2}{H^3 t}\right) \tag{7.3.18}$$

mit dem Schwankungsquadrat $\Delta^2 = \langle \varphi^2 \rangle = H^3 t / 4\pi^2$ (7.3.12) ist.

Betrachtet man die Erzeugung eines klassischen Skalarfeldes mit der Masse $|m^2| \ll H^2$, so bleibt der Diffusionskoeffizient D, der mit der Übergangsrate von Quantenfluktuationen mit dem Impuls $k > H$ in das Gebiet $k < H$ zusammenhängt, derselbe wie oben. Das liegt daran, daß für $|m^2| \ll H^2$ der Beitrag der Moden mit $k \sim H$ zu $\langle \varphi^2 \rangle$ nicht von m abhängt. Aus demselben Grund wächst $\langle \varphi^2 \rangle$ in (7.3.13) genauso wie im Fall des masselosen Feldes (7.3.12). Danach beginnt jedoch das in den ersten Phasen des Prozesses entstandene langwellige klassische φ-Feld abzunehmen, indem es entsprechend der klassischen Bewegungsgleichung

$$\ddot{\varphi} + 3H\dot{\varphi} = -\frac{\mathrm{d}V}{\mathrm{d}\varphi} = -m^2 \varphi \tag{7.3.19}$$

langsam zum Punkt $\varphi = 0$ hinabrollt. Das führt schließlich zu einer Stabilisierung der Größe $\langle \varphi^2 \rangle$ bei ihrem Grenzwert $3H^4/8\pi^2 m^2$ (7.3.13). Um diesen Prozeß zu beschreiben, muß man die Diffusionsgleichung in einer etwas allgemeineren Form verwenden [205],

$$\frac{\partial P_K}{\partial t} = D \frac{\partial^2 P_K}{\partial \varphi^2} + b \frac{\partial}{\partial \varphi}\left(P_K \frac{\mathrm{d}V}{\mathrm{d}\varphi}\right), \tag{7.3.20}$$

wobei wie oben $D = H^3/8\pi^2$ und b der durch die Gleichung $\dot{\varphi} = -b\, \mathrm{d}V/\mathrm{d}\varphi$ definierte Beweglichkeitskoeffizient ist. Mit Hilfe von (7.3.19) erhält man für ein langsam veränderliches φ-Feld ($\ddot{\varphi} \ll 3H\dot{\varphi}$)

$$\frac{\partial P_K}{\partial t} = \frac{H^3}{8\pi^2} \frac{\partial^2 P_K}{\partial \varphi^2} + \frac{1}{3H} \frac{\partial}{\partial \varphi}\left(P_K \frac{\mathrm{d}V}{\mathrm{d}\varphi}\right). \tag{7.3.21}$$

Diese Gleichung wurde erstmals von Starobinsky [134] abgeleitet. Eine detailliertere Herleitung findet man in den Arbeiten [186, 135, 132, 206]. Durch Lösen dieser Gleichung für $V(\varphi) = m^2 \varphi^2/2 + V(0)$ erhält man tatsächlich die Verteilungsfunktion $P_K(\varphi, t)$ mit der durch Gleichung (7.3.13) gegebenen Schwankung. Lösungen für eine allgemeinere Klasse von Potentialen $V(\varphi)$ werden wir im nächsten Abschnitt in Verbindung mit dem Problem der Tunnelübergänge im inflationären Universum betrachten.

Bei der Herleitung von Gleichung (7.3.21) hatten wir vorausgesetzt, daß H nicht vom φ-Feld abhängt. Allgemeiner kann man Gleichung (7.3.21) folgendermaßen schreiben:

$$\frac{\partial P_K}{\partial t} = \frac{\partial^2}{\partial \varphi^2} \left(\frac{H^3 P_K}{8\pi^2} \right) + \frac{\partial}{\partial \varphi} \left(\frac{P_K}{3H} \frac{dV}{d\varphi} \right). \tag{7.3.22}$$

Strenggenommen ist auch Gleichung (7.3.22) nur gültig, wenn sich das φ-Feld so schwach ändert, daß die Rückwirkung der Inhomogenitäten des Feldes auf die Metrik nicht allzu groß wird. Trotzdem kann man mit Hilfe dieser Gleichung wichtige Informationen über die Globalstruktur des Universums ableiten (siehe Kapitel 10).

7.4 Tunnelübergänge im inflationären Universum

Die ersten Varianten des Szenariums des inflationären Universums beruhen auf der Theorie des Zerfalls eines unterkühlten Vakuumzustandes $\varphi = 0$ durch einen Tunnelübergang mit Erzeugung von Bläschen des φ-Feldes während der Inflation [53–55]. Es zeigt sich jedoch, daß die in Kapitel 4 dargestellte Theorie dieser Prozesse im Minkowski-Raum in den interessantesten Fällen, in denen die Krümmung des effektiven Potentials in der Nähe des lokalen Minimums klein gegen H^2 ist, nicht anwendbar ist. In einer Arbeit von Coleman und De Luccia [207] wurde eine euklidische Theorie der Tunnelübergänge im de-Sitter-Raum entwickelt. Im allgemeinen ist deren Anwendbarkeit auf die Untersuchung von Tunnelübergängen während der Inflation jedoch nicht völlig gesichert. Bei dieser Theorie wird vorausgesetzt, daß nicht nur das Skalarfeld φ im Bläschen, sondern auch die Metrik $g_{\mu\nu}(x)$ einen Quantensprung vollführt. In bestimmten Situationen gibt es jedoch nur in Richtung der Änderung des φ-Feldes eine Barriere. Ein analoges Problem ist die Bewegung eines Teilchens in der x-y-Ebene in einem Potential $V(x, y)$, das nur in x-Richtung eine Barriere hat. In diesem Fall wird ein gegen die Barriere in x-Richtung fliegendes Teilchen diese durchtunneln, die Bewegung auf der klassischen Trajektorie in y-Richtung wird davon jedoch nicht beeinflußt. Bei der Lösung dieser Aufgabe darf man nicht einfach zur imaginären Zeit (imaginären Energie) übergehen, sondern muß wirklich die Schrödinger-Gleichung für die Wellenfunktion $\psi(x, y)$ lösen, wobei zu berücksichtigen ist, daß einige Komponenten des Teilchenimpulses einen Imaginärteil bekommen können [208].

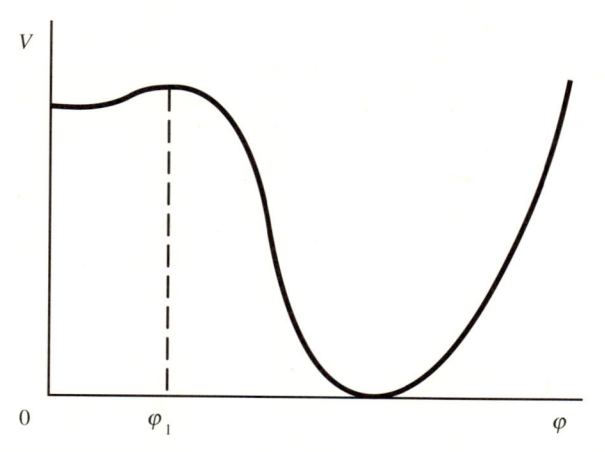

Abb. 33 Das von Hawking und Moss zur Untersuchung des Tunnelübergangs benutzte Potential $V(\varphi)$.

Trotzdem liefert der euklidische Zugang zum Tunneln im gekrümmten Raum manchmal das richtige Ergebnis. Das bezieht sich insbesondere auch auf den Fall des bereits betrachteten Potentials $m^2 = d^2 V/d\varphi^2|_{\varphi=0} \ll H^2$. Tunnelübergänge in diesem Potential wurden von Hawking und Moss [121] untersucht. Für die Wahrscheinlichkeit eines Tunnelübergangs aus dem Punkt $\varphi = 0$ durch eine Barriere mit dem Maximum im Punkt φ_1 (Abbildung 33) erhielten sie den Ausdruck

$$P \sim A \exp\left[-\frac{3M_P^4}{8}\left(\frac{1}{V(0)} - \frac{1}{V(\varphi_1)}\right)\right], \qquad (7.4.1)$$

wobei A ein Faktor der Dimension m^4 ist. Bei der Ableitung dieser Gleichung nahmen Hawking und Moss an, daß wegen des „No-Hair"-Theorems des de-Sitter-Raums (Abschnitt 7.2) der Tunnelübergang im exponentiell expandierenden de-Sitter-Raum (7.2.3) in gleicher Weise wie im geschlossenen Raum (7.2.5) verläuft. Im letzteren Fall ist der Tunnelübergang am wahrscheinlichsten auf der Taille des Hyperboloids, d.h. bei $t = 0$, $\alpha = H^{-1}$, und nach [207] muß man, um ihn zu beschreiben, die Wirkung in der euklidischen Version des Raumes (7.2.5), d.h. auf einer Kugelfläche S^4 vom Radius $H^{-1}(\varphi)$ berechnen. Da wir uns aber für den Tunnelübergang bei wachsendem $H(\varphi)$ (d.h. bei kleiner werdendem α) interessieren, der klassisch verboten ist, trifft das obengenannte Argument gegen die Benutzung des euklidischen Zugangs in diesem Fall nicht zu. Die Berechnung der Wirkung auf der Kugeloberfläche S^4 führt auf den Ausdruck

$$S_E(\varphi) = -\frac{3M_P^4}{8V(\varphi)}. \qquad (7.4.2)$$

Unter Benutzung der in der Arbeit von Coleman und De Luccia entwickelten Auffassung kamen Hawking und Moss zu dem Schluß, daß die Tunnelwahrschein-

7.4 Tunnelübergänge im inflationären Universum

lichkeit proportional $\exp(S_E(0) - S_E(\varphi))$ ist. Dies führt auch auf den Ausdruck (7.4.1). Dabei wurde der Beitrag von den Bläschenwänden nicht berücksichtigt, d.h., es handelte sich um einen streng homogenen Tunnelübergang gleichzeitig im gesamten Raum [121]. Diese Ableitung wurde später in einer ganzen Reihe von Arbeiten „bestätigt". Die Möglichkeit eines gleichzeitigen Tunnelübergangs im gesamten exponentiell großen Kosmos scheint jedoch unwahrscheinlich. Um diese Frage genauer zu untersuchen, wurde ein Hamiltonscher Zugang zur Theorie des Tunnelns während der Inflation entwickelt, mit dessen Hilfe gezeigt werden konnte, daß die Wahrscheinlichkeit eines völlig homogenen Tunnelübergangs im gesamten inflationären Universum in Wirklichkeit verschwindend klein ist [186]. Schließlich stellten Hawking und Moss selbst ohne nähere Erläuterungen fest, daß man ihr Resultat nicht als Wahrscheinlichkeit für ein gleichzeitiges Tunneln im gesamten Universum, sondern als Wahrscheinlichkeit eines nur über eine bestimmte Entfernung $l \gtrsim H^{-1}$ homogenen Tunnelübergangs interpretieren sollte [209]. Dabei wurde angenommen, daß die Bläschenwände und andere Inhomogenitäten wegen des „No-Hair"-Theorems keinen Einfluß auf das Tunneln im de-Sitter-Raum haben dürfen (siehe Abschnitt 7.2).

An der Richtigkeit dieser Argumentation, wie der Anwendbarkeit des euklidischen Zugangs auf das betrachtete Problem überhaupt wurden ernsthafte Zweifel laut. Erst wesentlich später zeigte sich, daß die Gradienten des φ-Feldes für $m^2 \ll H^2$ nur einen kleinen Beitrag zur euklidischen Wirkung geben [186] (im Unterschied zum Minkowski-Raum, wo der entsprechende Beitrag in der gleichen Größenordnung wie der der potentiellen Energie des φ-Feldes liegt) und daß der Tunnelübergang im betrachteten Fall effektiv eindimensional ist (da er hauptsächlich auf der Änderung des Skalarfeldes beruht). Gleichzeitig gelang es, Gleichung (7.4.1) teilweise zu verifizieren. Zu einem tieferen Verständnis für das physikalische Wesen dieser Erscheinung kam es jedoch erst mit der Entwicklung des auf der Diffusionsgleichung (7.3.21) beruhenden Zugangs zur Theorie des Tunnelübergangs [134, 135].

Die Grundvorstellung ist, daß zum Tunneln die Bildung eines Bläschens mit einem Feld größer als φ_1 und dem Radius

$$r > H^{-1}(\varphi_1) = \sqrt{\frac{3 M_P^2}{8 \pi V(\varphi_1)}}$$

ausreichend ist. Die weitere Entwicklung des φ-Feldes innerhalb dieses Bläschens wird nicht davon abhängen, was außerhalb passiert, d.h., das Feld beginnt ins absolute Minimum von $V(\varphi)$ bei $\varphi > \varphi_1$ zu rollen. Damit bleibt nur die Wahrscheinlichkeit für die Bildung eines Gebietes dieser Art abzuschätzen. Das ist aber gerade das im vorigen Abschnitt untersuchte Problem!

Wie wir bereits erwähnt hatten, charakterisiert die Verteilung $P_K(\varphi, t)$ gerade den Teil des Anfangs-Koordinatenvolumens $d^3 x$ (7.2.3), der zum Zeitpunkt t das über die Entfernung $l \gtrsim H^{-1}$ homogene Feld φ enthält. Auf diese Weise reduziert sich das Problem des Tunnelübergangs während der Inflation auf das Lösen der Diffusionsgleichung (7.3.21) mit der Anfangsbedingung $P_K(\varphi, 0) = \delta(\varphi)$.

148   7. Grundprinzipien der inflationären Kosmologie

An dieser Stelle müssen wir zwei mögliche Regimes unterscheiden.

1. Im Anfangsstadium des Prozesses wächst die Schwankung $\sqrt{\langle\varphi^2\rangle}$ wie $(H/2\pi)\sqrt{Ht}$ (7.3.12). Wenn die Schwankung bereits in diesem Stadium größer als die die Lage des lokalen Maximums charakterisierende Größe φ_1 wird, verläuft der Prozeß so, als ob gar keine Barriere vorhanden wäre [127]. Der Diffusionsprozeß hört in diesem Fall auf, wenn das φ-Feld an einen steilen Gradienten von $V(\varphi)$ kommt, bei dem die diffusionsbedingte Wachstumsrate des Feldes kleiner als die Geschwindigkeit des klassischen Hinabrollens wird. In typischen Fällen dauert das Diffusionsstadium die Zeit

$$t \sim \frac{4\pi^2 \varphi_1^2}{H^3}, \tag{7.4.3}$$

und die charakteristische Form der Gebiete, in denen das φ-Feld irgendeinen bestimmten Wert (z. B. φ_1) überschreitet, unterscheidet sich wesentlich von einem kugelförmigen Bläschen.

2. Wenn sich das Anwachsen der Schwankung bei $\sqrt{\langle\varphi^2\rangle} \ll \varphi_1$ verzögert, geht die Verteilungsfunktion $P_K(\varphi, t)$ allmählich in ein quasistationäres Regime über, das man bestimmen kann, indem man in (7.3.21) oder in der allgemeineren Gleichung (7.3.22) $\partial P_K(\varphi, t)/\partial t = 0$ setzt. Um die Lösungen physikalisch interpretieren zu können, schreibt man zweckmäßigerweise Gleichung (7.3.22) folgendermaßen um:

$$\frac{\partial P_K}{\partial t} = -\frac{\partial j_K}{\partial \varphi}, \tag{7.4.4}$$

$$-j_K = \frac{1}{3}\sqrt{\frac{3M_P^2}{8\pi V}}\left[\frac{8V^2}{3M_P^4}\frac{\partial P_K}{\partial \varphi} + P_K \frac{dV}{d\varphi}\left(1 + \frac{4V}{M_P^4}\right)\right]. \tag{7.4.5}$$

Analog zu einem üblichen erhaltenen Strom $j(x, t)$ im x-t-Raum haben wir hier den Wahrscheinlichkeitsstrom $j_K(\varphi, t)$ im φ-t-Raum eingeführt [205], so daß Gleichung (7.4.4) die übliche Form einer Kontinuitätsgleichung für die Wahrscheinlichkeitsdichte $P_K(\varphi, t)$ annimmt. Das stationäre Regime $\partial P_K(\varphi, t)/\partial t = 0$ entspricht dem Fall, daß der Wahrscheinlichkeitsstrom für alle φ zwischen $-\infty$ und ∞ konstant ist. In der Regel ist bei hinreichend vernünftigen Anfangsbedingungen kein nichtverschwindender Diffusionsstrom $j_K = \text{const} \neq 0$ von $-\infty$ nach ∞ möglich (siehe jedoch [135]). Darüber hinaus ist gewöhnlich der Diffusionsprozeß selbst nur für einen begrenzten Wertebereich des φ-Feldes ($d^2V/d\varphi^2 \ll H^2$ und $V(\varphi) \ll M_P^4$) möglich. Außerhalb dieses Bereiches tritt der erste (Diffusions-)-Term in (7.4.5) nicht auf, und wenn das Potential $V(\varphi)$ eine gerade Funktion von φ ist, folgt aus (7.4.5), daß P_K eine ungerade Funktion von φ sein müßte, was jedoch wegen $P_K(\varphi, t) \geq 0$ unmöglich ist. Aus allen diesen Gründen werden wir im folgenden lediglich den Fall $j_K = 0$ betrachten (siehe hierzu auch Kapitel 10).

7.4 Tunnelübergänge im inflationären Universum

Für $j_K = 0$ wird Gleichung (7.4.5) mit $V(0) \ll M_P^4$ sehr einfach:

$$\frac{\partial \ln P_K}{\partial \varphi} = -\frac{3 M_P^4}{8 V^2(\varphi)} \frac{dV}{d\varphi}, \tag{7.4.6}$$

woraus

$$P_K(\varphi) = N \exp\left(\frac{3 M_P^4}{8 V(\varphi)}\right) \tag{7.4.7}$$

folgt (N ist ein Normierungsfaktor, der $\int P_K \, d\varphi = 1$ sichert). Im hier interessierenden Fall, daß die Schwankung des Feldes klein gegen die Breite der Potentialmulde ist ($\sqrt{\langle \varphi^2 \rangle} \ll \varphi_1$), hat die Funktion $\exp(3 M_P^4 / 8 V(\varphi))$ ein scharfes Maximum bei $\varphi = 0$, und bis auf einen unwesentlichen Vorfaktor vor dem Exponenten wird

$$P_K(\varphi) = \exp\left(-\frac{3 M_P^4}{8}\left(\frac{1}{V(0)} - \frac{1}{V(\varphi)}\right)\right). \tag{7.4.8}$$

Die Wahrscheinlichkeit dafür, daß das Feld in einem gegebenen Punkt (genauer gesagt, in einer Umgebung dieses Punktes von der Größe $l \gtrsim H^{-1}$) gleich φ_1 ist, stimmt nach (7.4.8) mit der Exponentialfunktion der Hawking-Moss-Gleichung (7.4.1) überein. Diese Übereinstimmung ist nicht zufällig, da die mittlere Zeit für die Diffusion von $\varphi = 0$ bis $\varphi = \varphi_1$, d.h. die mittlere Zeit, nach der der Tunnelübergang in einem gegebenen Punkt stattfindet, tatsächlich proportional $P_K(\varphi_1)$ ist. Das entsprechende Resultat aus der Theorie der Brownschen Bewegung ist wohlbekannt [210]; für den hier betrachteten Fall wurde es in [134, 135] abgeleitet. Seine physikalische Bedeutung versteht man am besten, wenn man die Bewegung auf einer Brownschen Trajektorie mit (annähernd) konstanter Geschwindigkeit betrachtet (was in unserem Fall für $H(\varphi) \approx$ const. erfüllt ist). Die Größe $P_K(\varphi)$ gibt die relative Dichte von Punkten auf dieser Trajektorie, in denen das Feld den Wert φ hat. Das heißt, daß die mittlere Laufzeit τ vom Punkt $\varphi = 0$ zum Punkt $\varphi = \varphi_1$ längs einer Brownschen Trajektorie proportional $[P_K(\varphi_1)]^{-1}$ und folglich die Tunnelwahrscheinlichkeit P pro Zeiteinheit τ in einem gegebenen Punkt proportional $P_K(\varphi_1)$ ist.

Genaugenommen ist der Tunnelprozeß nicht stationär. Wenn die Zeit bis zur Einstellung eines quasistationären Regimes aber klein gegen die Zeit für den Tunnelübergang ist, liefert Gleichung (7.4.8) eine gute Darstellung der Verteilungsfunktion $P_K(\varphi)$. Diese Bedingung ist erfüllt für

$$\frac{3 M_P^4}{8}\left(\frac{1}{V(0)} - \frac{1}{V(\varphi_1)}\right) \gg 1. \tag{7.4.9}$$

Man kann sich leicht davon überzeugen, daß die Ungleichung (7.4.9) äquivalent der Bedingung $\sqrt{\langle \varphi^2 \rangle} \ll \varphi_1$ ist. In diesem Fall ist die Wahrscheinlichkeit für die Bildung nicht-kugelsymmetrischer Gebiete mit einem Feld $\varphi > \varphi_1$, die in allen

Richtungen größer als $H^{-1}(\varphi_1)$ sind, gegenüber der Bildung kugelsymmetrischer Bläschen mit dem Feld φ stark unterdrückt.

Als konkretes Beispiel wollen wir eine Theorie mit dem effektiven Potential

$$V(\varphi) = V(0) + \frac{m^2}{2} \varphi^2 - \frac{\lambda}{4} \varphi^4 \qquad (7.4.10)$$

betrachten. Für diese Theorie ist $\varphi_1 = m/\sqrt{\lambda}$, und die Größe P (7.4.1) ist für $V(\varphi_1) - V(0) \ll V(0)$

$$P \sim \exp\left[-\frac{3 M_P^4 m^4}{32 \lambda V^2(0)}\right] = \exp\left[-\frac{2}{3\lambda}\left(\frac{m}{H}\right)^4\right], \qquad (7.4.11)$$

während die Ungleichung (7.4.9), zusammen mit $m^2 \ll H^2$, in der Form

$$\sqrt{\lambda} < \frac{m^2}{H^2} \ll 1 \qquad (7.4.12)$$

geschrieben werden kann.

Eine detailliertere Untersuchung der Lösungen von Gleichung (7.3.22) gestattet, eine Formel für die mittlere Tunneldauer abzuleiten, die sowohl für $\sqrt{\langle\varphi^2\rangle} \gg \varphi_1$, als auch für $\sqrt{\langle\varphi^2\rangle} \ll \varphi_1$ gültig ist [135]. Für uns war hier wichtig, die allgemeinen Zusammenhänge bei Phasenübergängen während der Inflation zu verdeutlichen; eine genauere Untersuchung findet man in [186]. Eine der erstaunlichsten Besonderheiten dieser Phasenübergänge ist die Möglichkeit der Diffusion aus einem lokalen Minimum von $V(\varphi)$ in ein anderes unter *Zunahme* der Energiedichte [211]. Die Berücksichtigung dieses Effekts und damit zusammenhängender Erscheinungen ist von entscheidender Bedeutung für das Verständnis der Globalstruktur des Universums. Wir kommen auf diese Frage im Kapitel 10 zurück.

Auf diese Weise kann man mit Hilfe des stochastischen Zugangs die Hawking-Moss-Formel (7.4.1) begründen [121] und die in [209] vorgeschlagene Interpretation dieser Gleichung verifizieren. Andererseits gestattet dieser Zugang, die Anwendbarkeitsgrenzen der Formel (7.4.1) zu verstehen. Aus der in [121] gegebenen „Herleitung" dieses Resultats folgten keinerlei Schranken für die Form des Potentials $V(\varphi)$, und es wurde nicht klar, warum der Tunnelübergang durch das nächste Maximum von $V(\varphi)$, anstatt direkt in das nächste Minimum erfolgen muß. Im Rahmen des hier entwickelten Zugangs ist die Antwort auf diese Frage offensichtlich, und die ganze Gleichung (7.4.1) läßt sich nur begründen, wenn im gesamten Wertebereich von φ zwischen 0 und φ_1 die Krümmung von $V(\varphi)$ klein gegen H^2 ist.

Eine weitere wichtige Beobachtung beim Studium der Theorie der Tunnelübergänge im inflationären Universum betrifft die Wände der Bläschen der neuen Phase. Im Minkowski-Raum ist die Gesamtenergie eines aus dem Vakuum entstandenen Bläschens der neuen Phase exakt gleich null. Mit dem Wachstum des Bläschens wächst die negative, seinem Volumen $\sim (4/3)\pi r^3 \varepsilon$ proportionale Energie, die mit dem Energiegewinn ε beim Übergang zur neuen Phase zusammenhängt. Gleichzeitig wächst (genauso schnell) die positive Energie der Bläschenwände, die proportional $4\pi r^2 \sigma(t)$ ist, wobei σ die Oberflächenenergiedichte des

Bläschens ist. Diese beiden Beiträge geben in der Summe nur deshalb null, weil mit wachsendem r die Oberflächenenergie ebenfalls proportional r zunimmt. Das hängt damit zusammen, daß die Geschwindigkeit der Bläschenwände gegen die Lichtgeschwindigkeit geht, wobei ihre Dicke abnimmt. Deshalb könnte die Näherung dünner Wände selbst dann, wenn sie zur Beschreibung des Prozesses der Bläschenbildung selbst nicht anwendbar wäre, für die Beschreibung ihrer weiteren Entwicklung durchaus Verwendung finden [212, 213]. Formal hängt das damit zusammen, daß das aus dem Vakuum erzeugte Bläschen des φ-Feldes durch eine Funktion des Typs

$$\varphi = \varphi(\mathbf{r}^2 - t^2) \tag{7.4.13}$$

beschrieben wird (vergleiche [180]). Wenn das Bläschen bei $t=0$ eine charakteristische Anfangsgröße r_0 hat, wird das Feld für große t den Wert $\varphi(0)$ im Abstand

$$\Delta r = \frac{r_0^2}{2r} \approx \frac{r_0^2}{2t} \tag{7.4.14}$$

von der Bläschenoberfläche (d.h. der Kugelfläche $\varphi(\mathbf{r}^2-t^2) = \varphi(r_0^2) \approx 0$) annehmen. Die Wandstärke nimmt deshalb im Laufe der Zeit schnell ab.

Im inflationären Universum verhält sich das alles anders. Die Gesamtenergie des φ-Feldes im Bläschen ist nicht gleich null und bei der Expansion des Universums nicht erhalten. Das liegt an der Arbeit der Gravitationskräfte, die auch für das exponentielle Wachstum der Gesamtenergie des Skalarfeldes während der Inflation $(E \sim V(\varphi) a^3(t) \sim V(\varphi) e^{3Ht})$ verantwortlich sind. Zum Tunnelübergang kommt es durch die Bildung und gegenseitige Anlagerung von Störungen $\delta\varphi(x)$ mit Wellenlängen $l \gtrsim H^{-1}$. Nach der Zeit $\Delta t \gg H^{-1}$ sind alle Gradienten dieser Störungen exponentiell klein. Insbesondere deshalb ist die Hawking-Moss-Gleichung, in der die Beiträge der Gradiententerme zur euklidischen Wirkung nicht berücksichtigt sind, letzten Endes doch gültig. Wir betonen, daß für $V(\varphi) \ll M_P^4$ mit langwelligen Fluktuationen des φ-Feldes zusammenhängende Gradiententerme einen Beitrag von der Größenordnung $O(H^4) \ll V(\varphi)$ zum Energieimpulstensor liefern. Beim Studium von Bläschen, die durch den oben beschriebenen Mechanismus erzeugt wurden, ist die Näherung dünner Wände deshalb oftmals auf keines ihrer Entwicklungsstadien anwendbar. Wenn die sich bildenden Gebiete aber Materie in verschiedenen Phasen enthalten, können die zwischen ihnen entstehenden Domänenwände in späteren Phasen der Inflation oder nach deren Abschluß aber tatsächlich dünn werden. Um die Struktur des Universums in der Umgebung solcher Gebiete zu untersuchen, kann man die in den Arbeiten [212, 213] entwickelten Methoden benutzen.

7.5 Quantenfluktuationen und die Erzeugung adiabatischer Dichtestörungen

Wir fahren nun mit der Untersuchung der in der inflationären Phase entstehenden Störungen exponentiell großer Wellenlänge bei einem skalaren φ-Feld fort. Bei der Quantisierung im Koordinatensystem (7.2.3) macht sich das Wellenlängenwachstum dieser Fluktuationen nicht bemerkbar (in Gleichung (7.3.4) ist $p = \text{const.}$), und diese unterscheiden sich kaum von gewöhnlichen Vakuumfluktuationen. Insbesondere kann man die mit diesen Fluktuationen zusammenhängenden Korrekturen zum Energieimpulstensor $g_{\mu\nu} V(\varphi)$ berechnen, wobei man im stationären Regime (ohne ein klassisches φ-Feld) unabhängig von der Masse des φ-Feldes (für $m^2 \ll H^2$)

$$\Delta T_{\mu\nu} = \frac{1}{4} \langle \varphi^2 \rangle m^2 g_{\mu\nu} = \frac{3 H^4}{32 \pi^2} g_{\mu\nu} \qquad (7.5.1)$$

erhält [202, 203]. Man sieht, daß diese Korrekturen (ungeachtet der im de-Sitter-Raum vorhandenen Hawking-„Temperatur" $T_H = H/2\pi$) eine relativistisch-kovariante Form haben.

Wie schon erwähnt, sehen aber vom Standpunkt eines ruhenden Beobachters mit Maßstäben, die sich während der Inflation nicht ausdehnen, Fluktuationen des Skalarfeldes mit Wellenlängen größer als der Horizont ($k^{-1} \gtrsim H^{-1}$) wie ein klassisches, über Längen $l \gtrsim H^{-1}$ leicht inhomogenes Feld $\delta\varphi$ aus. Diese Fluktuationen führen zur Entstehung von Dichteinhomogenitäten in exponentiell großen Dimensionen. Diese Dichteinhomogenitäten haben in der inflationären Phase die Größe

$$\delta\varrho \approx \frac{dV}{d\varphi} \delta\varphi. \qquad (7.5.2)$$

In den letzten Stadien der Inflation ist ein ständig wachsender Anteil der Feldenergie nicht mehr in $V(\varphi)$, sondern in der kinetischen Energie des φ-Feldes enthalten. Diese Energie wird anschließend in Wärme umgewandelt und die Dichteinhomogenitäten $\delta\varphi$ führen zu Temperaturinhomogenitäten δT. Auf diesem Weg werden aus den anfänglichen Dichteinhomogenitäten (7.5.2) Dichteinhomogenitäten des heißen Plasmas und danach schließlich Dichteinhomogenitäten der kalten Materie. Die entsprechenden Dichteinhomogenitäten führen zu Störungen der Metrik, die man, im Unterschied zu den *isothermen*, mit Inhomogenitäten der Metrik bei konstanter Temperatur zusammenhängenden Störungen, als *adiabatisch* bezeichnet.

Das Auftreten langwelliger Störungen der Dichte (Metrik) ist notwendig für die nachfolgende Herausbildung der großräumigen Struktur des Weltalls (Galaxien, Galaxienhaufen, Zellstruktur des Universums usw.). Bis zur Entwicklung des Szenariums des inflationären Universums war der einzige hinreichend ausgearbeitete Mechanismus zur Erzeugung der entsprechenden Störungen der im vorigen Kapitel erwähnte, mit der Bildung von kosmischen Strings während der Phasenübergänge im heißen Universum zusammenhängende Mechanismus. Ohne inflationäre Phase ist dies jedoch schwer zu realisieren, weshalb die Möglichkeit, Inhomogenitäten der gesuchten Art ohne Zuhilfenahme von Zusatzmechanismen einfach aus Quanteneffekten während der Inflation zu erhalten, auf beträchtliches Interesse stieß. Die Tatsache, daß der von der Integration über ein festes Intervall $\Delta \ln(k/H)$ kommende Beitrag zu $\langle \varphi^2 \rangle$ (7.3.12) nicht vom Impuls k abhängt, führt zu einem flachen, von k (im logarithmischen Impulsmaßstab) unabhängigen Spektrum $\delta\varrho(k)$ (7.5.2). Ein Spektrum eben dieses Typs hatte seinerzeit Zeldovich [76]

7.5 Quantenfluktuationen und die Erzeugung adiabatischer Dichtestörungen

(siehe auch [214]) als Anfangsspektrum der für die nachfolgende Galaxienbildung benötigten Störungen vorgeschlagen. Normiert man ein solches Spektrum, indem man unter $\delta\varrho(k)$ den Beitrag zu $\delta\varrho$, der von allen Störungen im Einheitsintervall von $\ln(k/H)$ kommt, versteht, muß ein Spektrum dieses Typs für Wellenlängen in galaktischen Dimensionen (in der Gegenwart ist $l_g \sim 10^{22}$ cm, am Ende der Inflation $l_g \sim 10^{-5}$ cm) die Struktur

$$\frac{\delta\varrho(k)}{\varrho} \sim 10^{-4}\text{--}10^{-5} \tag{7.5.3}$$

haben (vergleiche die Diskussion nach Gleichung (7.5.31)).

Wir möchten darauf hinweisen, daß sich die Bedingung (7.5.3) nicht auf Störungen $\delta\varrho$ während der inflationären Phase (7.5.2) bezieht, sondern auf deren Produkte zu einem späteren Zeitpunkt, wenn das Universum nach dem Wiederaufheizen durch die Zustandsgleichung $p = \varrho/3$ (oder beim Dominieren kalter, nichtrelativistischer Materie $p = 0$) beschrieben wird. Die Frage, wie sich diese Störungen zu den Ausgangsstörungen (7.5.2) verhalten, ist sehr schwierig zu beantworten. Wichtige Etappen in der Entwicklung der Theorie adiabatischer Dichtestörungen in einer exponentiellen Expansionsphase des Kosmos sind durch die Arbeiten [101, 215-217] markiert. Für das Szenarium des inflationären Universums wurde das entsprechende Problem erstmals von Mukhanov und Chibisov [107] in einer auf dem Starobinsky-Modell [52] beruhenden Variante gelöst. Für das neue inflationäre Universum wurde $\delta\varrho/\varrho$ nahezu gleichzeitig von vier verschiedenen Gruppen berechnet [114]. Die von diesen Autoren auf verschiedenem Wege abgeleiteten Ergebnisse unterschieden sich lediglich um einen Faktor $C = O(1)$:

$$\frac{\delta\varrho(k)}{\varrho} = C \left.\frac{H(\varphi)\,\delta\varphi(k)}{\dot\varphi}\right|_{k \sim H}. \tag{7.5.4}$$

Diese Gleichung besagt, daß man zur Berechnung von $\delta\varrho(k)/\varrho$ in über k logarithmischem Maßstab die Funktion $H[\varphi(t)]/\dot\varphi(t)$ in dem Moment zu berechnen hat, wo die entsprechende Wellenlänge k^{-1} die Größenordnung des Horizonts, H^{-1}, erreicht hat, d.h., wenn das Feld $\delta\varphi(k)$ quasiklassisch wird. Dabei kann man für $\delta\varphi(k)$ die durch (vergleiche (7.3.12))

$$[\delta\varphi(k)]^2 = \frac{H^2(\varphi)}{4\pi^2} \int_{\ln(k/H)}^{\ln(k/H)+1} d\ln\frac{k}{H} = \frac{H^2(\varphi)}{4\pi^2}, \tag{7.5.5}$$

d.h.

$$|\delta\varphi(k)| = \frac{H(\varphi)}{2\pi} \tag{7.5.6}$$

gegebene mittlere quadratische Abweichung verwenden. Die gleichen Resultate sind schließlich auch für das Szenarium des chaotischen inflationären Universums gültig [218].

Die Bedeutung der Arbeiten [114] für die Entwicklung des Szenariums des inflationären Universums läßt sich kaum überschätzen. Wie schon bei der Arbeit von Hawking und Moss [121] ist aber bei weitem nicht immer klar, inwieweit die in [114] gemachten Aussagen auch wirklich zutreffen. Außerdem wurde die Beziehung zwischen den Dichtestörungen während der Inflation (7.5.2) und Gleichung (7.5.4) nicht recht deutlich, und die in [114] berechneten Werte für den Parameter C in dieser Gleichung unterschieden sich auch etwas. All das führte zum Erscheinen einer Vielzahl von Arbeiten zu diesem Problem (vergleiche die Übersichtsarbeit [219]). Unserer Meinung nach ist die abschließende Klärung der Situation besonders der Arbeit [218] zu verdanken, auf die wir uns im weiteren auch beziehen wollen.

Wir betrachten ein Gebiet des inflationären Universums von der Anfangsgröße $\Delta l \gtrsim H^{-1}$, das ein hinreichend homogenes Ausgangsfeld φ ($\partial_i \varphi \partial^i \varphi \ll V(\varphi)$) enthält. Die Anfangs-Inhomogenitäten dieses Feldes nehmen exponentiell schnell ab, deshalb kann man das Gesamtfeld in dem Gebiet in der Form

$$\varphi(\boldsymbol{x}, t) \to \varphi(t) + \delta\varphi(\boldsymbol{x}, t) \qquad (7.5.7)$$

schreiben, wobei die Inhomogenitäten $\delta\varphi(\boldsymbol{x}, t)$ durch die Erzeugung langwelliger Fluktuationen mit $k \lesssim H$ entstehen. Den Hauptbeitrag zu $\delta\varphi(\boldsymbol{x}, t)$ geben Fluktuationen mit exponentiell großer Wellenlänge. Der Hauptbeitrag zu Inhomogenitäten im Mittelwert des Energieimpulstensors T_μ^ν wird deshalb im hier interessierenden Bereich großer Längen nicht von den räumlichen Gradienten $(\partial_i[\delta\varphi(\boldsymbol{x}, t)])^2$, sondern von Termen der Art $\partial_0 \varphi \cdot \partial_0[\delta\varphi(\boldsymbol{x}, t)]$ oder $\delta\varphi(\boldsymbol{x}, t) \cdot dV/d\varphi$ herrühren. (Besonders letzterer Term ist während der Inflation wichtig, vergleiche (7.5.2).) In diesem Fall kann man zeigen, daß die Größe δT_μ^ν in erster Ordnung diagonal in $\delta\varphi$ ist. Für solche Störungen des Energieimpulstensors δT_μ^ν lassen sich die entsprechenden Störungen der Metrik in einem flachen Universum durch

$$ds^2 = (1 + 2\Phi) dt^2 - (1 - 2\Phi) a^2(t) d\boldsymbol{x}^2 \qquad (7.5.8)$$

darstellen [220]. Die als relativistisches Potential bezeichnete Funktion $\Phi(\boldsymbol{x}, t)$ spielt in der Störungstheorie der Metrik dieselbe Rolle wie das Newtonsche Potential bei der Beschreibung schwacher Gravitationsfelder (man vergleiche die Metrik (7.5.8) mit der Schwarzschild-Metrik (7.2.8)). Das Koordinatensystem (7.5.8) ist für die Untersuchung der Störungen günstiger als das häufig verwendete synchrone System [65]. Nach der Wahl des synchronen Systems durch die Bedingung $\delta g_{i0} = 0$ bleibt nämlich immer noch eine Koordinatentransformations-Freiheit, die zur Entstehung zweier unphysikalischer Störungsmoden führt, die sowohl die Rechnung, als auch deren Interpretation erschweren. Zu $\Phi(\boldsymbol{x}, t)$ tragen diese Moden nicht bei. Die hier betrachteten Dichteinhomogenitäten mit Wellenlängen $k^{-1} > H^{-1}$ hängen mit der Funktion $\Phi(\boldsymbol{x}, t)$ über die einfache Beziehung

$$\frac{\delta\varrho}{\varrho} = -2\Phi \qquad (7.5.9)$$

zusammen. Weitergehende Untersuchungen zur Verwendung des relativistischen Potentials bei der Analyse von Störungen der Metrik findet man in den Arbeiten

7.5 Quantenfluktuationen und die Erzeugung adiabatischer Dichtestörungen

[220–222, 133]. Durch Linearisierung der Einstein-Gleichungen und der Feldgleichung des Feldes $\varphi(x, t)$ bezüglich der Störungen $\delta\varphi$ und Φ kann man folgendes Gleichungssystem für $\delta\varphi$ und Φ ableiten:

$$\ddot{\Phi} + \left(\frac{\dot{a}}{a} - 2\frac{\ddot{\varphi}}{\dot{\varphi}}\right)\dot{\Phi} - \frac{1}{a^2}\Delta\Phi + 2\left(\frac{\ddot{a}}{a} - \left(\frac{\dot{a}}{a}\right)^2 - \frac{\dot{a}}{a}\frac{\ddot{\varphi}}{\dot{\varphi}}\right)\Phi = 0, \quad (7.5.10)$$

$$\frac{1}{a}(a\Phi)^{\cdot}_{,\beta} = \frac{4\pi}{M_P^2}(\dot{\varphi}\,\delta\varphi)_{,\beta}, \quad (7.5.11)$$

$$\delta\ddot{\varphi} + 3\frac{\dot{a}}{a}\delta\dot{\varphi} - \frac{1}{a^2}\Delta\delta\varphi + \frac{d^2V}{d\varphi^2}\delta\varphi + 2\frac{dV}{d\varphi}\Phi - 4\dot{\varphi}\dot{\Phi} = 0. \quad (7.5.12)$$

Dabei sind $\varphi(t)$ und $a(t)$ Lösungen der ungestörten Gleichungen (siehe Abschnitt 1.7); der Punkt kennzeichnet die Zeitableitung. Unter Benutzung einer aus den Einstein-Gleichungen folgenden Relation für $a(t)$,

$$\left(\frac{\dot{a}}{a}\right)^{\cdot} = -\frac{4\pi}{M_P^2}\dot{\varphi}^2, \quad (7.5.13)$$

kann man (7.5.10) auf die Form

$$u'' - \Delta u - \frac{(a'/a^2\varphi')''}{(a'/a^2\varphi')}u = 0 \quad (7.5.14)$$

bringen. Dabei ist $u = (a/\varphi')\Phi$, und im Unterschied zu den restlichen Gleichungen dieses Buches bezeichnet der Strich hier nicht die Ableitung nach φ, sondern die nach der Konformzeit $\eta = \int a^{-1}(t)dt$. Im Grenzwert großer Wellenlängen ($k \ll H$, $k^2 \ll d^2V/d\varphi^2$) kann die Lösung der Gleichung (7.5.14) in der Form

$$\Phi = C\left(1 - \frac{\dot{a}}{a^2}\int_0^t a\,dt\right) \quad (7.5.15)$$

dargestellt werden, wobei C eine Konstante und $Ht \gg 1$ ist. Mit Hilfe von (7.5.11) erhalten wir daraus

$$\delta\varphi = C\dot{\varphi}\frac{1}{a}\int_0^t a\,dt. \quad (7.5.16)$$

Aus (7.5.15) und (7.5.16) folgt das gesuchte Resultat, eine Beziehung zwischen den langwelligen Fluktuationen des φ-Feldes, den Störungen der Metrik Φ und den Dichteinhomogenitäten [218]:

$$\frac{\delta\varrho}{\varrho} = -2\Phi = -2\left[\frac{a}{\int_0^t a\,dt}\frac{\delta\varphi}{\dot{\varphi}}\right]\left(1 - \frac{\dot{a}}{a^2}\int_0^t a\,dt\right). \quad (7.5.17)$$

Die Größe in der eckigen Klammer ist die Konstante C aus (7.5.15), die man in einem beliebigen Stadium des Prozesses berechnen kann. Am günstigsten ist dabei der Zeitpunkt, in dem die Wellenlänge einer Störung $\delta\varphi(k)$ die Größe des Horizonts, $k \sim H$, hat. Die Amplitude $\delta\varphi(k)$ zu diesem Zeitpunkt kann man mit Hilfe der Gleichung (7.5.6) abschätzen.

Die oben erhaltenen Resultate wollen wir nun benutzen, um die Gleichungen (7.5.2) und (7.5.4) zu vergleichen und $\delta\varrho/\varrho$ in einer Reihe einfacher Modelle zu berechnen. Dazu nehmen wir an, daß in der Phase der Inflation $\dot{H} \ll H^2$, $\ddot{H} \ll H^3$ und für $Ht \gg 1$

$$\frac{a}{\int_0^t a\,dt} = H(t)\left(1 + \frac{\dot{H}}{H^2}\left[1 + O\left(\frac{\dot{H}}{H^2},\frac{\ddot{H}}{H^3}\right)\right]\right) \tag{7.5.18}$$

ist. Der Ausdruck in der eckigen Klammer von (7.5.17) wird dann gleich

$$C = H(\varphi(t))\frac{\delta\varphi}{\dot{\varphi}}. \tag{7.5.19}$$

Andererseits folgt aus (7.5.18), daß der Ausdruck in der runden Klammer von (7.5.17) während der inflationären Phase gleich $\dot{H}/H^2 \ll 1$ ist. In diesem Fall kann man mit Hilfe von (7.5.17) und (7.5.19) leicht zeigen, daß die Dichteinhomogenitäten während der inflationären Phase

$$\frac{\delta\varrho}{\varrho} \approx \frac{\delta V}{V} = \frac{V'}{V}\delta\varphi \tag{7.5.20}$$

sind, was auch aus (7.5.2), aber nicht aus (7.5.4) folgt. Die Ausdrücke (7.5.20) und (7.5.4) unterscheiden sich um einen kleinen Faktor $O(\dot{H}/H^2) \ll 1$.

Andererseits folgt in einem heißen ($a \sim t^{1/2}$) oder kalten ($a \sim t^{2/3}$) Universum aus (7.5.17) und (7.5.19) die Beziehung (7.5.4), wobei für das heiße Universum $C = -4/3$, und für das kalte $C = -6/5$ ist [218, 220]. Setzen wir zur Berechnung des Quadratmittels $\delta\varrho/\varrho$ pro Einheitsintervall von $\ln(k/H)$ (das man für den Vergleich von (7.5.4) mit dem flachen Spektrum (7.5.3) braucht) für $\delta\varphi(k)$ nun $H/2\pi$ (7.5.6) ein, erhalten wir

$$\frac{\delta\varrho(k)}{\varrho} = C\frac{[H(\varphi)]^2}{2\pi\dot{\varphi}}\bigg|_{k \sim H}. \tag{7.5.21}$$

Drücken wir $\dot{\varphi}$ und $H(\varphi)$ durch $V(\varphi)$ während der inflationären Phase aus, so finden wir für das Stadium dominierender kalter Materie (in dem voraussetzungsgemäß die Galaxienbildung begann)

$$\frac{\delta\varrho(k)}{\varrho} = \frac{48}{5}\sqrt{\frac{2\pi}{3}}\frac{V^{3/2}}{M_P^3 \frac{dV}{d\varphi}}\bigg|_{k \sim H(\varphi)} \tag{7.5.22}$$

(ein unwesentliches Minuszeichen ist in (7.5.22) weggelassen). Als Anwendungsbeispiel für diese Gleichung betrachten wir die Erzeugung von Dichteinhomoge-

7.5 Quantenfluktuationen und die Erzeugung adiabatischer Dichtestörungen

nitäten in der $\lambda\varphi^4/4$-Theorie im Szenarium der chaotischen Inflation. In diesem Fall ist

$$\frac{\delta\varrho(k)}{\varrho} = \frac{6}{5}\sqrt{\frac{2\pi\lambda}{3}}\left(\frac{\varphi}{M_\mathrm{P}}\right)^3\bigg|_{k\sim H(\varphi)}. \qquad (7.5.23)$$

Um (7.5.23) mit $\delta\varphi(k)/\varrho$ für galaktische Distanzen ($l_\mathrm{g}\sim 10^{22}$ cm) oder solche in der Größenordnung des Teilchenhorizonts ($l_\mathrm{H}\sim 10^{28}$ cm, siehe (1.4.12)) zu vergleichen, muß man verfolgen, wie sich eine Welle mit dem Impuls k während der Inflation und danach verhält. Nach (1.7.25) wächst die Wellenlänge einer bei einem bestimmten Wert φ emittierten Welle auf das $\exp(\pi\varphi^2/M_\mathrm{P}^2)$-fache. Nach dem Wiederaufheizen auf die Temperatur T_R und dem Abkühlen auf die gegenwärtige Temperatur der Reliktstrahlung $T_\gamma\sim 3$ K expandiert das Weltall noch einmal auf das T_R/T_γ-fache. Nimmt man an, daß es zum Wiederaufheizen unmittelbar nach Abschluß der Inflation (bei $\varphi\sim M_\mathrm{P}/3$) kommt, liegt T_R in der Größenordnung $[V(M_\mathrm{P}/3)]^{1/4}\sim\lambda^{1/4}M_\mathrm{P}/10$. (Die Endergebnisse hängen nur sehr schwach, nämlich logarithmisch, von der Dauer des Wiederaufheizens und der Größe T_R ab.) Damit liegt die Wellenlänge einer Störung, die entstand, als das Skalarfeld einen bestimmten Wert φ hatte, heute in der Größenordnung

$$l(\varphi)\sim H^{-1}(\varphi)\frac{T_\mathrm{R}}{T_\gamma}\exp\left(\frac{\pi\varphi^2}{M_\mathrm{P}^2}\right)$$
$$\sim M_\mathrm{P}^{-1}\left(\frac{M_\mathrm{P}}{\varphi}\right)\frac{M_\mathrm{P}}{\lambda^{1/4}T_\gamma}\exp\left(\frac{\pi\varphi^2}{M_\mathrm{P}^2}\right). \qquad (7.5.24)$$

Berücksichtigt man, daß 1 GeV etwa 10^{13} K, $M_\mathrm{P}^{-1}\sim 10^{-33}$ cm entspricht und zum hier interessierenden Zeitpunkt $\varphi\sim 5M_\mathrm{P}$ ist, so erhält man (mit $\lambda\sim 10^{-14}$; siehe unten)

$$l(\varphi)\sim\exp\left(\frac{\pi\varphi^2}{M_\mathrm{P}^2}\right)\text{cm}, \qquad (7.5.25)$$

woraus

$$\varphi^2\approx\frac{M_\mathrm{P}^2}{\pi}\ln l \qquad (7.5.26)$$

folgt (l ist dabei in cm einzusetzen).

Aus Gleichung (7.5.26) folgt, daß die Dichteinhomogenitäten über Entfernungen $l_\mathrm{H}\sim 10^{28}$ cm bei

$$\varphi_\mathrm{H}\approx 4{,}5\,M_\mathrm{P}\approx 5{,}5\cdot 10^{19}\text{ GeV}, \qquad (7.5.27)$$

und jene über galaktische Entfernungen $l_\mathrm{g}\sim 10^{22}$ cm bei

$$\varphi_\mathrm{g}\approx 4\,M_\mathrm{P}\approx 5\cdot 10^{19}\text{ GeV} \qquad (7.5.28)$$

entstanden sein müssen. Aus (7.5.23) und (7.5.26) erhält man eine allgemeine Gleichung für $\delta\varrho/\varrho$ in der $\lambda\varphi^4/4$-Theorie

$$\frac{\delta\varrho}{\varrho} \sim \frac{2\sqrt{6}}{5\pi} \sqrt{\lambda} \ln^{3/2} l \,(\text{cm}). \tag{7.5.29}$$

Die Amplitude der Inhomogenitäten ist über Horizont-Dimensionen

$$\frac{\delta\varrho}{\varrho} \sim 150\sqrt{\lambda} \tag{7.5.30}$$

und über galaktische Dimensionen

$$\frac{\delta\varrho}{\varrho} \sim 110\sqrt{\lambda}. \tag{7.5.31}$$

Man sieht, daß das Spektrum $\delta\varrho/\varrho$ nahezu flach ist und im Gebiet großer Wellenlängen schwach (logarithmisch) wächst.

Wir wollen nun etwas genauer untersuchen, welchen Wert die Konstante λ haben muß, damit die von der Theorie vorausgesagten Dichteinhomogenitäten $\delta\varrho$ mit den Beobachtungsergebnissen und mit der Theorie der Galaxienbildung konsistent sind.

Die schärfsten Schranken aus den kosmologischen Daten betreffen offenbar nicht $\delta\varrho/\varrho$ selbst, sondern den Koeffizienten A, der die Anisotropie der Reliktstrahlung $\Delta T/T$ infolge der adiabatischen Störungen der Metrik (die Abhängigkeit der Temperatur der Reliktstrahlung T vom Beobachtungswinkel) bestimmt [223–227]:

$$\left(\frac{\Delta T}{T}\right)_l = \frac{A}{\sqrt{l(l+1)}} \frac{K_l}{10\sqrt{\pi}}, \tag{7.5.32}$$

wobei l die Ordnung der Harmonischen in der Multipolentwicklung von $\Delta T/T$ angibt (in (7.5.32) ist $l \geq 2$). Der Koeffizient A in (7.5.32) hängt folgendermaßen mit den Störungen der Metrik zusammen [220–222]:

$$\frac{\delta\varrho(k)}{\varrho} = -2\Phi(k) = -\frac{\sqrt{2}}{\pi} \alpha A(k). \tag{7.5.33}$$

Die Koeffizienten α und K_l in (7.5.32) und (7.5.33) hängen von konkreten Annahmen über die Natur der verborgenen Masse im Weltall ab. Der Wert von K_l liegt gewöhnlich in der Nähe von eins (für ein kaltes, mit Staub gefülltes Universum ist $K_l = 1$), α ist gleich 2/3 für ein heißes und 3/5 für ein kaltes Universum. In beiden Fällen ist

$$A(k) \approx 16\pi \sqrt{\frac{\pi}{3}} \left. \frac{V^{3/2}(\varphi)}{M_P^3 \, \dfrac{dV}{d\varphi}} \right|_{k \sim H(\varphi)} \tag{7.5.34}$$

7.5 Quantenfluktuationen und die Erzeugung adiabatischer Dichtestörungen

Insbesondere ist im Fall einer $\lambda \varphi^4/4$-Theorie

$$A = \frac{2\sqrt{\lambda}}{3} \ln^{3/2} l(\text{cm}) \approx 1{,}2 \sqrt{\lambda} \ln^{3/2} l(\text{cm})$$

und speziell über Horizont-Dimensionen

$$A \approx 6 \cdot 10^2 \sqrt{\lambda}. \tag{7.5.35}$$

Aus den beobachteten Schranken für $\Delta T/T$ folgt, daß die Werte von A, abhängig von der physikalischen Natur der verborgenen Masse, im Bereich

$$5 \cdot 10^{-5} \lesssim A \lesssim 5 \cdot 10^{-4} \tag{7.5.36}$$

liegen müssen (siehe hierzu [227]). Aus (7.5.33) und (7.5.36) folgt auch die Bedingung (7.5.3). Um Grenzen für λ zu erhalten, ist es zweckmäßig, unmittelbar von (7.5.35) und (7.5.36) auszugehen:

$$0{,}5 \cdot 10^{-14} \lesssim \lambda \lesssim 0{,}5 \cdot 10^{-12}. \tag{7.5.37}$$

Im folgenden werden wir konkret den unteren Grenzwert

$$\lambda \sim 10^{-14} \tag{7.5.38}$$

verwenden, der besser mit den Voraussagen auf der Basis des derzeit favorisierten Modells kalter verborgener Masse und dem sogenannten Biasing der Galaxienbildung übereinstimmt. Mit der Weiterentwicklung der Theorie der großräumigen Struktur des Universums und genaueren Schranken aus den Beobachtungen von $\Delta T/T$ [228] wird sich diese Abschätzung sicher verbessern.

Wir betrachten nun ein weiteres wichtiges Beispiel, die Theorie eines massiven Skalarfeldes mit $V(\varphi) = m^2 \varphi^2/2$. In diesem Fall erhält man für ein kaltes Friedman-Universum

$$\frac{\delta \varrho(k)}{\varrho} = \frac{24}{5} \sqrt{\frac{\pi}{3}} \frac{m}{M_P} \left(\frac{\varphi}{M_P}\right)^2 \bigg|_{k \sim H}. \tag{7.5.39}$$

Sowohl für ein kaltes, als auch für ein heißes Weltall ergibt sich A zu

$$A(k) = 4\sqrt{2}\pi \sqrt{\frac{\pi}{3}} \frac{m}{M_P} \left(\frac{\varphi}{M_P}\right)^2 \bigg|_{k \sim H}. \tag{7.5.40}$$

Die Größen φ_H und φ_g sind in dieser Theorie beide um das $\sqrt{2}$-fache kleiner als in der $\lambda \varphi^4/4$-Theorie. Die (7.5.29) entsprechende Gleichung lautet hier

$$\frac{\delta \varrho}{\varrho} \sim 0{,}8 \frac{m}{M_P} \ln l(\text{cm}), \tag{7.5.41}$$

und statt (7.5.35) wird für Horizont-Dimensionen

$$A \sim 200 \frac{m}{M_P}, \tag{7.5.42}$$

woraus

$$3 \cdot 10^{12} \text{ GeV} \approx 2{,}5 \cdot 10^{-7} M_P \lesssim m \lesssim 2{,}5 \cdot 10^{-6} M_P \approx 3 \cdot 10^{13} \text{ GeV} \tag{7.5.43}$$

folgt.

Wir betrachten jetzt eine allgemeinere Theorie mit dem Potential

$$V(\varphi) = \frac{\lambda \varphi^4}{n} \left(\frac{\varphi}{M_P}\right)^{n-4}. \tag{7.5.44}$$

In einer solchen Theorie ist

$$A = 16\pi \sqrt{\frac{\pi}{3}} \left(\frac{V(\varphi)}{M_P^4}\right)^{\frac{1}{2}} \frac{\varphi}{n M_P}$$

$$\varphi_H \sim 2\sqrt{n} M. \tag{7.5.45}$$

Störungen über Horizont-Dimensionen sind deshalb durch

$$A \sim 32\pi \sqrt{\frac{\pi}{3n}} \left(\frac{V(\varphi_H)}{M_P^4}\right)^{\frac{1}{2}} \tag{7.5.46}$$

charakterisiert. Konkret folgt für $A \sim 10^{-4}$ aus (7.5.46), daß in den letzten Stadien der Inflation, als sich die Struktur des sichtbaren Teils des Universums herausbildete, das effektive Potential in der Größenordnung

$$V(\varphi_H) \sim 10^{-12} n M_P^4 \sim n \cdot 10^{82} \text{ g/cm}^3 \tag{7.5.47}$$

lag. Dabei war die Expansionsrate des Universums gleich

$$H(\varphi_H) \sim 3 \cdot 10^{-6} \sqrt{n} M_P \sim 3{,}5 \sqrt{n} \cdot 10^{13} \text{ GeV}, \tag{7.5.48}$$

d.h., die Größe des Weltalls wuchs in der Zeit

$$t \sim H^{-1} \sim n^{-1/2} \cdot 10^{-37} \text{ s} \tag{7.5.49}$$

auf das e-fache. In einer solchen Theorie muß die Konstante λ (für $A \sim 5 \cdot 10^{-5}$) in der Größenordnung

$$\lambda \sim 2{,}5 \cdot 10^{-13} n^2 (4n)^{-n/2} \tag{7.5.50}$$

liegen.

7.5 Quantenfluktuationen und die Erzeugung adiabatischer Dichtestörungen

Die dargestellten Resultate vermitteln einen allgemeinen Eindruck von den Größenordnungen, mit denen man in realistischen Varianten des Szenariums des inflationären Universums zu tun hat. Besonders möchten wir auf die Abschätzung der Größe $V(\varphi_H)$ in (7.5.47) hinweisen. Eine ähnliche Abschätzung liefert auch die Theorie der Gravitationswellenentstehung während der Inflation. Im neuen inflationären Universum folgt aus einem analogen Resultat, daß $V(\varphi)$ in allen Stadien der Inflation 10–12 Größenordnungen unter M_P^4 liegen muß [107, 229–231]. Im Rahmen des Szenariums der chaotischen Inflation ist eine analoge Aussage, wie man sie in einer Reihe von Arbeiten findet, jedoch falsch. Der Koeffizient A, der bei $\varphi \sim \varphi_H$ gleich 10^{-4} ist, nimmt für große φ entsprechend (7.5.45) zu, und aus den Beobachtungsergebnissen folgen keinerlei obere Schranken für $V(\varphi)$ (außer der schon oft erwähnten Einschränkung $V(\varphi) \lesssim M_P^4$). Andererseits kann man aus (7.5.34) eine recht allgemeine Schranke für $V(\varphi)$ in den letzten Stadien der Inflation ableiten. Am Ende der Inflation nimmt die potentielle Energie $V(\varphi)$ nämlich sehr schnell ab. Insbesondere sinkt die Energiedichte $V(\varphi)$ in der charakteristischen Zeit $\Delta t = H^{-1}$ um einen Betrag von der Größenordnung $O(V(\varphi))$. Mit anderen Worten, das Kriterium $\dot H \ll H^2$ ist nicht mehr erfüllt. Wie man leicht zeigen kann, heißt das, daß am Ende der Inflation $V' \sim (V/M_P)\sqrt{8\pi}$ ist. Aus (7.5.34) folgt dann, daß die Größe A, die mit den in den letzten Stadien der Inflation erzeugten Fluktuationen des φ-Feldes zusammenhängt, in der Größenordnung

$$A \sim 10 \sqrt{\frac{V(\varphi)}{M_P^4}} \tag{7.5.51}$$

liegt. Mit $A \lesssim 10^{-4}$ findet man in diesem Fall, daß am Ende der Inflation

$$V \lesssim 10^{-10} M_P^4 \tag{7.5.52}$$

sein muß. Diese Schranke betrifft sowohl das Szenarium des neuen inflationären Universums, als auch das der chaotischen Inflation.

Der in diesem Abschnitt zur Untersuchung von Dichtestörungen benutzte Formalismus beruht auf der Annahme, daß $\delta\varrho/\varrho$ relativ klein ist. Während der Inflation ist diese Bedingung in der Regel erfüllt. So ist z.B. in der $\lambda\varphi^4/4$-Theorie für $V(\varphi) \lesssim M_P^4$, $\lambda \ll 1$

$$\frac{\delta\varrho}{\varrho} \sim \frac{V'\delta\varphi}{V} \sim \frac{4\delta\varphi}{\varphi} \sim \frac{2H(\varphi)}{\pi\varphi} \sim \frac{\sqrt{\lambda}\varphi}{M_P} \ll 1. \tag{7.5.53}$$

Für große φ geben Gradiententerme $\partial_i(\delta\varphi)\partial^i(\delta\varphi) \sim H^4$ über relativ kleine Entfernungen ($l \sim H^{-1}$) einen merklichen Beitrag zu $\delta\varrho/\varrho$. Wir haben diese Terme außer acht gelassen, da uns letzten Endes Störungen mit exponentiell großen Wellenlängen interessieren. Aber auch dieser Beitrag ist für $V(\varphi) \ll M_P^4$ klein gegen $V(\varphi)$.

Andererseits werden die bei großem φ (großem $\ln l$) erzeugten Dichteinhomogenitäten *nach* der Inflation groß (7.5.22). Insbesondere ist nach (7.5.23) in der

$\lambda \varphi^4/4$-Theorie für Störungen, die bei $\varphi = \varphi^*$ mit

$$\varphi^* \sim \lambda^{-1/6} M_\text{P} \tag{7.5.54}$$

erzeugt wurden, $\delta\varrho/\varrho \sim 1$. In Verbindung mit (7.5.25) folgt daraus, daß das Weltall für $\lambda \sim 10^{-14}$ nur über Dimensionen

$$l^* \lesssim \exp(\pi \lambda^{-1/3}) \text{cm} \sim 10^{6 \cdot 10^4} \text{cm} \tag{7.5.55}$$

nach der Inflation wie ein homogenes Friedman-Universum aussieht.

Diese Entfernung liegt viele Größenordnungen über der Größe des sichtbaren Teils des Universums $l_\text{H} \sim 10^{28}$ cm, so daß für den heutigen Beobachter solche Inhomogenitäten außerhalb seines Gesichtskreises liegen. Vom Standpunkt der Globalstruktur des Universums hat dessen Inhomogenität über Entfernungen $l \gg l^*$ jedoch prinzipielle Bedeutung (siehe Kapitel 1). Wir kommen auf diese Frage in Kapitel 10 zurück.

Wir wollen noch eine abschließende Bemerkung hinzufügen. Wir hatten hier die Größe $l_\text{H} \sim 3t \sim 10^{28}$ als Entfernung des Teilchenhorizonts bezeichnet. Genaugenommen ist jedoch im inflationären Universum die Entfernung des Teilchenhorizonts, die wir in (1.4.10) als R_T bezeichnet hatten, groß gegen l_H. Unter Benutzung von (1.4.10) und (1.7.28) findet man für die $\lambda \varphi^4/4$-Theorie

$$R_\text{T} \sim M_\text{P}^{-1} \exp \frac{\pi}{\sqrt{\lambda}} \sim 10^{10^7} \text{cm} \tag{7.5.56}$$

(siehe auch (1.7.39)). Trotzdem kann man diese Größe nur bedingt als Horizont bezeichnen. Mit den Photonen, mit deren Hilfe wir heute das Universum beobachten, können wir dieses nur für Zeiten $t \gtrsim 10^5$ Jahre nach Beendigung der Inflation in unserem Teil des Universums betrachten. Das liegt daran, daß das heiße Plasma, das sich für Zeiten $t \lesssim 10^5$ Jahre im Universum befand, für Photonen undurchsichtig war. Deshalb ist die Größe des Teils des Universums, den man mit Emfängern für elektromagnetische Strahlung beobachten kann, mit hoher Genauigkeit gleich l_H. Eine analoge Überlegung gibt es auch für die Neutrino-Astrophysik. Durch Untersuchung von Störungen der Metrik [136] kann man noch etwas weiter kommen. Da für $T \lesssim M_\text{P}$ das Weltall für Gravitationswellen durchsichtig ist, kann man im heißen Friedman-Universum durch Gravitationswellen im Prinzip Informationen über alle Prozesse erhalten, die im Weltall bei kleinerer als der Planck-Dichte abgelaufen sind. Im Szenarium des inflationären Universums ist das aber nicht ganz der Fall.

Wir betrachten dazu eine Gravitationswelle mit der Wellenlänge $l \lesssim l_\text{H}$ (nur solche Gravitationswellen kann man experimentell untersuchen). Bei $\varphi = \varphi_\text{H}$ hatte eine solche Welle den Impuls $k \sim H \sim 10^{-5} M_\text{P}$ (7.5.48), aber bereits bei $\varphi \gtrsim 1{,}05\, \varphi_\text{H}$ war ihr Impuls größer als M_P. Die Theorie der Wechselwirkungen bei derartigen Impulsen beherrschen wir noch nicht; schon für $k \gtrsim M_\text{P}$ wird die Gravitationswechselwirkung aber so stark, daß man Moden mit verschiedenen Impulsen k nicht mehr als unabhängig ansehen darf. In diesem Sinn ist das Gebiet $\varphi \gtrsim 1{,}05\, \varphi_\text{H}$, das Längen $l \gtrsim l_\text{H} \cdot M_\text{P}/H \sim 10^5 l_\text{H}$ entspricht, offenbar sogar für Gravitationswellen „undurchsichtig". Deshalb kann man im Prinzip durch Messung von Störungen der Metrik Erscheinungen außerhalb des sichtbaren Horizonts (bei $l > l_\text{H}$) untersuchen, kann dabei aber nicht weiter als bis zu dessen $M_P/H(\varphi_H) \sim 10^5$-fachem kommen. In der entsprechenden Epoche (bei $\varphi \sim \varphi_H$) lag die Energiedichte um sieben Größenordnungen unter der Planck-Dichte (7.5.47). Das bedeutet, daß wir keine Informationen über die Anfangsstadien der Inflation (bei $V(\varphi) \sim M_P^4$) bekommen können, d.h., der gegenwärtige Zustand des sichtbaren Teils des Universums hängt praktisch nicht von der Wahl der Anfangsbedingungen im inflationären Universum ab.

7.6 Reichen adiabatische Dichtestörungen mit flachem Spektrum zur Bildung der beobachteten Struktur des Universums aus?

Die Entwicklung einer Theorie der Erzeugung von adiabatischen Störungen in der inflationären Kosmologie war zweifellos ein Erfolg. Seit 1982, als diese Theorie in groben Zügen ausgearbeitet war, beruhen die Untersuchungen zur Entstehung der großräumigen Struktur des Universums in der Regel auf zwei Voraussetzungen:

1. Der Parameter $\Phi = \varrho/\varrho_0$ ist in der Gegenwart mit hoher Genauigkeit gleich eins (das Universum ist nahezu flach).

2. Die Anfangs-Dichtestörungen, die zur Galaxienbildung führten, waren adiabatische Störungen mit einem flachen (oder annähernd flachen) Spektrum und $\delta\varrho/\varrho \sim 10^{-4}$–$10^{-5}$.

Die Möglichkeit, alle über die großräumige Struktur des Universums bekannten Daten auf der Grundlage dieser einfachen Annahmen zu erklären, scheint sehr faszinierend. Wir möchten jedoch an die Analogie zwischen dem Universum und dem galaktischen Beschleuniger erinnern. Die Erfahrung lehrt uns, daß es bei weitem nicht immer möglich ist, die Vielzahl verschiedener experimenteller Fakten mit der einfachsten möglichen Theorie zu beschreiben. Wir erinnern zum Beispiel daran, daß die einfachste Beschreibung der schwachen und elektromagnetischen Wechselwirkung das auf der Symmetriegruppe O(3) beruhende Georgi-Glashow-Modell [232] liefern würde. Die experimentelle Entdeckung der neutralen Ströme zwang jedoch, zu dem beträchtlich komplizierteren Glashow-Salam-Weinberg-Modell [1] zurückzukehren, das auf der Symmetriegruppe SU(2) × U(1) beruht. Diese Theorie enthält ungefähr 20 verschiedene Parameter, deren Wert sich nicht durch irgendwelche ästhetischen Überlegungen bestimmen läßt. So liegen insbesondere fast alle Kopplungskonstanten dieser Theorie in der Größenordnung $O(10^{-1})$, während die Kopplungskonstante des Elektrons mit dem skalaren (Higgs-)Feld gleich $2 \cdot 10^{-6}$ ist. Die Ursache für das Auftreten einer derartig kleinen Kopplungskonstante kennen wir (ebenso, wie die Ursache für das Auftreten der Konstanten $\lambda \sim 10^{-14}$ in einfachen Varianten des Szenariums des inflationären Universums) bisher nicht.

Man kann sich nur schwer vorstellen, daß die Kosmologie wesentlich einfacher als die Elementarteilchentheorie sein könnte. Die Anzahl der verschiedenen Klassen großräumiger Objekte im Weltall ist sehr groß (Quasare, Galaxien, Galaxiencluster, Zellstrukturen, Voids, usw.). Die Abmessungen dieser Objekte bilden eine

Hierarchie von Größenordnungen, die im flachen Spektrum der Ausgangsstörungen fehlt. Im Prinzip könnte sich zwar herausstellen, daß einige dieser Größenordnungen mit Eigenschaften der Masse, aus der der Hauptteil unseres Universums besteht, zusammenhängen (siehe z. B. [224, 235, 236]). Trotzdem ist keineswegs offensichtlich, daß man gleichzeitig eine große Zahl verschiedener Klassen von großräumigen Objekten auf der Grundlage der Annahmen (1) und (2) beschreiben könnte. Die auf diesen Annahmen beruhende Theorie stößt auf eine Reihe von Schwierigkeiten [235], die zwar nicht unüberwindlich sind, die Suche nach alternativen Theorien der Bildung der großräumigen Struktur des Universums aber doch stimuliert haben (siehe z. B. [236]).

Eine weitere potentielle Schwierigkeit in Theorien, die auf den Voraussetzungen (1) und (2) beruhen, hängt mit Messungen der Anisotropie der Reliktstrahlung $\Delta T(\theta)/T$ (θ ist der Winkel der Beobachtungsrichtung) zusammen. Bisher wurde nur eine mit der Bewegung der Erde relativ zur Reliktstrahlung zusammenhängende Dipolanisotropie $\Delta T/T$ gemessen. Bis zu $\Delta T/T \gtrsim 2 \cdot 10^{-5}$ wurde bisher jedoch weder eine Quadrupolanisotropie, noch eine Anisotropie von $\Delta T/T$ bei kleinen Winkeln θ beobachtet [228]. Demgegenüber müßten adiabatische Dichtestörungen mit einem flachen Spektrum zum Auftreten einer Anisotropie $\Delta T/T = C(\theta) \cdot 10^{-5}$ führen, wobei die Funktion $C(\theta) = O(1)$ sowohl vom Winkel θ abhängt, als auch davon, wie viele Teilchen (bzw. Felder) den Hauptbeitrag zur Materiedichte des Weltalls geben und wie der Prozeß der Galaxienbildung ablief. Besonders große Werte muß die Funktion $C(\theta)$ bei großen Winkeln θ annehmen. Deshalb ist ein Vergleich der experimentellen Schranken für $\Delta T/T$ mit den theoretischen Voraussagen für eine, mit Störungen $\delta\varrho/\varrho$ über Entfernungen $l \sim l_H \sim 10^{28}$ cm zusammenhängende, Quadrupolanisotropie außerordentlich wichtig. Die Situation wird dadurch noch zusätzlich erschwert, daß das Spektrum der adiabatischen Störungen im Szenarium des inflationären Universums nicht exakt flach ist. In der Mehrzahl der Modelle nimmt $\delta\varrho/\varrho$ mit wachsendem l zu. So wächst beispielsweise in der $V(\varphi) \sim \lambda\varphi^4/4$-Theorie beim Übergang von galaktischen Dimensionen l_g zu Dimensionen in der Größenordnung des Horizonts l_H die Größe $\delta\varrho/\varrho$ auf das Anderthalbfache (siehe (7.5.29), (7.5.30)), was zu einer entsprechenden Zunahme der Quadrupolanisotropie von $\Delta T/T$ führt. Ein Vergleich der von den einfachsten Varianten des Szenariums des inflationären Universums vorausgesagten Anisotropie mit den Beobachtungsergebnissen gestattet bereits heute, Modelle auszuschließen, bei denen der Hauptbeitrag zur verborgenen Masse des Weltalls von Baryonen kommt, und führt zu berechtigten Zweifeln an Modellen, bei denen massive Neutrinos die verborgene Masse liefern [225, 226]. Kommt die verborgene Masse jedoch von Axionfeldern [233, 234], Polonyi-Feldern [46, 15] oder irgendwelchen schwach wechselwirkenden, nichtrelativistischen Teilchen, stehen die theoretischen Abschätzungen für $\Delta T/T$ in völliger Übereinstimmung mit den heute beobachteten Schranken [225, 226].

Es ist also keineswegs ausgeschlossen, daß man eine nur auf den beiden Annahmen (1) und (2) beruhende Theorie der Entstehung der großräumigen Struktur des Universums entwickeln kann: ein flaches Weltall mit einem flachen Spektrum adiabatischer Störungen. Allerdings ist bekannt, daß ein einfaches Projekt bei weitem nicht immer das erfolgreichste sein muß. Deshalb wüßte man gern, ob sich die Voraussetzungen (1) und (2) etwas modifizieren ließen, ohne dabei den Rahmen des Szenariums des inflationären Universums zu verlassen. Konkret möchten wir fünf Grundfragen hervorheben:

1. Kann man auf die Voraussetzung $\Omega = 1$ verzichten?
2. Kann man nach der Inflation nichtadiabatische Störungen erhalten?
3. Kann man Störungen erhalten, deren Spektrum bei großen Wellenlängen abfällt, um die Quadrupolanisotropie von $\Delta T/T$ zu verringern?
4. Kann man ein Störungsspektrum mit einem oder einigen Maxima erhalten, mit dessen Hilfe man die Herkunft der Hierarchie von Größenordnungen (Galaxien, Cluster, usw.) verstehen könnte?
5. Kann die großräumige Struktur des Weltalls durch nichtstörungstheoretische Effekte im Zusammenhang mit der Inflation entstanden sein?

Die Antwort auf die erste Frage fällt bisher negativ aus: wir kennen kein Verfahren, um im Rahmen der inflationären Kosmologie auf natürliche Weise $\Omega \neq 1$ zu erhalten. Aber auch wenn dies gelingen würde, dann höchstens für eine sehr spezielle Wahl des Potentials $V(\varphi)$ und bei einer genauen Anpassung von Parametern, für die bisher kein Grund erkennbar ist.

Modelle, in denen das Spektrum der adiabatischen Störungen im Gebiet großer Wellenlängen monoton abfällt, kann man im Prinzip konstruieren, allerdings sind diese recht kompliziert. Die einzige uns bekannte, hinreichend vernünftige Theorie dieser Art ist das Shafi-Wetterich-Modell, das auf der Untersuchung der Inflation in einer Kaluza-Klein-Theorie beruht [237]. Die Spezifik dieses Modells besteht darin, daß die Inflation und die Entwicklung des Skalarfeldes φ (dessen Rolle dabei der Logarithmus des Kompaktifizierungsradius übernimmt) unter Verwendung zweier verschiedener effektiver Potentiale, $V(\varphi)$ und $W(\varphi)$, beschrieben wird. Leider sind die für die Inflation in diesem Modell nötigen Anfangsbedingungen nur schwer realisierbar (siehe Kapitel 9). Ein weiterer Vorschlag bestand darin, Spektren zu untersuchen, die im Ergebnis einer nacheinander von zwei verschiedenen Skalarfeldern hervorgerufenen Inflation entstanden sind [238]. Unter Annahme der natürlichsten Anfangsbedingungen werden die letzten Stadien der Inflation aber durch das Feld mit dem flachsten Potential (mit den kleinsten Parametern m^2 und λ) bestimmt. Deshalb führt die Zweistufen-Inflation in der Regel nicht zu einem Abschneiden, sondern zu einem noch stärkeren Anwachsen der während des Dominierens des „schwereren" Feldes φ erzeugten Störungen $\delta\varrho/\varrho$ im Gebiet großer Wellenlängen.

Trotzdem können die oben aufgeworfenen Fragen (bis auf die erste) alle positiv beantwortet werden. In einer hinreichend großen Klasse von Modellen werden außer adiabatischen auch isotherme Störungen [239, 240], deren Spektrum im Gebiet großer Wellenlängen abfallen kann [239, 241], erzeugt. Besonders interessante Effekte entstehen dabei im Zusammenhang mit möglichen Phasenübergängen in späteren Stadien der Inflation (wenn das Universum noch einmal auf das e^{50}–e^{60}-fache expandiert). Insbesondere können solche Phasenübergänge zu Dichtestörungen mit einem Spektrum, das eines oder mehrere Maxima hat, führen [242]. Darüber hinaus kann es zur Entstehung exponentiell großer Strings, Domänenwände, Bläschen und anderer Objekte, die eine wesentliche Rolle bei der Herausbildung der großräumigen Struktur des Universums spielen, kommen [125, 243]. Einige der eben erwähnten Möglichkeiten werden wir in den Abschnitten 7.7 und 7.8 untersuchen.

7.7 Isotherme Störungen und adiabatische Störungen mit einem nicht-flachen Spektrum

Die in Abschnitt 7.5 dargestellte Theorie der Bildung von Dichtestörungen beruhte auf der Untersuchung der einfachsten Modelle mit einem für die Dynamik der Inflation verantwortlichen Skalarfeld φ. In realistischen Elementarteilchentheorien gibt es jedoch viele verschiedene Skalarfelder Φ_i unterschiedlichen Typs. Um zu verstehen, wie sich die Inflation in diesen Theorien verwirklichen läßt und welche Dichteinhomogenitäten dabei auftreten, betrachten wir zunächst das einfachste Modell zweier nicht miteinander wechselwirkender Felder φ und Φ [239]:

$$L = \frac{1}{2}(\partial_\mu \varphi)^2 + \frac{1}{2}(\partial_\mu \Phi)^2 - \frac{m_\varphi^2}{2}\varphi^2 - \frac{m_\Phi^2}{2}\Phi^2 - \frac{\lambda_\varphi}{4}\varphi^4 - \frac{\lambda_\Phi}{4}\Phi^4. \tag{7.7.1}$$

Der Einfachheit halber setzen wir hier $\lambda_\varphi \ll \lambda_\Phi \ll 1$ und $m_\varphi^2, m_\Phi^2 \ll \lambda_\varphi M_P^2$ voraus. In diesem Fall kann man für große φ und Φ die in den Feldern quadratischen Terme vernachlässigen. Die einzige Schranke für die Anfangsamplituden der Felder φ und Φ lautet

$$V(\varphi) + V(\Phi) \approx \frac{\lambda_\varphi}{4}\varphi^4 + \frac{\lambda_\Phi}{4}\Phi^4 \lesssim M_P^4. \tag{7.7.2}$$

Das heißt, daß die natürlichsten Anfangswerte der Felder φ und Φ in der Größenordnung $\varphi \sim \lambda_\varphi^{-1/4} M_P$ bzw. $\Phi \sim \lambda_\Phi^{-1/4} M_P$ liegen, anfangs also $V(\varphi) \sim V(\Phi) \sim M_P^4$, $\varphi \gg \Phi \gg M_P$ ist. Berücksichtigt man, daß die Krümmung des Potentials $V(\Phi)$ größer als die von $V(\varphi)$ ist, so ist klar, daß das Φ-Feld und dessen Energiedichte $V(\Phi)$ unter den natürlichsten Anfangsbedingungen wesentlich schneller als das φ-Feld und dessen Energiedichte $V(\varphi)$ abfallen werden. Die Gesamtenergiedichte geht deshalb schnell gegen $V(\varphi)$, d. h., der Hubble-Parameter $H(\varphi, \Phi)$ wird gleich

$$H(\varphi, \Phi) \approx H(\varphi) = \sqrt{\frac{2\pi\lambda_\varphi}{3}}\frac{\varphi^2}{M_P}. \tag{7.7.3}$$

Auf diese Weise wird die Inflation schon nach kurzer Zeit allein durch das Feld φ, dessen Potential $V(\varphi)$ die geringste Krümmung (kleinste Kopplungskonstante λ_φ) hat, bestimmt sein. Wir werden das φ-Feld deshalb Inflationsfeld oder auch Inflaton nennen. Es entwickelt sich genauso, wie wenn das Φ-Feld nicht da wäre (siehe (1.7.21)):

$$\varphi(t) = \varphi_0 \exp\left(-\sqrt{\frac{\lambda_\varphi}{6\pi}} M_P t\right). \tag{7.7.4}$$

In diesem Fall folgt aus der Gleichung für das Φ-Feld

$$\ddot{\Phi} + 3H\dot{\Phi} = -\lambda_\Phi \Phi^3, \tag{7.7.5}$$

7.7 Isotherme Störungen und adiabatische Störungen

daß in der Phase der Inflation

$$\Phi(t) = \sqrt{\frac{\lambda_\varphi}{\lambda_\Phi}}\, \varphi(t) \tag{7.7.6}$$

und damit

$$m^2(\varphi) = m^2(\Phi) = \frac{3 M_P \sqrt{3\lambda_\varphi}}{\sqrt{2\pi}}\, H(\varphi) \tag{7.7.7}$$

mit (für $m_\Phi^2 \ll \lambda_\varphi M_P^2$)

$$m^2(\varphi) = \frac{d^2 V}{d\varphi^2} = 3\lambda_\varphi \varphi^2,$$

$$m^2(\Phi) = \frac{d^2 V}{d\Phi^2} = 3\lambda_\Phi \Phi^2 \tag{7.7.8}$$

ist. In den letzten Stadien der Inflation ist $\varphi \sim M_P$ und $\Phi \sim \sqrt{\lambda_\varphi/\lambda_\Phi}\, M_P$. Die Amplituden der Störungen sind für beide Felder φ und Φ gleich (siehe (7.5.6)):

$$\delta\varphi = \delta\Phi = \frac{H}{2\pi} = \sqrt{\frac{\lambda_\varphi}{6\pi}}\, \frac{\varphi^2}{M_P} \sim \sqrt{\lambda_\varphi}\, M_P. \tag{7.7.9}$$

Trotzdem ist der Beitrag $\delta\varrho_\Phi$ des Φ-Feldes zu den Dichteinhomogenitäten $\delta\varrho$ während dieser Zeit klein gegen den entsprechenden Beitrag $\delta\varrho_\varphi$ des φ-Feldes:

$$\delta\varrho_\Phi = \frac{dV}{d\Phi}\, \delta\Phi = \sqrt{\frac{\lambda_\varphi}{\lambda_\Phi}}\, \lambda_\varphi \varphi^3\, \delta\varphi = \sqrt{\frac{\lambda_\varphi}{\lambda_\Phi}}\, \delta\varrho_\varphi \ll \delta\varrho_\varphi. \tag{7.7.10}$$

Es sind deshalb gerade die Fluktuationen des Inflatonfeldes $\delta\varrho_\varphi$, die die Amplitude der adiabatischen Dichtestörungen bestimmen. Während der Inflation erhält man mit $\varphi \sim M_P$

$$\frac{\delta\varrho_\varphi}{\varrho_\varphi} \approx \frac{\delta\varrho}{\varrho} = \frac{1}{V}\, \frac{dV}{d\varphi}\, \delta\varphi \sim 4\, \frac{\delta\varphi}{\varphi} \sim \sqrt{\lambda_\varphi}, \tag{7.7.11}$$

wobei $\varrho = \varrho_\varphi + \varrho_\Phi \approx \varrho_\varphi$ ist. Gleichzeitig findet man

$$\frac{\delta\varrho_\Phi}{\varrho_\Phi} \sim \frac{4\,\delta\Phi}{\Phi} \sim \sqrt{\lambda_\Phi}. \tag{7.7.12}$$

Nach der Inflation führen die Inhomogenitäten (7.7.11) zu den adiabatischen Störungen (7.5.29), die auch dominant bleiben, *wenn* ϱ_Φ bei der weiteren Expansion des Universums genauso wie ϱ_φ abfällt. Das ist aber bei weitem nicht immer der Fall. Die Entwicklung von ϱ_Φ und ϱ_φ hängt von der Wechselwirkung dieser Felder mit allen anderen Feldern und von der Form von $V(\varphi)$ und $V(\Phi)$ ab. Nehmen wir beispielsweise einmal an, daß das Φ-Feld mit den anderen Feldern extrem schwach wechselwirkt. Solche schwach wechselwirkenden Skalarfelder findet man in modernen Theorien häufig. Zu ihnen gehören z.B. die Axionfelder und die Polonyi-Felder. Wenn das φ-Feld demgegenüber mit anderen Feldern stark wechselwirkt, wird seine Energie schnell in Wärme umgewandelt, $\varrho_\varphi \to T_R^4$, und beginnt durch die Expansion des Weltalls wie $T^4 \sim a^{-4}$ abzunehmen. Dagegen oszilliert das Φ-Feld mit der Frequenz $k_0 = m_\Phi$ um den Punkt $\Phi = 0$ ohne zu zerfallen. Seine Energie nimmt dabei wie die nichtrelativistischer Teilchen, $\varrho_\Phi \sim a^{-3}$ (siehe Abschnitt 7.9), d.h. beträchtlich langsamer, als die Energie der Zerfallsprodukte des φ-Feldes ab. In den späteren Entwicklungsstadien des Universums kann die Energie des Φ-Feldes deshalb größer als die der Zerfallsprodukte des Inflatonfeldes werden, $\varrho = \varrho_\varphi + \varrho_\Phi \approx \varrho_\Phi$.

Dieser Effekt liegt gerade der in [49] untersuchten Möglichkeit zugrunde, daß das Axionfeld θ für die verborgene Masse des Universums in der gegenwärtigen Epoche verantwortlich sein könnte.

Vor Beginn der Dominanz des Φ-Feldes fallen die mittlere Dichte ϱ_Φ und die Größe $\varrho_\Phi + \delta\varrho_\Phi$ gleichermaßen wie $\varrho_\Phi \sim \varrho_\Phi + \delta\varrho_\Phi \sim a^{-3}$ ab. Die Größe $\delta\varrho_\Phi/\varrho_\Phi \sim \sqrt{\lambda_\Phi}$ bleibt deshalb konstant. Anfangs hängen die Inhomogenitäten $\delta\varrho_\Phi$ nicht von den Temperaturinhomogenitäten δT der Zerfallsprodukte des φ-Feldes ab und sind in diesem Sinn isotherm. Man könnte sie auch als isoinflatonisch bezeichnen, da sie nicht von den Fluktuationen des Inflatonfeldes φ abhängen. Später beginnen dann die isothermen Störungen $\delta\varrho_\Phi$ bei $\sqrt{\lambda_\Phi} \gtrsim 10^2 \sqrt{\lambda_\varphi}$ wegen des wachsenden Anteils von ϱ_Φ an der allgemeinen Materiedichte ϱ zu dominieren, wobei sie adiabatische Störungen

$$\frac{\delta\varrho}{\varrho} \approx \frac{\delta\varrho_\Phi}{\varrho_\Phi} \sim \sqrt{\lambda_\Phi} \tag{7.7.13}$$

hervorbringen. Wir machen darauf aufmerksam, daß in (7.7.13) der mit dem Übergang vom inflationären Stadium zum Expansionsgesetz $a \sim t^{1/2}$ oder $a \sim t^{2/3}$ zusammenhängende Verstärkungsfaktor $O(10^2)$ fehlt.

Wie man sieht, kann der Prozeß der Erzeugung von Dichtestörungen schon in der einfachsten Theorie zweier nichtwechselwirkender Felder recht kompliziert ablaufen. Neben den adiabatischen entstehen dabei noch isotherme Störungen, welche bei $\lambda_\varphi \ll 10^{-14}$, $\lambda_\Phi \gtrsim 10^{-10}$ dominant werden können.

Noch interessantere Möglichkeiten ergeben sich bei Berücksichtigung einer Wechselwirkung der Felder φ und Φ. Als Beispiel betrachten wir eine Theorie mit dem effektiven Potential

$$V(\varphi, \Phi) = \frac{m_\varphi^2}{2} \varphi^2 + \frac{\lambda_\varphi}{4} \varphi^4 - \frac{m_\Phi^2}{2} \Phi^2 + \frac{\lambda_\Phi}{4} \Phi^4 + \frac{v}{2} \varphi^2 \Phi^2 + V(0). \tag{7.7.14}$$

Wir wollen voraussetzen, daß $0 < \lambda_\varphi \ll v \ll \lambda_\Phi$ und $\lambda_\varphi \lambda_\Phi > v^2$ ist. Außerdem sei $m_\varphi^2 \ll \lambda_\varphi M_P^2$ und $m_\Phi^2 \ll C v M_P^2$, mit $C = O(1)$. Wie schon in der Theorie (7.7.1) sind die natürlichsten Anfangsbedingungen für φ und Φ durch $\varphi \gg M_P$, $\varphi \gg \Phi$ gege-

7.7 Isotherme Störungen und adiabatische Störungen

ben. Das Minimum von $V(\varphi, \Phi)$ liegt für $\varphi \gg M_P$ bei $\Phi = 0$, und die effektive Masse des Φ-Feldes ist bei $\Phi = 0$

$$m_\Phi^2(\varphi, 0) = \left.\frac{\partial^2 V}{\partial \Phi^2}\right|_{\Phi=0} = v(\varphi^2 - C M_P^2) \approx v\varphi^2. \tag{7.7.15}$$

Diese Masse ist wesentlich größer als die des φ-Feldes,

$$m_\varphi^2(\varphi, 0) = m_\varphi^2 + 3\lambda_\varphi \varphi^2 \approx 3\lambda\varphi^2 \ll v\varphi^2. \tag{7.7.16}$$

Das Φ-Feld rollt deshalb schnell in das Minimum von $V(\varphi, \Phi)$ und die Dynamik der Inflation wird wie in der Theorie (7.7.1) im wesentlichen durch das φ-Feld bestimmt.

Im Endstadium der Inflation, wenn das φ-Feld kleiner als

$$\varphi_c = \sqrt{C} M_P \tag{7.7.17}$$

geworden ist, liegt das Minimum bei

$$\Phi^2 = \frac{m_\Phi^2 - v\varphi^2}{\lambda_\Phi} = v \frac{C M_P^2 - \varphi^2}{\lambda_\Phi}, \tag{7.7.18}$$

und das Φ-Feld hat dann die effektive Masse

$$m_\Phi^2(\varphi, \Phi) = 2v(C M_P^2 - \varphi^2). \tag{7.7.19}$$

Man sieht, daß die effektive Masse des Φ-Feldes sowohl für $\varphi \gg \varphi_c$, als auch für $\varphi \ll \varphi_c$ groß gegen die Hubble-Konstante $H \sim \sqrt{\lambda_\varphi} \varphi^2/M_P$ ist. Deshalb werden langwellige Fluktuationen $\delta\Phi$ des Φ-Feldes nur in einer Umgebung des Phasenübergangspunktes bei $\varphi \sim \varphi_c$ erzeugt. Durch Untersuchung der in diesem Modell erzeugten Dichteinhomogenitäten findet man das wichtige Resultat, daß sich die Amplituden der Fluktuationen $\delta\Phi$, je nachdem, bei welchem speziellen Wert von φ diese Fluktuationen entstehen, unterschiedlich in der Zeit entwickeln. Eine in [242] unter Berücksichtigung dieser Tatsache durchgeführte Computerrechnung zeigt, daß für bestimmte Relationen zwischen den Parametern der Theorie (7.7.14) die in der inflationären Phase erzeugten adiabatischen Störungen ein ziemlich schmales, leicht gegenüber $l \sim \exp(\pi\varphi_c^2/M_P^2)$ verschobenes Maximum haben.

Wir möchten darauf aufmerksam machen, daß in realistische Elementarteilchentheorien eine Vielzahl verschiedener Typen von Skalarfeldern eingeht. Es ist deshalb kaum zu bezweifeln, daß während der Inflation Phasenübergänge ablaufen müssen, und höchstwahrscheinlich nicht nur einer, sondern viele. Die Frage ist lediglich, ob diese Phasenübergänge hinreichend spät, wenn sich das φ-Feld zwischen φ_H (7.5.27) und φ_g (7.5.28) ändert, stattfinden. Diese Bedingung muß durch eine entsprechende Wahl der Parameter der Theorie erfüllt werden. Doch diese Parameterwahl richtet sich (wie die Parameterwahl bei der Konstruktion der Theorie der schwachen und elektromagnetischen Wechselwirkung) nicht nach unserer Auffassung von der Natürlichkeit dieser Parameter (nach diesem Kriterium müßte man auch die Glashow-Salam-Weinberg-Theorie ablehnen, siehe

Abschnitt 7.6), sondern nach den experimentellen Daten. Im hier betrachteten Fall übernehmen die Beobachtungsergebnisse der großräumigen Struktur des Universums und der Anisotropie der Reliktstrahlung die Rolle der experimentellen Daten. Wir finden die Möglichkeit, mit Hilfe astronomischer Beobachtungen die Phasenstruktur einheitlicher Elementarteilchentheorien zu studieren und die Parameter dieser Theorien zu bestimmen, außerordentlich faszinierend.

Zum Schluß wollen wir noch kurz die Erzeugung isothermer Störungen in einer Axion-Feldtheorie untersuchen. Zu diesem Zweck betrachten wir die Theorie eines komplexen Skalarfeldes Φ, das mit dem Inflatonfeld φ wechselwirkt:

$$V(\varphi, \Phi) = \frac{m_\varphi^2}{2} \varphi^2 + \frac{\lambda_\varphi}{4} \varphi^4 - m_\Phi^2 \Phi^* \Phi$$

$$+ \lambda_\Phi (\Phi^* \Phi)^2 + \frac{v}{2} \varphi^2 \Phi^* \Phi + V(0). \tag{7.7.20}$$

Nach der spontanen Symmetriebrechung, bei $\varphi < \varphi_c = m_\Phi/\sqrt{v}$ kann man das Φ-Feld in der Form

$$\Phi(x) = \Phi_0 \exp\left(\frac{i \theta(x)}{\sqrt{2} \Phi_0}\right) \tag{7.7.21}$$

darstellen, wobei für $\varphi \ll \varphi_c$ der Vorfaktor $\Phi_0 = m_\Phi/\sqrt{\lambda_\Phi}$ ist. Das Feld $\theta(x)$ ist ein masseloses Goldstone-Skalarfeld [244], dessen effektives Potential identisch null ist, $V(\theta) = 0$.

Im Unterschied zum eben beschriebenen gewöhnlichen Goldstone-Feld ist das Axionfeld θ nicht masselos. Infolge nichtstörungstheoretischer Korrekturen zu $V(\varphi, \Phi)$ von der starken Wechselwirkung bekommt das effektive Potential die folgende Form [233, 234]:

$$V(\theta) = C m_\pi^4 \left(1 - \cos \frac{N \theta}{\sqrt{2} \Phi_0}\right). \tag{7.7.22}$$

Dabei ist $C = O(1)$ und N ist eine von den Details der Theorie abhängige ganze Zahl; der Einfachheit halber werden wir im folgenden den Fall $N = 1$ betrachten. Aus (7.7.22) folgt, daß die Axionen nun eine kleine Masse

$$m_\theta \sim m_\pi^2/\Phi_0 \sim 10^{-2} \, \text{GeV}^2/\Phi_0$$

haben können.

Vom Standpunkt der Elementarteilchentheorie ist das Axionfeld θ hauptsächlich deshalb eingeführt worden, weil der dem Minimum von $V(\theta)$ entsprechende θ-Wert automatisch zur Kompensation von Effekten der starken CP-Verletzung, die in Verbindung mit der nichttrivialen Vakuumstruktur in Theorien der starken Wechselwirkung auftreten [233, 234], führt. Die Kosmologen interessieren sich aus einem anderen Grund für dieses Feld. Es stellt sich nämlich heraus, daß

Effekte, die zu einem nichtverschwindenden $V(\theta)$ führen könnten, bei Temperaturen $T \gg 10^2$ MeV stark unterdrückt sind, und das θ-Feld deshalb jeden beliebigen Anfangswert im Intervall $-\sqrt{2\pi}\Phi_0 \leq \theta \leq \sqrt{2\pi}\Phi_0$ mit der gleichen Wahrscheinlichkeit annehmen kann. Sinkt die Temperatur auf $T \lesssim 10^2$ MeV, bekommt das effektive Potential $V(\theta)$ die Form (7.7.22), so daß die mittlere Energiedichte des θ-Feldes nun in der Größenordnung $m_\pi^4 \sim 10^{-4}$ GeV^4 liegt. Das θ-Feld wechselwirkt mit anderen Feldern außerordentlich schwach und seine Masse ist extrem klein ($m_\theta \sim 10^{-5}$ GeV für den realistischen Wert $\Phi_0 \sim 10^{12}$ GeV; siehe unten). Es verliert deshalb seine Energie in der Hauptsache nicht infolge Strahlung, sondern wegen der Dämpfung seiner Schwingungen um $\theta = 0$ durch die Expansion des Universums (als Folge des Terms $3H\dot{\theta}$ in der Gleichung für das θ-Feld). Wie wir bereits festgestellt hatten, sinkt die Energiedichte jedes wechselwirkungsfreien, massiven Feldes, das um $\theta = 0$ oszilliert, wie die Energiedichte eines Gases nichtrelativistischer Teilchen entsprechend $\varrho_\theta \sim a^{-3}$, d.h. langsamer, als die Energiedichte eines relativistischen Gases. Der relative Anteil des Axionfeldes an der Gesamtenergiedichte nimmt dadurch zu.

Das derzeitige Verhältnis ϱ_θ/ϱ hängt von Φ_0 ab. Für $\Phi_0 \sim 10^{12}$ GeV müßte ein großer Teil der heutigen Gesamtenergiedichte des Universums in einem nahezu homogen oszillierenden Axionfeld konzentriert sein, das in diesem Fall für die verborgene Masse des Universums verantwortlich wäre. Nach [49] ließe sich ein Wert $\Phi_0 \gg 10^{12}$ GeV nur schwer mit den derzeitigen kosmologischen Daten in Übereinstimmung bringen (siehe jedoch Abschnitt 10.5). Für $\Phi_0 \ll 10^{12}$ GeV nimmt der relative Anteil des Axionfeldes an der Energiedichte des Universums wie $(\Phi_0/10^{12}\text{ GeV})^2$ ab.

Wenn der symmetriebrechende Phasenübergang und die Entstehung des Goldstone-Feldes θ während der inflationären Phase stattfinden, führt die Inflation zur Herausbildung von Fluktuationen des θ-Feldes; wie zuvor wird dabei $\delta\theta = H/2\pi$ pro Einheitsintervall von $\Delta \ln k$. Für $T < 10^2$ MeV entstehen im Zusammenhang mit diesen Fluktuationen Dichteinhomogenitäten $\delta\varrho_\theta/\varrho_\theta \sim \delta V(\theta)/V(\theta)$. Wegen der Periodizität des Potentials $V(\theta)$ hängen diese Dichteinhomogenitäten jedoch in viel komplizierterer Weise mit der Amplitude der Fluktuationen des θ-Feldes zusammen. Nehmen wir z.B. einmal an, daß die Inflation nach dem Phasenübergang noch so lange dauert, bis die Schwankung $\sqrt{\langle \theta^2 \rangle} = (H/2\pi)\sqrt{Ht}$ groß gegen Φ_0 wird. Das klassische θ-Feld wird dann mit nahezu gleicher Wahrscheinlichkeit einen beliebigen Wert $-\sqrt{2\pi}\Phi_0 \leq \theta \leq \sqrt{2\pi}\Phi_0$ annehmen. Wenn die Temperatur bis auf $T < 10^2$ MeV gefallen ist, bilden die Flächen, auf denen das θ-Feld gleich $\sqrt{2}\Phi_0(2n+1)\pi$ ist, Domänenwände mit der nach (7.7.22) maximal möglichen Energiedichte [362]. Zusätzlich zu den kleinen isothermen Dichtestörungen $\delta\theta$ erhält man in der Axionkosmologie deshalb exponentiell große (oder sogar unendlich große) Domänenwände. Um die verheerenden kosmologischen Folgen der Existenz solcher Domänenwände zu vermeiden, sollte man auf Theorien zurückgreifen, in denen der Hubble-Parameter H am Ende der Inflation klein gegen Φ_0 wird. In diesem Fall ist die Wahrscheinlichkeit für die Bildung von Domänenwänden exponentiell unterdrückt, und im sichtbaren Teil des Universums treten keinerlei Domänenwände auf. Von besonderem Interesse wäre ein dazwischen liegender Wert, bei dem H kleiner als Φ_0, andererseits aber auch nicht zu klein ist. In diesem Fall bilden die Axion-Domänenwände kleine, exponentiell weit voneinander entfernte Blasen. Könnte es nicht sein, daß Explosionen solcher Blasen zur Bildung der großräumigen Struktur des Universums führten? Wir werden auf die Diskussion ähnlicher Möglichkeiten im nächsten Abschnitt noch einmal zurückkommen.

Eine weitere interessante Möglichkeit, die die Axionkosmologie eröffnet, hängt mit der Zeitabhängigkeit des Radius des Axion-Potentials Φ_0 zusammen. Die in der Axionkosmologie erzeugten isothermen Dichtestörungen sind den Störungen des Winkels proportional, $\delta\varrho_\theta/\varrho_\theta \sim \delta\theta/\sqrt{2}\,\Phi_0$. Während der Inflation ändert sich in dem Modell (7.7.20) der Wert von Φ_0 rasch. Das führt zu einer Modifizierung des Spektrums der Dichtestörungen, welches dadurch bei Längenskalen, die dem Moment des Phasenübergangs (bei dem $\varphi = \varphi_c = m_\Phi/\sqrt{v}$, $\Phi_0 = 0$ ist) entsprechen, ein starkes Maximum bekommt. Auch hier besteht wieder die Gefahr, daß bei diesen Längenskalen zu starke Dichtestörungen und Axion-Domänenwände produziert werden [362]. Unser Hauptanliegen bei der Diskussion all dieser Möglichkeiten bestand darin, zu zeigen, daß man durch eine einfache Erweiterung der minimalen inflationären Modelle mit nur einem Skalarfeld auf einfache Weise sowohl adiabatische, als auch isotherme Störungen mit einem nicht-flachen Spektrum erhalten kann. Ohne zwingende Notwendigkeit sollte man wohl nicht auf solche Möglichkeiten zurückgreifen; sollten die Experten auf dem Gebiet der Galaxienbildung allerdings Probleme mit den adiabatischen Störungen mit einem flachen Spektrum bekommen, ist es gut zu wissen, daß die Inflation Alternativen dazu zu bieten hat.

7.8 Nichtstörungstheoretische Effekte: Strings, Igel, Domänenwände, Bläschen und ähnliches

In den vorangegangenen Abschnitten hatten wir Mechanismen zur Erzeugung kleiner Dichtestörungen im inflationären Universum untersucht. Phasenübergänge während der Inflation können aber nicht nur zur Entstehung kleiner Dichteschwankungen, sondern auch zur Bildung nichttrivialer, exponentiell großer Strukturen führen. Im folgenden wollen wir hierfür einige Beispiele betrachten.

Strings. Die Theorie der Entstehung von Dichteinhomogenitäten bei der Entwicklung kosmischer Strings [81] wurde lange Zeit als einzige reale Alternative zur inflationären Theorie der Bildung adiabatischer Störungen mit einem flachen Spektrum betrachtet. Heute weiß man jedoch, daß es eine große Klasse alternativer Möglichkeiten gibt (siehe Abschnitt 7.7 und die folgenden Darlegungen). Abgesehen davon kann die Theorie der Strings ohne Berücksichtigung der Inflation die Probleme der Standard-Friedman-Kosmologie nicht lösen. Die Bildung superschwerer Strings in der Folge von Hochtemperatur-Phasenübergängen nach der Inflation wird dadurch erschwert, daß die Temperatur des Universums nach der Inflation in den meisten Modellen nicht hoch genug ist. Dagegen ist es durchaus möglich, daß Strings im Verlauf von Phasenübergängen im inflationären Stadium erzeugt worden sind [125, 246, 247]. Als einfaches Modell für diesen

Prozeß betrachten wir eine Theorie, in der das Inflaton φ mit einem komplexen Skalarfeld Φ mit dem effektiven Potential (7.7.20) wechselwirkt. In den Frühstadien der Inflation, bei $\varphi^2 > m_\Phi^2/v$, war die Symmetrie in der Theorie ungebrochen. Wenn das φ-Feld bis auf $\varphi = \varphi_c = m_\Phi/\sqrt{v}$ abgenommen hat, kommt es zum symmetriebrechenden Phasenübergang, der zur Erzeugung von Strings führt, wie dies auch beim Phasenübergang bei sinkender Temperatur (siehe 6.2) der Fall war. Der Unterschied besteht darin, daß die charakteristische Größe der erzeugten Strings während der Inflation auf das $\exp(\pi \varphi_c^2/M_P^2) = \exp(\pi m_\Phi^2/v M_P^2)$-fache anwächst. Wenn dieser Koeffizient nicht allzu groß ist, bleiben alle wesentlichen, in der Theorie der Bildung von Dichteinhomogenitäten durch Strings erhaltenen Ergebnisse [81] gültig.

Igel. Phasenübergänge während der Inflation führen auch zur Entstegung von Igel-Antiigel-Paaren (siehe Abschnitt 6.2). Der Anfangsabstand r_0 zwischen Igel und Antiigel liegt in der Größenordnung $H^{-1}(\varphi_c)$, infolge der Inflation nimmt dieser Abstand aber exponentiell zu und die Energie des Paares wird proportional zu r. Die Annihilation der Igel beginnt, wenn die Größe des Horizonts $\sim t$ in die Größenordnung des Abstands zwischen Igel und Antiigel kommt. Wie schon in der Theorie der Strings (6.2.3) führt das zur Entstehung von Dichteinhomogenitäten $\delta\varrho/\varrho$ in der Größenordnung Φ_0^2/M_P^2. Im hier betrachteten Fall hat das Spektrum der Dichteinhomogenitäten aber ein scharfes Maximum bei Wellenlängen in der Größenordnung des charakteristischen Abstands der Igel $\sim \exp(\pi \varphi_c^2/M_P^2)$.

Monopole. Im Ergebnis von Phasenübergängen während der Inflation können auch Monopole entstehen. Ihre Dichte ist durch einen charakteristischen Faktor $\exp(-3\pi \varphi_c^2/M_P^2)$ unterdrückt, für einen hinreichend kleinen Wert von φ_c können Versuche zum experimentellen Nachweis solcher Monopole aber durchaus Aussicht auf Erfolg haben.

Strings mit Monopolen an den Enden. Auch solche Objekte entstehen in einigen Theorien. Wie schon die Igel, befinden sich an Strings hängende Monopole in der Confinement-Phase, und in der Theorie des heißen Universums, wo der typische Abstand zwischen den Monopolen in der Größenordnung T_c^{-1} liegt, annihilieren sie schnell [81]. Im Szenarium des inflationären Universums können sie ähnliche Konsequenzen wie die Igel haben.

Von Strings begrenzte Domänenwände. Zu den Theorien, in denen nach der Symmetriebrechung Strings erzeugt werden, gehört auch die im vorigen Abschnitt betrachtete Axiontheorie. Bei den derzeit meist in diesen Modellen verwendeten Parameterwerten sind Axionstrings an und für sich zu leicht, um zur Erzeugung hinreichend großer Dichteschwankungen zu führen. Eine genauere Untersuchung zeigt jedoch, daß jeder Axionstring in Wirklichkeit die Umrandung einer Domänenwand bildet [43, 81]. Das hängt damit zusammen, daß man bei einem Umlauf um den String, bei dem sich die Größe $\theta(x)/\sqrt{2}\Phi_0$ um 2π ändert, notwendig durch ein Maximum von $V(\theta)$ (7.7.22) kommen muß. Am energetisch günstigsten ist daher eine Feldkonfiguration θ, die sich beim Umlauf um den String, abgesehen von einer Wand der Dicke m_θ^{-1}, bei deren Durchlaufen

$\theta(x)/\sqrt{2}\Phi_0$ gerade um 2π springt, nicht ändert (was einem Minimum von $V(\theta)$ entspricht). Die Oberflächenenergie einer solchen Wand liegt in der Größenordnung $m_\pi^2 \Phi_0$.

Untersucht man die Entwicklung eines Systems von Strings, an denen wie an einem Drahtgestell die Domänenwände wie eine Seifenhaut hängen, so zeigt sich, daß die Anfangsfeldkonfiguration einer einzigen, unendlich stark gekrümmten Fläche mit einer Vielzahl von Löchern ähnelt. Daneben gibt es noch separate Flächen von endlicher Größe, deren Beitrag zur Gesamtenergie des Universums aber vernachlässigbar ist [81]. Im weiteren beginnen sich diese Flächen teilweise zu schneiden und in kleinere, löchrigen Eierkuchen ähnelnde Flächen zu zerreißen, die in der Folge oszillieren und ihre Energie in Form von Gravitationswellen abstrahlen. Wenn diese Flächen im Ergebnis von Phasenübergängen im heißen Universum gebildet werden, stellt sich heraus, daß die charakteristische Größe der „Eierkuchen" sehr klein ist und diese schnell verschwinden. Die während der Inflation gebildeten Flächen führen jedoch zur Entstehung von exponentiell großen „Eierkuchen" [81, 125]. Welche Rolle solche Objekte bei der Bildung der großräumigen Struktur des Universums möglicherweise gespielt haben, muß noch eingehender untersucht werden.

Blasen. Bei der Untersuchung kosmologischer Konsequenzen von Phasenübergängen während der Inflation hatten wir implizit vorausgesetzt, daß die Übergänge weich und ohne Durchtunneln einer Barriere ablaufen, wie das bei den in Abschnitt 7.7 betrachteten Phasenübergängen zweiter Ordnung der Fall war. Daneben können aber auch Phasenübergänge erster Ordnung auftreten (siehe Abschnitt 7.4), bei denen Bläschen des Φ-Feldes erzeugt werden. Während der Inflation ist die Energie des Φ-Feldes wesentlich geringer als die Energie des Inflatonfeldes φ. Auf die Expansionsrate des Universums hat die Entstehung solcher Bläschen deshalb praktisch keine Auswirkungen, und die Größe jedes Bläschens des Φ-Feldes nimmt nach der Inflation exponentiell zu. Die charakteristische Größe jeder dieser Blasen liegt in der Größenordnung $\exp(\pi \varphi_c^2 / M_P^2) \cdot$ cm. Ist die Bläschenbildungsrate hoch, wird die Φ-Feldverteilung an Seifenschaum, mit Maxima der Energiedichte auf den Wänden der sich berührenden Blasen, und Leerräumen (Voids) im Innern, erinnern. Ist jedoch die Bläschenbildungsrate klein, dann entstehen isolierte, voneinander entfernte Gebiete, in deren Innern die Materiedichte kleiner als außerhalb ist. In den letzten Stadien der Inflation, in denen die Energie des Φ-Feldes dominant werden kann, können diese Dichtekontraste sehr wesentlich werden [125, 240, 243].

Domänen. Besonders interessante Effekte treten bei Entstehung einer Domänenstruktur während der Inflation auf. Als einfaches Beispiel betrachten wir die mögliche Kinetik eines Phasenübergangs mit Brechung der SU(5)-Symmetrie während der Inflation. Wie schon im vorigen Abschnitt erwähnt, verläuft der bei sinkender Temperatur T in der SU(5)-Theorie stattfindende Phasenübergang unter der Bildung von Bläschen, deren Φ-Feld jeweils einem der vier verschiedenen Symmetriebrechungstypen, SU(3) × SU(2) × U(1), SU(4) × U(1), SU(3) × U(1) × U(1) oder SU(2) × SU(2) × U(1) × U(1) entspricht. Ein analoger Phasenübergang kann auch während der Inflation stattfinden. In diesem Fall werden die Bläschen verschiedener Phase durch die Inflation jedoch exponentiell groß, was zur Bildung großer Domänen führt, in denen sich Materie in verschiedenen Phasen, d.h. mit etwas verschiedener Dichte befindet. Im Standard-SU(5)-Modell ist nach der Inflation nur die $SU(3) \times SU(2) \times U(1)$-Phase stabil, so daß letzten Endes das ganze Universum in diese Phase übergeht und die verschiedene Phasen trennenden Domänenwände verschwinden. Die während der Existenz der Domänenwände entstandenen Dichteinhomogenitäten bleiben jedoch in die spätere Materiedichteverteilung des Universums eingeprägt.

Wenn sich die Wahrscheinlichkeiten für die Bildung von Bläschen der verschiedenen Phasen stark voneinander unterscheiden, bilden sich auf diese Weise im Universum auf dem relativ homogenen Hintergrund Inseln verringerter oder erhöhter Dichte. Im Prinzip kann man solche Inseln mit Galaxien, Galaxienhaufen, oder auch mit der in [248] vorgeschlagenen Inselstruktur des Universums in Verbindung bringen.

Liegt andererseits die Zahl der im Universum entstehenden Bläschen verschiedener Phase in der gleichen Größenordnung, so hat die daraus resultierende Dichteverteilung eine schwammartige Struktur. Insbesondere gibt es dabei Zellen mit Phasen unterschiedlicher Dichte, wobei ein beträchtlicher Teil der Zellen gleicher Phase zusammenhängt, so daß man durch Zellen ein und desselben Typs von einem Teil des Universums in einen anderen gelangen kann (was auch als Percolation bezeichnet wird). Vorstellungen einer Schwammstruktur des Universums sind in der letzten Zeit recht populär geworden.

Auf besonderes Interesse stießen unlängst Resultate, wonach das Weltall effektiv aus aneinander gelagerten Bläschen der Größe 50–100 Mpc ($1,5 \cdot 10^{26} - 3 \cdot 10^{26}$ cm) bestehen könnte. Im Innern dieser Bläschen gibt es nur wenig leuchtende Objekte, so daß sich die Galaxien im wesentlichen auf die Bläschenwände konzentrieren [249]. Im Zusammenhang damit scheint sehr bemerkenswert, daß Strukturen dieser Art in natürlicher Weise durch Phasenübergänge während der Inflation entstehen können [125, 244].

Im Rahmen des hier entwickelten Modells hängt die Entstehung von Gebieten des Universums, in denen sich ein Großteil der leuchtenden (baryonischen) Materie befindet, keinesfalls notwendig mit einer überdurchschnittlichen Dichte in diesen Gebieten zusammen. Erstens läuft die Baryonensynthese nach der Inflation (siehe nächster Abschnitt) in den verschiedenen Phasen ($SU(3) \times SU(2) \times U(1)$ oder $SU(4) \times U(1)$) ganz unterschiedlich ab. Im Prinzip ist denkbar, daß Baryonen nur in den Gebieten, in denen die Dichte unter der mittleren liegt, erzeugt werden, und daß wir folglich auch nur in diesen Gebieten Galaxien sehen. Zweitens wird, falls die Galaxienbildung mit isothermen Störungen des Φ-Feldes zusammenhängt, die Amplitude dieser Störungen auch davon abhängen, in welcher Phase sich das Φ-Feld befindet. Es könnte sich deshalb herausstellen, daß die isothermen Störungen nur in Gebieten mit einer bestimmten Phase groß genug für die nachfolgende Galaxienbildung sind. Gerade in diesen Gebieten werden dann die Galaxien, Galaxiencluster usw. entstehen. In Abhängigkeit von der konkret gewählten Elementarteilchentheorie werden deshalb Galaxien entweder vorzugsweise in Gebieten mit erhöhter oder in solchen mit verringerter Dichte, entweder im Raum außerhalb der Bläschen (z.B. auf deren Wänden) oder innerhalb der Bläschen entstehen.

Falls einige Phasen nach der Inflation metastabil bleiben, findet man in der Regel, daß deren charakteristische Zerfallszeit wesentlich größer als das Alter des sichtbaren Teils des Universums, $t \sim 10^{10}$ Jahre, ist. In diesem Fall muß auch das heutige Universum aus Domänen von Materie in verschiedenen Phasenzuständen bestehen. Dies trifft insbesondere auf das supersymmetrische SU(5)-Modell zu, in dem die den Symmetriegruppen SU(5), SU(3) × SU(2) × U(1) und SU(4) × U(1) entsprechenden Minima annähernd die gleiche Tiefe haben und durch eine hohe Potentialbarriere getrennt sind [91–93]. Während der Inflation zerfällt das Universum in exponentiell große Domänen der obengenannten Phasen und wir leben in einer der Domänen, die der Symmetriebrechung auf die Gruppe SU(3) × × SU(2) × U(1) entsprechen [211]. Wenn die Inflation nach dem Phasenübergang noch lange genug gedauert hat (wenn in der $\lambda \varphi^4/4$-Theorie der Phasenübergang bei $\varphi_c \gtrsim 5 M_P$ stattgefunden hat), wird es im sichtbaren Teil des Universums nicht eine einzige Domänenwand geben. Andernfalls wären die Domänen kleiner als 10^{28} cm. Wenn dann (wie in einer bezüglich der Spiegelung $\varphi \to -\varphi$ symmetrischen Theorie) die Entstehungswahrscheinlichkeit von Gebieten verschiedener Phase gleich wäre, würden wir bei $\varphi_c \lesssim 5 M_P$ auf das Problem der Domänenwände (siehe Abschnitt 6.2) stoßen. Die Entstehungswahrscheinlichkeit der verschiedenen Phasen hängt aber von der Höhe der Barrieren zwischen ihnen ab und unterscheidet sich im allgemeinen stark. Das Universum wird sich deshalb hauptsächlich mit *einer* der möglichen Phasen füllen und die anderen entstehen als einzelne exponentiell große, isolierte Gebiete. Domänen mit einer energetisch unvorteilhaften Phase müssen kollabieren. Wie wir in Abschnitt 7.4 gesehen hatten, müssen Gebiete mit einer hinreichend stark unterdrückten Entstehungswahrscheinlichkeit nahezu kugelsymmetrisch sein. Deshalb verläuft auch der Kollaps dieser Gebiete fast exakt kugelsymmetrisch. Dabei geht die gesamte, bei der Kompression des Bläschens der metastabilen Phase freiwerdende potentielle Energie in kinetische Energie der kollabierenden Wand über. Wenn die Wand aus einem hinreichend stark mit sich selbst und anderen Feldern wechselwirkenden Skalarfeld Φ besteht, wird ein beträchtlicher Teil der Wandenergie nach dem Kollaps auf die im Moment des Kollaps erzeugten Elementarteilchen übertragen. Die dabei entstehenden Teilchen fliegen in verschiedener Richtung innerhalb einer Kugelschale davon. Damit haben wir einen weiteren Mechanismus zur Erzeugung einer Blasenstruktur des Universums. Wenn sich das Bläschen anfangs wesentlich von einer Kugel unterschied, wird der Prozeß komplizierter ablaufen, und die Teilchen werden nicht kugelsymmetrisch auseinanderfliegen.

Dieses Modell erinnert an das von Ostriker und Cowie [250] vorgeschlagene Modell der explosionsartigen Bildung der großräumigen Struktur des Universums. Sowohl der Mechanismus selbst, als auch verschiedene Details unterscheiden sich aber wesentlich von [250].

Die Untersuchung nichtstörungstheoretischer Mechanismen zur Bildung der großräumigen Struktur des Universums hat derzeit gerade erst begonnen. Schon die bisherige Darstellung zeigt aber, wieviel neue Möglichkeiten die Untersuchung kosmologischer Konsequenzen von Phasenübergängen während der inflationären Phase eröffnet. Allgemein sieht man, daß die Inflation zur Bildung von exponentiell großen, nichttrivialen Objekten führen kann. Solche Objekte verdienen nicht nur als Baustoff für die nachfolgende Galaxienbildung Beachtung. In einigen

Fällen kommen diese Objekte auch als Quellen intensiver Radiostrahlung [251] in Betracht, sie können in supermassive Schwarze Löcher umgewandelt werden, und schließlich könnten sie die Ursache anomaler exoenergetischer Prozesse im Weltall sein. Diese Vielzahl neuer Möglichkeiten bedeutet keinesfalls, daß nun „alles möglich ist"; vielmehr erweitert sie unseren Horizont auf dem Weg zur richtigen Theorie der Bildung der großräumigen Struktur des Universums.

7.9 Das Wiederaufheizen des Universums nach der Inflation

Die Erzeugung von Inhomogenitäten im inflationären Universum ist in den vergangenen Jahren auf starkes Interesse gestoßen, da sich dieser Prozeß unmittelbar in der Struktur des sichtbaren Teils des Universums widerspiegelt. Nicht weniger Bedeutung hat der Prozeß des Wiederaufheizens des Universums und der Erzeugung seiner Baryonenasymmetrie, da dieser Prozeß die notwendige Verbindung zwischen der Welt der Inflation mit ihrem Vakuumzustand einerseits und dem heißen Friedman-Universum andererseits herstellt. In diesem Abschnitt betrachten wir den Prozeß des Wiederaufheizens des Universums anhand der einfachsten Theorie eines massiven Skalarfeldes φ, das mit einem weiteren Skalarfeld χ und einem Spinorfeld ψ entsprechend der Lagrange-Dichte

$$L = \frac{1}{2}(\partial_\mu \varphi)^2 - \frac{m_\varphi^2}{2}\varphi^2 + \frac{1}{2}(\partial_\mu \chi)^2 - \frac{m_\chi^2}{2}\chi^2$$
$$+ \bar{\psi}(i\gamma_\mu \partial_\mu - m_\psi)\psi + v\sigma\varphi\chi^2 - h\bar{\psi}\psi\varphi - \Delta V(\varphi, \chi) \qquad (7.9.1)$$

wechselwirkt. Hier sind v und h kleine Kopplungskonstanten und σ ist ein Parameter mit der Dimension einer Masse, dessen Rolle in realistischen Theorien z. B. ein konstanter Anteil des φ-Feldes übernehmen kann. Mit $\Delta V(\varphi, \chi)$ bezeichnen wir den Anteil von $V(\varphi, \chi)$, der von höherer Ordnung in φ^2 und χ^2 ist. Wir nehmen an, daß das φ-Feld (unter Berücksichtigung von $\Delta V(\varphi, \chi)$) in den letzten Stadien der Inflation die Rolle des Inflatonfeldes übernimmt und untersuchen den Prozeß der Umwandlung der Energie dieses Feldes in Energie von χ- und ψ-Teilchen. Der Einfachheit halber gehen wir davon aus, daß $m_\varphi \gg m_\chi, m_\psi$ und in der hier interessierenden Phase $v\sigma\varphi \ll m_\chi^2$, $h\varphi \ll m_\psi$ ist.

Sieht man von mit der Teilchenerzeugung zusammenhängenden Effekten ab, wird das φ-Feld nach der Inflation mit der Frequenz $k_0 = m_\varphi$ um den Punkt $\varphi = 0$ schwingen. Die Schwingungsamplitude sinkt dabei wie $[a(t)]^{-3/2}$, und die Energiedichte des φ-Feldes fällt wie die nichtrelativistischer φ-Teilchen mit der Masse m_φ: $\varrho_\phi = V(\varphi) = m_\varphi^2 \varphi^2/2 \sim a^{-3}$, wobei φ die Schwingungsamplitude des Feldes ist [252]. Physikalisch bedeutet das, daß man sich das mit der Frequenz m_φ schwingende homogene Skalarfeld φ als eine kohärente Welle ruhender Teilchen mit der Teilchendichte $n_\varphi = \varrho_\varphi / m_\varphi = m_\varphi \varphi^2/2$ vorstellen kann. Wenn die Gesamtteilchenzahl $\sim n_\varphi a^3$ erhalten ist (keine Teilchenpaare erzeugt werden), nimmt die Amplitude des φ-Feldes wie $a^{-3/2}$ ab. Die Zustandsgleichung der Materie ist zu diesem Zeitpunkt $p = 0$, d.h., $a(t) \sim t^{2/3}$, $H = 2/3t$, $\varphi \sim a^{-3/2} \sim t^{-1}$.

Zur Beschreibung der Teilchenerzeugung und des damit zusammenhängenden zusätzlichen Abnehmens der Amplitude des φ-Feldes betrachten wir Quantenkorrekturen zur Bewegungsgleichung des homogenen, mit der Frequenz $k_0 = m_\varphi \gg H(t)$ schwingenden φ-Feldes:

$$\ddot{\varphi} + 3H(t)\dot{\varphi} + [m_\varphi^2 + \Pi(k_0)]\varphi = 0. \tag{7.9.2}$$

Dabei ist $\Pi(k_0)$ der Polarisationsoperator des φ-Feldes mit dem Viererimpuls $k = (k_0, 0, 0, 0)$, $k_0 = m_\varphi$.

Der Realteil von $\Pi(k_0)$ gibt nur eine unwesentliche Korrektur zu m_φ^2. Ist jedoch $k_0 > 2m_\chi$ (oder $k_0 > 2m_\psi$), so bekommt der Polarisationsoperator $\Pi(k_0)$ auch einen Imaginärteil $\operatorname{Im}\Pi(k_0)$. Für $m_\varphi^2 \gg H^2$ und $m_\varphi^2 \gg \operatorname{Im}\Pi$ erhalten wir unter Vernachlässigung der Zeitabhängigkeit von H eine Lösung der Gleichung (7.9.2), die gedämpfte Schwingungen des φ-Feldes um den Punkt $\varphi = 0$ beschreibt:

$$\varphi = \varphi_0 \exp(im_\varphi t) \cdot \exp\left[-\frac{1}{2}\left(3H + \frac{\operatorname{Im}\Pi(m_\varphi)}{m_\varphi}\right)t\right]. \tag{7.9.3}$$

Aus der Unitaritätsbedingung folgt [10, 124]

$$\operatorname{Im}\Pi(m_\varphi) = m_\varphi \Gamma_{\text{tot}}, \tag{7.9.4}$$

wobei Γ_{tot} die Gesamtzerfallswahrscheinlichkeit eines φ-Teilchens ist. Daraus folgt, daß die Energiedichte des φ-Feldes für $\Gamma_{\text{tot}} \gg 3H$ in einer Zeit, kleiner als die charakteristische Zeit der Expansion des Universums, $\Delta t \sim H^{-1}$, exponentiell abfällt:

$$\varrho_\varphi = \frac{m^2 \varphi^2}{2} \sim \varrho_0 e^{-\Gamma_{\text{tot}} t}. \tag{7.9.5}$$

Genau dieses Resultat würde man auch auf der Grundlage der oben gegebenen Interpretation des oszillierenden φ-Feldes als kohärente Welle von (zerfallenden) φ-Teilchen erwarten.

Die Zerfallswahrscheinlichkeit eines φ-Teilchens in ein Paar von χ- oder ψ-Teilchen ist bekannt (siehe z. B. [10, 122, 123]); diese ist für $m_\varphi \gg m_\chi, m_\psi$

$$\Gamma(\varphi \to \chi\chi) = \frac{v^2 \sigma^2}{8\pi m_\varphi}, \tag{7.9.6}$$

$$\Gamma(\varphi \to \bar{\psi}\psi) = \frac{h^2 m_\varphi}{8\pi}. \tag{7.9.7}$$

Wenn die Konstanten $v\sigma$ und h^2 beide klein sind, dann ist anfangs

$$\Gamma_{\text{tot}} = \Gamma(\varphi \to \chi\chi) + \Gamma(\varphi \to \bar{\psi}\psi) < 3H(t) = 2/t.$$

In diesem Fall nimmt die Energiedichte des φ-Feldes anfangs hauptsächlich durch die Expansion des Kosmos ab, $m^2 \varphi^2/2 \sim t^{-2}$. Der Anteil der Gesamtenergie, der in

7.9 Das Wiederaufheizen des Universums nach der Inflation

die Energie der erzeugten Teilchen übergeht, bleibt bis zum Zeitpunkt t^*, bei dem $3H(t^*)$ kleiner als Γ_{tot} wird, klein. Die vor dieser Zeit erzeugten Teilchen können im Prinzip ebenfalls thermalisieren, wobei man für sie in einigen Fällen sogar eine höhere Endtemperatur als T_R erhält [253]. Der Beitrag der erzeugten Teilchen an der Gesamtenergie der Materie wird jedoch erst zum Zeitpunkt t^* wesentlich, an dem in der Zeitspanne $\Delta t \sim t^* \lesssim H^{-1}$ praktisch die gesamte Energie des φ-Feldes in Energie der erzeugten χ- und ψ-Teilchen umgewandelt wird. Aus der Bedingung $3H(t^*) \sim \Gamma_{\text{tot}}$ folgt, daß die Energiedichte dieser Teilchen zum Zeitpunkt t^* in der Größenordnung

$$\varrho^* \sim \frac{\Gamma_{\text{tot}}^2 M_P^2}{24} \tag{7.9.8}$$

liegt. Wenn die χ- und ψ-Teilchen genügend stark miteinander wechselwirken oder schnell in Teilchen einer anderen Sorte zerfallen können, bildet sich in der Materie schnell ein thermisches Gleichgewicht mit der Temperatur T_R, wobei nach (1.3.17) und (7.9.8)

$$\varrho^* \sim \frac{\pi N(T_R)}{30} T_R^4 \sim \frac{\Gamma_{\text{tot}}^2 M_P^2}{24} \tag{7.9.9}$$

ist. Hier ist $N(T_R)$ die effektive Zahl der Freiheitsgrade bei $T = T_R$, die etwa $N(T_R) \sim 10^2 - 10^3$ ist, woraus

$$T_R \sim 10^{-1} \sqrt{\Gamma_{\text{tot}} M_P} \tag{7.9.10}$$

folgt. Wir möchten noch einmal darauf hinweisen, daß die Temperatur des Universums nach der Inflation nicht vom Anfangswert des φ-Feldes abhängt und nur durch Parameter der Elementarteilchentheorie bestimmt wird.

Wir wollen T_R nun zahlenmäßig abschätzen. Damit in der hier betrachteten Theorie adiabatische Dichteinhomogenitäten $\delta \varrho / \varrho \sim 10^{-5}$ entstehen können, muß m_φ in der Größenordnung $10^{-6} M_P \sim 10^{13}$ GeV liegen. Man kann leicht zeigen, daß die in Kapitel 2 betrachteten Quantenkorrekturen nur dann die Form von $V(\varphi)$ für $\varphi \lesssim M_P$ nicht wesentlich ändern, wenn $h^2 \lesssim 8 m_\varphi / M_P \sim 10^{-5}$ und $v \sigma \lesssim 5 m_\varphi \sim 10^{14}$ GeV ist. Damit erhält man

$$\Gamma(\varphi \to \chi\chi) \lesssim m_\varphi \sim 10^{-6} M_P, \tag{7.9.11}$$

$$\Gamma(\varphi \to \bar{\psi}\psi) \lesssim \frac{m_\varphi^2}{M_P} \sim 10^{-12} M_P. \tag{7.9.12}$$

Der Vollständigkeit halber merken wir an, daß in Theorien vom Typ des Starobinsky-Modells oder in Supergravitations-Theorien die Größe Γ für — durch gravitative Effekte verursachte — Zerfälle des φ-Feldes gewöhnlich in der Größenordnung [135, 286]

$$\Gamma_g \sim \frac{m_\varphi^3}{M_P^2} \sim 10^{-18} M_P \tag{7.9.13}$$

liegt. Wenn der direkte Zerfall des φ-Feldes in skalare (oder vektorielle) Teilchen infolge einer Dreierwechselwirkung vom Typ $v\sigma\varphi\chi\chi$ (oder $g^2\varphi_0\varphi A_\mu^2$) möglich ist, werden diese Prozesse also den größten Beitrag geben [123]. Wie aus (7.9.11) folgt, kann die Zerfallsrate des φ-Feldes in χ-Teilchen in der gleichen Größenordnung wie die Schwingungsfrequenz des φ-Feldes liegen. Das φ-Feld kann deshalb einen Großteil seiner Energie innerhalb weniger Schwingungen (oder noch einfacher, während des Hinabrollens von $\varphi \sim M_P$ nach $\varphi = 0$ [254]) abgeben. Da am Ende der Inflation $H(\varphi) \sim m_\varphi$ ist, bleibt dem Weltall während des Wiederaufheizens kaum noch Zeit zum Expandieren, und fast die gesamte im φ-Feld gespeicherte Energie kann in Energie der erzeugten χ-Teilchen umgewandelt werden. Dasselbe Resultat folgt auch aus (7.9.8):

$$\varrho^* = \frac{m_\varphi^2}{2} \varphi^2 \lesssim \frac{m_\varphi^2 M_P^2}{24}, \qquad (7.9.14)$$

woraus man $\varphi(t^*) \lesssim M_P$ und

$$T_R \lesssim 10^{-1} \sqrt{m_\varphi M_P} \sim 10^{15}\,\text{GeV} \qquad (7.9.15)$$

erhält. Zu einem Wiederaufheizen auf $T_R \sim 10^{15}$ GeV kommt es nur bei einer speziellen Parameterwahl. Darüberhinaus kann die Temperatur in einigen Modellen überhaupt nicht über m_φ hinaus steigen (siehe nächster Abschnitt). Trotzdem sollte man, ungeachtet der sehr schwachen Wechselwirkung zwischen den Feldern φ und χ, die Möglichkeit eines schnellen Wiederaufheizens unmittelbar nach Beendigung der Inflation im Auge behalten. Es könnte ja durchaus auch möglich sein, daß das Potential $V(\varphi)$ eine kompliziertere Form hat, daß z.B. die Krümmung des Potentials in der Umgebung des Minimums wesentlich größer als bei $\varphi \sim M_P$ ist [255].

Wenn das φ-Feld lediglich in Fermionen zerfallen kann, folgt aus (7.9.12) und (7.9.10), daß die Temperatur des Universums nach dem Wiederaufheizen in den einfachsten Modellen mindestens um drei Größenordnungen niedriger ist,

$$T_R \lesssim 10^{-1} m_\varphi \sim 10^{12}\,\text{GeV} \qquad (7.9.16)$$

und wenn gravitative Effekte dominieren ist

$$T_R \lesssim 10^{-1} m_\varphi \sqrt{\frac{m_\varphi}{M_P}} \sim 10^9\,\text{GeV}. \qquad (7.9.17)$$

Die obigen Abschätzungen beruhen auf dem einfachsten Modell und der Voraussetzung, daß das oszillierende Feld klein ist. Ist das φ-Feld groß (ist $v\sigma\varphi > m_\chi^2$ oder $h\varphi > m_\psi$), reicht es nicht mehr aus, sich auf die Berechnung des Polarisationsoperators zu beschränken, und man muß entweder den Imaginärteil der effektiven Wirkung $S(\varphi)$ im äußeren Feld $\varphi(t)$ berechnen [122, 256] oder Methoden anwenden, die auf einer Bogoljubov-Transformation beruhen [74].

7.9 Das Wiederaufheizen des Universums nach der Inflation

Wir wollen diese Frage nicht im Detail erörtern, da in der hier betrachteten Theorie die Untersuchung der Fälle $v\sigma\varphi > m_\chi^2$ oder $h\varphi > m_\psi$ lediglich zu einer unwesentlichen Änderung der numerischen Koeffizienten in (7.9.6) und (7.9.7) führt. Größere Änderungen gibt es in Theorien, in deren Lagrange-Dichte Dreierwechselwirkungen vom Typ $\varphi\chi^2$ oder $\varphi\bar{\psi}\psi$ fehlen, und in denen es nur Vertices des Typs φ^4, $\varphi^2\chi^2$ oder $\varphi^2 A_\mu^2$ gibt und in denen das φ-Feld außerdem keinen klassischen Anteil φ_0 hat.

So führt z. B. in einer masselosen $\lambda\varphi^4/4$-Theorie eine Abschätzung des Imaginärteils der effektiven Lagrange-Dichte $L(\varphi)$ auf folgenden Ausdruck für die Paarproduktions-Wahrscheinlichkeit [122]:

$$P \approx 2\,\text{Im}\,L(\varphi) \sim \lambda^2\varphi^4 \cdot O(10^{-3}). \tag{7.9.18}$$

Einen analogen Ausdruck erhält man auch für die $\lambda\varphi^2\chi^2$-Theorie. Die Energiedichte der in der Zeit $\Delta t \sim H^{-1}$ erzeugten Teilchen liegt in der Größenordnung

$$\Delta\varrho \sim 10^{-3}\lambda^2\varphi^4\sqrt{\lambda\varphi}\,H^{-1} \sim 10^{-3}\lambda^2\varphi^3 M_\text{P}, \tag{7.9.19}$$

wobei der Faktor $O(\sqrt{\lambda\varphi})$ von der effektiven Masse der Felder φ und χ kommt. Dies ist mit der Gesamtenergiedichte $\varrho(\varphi) \sim \lambda\varphi^4/4$ vergleichbar, wenn

$$\varphi \lesssim 10^{-2}\lambda M_\text{P}, \tag{7.9.20}$$

d. h.

$$\varrho(\varphi) \sim 10^{-8}\lambda^5 M_\text{P}^4 \tag{7.9.21}$$

ist, woraus

$$T_\text{R} \lesssim 10^{-3}\lambda^{5/4} M_\text{P} \tag{7.9.22}$$

folgt. Für $\lambda \sim 10^{-14}$ wird

$$T_\text{R} \lesssim 3 \cdot 10^{-21} M_\text{P} \sim 3 \cdot 10^{-2}\,\text{GeV}. \tag{7.9.23}$$

Wenn das φ-Feld in der $\lambda\varphi^4/4$-Theorie eine nichtverschwindende Masse m_φ hat, wird das Wiederaufheizen des Universums bei $\varphi \lesssim m_\varphi/\sqrt{\lambda}$ ineffektiv, da bei kleineren φ die Größe $\Delta\varrho$ nach (7.9.19) immer kleiner als $\varrho(\varphi) \sim m_\varphi^2\varphi^2/2$ ist. In diesem Fall nimmt die Energie des φ-Feldes im wesentlichen nicht durch dessen Zerfall, sondern durch die Expansion des Universums, d.h. wie $\varrho(\varphi) \sim a^{-3}$ ab. Es kann also durchaus sein, daß sogar ein stark wechselwirkendes ($10^{-14} \ll \lambda \lesssim 1$), oszillierendes klassisches φ-Feld bei der Expansion des Universums bis heute kaum zerfallen ist und damit einen wesentlichen Beitrag zur Gesamtmateriedichte im Weltall gibt.

7.10 Die Entstehung der Baryonenasymmetrie im Universum

Wie schon erwähnt, markierte die Ausarbeitung möglicher Mechanismen zur Erzeugung eines Überschusses von Baryonen über Antibaryonen im inflationären Universum [36–38] eine der wichtigsten Etappen in der Entwicklung der modernen Kosmologie. Das Problem der Entstehung der Baryonenasymmetrie zeigte deutlich, daß Fragen, die viele für sinnlos oder bestenfalls metaphysisch hielten (Warum ist das Weltall so und nicht anders aufgebaut?), tatsächlich physikalisch beantwortbar sind. Ohne Lösung des Baryogenese-Problems wäre die Entwicklung des Szenariums des inflationären Universums unmöglich gewesen, da die Dichte der Baryonen aus den allerersten Entwicklungsphasen des Weltalls nach der Inflation exponentiell klein wird. Die Erzeugung der Baryonenasymmetrie des Universums ist damit ein ebenso unverzichtbares Element der inflationären Kosmologie, wie das im vorigen Abschnitt behandelte Wiederaufheizen.

Nach der ersten Arbeit von Sakharov zur Erzeugung der Baryonen im Universum [36] entsteht eine Asymmetrie zwischen der Zahl der Baryonen und Antibaryonen bei Erfüllung dreier notwendiger Voraussetzungen:

1. Die Prozesse müssen die Baryonenzahlerhaltung verletzen.

2. Die Prozesse müssen die CP-Invarianz verletzen.

3. Die Baryonenerzeugungsprozesse müssen in einem expandierenden Kosmos außerhalb des thermischen Gleichgewichts ablaufen. Ein Beispiel dafür ist der Zerfall von Teilchen mit Massen $M \gg T$.

Die Notwendigkeit der ersten Bedingung ist offensichtlich. Die zweite Bedingung ist notwendig, damit man beim Zerfall von Teilchen und Antiteilchen eine unterschiedliche Zahl von Baryonen und Antibaryonen erhält. Die dritte Bedingung ist in erster Linie deshalb notwendig, damit der Umkehrprozeß, in dessen Folge die erzeugte Baryonenasymmetrie wieder verschwinden würde, nicht stattfinden kann.

Ein starkes Interesse an einer möglichen Erklärung der Baryonenasymmetrie des Universums entstand nach der Entwicklung der GUT-Theorien, in denen vor der Symmetriebrechung zwischen der starken und der elektroschwachen Wechselwirkung Baryonen beliebig in Leptonen umgewandelt werden können. Nach der Symmetriebrechung zerfallen die superschweren skalaren und vektoriellen Φ-, H-, X- und Y-Teilchen in Baryonen und Leptonen. Wenn der Zerfall dieser Teilchen in einem Zustand fernab des thermodynamischen Gleichgewichts stattfindet, so daß der Umkehrprozeß der Umwandlung von Baryonen und Leptonen in superschwere Teilchen nicht möglich ist, und falls dabei außerdem die CP-Invarianz verletzt ist, erhält man eine etwas unterschiedliche Zahl von Baryonen und Antibaryonen. Gerade dieser Unterschied erzeugt nach der Annihilation von Baryonen und Antibaryonen die von uns beobachtete Materie im Universum. Dabei ergibt sich die kleine Zahl $n_B/n_\gamma \sim 10^{-9}$ als Produkt der Eichkopplungskonstante der GUT-Theorie, einer Konstanten, die die Stärke der CP-Verletzung charakterisiert und eines weiteren Faktors, der den relativen Anteil der obenerwähnten Φ-, H-, X- und Y-Teilchen, durch deren Zerfall die Baryonenasymmetrie entsteht, charakterisiert [38].

Wir wollen nicht allzulange bei der Beschreibung dieses Baryogenese-Mechanismus verweilen (vergleiche diesbezüglich die schönen Übersichtsarbeiten [105, 257, 258]). Es sei lediglich erwähnt, daß es tatsächlich Theorien gibt, die auf das gewünschte Resultat $n_B/n_\gamma \sim 10^{-9}$ führen. Ein analoger Mechanismus ist auch im Szenarium des inflationären Universums möglich, wobei er dort sogar noch effektiver wirkt, da das Wiederaufheizen des Universums nach der Inflation ein typischer Nichtgleichgewichtsprozeß ist und außerdem dabei superschwere Teilchen mit Massen über der Temperatur des Universums nach dem Wiederaufheizen T_R erzeugt werden können [122]. Allerdings erhält man in der mimimalen SU(5)-Theorie mit einer einzigen Familie von Higgs-Bosonen H_5 und den natürlichsten Relationen zwischen den Kopplungskonstanten einen Wert für n_B/n_γ, der viele Größenordnungen unter 10^{-9} liegt. Um $n_B/n_\gamma \sim 10^{-9}$ zu erhalten, muß man entweder zwei zusätzliche Familien von Higgs-Bosonen einführen oder die Möglichkeit einer komplizierteren Abfolge der Phasenübergänge in der SU(5)-Theorie bei der Unterkühlung des Universums in Betracht ziehen [259]. Außerdem gelingt es bei weitem nicht immer, während des Wiederaufheizens nach der Inflation die für das Funktionieren dieses Mechanismus notwendige Anzahl superschwerer Bosonen zu erhalten. Besonders schwierig ist das in Supergravitations-Theorien, bei denen die Temperatur nach dem Wiederaufheizen gewöhnlich höchstens 10^{12} GeV beträgt. Schließlich wurde man vor einiger Zeit auf eine weitere potentielle Schwierigkeit aufmerksam. Wie sich zeigte, führen nichtstörungstheoretische Effekte im Glashow-Salam-Weinberg-Modell bei Temperaturen über, bzw. in der Größenordnung von, $T_c \sim 200$ GeV zum schnellen Annihilieren von Baryonen und Leptonen [129]. Das heißt, falls in den frühen Entwicklungsstadien des Universums die gleiche Anzahl Baryonen und Leptonen erzeugt wurde, daß also, wie in den einfachsten Baryogenese-Modellen [38], $B-L=0$ ist (B und L bezeichnen Baryonen- bzw. Leptonenladung), so wird in der Folge die gesamte bei $T > 10^2$ GeV erzeugte Baryonenasymmetrie des Universums wieder verschwinden. Wenn das tatsächlich der Fall ist, braucht man entweder Theorien, die eine Asymmetrie $B-L \neq 0$ erzeugen, wodurch diese Theorien noch komplizierter werden, oder man muß Baryogenese-Mechanismen entwickeln, die auch bei Temperaturen $T \lesssim 10^2$ GeV effektiv sind. In den letzten Jahren wurden einige solche Mechanismen vorgeschlagen. Im folgenden ist einer von ihnen beschrieben, dessen Spezifik der des inflationären Universums am nächsten kommt.

Die Grundidee wurde in einer Arbeit von Affleck und Dine [97] entwickelt und danach in [98] im Rahmen der inflationären Kosmologie realisiert. In [260] wurde später gezeigt, wie dieser Mechanismus in Modellen auf der Grundlage von Superstring-Theorien wirken kann. Wir behandeln hier nur die Grundzüge dieses neuen Baryogenese-Mechanismus und verweisen den Leser bezüglich der Details auf die erwähnten Arbeiten.

Als Beispiel betrachten wir eine supersymmetrische SU(5)-GUT-Theorie. In dieser Theorie haben die Quarks und Leptonen skalare Superpartner, die Squarks und Sleptonen. Eine Untersuchung des effektiven Potentials der Squarks und Sleptonen zeigt, daß es „Täler" hat, in denen es null wird [97]. Die entsprechende Linearkombination der Squark- und Slepton-Felder „längs der Talsohle" bezeichnen wir als Skalarfeld φ. Nach der Symmetriebrechung steigt in diesem Modell die Talsole bei $\varphi \neq 0$ etwas an und das φ-Feld bekommt eine effektive

Masse $m \sim 10^2$ GeV. Die Anregungen dieses Feldes sind elektrisch neutrale, instabile Teilchen mit der baryonischen bzw. leptonischen Ladung $B = L = \pm 1$. Bei Wechselwirkungen ist zwar die baryonische Ladung jedes dieser Teilchen nicht erhalten, dafür aber die Größe $B - L$. Diese Teilchen wechselwirken miteinander mit der gleichen Eichkopplungskonstante g wie die Quarks. Die Kopplungskonstante der Baryonenzahl-verletzenden Wechselwirkungen der φ-Teilchen ist $\lambda = O(m^2/M_X^2)$, wobei M_X die Masse der X-Bosonen der SU(5)-Theorie ist. Für ein starkes klassisches φ-Feld bekommen viele Teilchen, die mit diesem Feld wechselwirken, eine sehr große Masse $O(g\varphi)$. Daneben gibt es auch leichte Teilchen (Quarks, Leptonen, W-Mesonen u.a.), die nur indirekt (infolge von Strahlungskorrekturen) über eine effektive Kopplungskonstante $\tilde{\lambda} \sim (\alpha_s/\pi)^2 m^2/\varphi^2$ (wobei $\alpha_s = g^2/4\pi$ ist) mit dem φ-Feld wechselwirken. Genaugenommen müßte man die Dynamik zweier verschiedener Felder v und a betrachten, die den zwei verschiedenen Linearkombinationen der Squark-Sleptonenfelder im Tal des effektiven Potentials entsprechen [97]. Eine Gesamtuntersuchung dieses Feld-Systems ist in der SU(5)-Theorie ziemlich kompliziert; glücklicherweise kann man sich in den wichtigsten Fällen auf das Studium eines einfachen Modells für ein komplexes Skalarfeld $\varphi = (1/\sqrt{2})(\varphi_1 + i\varphi_2)$ mit dem etwas ungewöhnlichen Potential [97, 98]

$$V(\varphi) = m^2 \varphi^* \varphi + \frac{i}{2} \lambda [\varphi^4 - (\varphi^*)^4] \tag{7.10.1}$$

beschränken. Die Größe $j_\mu = -i\varphi^* \overleftrightarrow{\partial}_\mu \varphi = (\varphi_1 \partial_\mu \varphi_2 - \varphi_2 \partial_\mu \varphi_1)/2$ entspricht der Baryonen-Stromdichte der Skalarteilchen im SU(5)-Modell; j_0 ist die Baryonen-Ladungsdichte n_B des φ-Feldes. Die Bewegungsgleichungen der Felder φ_1 und φ_2 lauten

$$\ddot{\varphi}_1 + 3H\dot{\varphi}_1 = -\frac{\partial V}{\partial \varphi_1} = -m^2 \varphi_1 + 3\lambda \varphi_1^2 \varphi_2 - \lambda \varphi_2^3, \tag{7.10.2}$$

$$\ddot{\varphi}_2 + 3H\dot{\varphi}_2 = -\frac{\partial V}{\partial \varphi_2} = -m^2 \varphi_2 + 3\lambda \varphi_2^2 \varphi_1 - \lambda \varphi_1^3. \tag{7.10.3}$$

Während der Inflation, wenn H sehr groß ist, entwickeln sich die Felder φ_i zeitlich nur langsam, so daß die Terme $\ddot{\varphi}_i$ in (7.10.2) und (7.10.3) wie üblich vernachlässigt werden können. Das führt auf folgende Dichte n_B während der Inflation:

$$n_B \equiv j_0 = \frac{1}{3H}\left(\varphi_1 \frac{\partial V}{\partial \varphi_2} - \varphi_2 \frac{\partial V}{\partial \varphi_1}\right) = \frac{\lambda}{3H}(\varphi_1^4 - 6\varphi_1^2 \varphi_2^2 + \varphi_2^4). \tag{7.10.4}$$

Nimmt man als Anfangsbedingungen etwa $\varphi_2 \gtrsim \varphi_1/4 > 0$, $\lambda \varphi_i^2 \ll m^2$ an, so folgt aus (7.10.2)–(7.10.4), daß sich das Feld φ_1 während der Inflation sehr langsam entwickelt und wesentlich kleiner als φ_2 bleibt, so daß n_B während der Inflation annähernd konstant und gleich dem Anfangswert $n_B \approx (\lambda/3H)\varphi_2^4$ ist.

7.10 Die Entstehung der Baryonenasymmetrie im Universum

Um zu verstehen, was das physikalisch bedeutet, schreiben wir die Gleichung für den näherungsweise erhaltenen Strom in unserem Modell in der Form

$$a^{-3}\frac{\mathrm{d}(n_\mathrm{B} a^3)}{\mathrm{d}t} \equiv \dot{n}_\mathrm{B} + 3 n_\mathrm{B} H = \mathrm{i}\left(\varphi^* \frac{\partial V}{\partial \varphi} - \varphi \frac{\partial V}{\partial \varphi^*}\right), \qquad (7.10.5)$$

wobei $a(t)$ der Skalenfaktor ist. Gäbe es in (7.10.1) den zur Nicht-Erhaltung der baryonischen Ladung führenden Term $\sim \mathrm{i}\lambda(\varphi^4 - (\varphi^*)^4)$ nicht, wäre die gesamte baryonische Ladung im Weltall $B \sim n_\mathrm{B} a^3$ erhalten, und die Baryonenladungsdichte n_B würde während der Inflation exponentiell klein. In unserem Fall verschwindet die rechte Seite von (7.10.5) jedoch nicht und wirkt als Quelle der baryonischen Ladung. Berücksichtigt man, daß sich während der Inflation alle Felder sehr langsam ändern, so daß $\dot{n}_\mathrm{B} \ll 3 n_\mathrm{B} H$ ist, erhält man aus (7.10.5) wiederum das oben abgeleitete Resultat (7.10.4).

Mit anderen Worten, wegen des letzten Terms in (7.10.1) ändert sich die Baryonen-Ladungsdichte während der Inflation, ebenso wie die Felder φ_i (siehe (7.10.4)), sehr langsam, während die Gesamt-Baryonenladung des Universums exponentiell wächst. Die Baryonen-Ladungsdichte hängt einschließlich ihres Vorzeichens von den Anfangswerten der Felder φ_i ab und unterscheidet sich in verschiedenen Gebieten des Universums.

Wenn die Expansionsrate des Universums klein wird, beginnt das Feld um das Minimum von $V(\varphi)$ bei $\varphi = 0$ zu oszillieren. Infolge des allmählichen Sinkens der Schwingungsamplitude werden dabei die zur Nicht-Erhaltung der Baryonenladung führenden Terme $\sim \lambda \varphi^4$ in (7.10.5) vernachlässigbar, so daß die Gesamt-Baryonenladung B für kleine φ erhalten ist und ihre Dichte n_B wie $a^{-3}(t)$ abnimmt. Genauso nimmt auch die Energiedichte des Skalarfeldes $\varrho \sim m^2 \varphi^2/2$ wie $a^{-3}(t)$ ab. Diese Übereinstimmung hat eine einfache Ursache. Wie schon im vorigen Abschnitt erwähnt, kann man ein mit der Frequenz m oszillierendes homogenes φ-Feld mit einer kohärenten Welle von φ-Teilchen der Dichte $n_\varphi = \varrho/m = m \varphi^2/2$ (φ ist die Amplitude des oszillierenden Feldes) identifizieren. Ein Teil dieser Teilchen hat die Ladung $B = +1$, ein anderer die Ladung $B = -1$. Die Baryonenladungsdichte n_B ist deshalb proportional n_φ, und deren Verhältnis n_B/n_φ damit zeitunabhängig und betragsmäßig kleiner als eins,

$$\frac{|n_\mathrm{B}|}{n_\varphi} = \mathrm{const.} \leq 1. \qquad (7.10.6)$$

Das Verhältnis n_B/n_φ ist durch die Anfangsbedingungen bestimmt. Die Oszillationen setzen bei $H \sim m$ ein, deshalb folgt aus (7.10.4) für diese Phase

$$\frac{n_\mathrm{B}}{n_\varphi} \approx \frac{\lambda \tilde{\varphi}_2^4}{3m}, \qquad (7.10.7)$$

wobei $\tilde{\varphi}_2$ der Wert des Feldes φ_2 beim Einsetzen der Oszillationen ist. Im realistischen SU(5)-Modell geht in den Ausdruck (7.10.7) noch ein zusätzlicher Faktor $\cos 2\theta$ ein, wobei θ der Mischungswinkel zwischen den Feldern v und a in der komplexen Ebene ist. Die φ-Teilchen sind instabil und zerfallen in Leptonen und Quarks. Die Temperatur des Universums steigt dabei, kann aber nicht wesentlich größer als m werden, da bei hohen Temperaturen die Quarks eine Masse $m_Q \sim gT \sim T$ bekommen, was den Zerfall des φ-Feldes bei $T \gg m$ unmöglich macht. Das φ-Feld oszilliert deshalb weiter und zerfällt nicht plötzlich, sondern nach und nach, und heizt dabei das Universum auf die konstante Temperatur $T \sim m \sim 10^2$ GeV auf. Am Schluß dieser Phase ist die gesamte baryonische Ladung des Skalarfeldes in baryonische Ladung der Quarks umgewandelt, wobei auf jedes beim Zerfall der φ-Teilchen erzeugte Quark oder Antiquark etwa ein Photon mit der Energie $E \sim T \sim m$ kommt. Das heißt, die durch das zerfallende φ-Feld erzeugte Photonendichte n_γ liegt in der gleichen Größenordnung wie n_φ. Die dabei entstandene Baryonenasymmetrie des Universums ist

$$\frac{n_B}{n_\varphi} \sim \frac{n_B}{n_\gamma} \sim \cos 2\theta \cdot \frac{\lambda \tilde{\varphi}_2^2}{m^2} \sim \cos 2\theta \cdot \frac{\tilde{\varphi}_2^2}{M_X^2}. \qquad (7.10.8)$$

Wir möchten darauf hinweisen, daß Gleichung (7.10.8) nur für $\lambda \tilde{\varphi}_2^2 \ll m$, d.h. für $\tilde{\varphi}_2 \ll M_X$ gültig ist, da erst von da an die Verletzung der Baryonen-Ladungserhaltung vernachlässigbar und n_B/n_φ dementsprechend konstant ist. Wie man schon wegen (7.10.6) erwartet, ist die Baryonenasymmetrie des Universums (7.10.8) dann kleiner als eins. Andererseits folgt aus (7.10.8), daß die oben diskutierte Baryogenese auch zu effektiv ablaufen kann. Für $\tilde{\varphi}_2 \sim M_X$ erhält man z.B. aus (7.10.8) $n_B/n_\gamma = O(1)$. Wir müssen deshalb überlegen, wodurch $\tilde{\varphi}_2$ bestimmt wird und wie man n_B/n_φ auf den gewünschten Wert $n_B/n_\varphi \sim 10^{-9}$ reduzieren kann.

Entsprechende Untersuchungen zeigen, daß es sich mit der Baryonenasymmetrie ähnlich wie mit dem Geld verhält: beide sind schwer zu beschaffen, aber leicht loszuwerden [98]. Einer der Mechanismen zur Verringerung der Baryonenasymmetrie ist der bereits erwähnte nichtstörungstheoretische Mechanismus [129]. Wenn z.B. die Temperatur des Universums nach dem Zerfall des φ-Feldes höher als ca. 200 GeV ist, wird die gesamte erzeugte Baryonenasymmetrie mit Ausnahme eines kleinen Teils, der von Prozessen, die die $B-L$-Invarianz verletzen, verschwinden. Dieser Rest kann tatsächlich die beobachtete Asymmetrie $n_B/n_\varphi \sim 10^{-9}$ liefern. Eine weitere Möglichkeit besteht darin, daß die Temperatur am Ende des Zerfalls des φ-Feldes unterhalb 200 GeV liegt; die Baryonen verbrennen dann nicht völlig; allerdings muß der Anfangswert des φ-Feldes ziemlich klein sein. Dazu kann es beispielsweise kommen, wenn die Felder φ_i infolge von Hochtemperatureffekten oder durch die Wechselwirkung mit dem für die Inflation verantwortlichen Feld null werden. Die Rolle der Felder φ_i übernehmen dann langwellige Quantenfluktuationen, deren zu $(H/2\pi)\sqrt{Ht}$ proportionale Amplitude (siehe (7.3.12)) mehrere Größenordnungen unter M_X liegen kann.

Schließlich kann man in Verbindung mit dem anthropischen Prinzip eine weitere Erklärung dafür finden, daß im sichtbaren Teil des Universums n_B/n_φ so klein ist. In verschiedenen Gebieten des Weltalls nehmen die Felder φ_i und die Größe $\cos 2\theta$ alle möglichen Werte an. In den meisten Gebieten kann das φ-Feld extrem groß und $|\cos 2\theta| \sim 1$ sein. In diesen Gebieten mit $n_B/n_\varphi \sim 10^{-9}$ kann Leben unserer Art aber nicht existieren. Das liegt daran, daß bei gegebener Amplitude der Störungen $\delta \varrho/\varrho$ eine Erhöhung der Baryonendichte bereits um zwei bis drei Größenordnungen zur Bildung von Galaxien mit einer extrem großen Materiedichte und einem völlig anderen stellaren Aufbau führt. Es ist deshalb gar nicht ausgeschlossen, daß der Anteil des Weltalls mit kleinen Anfangswerten von φ und $\cos 2\theta$ relativ beschränkt ist, aber gerade in solchen Gebieten kann mit der größten Wahrscheinlichkeit Leben unserer Art entstehen. Wir kommen auf diese Frage in Kapitel 10 zurück.

Neben dem obengenannten wurden in den vergangenen Jahren einige weitere Mechanismen vorgeschlagen, die bei Temperaturen $T \lesssim 10^2$ GeV wirksam werden können (siehe [130, 131, 178, 261–263]). Derzeit kann man nur schwer entscheiden, welcher der vorgeschlagenen Mechanismen realistisch ist. Wichtig ist, daß man verschiedene Möglichkeiten zur Erklärung der Entstehung der Baryonenasymmetrie des Universums gefunden hat, wobei extrem hohe Temperaturen $T \sim M_X \sim 10^{14}$–10^{15} GeV, wie sie nur nach einem sehr effektiven Wiederaufheizen des Universums entstehen, keinesfalls unbedingt notwendig sind. Im Prinzip könnte die Baryonenasymmetrie des Universums sogar entstanden sein, ohne daß die Temperatur des Weltalls jemals höher als 100 GeV gewesen ist! Diese Tatsache erleichtert die Konstruktion realistischer Modelle des inflationären Universums enorm. Andererseits veranlaßt die Entdeckung, daß es möglich ist, konsistente Theorien des Universums zu finden, in denen die Temperatur niemals über $T \sim 10^2$ GeV $\sim 10^{-17} M_P$ lag, erneut darüber nachzudenken, wie sehr sich doch unsere Vorstellungen von der Entwicklung des Weltalls in den vergangenen Jahren geändert haben und welche Überraschungen uns zukünftig noch erwarten werden.

8. Das neue Szenarium des inflationären Universums

8.1 Die Grundvorstellungen des alten Szenariums des inflationären Universums

Im vorigen Kapitel haben wir die zur Gesamtkonstruktion der Theorie des inflationären Universums benötigten Bausteine beschrieben. Nun ist es an der Zeit, anhand bestimmter, inzwischen konkret ausgearbeiteter Elementarteilchentheorien zu demonstrieren, wie die oben beschriebenen Theorie-Elemente zu einem einheitlichen Szenarium zusammengefügt werden können. Wie wir bereits erwähnt hatten, gibt es derzeit jedoch zwei Grundvarianten der inflationären Theorie, die sich wesentlich unterscheiden: das neue Szenarium des inflationären Universums [54, 55] und das Szenarium der chaotischen Inflation [56, 57]. Obgleich wir das Szenarium der chaotischen Inflation wegen seiner großen Natürlichkeit und Einfachheit bevorzugen, ist es derzeit noch zu früh für abschließende Wertungen. Außerdem könnten sich viele bei der Konstruktion des neuen Szenariums des inflationären Universums erhaltenen Resultate im weiteren selbst dann als nützlich erweisen, wenn man das Szenarium selbst aufgeben muß. Wir beginnen unsere Darstellung deshalb mit einer Beschreibung der verschiedenen Varianten des neuen Szenariums des inflationären Universums und kommen im nächsten Kapitel auf das Szenarium der chaotischen Inflation zurück. Eine Darstellung des neuen Szenariums des inflationären Universums wäre jedoch unvollständig, würde man nicht einige Worte über das alte, von Guth [53] vorgeschlagene Szenarium verlieren.

Wie wir bereits im ersten Kapitel festgestellt hatten, beruht dieses Szenarium auf der Untersuchung von Phasenübergängen aus einer stark unterkühlten, instabilen Phase $\varphi = 0$ in GUT-Theorien. Die Theorie derartiger Phasenübergänge war bereits lange vor der Arbeit von Guth ausgearbeitet worden (siehe Kapitel 5); niemand hatte jedoch versucht, auf der Grundlage dieser Theorie kosmologische Probleme, wie das der Flachheit (Euklidizität) des Universums und das Horizontproblem zu lösen.

Guth wies darauf hin, daß die zu T^4 proportionale Energiedichte relativistischer Teilchen in einem symmetrischen Zustand $\varphi = 0$ bei starker Unterkühlung im Vergleich zur Vakuumenergie $V(0)$ vernachlässigbar klein wird. Das heißt, daß die Energiedichte ϱ des expandierenden (und sich abkühlenden) Universums im Grenzfall extrem starker Unterkühlung gegen $V(0)$ geht und nicht mehr von der Zeit abhängt. Nach Gleichung (1.3.7) expandiert das Universum dabei für große t exponentiell

$$a(t) \sim e^{Ht}, \qquad (8.1.1)$$

wobei die Hubble-Konstante

$$H = \sqrt{\frac{8\pi V(0)}{3 M_P^2}} \qquad (8.1.2)$$

ist. Wenn beim Phasenübergang die gesamte Energie schnell in Wärme umgewandelt wird, heizt sich das Universum, unabhängig davon, wie lange die Expansion vor dem Phasenübergang dauerte, nach dem Übergang auf die Temperatur $T_R \sim [V(0)]^{1/4}$ auf. (Diese Tatsache wurde früher von Chibisov und dem Autor zur Konstruktion eines Weltmodells verwendet, das anfangs kalt ist und sich danach durch einen Phasenübergang mit einem starken Energiegewinn aufheizt; vergleiche hierzu die Übersichtsarbeiten [24, 105].)

Da die Temperatur T_R, auf die sich das Universum nach dem Phasenübergang wiederaufheizt, nicht von der Dauer der exponentiellen Expansionsphase in dem unterkühlten Zustand abhängt, ist die einzige von der Dauer diese Phase abhängende Größe der Skalenfaktor $a(t)$, der während dieser Zeit exponentiell wächst. Wie wir aber schon gesehen hatten, wird bei der exponentiellen Expansion (Inflation) das Universum immer flacher und flacher. Dieser Effekt wird besonders deutlich, wenn man die Frage untersucht, warum die Gesamtentropie des Universums, $S \gtrsim 10^{87}$, so groß ist (wie schon in Kapitel 1 erwähnt, hängt diese Frage sehr eng mit dem Flachheitsproblem zusammen).

Die Gesamtentropie des Universums vor dem Phasenübergang kann relativ klein gewesen sein. Nach dem Phasenübergang wächst die Gesamtentropie jedoch stark auf

$$S \gtrsim a^3 T_R^3 \sim a^3 [V(0)]^{3/4},$$

wobei a^3 exponentiell groß sein kann. Nehmen wir z. B. einmal an, die exponentielle Expansion setzt in einem geschlossenen Universum in dem Moment ein, wo dessen Radius $a_0 = c_1 M_P^{-1}$ ist; die Vakuumenergie sei $V(0) = c_2 M_P^4$, wobei c_1 und c_2 Konstanten sind. In realistischen Theorien liegt der Wert von c_1 zwischen 1 und 10^{10}, der von c_2 in der Größenordnung 10^{-10}; wir werden aber gleich sehen, daß die zu berechnende Größe nur sehr schwach von c_1 und c_2 abhängt. Die Gesamtentropie des Universums ist nach der exponentiellen Expansion von der Dauer Δt

$$S \sim a_0^3 e^{3H\Delta t} T_R^3 \sim c_1^3 c_2^{3/4} e^{3H\Delta t}, \qquad (8.1.3)$$

woraus folgt, daß die Entropie S für

$$\Delta t \gtrsim H^{-1}(67 - \ln(c_1 c_2^{1/4})) \qquad (8.1.4)$$

größer als 10^{87} wird. In typischen Fällen ist $\ln(c_1 c_2^{1/4})$ betragsmäßig nicht größer als 10. Das heißt, für die Lösung des Flachheitsproblems würde es ausreichen, wenn das Universum während einer Zeit

$$\Delta t \gtrsim 70 H^{-1} = 70 M_P \sqrt{\frac{3}{8\pi V(0)}} \qquad (8.1.5)$$

im unterkühlten Zustand $\varphi = 0$ gewesen wäre.

8.1 Die Grundvorstellungen des alten Szenariums des inflationären Universums

Wir möchten darauf hinweisen, daß das Universum für ein Δt, das groß gegen $70 H^{-1}$ ist (wie es in allen realistischen Varianten des Szenariums des inflationären Universums der Fall ist), nach der Inflation und dem Wiederaufheizen mit $\Omega = \varrho/\varrho_c = 1$ fast ideal flach ist. Wie wir schon früher festgestellt hatten, ist diese Tatsache (bei Berücksichtigung der Möglichkeit kleiner lokaler Schwankungen von ϱ über Entfernungen in der Größenordnung des sichtbaren Teils des Universums) eine der wichtigsten überprüfbaren Voraussagen des inflationären Universums.

Wie man leicht zeigt (man vergleiche das vorige Kapitel), bedeutet die Bedingung $(aT)^3 \gtrsim 10^{87}$, daß der „Radius" des Weltalls $a \sim c_1 M_P^{-1}$ nach dessen Expansion bis in die Gegenwart größer als der sichtbare Teil des Universums, $l \sim 10^{28}$ cm, geworden ist. Das heißt aber, daß in einer Zeit, die nur wenig (um $H^{-1} \ln c_1$) größer als $70 H^{-1}$ ist, jedes Raumgebiet der Größe $\Delta l \sim M_P^{-1}$ so stark inflationär gedehnt worden ist, daß seine heutige Größe über der des sichtbaren Teils des Universums liegt.

Berücksichtigt man, daß die hier betrachteten Prozesse in der nach-Planckschen Epoche ($\varrho < M_P^4$, $T < M_P$, $t > M_P^{-1}$) ablaufen, so ist klar, daß ein Gebiet der Größe $\Delta l \sim M_P^{-1}$ zu Beginn der exponentiellen Expansion notwendig kausal zusammenhängend gewesen sein muß. In diesem Szenarium entstand deshalb der gesamte sichtbare Teil des Universums durch die Inflation eines kausal zusammenhängenden Gebietes, was auch das Horizontproblem löst.

Im Rahmen dieses Szenariums könnte man im Prinzip auch das Problem der Reliktmonopole lösen. Reliktmonopole entstehen nur an den Berührungspunkten mehrerer, während des Phasenübergangs gebildeter Bläschen des φ-Feldes. Wenn der Phasenübergang durch die Unterkühlung wesentlich verzögert ist, werden die Bläschen des φ-Feldes, bevor sie das gesamte Universum auszufüllen beginnen, sehr groß, während die Dichte der dabei erzeugten Monopole extrem gering ist.

Wie schon Guth selbst bemerkte, führt das von ihm vorgeschlagene Universum leider zu einer Reihe unerwünschter Folgerungen in bezug auf die Eigenschaften des Universums nach dem Phasenübergang. In diesem Szenarium nimmt das φ-Feld innerhalb der Bläschen der neuen Phase sehr schnell seinen dem absoluten Minimum von $V(\varphi)$ entsprechenden Gleichgewichtswert φ_0 an. Die gesamte Energie des instabilen Vakuumzustands $\varphi = 0$ im Bläschen geht auf dessen Wände über, die sich fast mit Lichtgeschwindigkeit vom Bläschenzentrum entfernen. Das Wiederaufheizen des Universums nach dem Phasenübergang muß in diesem Szenarium von Stößen der Bläschenwände herrühren. Wegen der Größe der Bläschen müßte das Universum dann nach den Stößen der Bläschenwände stark inhomogen und anisotrop werden, was aber den Beobachtungen völlig widerspricht.

Trotz aller Probleme, mit denen die erste Variante des Szenariums des inflationären Universums konfrontiert war, erregte es außerordentliches Interesse, und in dem der Publikation folgenden Jahr wurde dieses Szenarium von vielen Autoren intensiv untersucht und diskutiert. Eine Bilanz dieser Untersuchungen zogen die Arbeiten von Hawking, Moss und Stewart [112] und Guth und Weinberg [113], in denen gezeigt wurde, daß die Defekte dieses Szenariums unvermeidbar sind. Wir gehen deshalb zur Betrachtung des neuen Szenariums des inflationären Universums [54, 55] über, das nicht nur frei von einer Reihe von

Unzulänglichkeiten des Guthschen Szenariums ist, sondern auch die Lösung einiger weiterer der in Abschnitt 1.5 aufgeführten kosmologischen Probleme ermöglicht.

8.2 Die SU(5)-symmetrische Coleman-Weinberg-Theorie und das neue Szenarium des inflationären Universums (in der ursprünglichen, vereinfachten Form)

Die erste Version des neuen Szenariums des inflationären Universums beruhte auf der Untersuchung des Phasenübergangs bei der Symmetriebrechung SU(5) → SU(3) × SU(2) × U(1) in der SU(5)-symmetrischen Coleman-Weinberg-Theorie (2.2.16). Die Theorie dieses Phasenübergangs ist sehr kompliziert. Wir beginnen deshalb mit einer etwas vereinfachten Beschreibung dieses Phasenübergangs, um daran die allgemeine Idee des neuen Szenariums zu erläutern.

Zunächst untersuchen wir, wie sich das effektive Potential dieser Theorie bezüglich der Symmetriebrechung SU(5) → SU(3) × SU(2) × U(1) (2.2.16) bei nichtverschwindenden Temperaturen verhält.

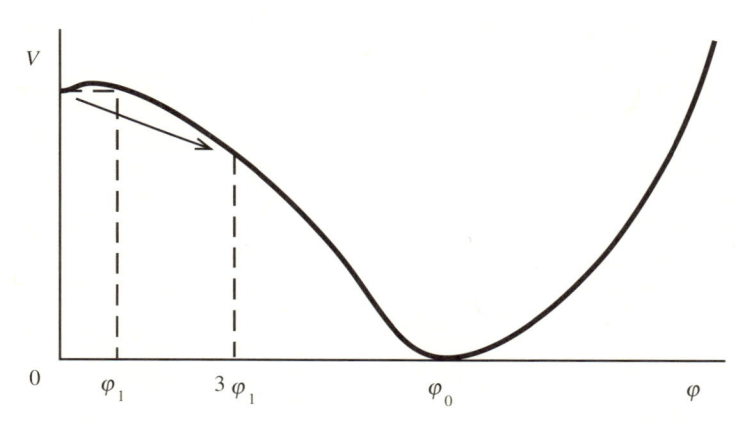

Abb. 34 Das effektive Potential in der Coleman-Weinberg-Theorie bei endlichen Temperaturen. Der Tunnelübergang verläuft über die Bildung von Bläschen mit einem Feld $\varphi \lesssim 3\varphi_1$, wobei $V(\varphi_1, T) = V(0, T)$ ist.

Wie wir in Kapitel 3 gesehen hatten, ist die Symmetrie in Eichtheorien bei hinreichend hohen Temperaturen in der Regel ungebrochen. In unserem Fall heißt das, daß die Funktion $V(\varphi, T)$ für $T \gg M_X$ in der Coleman-Weinberg-Theorie folgendermaßen aussieht:

$$V(\varphi, T) = \frac{5}{8} g^2 T^2 \varphi^2 + \frac{25 g^4 \varphi^4}{128 \pi^2} \left(\ln \frac{\varphi}{\varphi_0} - \frac{1}{4} \right) + \frac{9 M_X^4}{32 \pi^2} + c T^4, \qquad (8.2.1)$$

8.2 Die SU(5)-symmetrische Coleman-Weinberg-Theorie

wobei c eine Konstante von der Größenordnung 10 ist. Eine Untersuchung dieses Ausdrucks zeigt, daß bei hinreichend hohen Temperaturen T das einzige Minimum von $V(\varphi, T)$ bei $\varphi = 0$ liegt, d.h. die Symmetrie ungebrochen ist. Für $T \ll M_X \sim 10^{14}$ GeV verschwinden bei $\varphi \sim \varphi_0$ alle Hochtemperatur-Korrekturen zu $V(\varphi)$. Die Massen aller Teilchen gehen aber in der Coleman-Weinberg-Theorie für $\varphi \to 0$ gegen null. Deshalb bleibt in der Umgebung des Punktes $\varphi = 0$ die Formel (8.2.1) für $V(\varphi, T)$ auch bei $T \ll 10^{14}$ GeV gültig. Das heißt aber, daß der Punkt $\varphi = 0$ bei allen Temperaturen ein lokales Minimum des Potentials $V(\varphi, T)$ bleibt, ungeachtet dessen, daß das Minimum im Punkt $\varphi \approx \varphi_0$ bei $T \ll M_X$ wesentlich tiefer ist (Abbildung 34).

Der Phasenübergang aus dem lokalen Minimum $\varphi = 0$ in das globale Minimum $\varphi = \varphi_0$ findet im expandierenden Universum dann statt, wenn die charakteristische Zeit für die Bildung von Bläschen mit $\varphi \neq 0$ kleiner als das Weltalter t ist. Bei der Untersuchung dieser Frage kamen viele Autoren zu der Schlußfolgerung, daß der Phasenübergang in der Coleman-Weinberg-Theorie sehr stark verzögert ist und erst dann stattfindet, wenn die Temperatur des Universums auf ca. $T_c \sim 10^6$ GeV gefallen ist. (Diese Feststellung ist nicht ganz korrekt; zunächst gehen wir der Einfachheit halber aber von deren Richtigkeit aus und kommen darauf in Abschnitt 8.3 zurück.) Es ist klar, daß die Potentialbarriere, die das Minimum $\varphi = 0$ vom Minimum $\varphi = \varphi_0$ trennt, bei so niedrigen Temperaturen bei $\varphi \ll \varphi_0$ liegen wird (Abbildung 34), und der Prozeß der Bläschenbildung wird nicht durch φ_0, sondern nur durch die Form von $V(\varphi, T)$ in der Nähe von $\varphi = 0$ bestimmt. Infolgedessen ist das φ-Feld in den sich bildenden Bläschen der neuen Phase anfangs sehr klein,

$$\varphi \lesssim 3\varphi_1 \approx \frac{12\pi T_c}{g\sqrt{5\ln\frac{M_X}{T_c}}} \ll \varphi_0, \qquad (8.2.2)$$

wobei sich das Feld φ_1 aus der Bedingung $V(0, T) = V(\varphi_1, T)$ (siehe Abbildung 26) ergibt. Die Krümmung des effektiven Potentials ist bei diesem Feld relativ gering:

$$|m^2| = \left|\frac{d^2 V}{d\varphi^2}\right| \lesssim 75 g^2 T_c^2 \sim 25 T_c^2. \qquad (8.2.3)$$

Es ist klar, daß das φ-Feld im Bläschen in der Zeit $\Delta t \gtrsim |m^{-1}| \sim 0{,}2 T_c^{-1}$ auf den Gleichgewichtswert $\varphi \sim \varphi_0$ wachsen wird. Einen Großteil dieser Zeit bleibt das φ-Feld wesentlich kleiner als φ_0. Das heißt aber, daß über eine Zeitspanne, die mindestens in der Größenordnung $0{,}2 T_c^{-1}$ liegt, die Vakuumenergie $V(\varphi, T)$ nahezu gleich $V(0)$ bleibt, und folglich der Teil des Universums, der sich im Bläschen befindet, wie zu Beginn des Phasenübergangs weiterhin exponentiell expandiert. Darin besteht der grundlegende Unterschied zwischen dem neuen Szenarium des inflationären Universums und dem Guthschen Szenarium, in dem vorausgesetzt wurde, daß die exponentielle Expansion im Moment der Bläschenbildung aufhört.

Die Hubble-Konstante ist für $\varphi \ll \varphi_0$ und $M_X \sim 5 \cdot 10^{14}$ GeV gleich

$$H = \sqrt{\frac{8\pi}{3 M_P^2} V(0)} = \frac{M_X^2}{2 M_P} \sqrt{\frac{3}{\pi}} \approx 10^{10} \text{ GeV}. \tag{8.2.4}$$

Während der Zeit $\Delta t \sim 0{,}2 T_c^{-1}$ expandiert das Universum auf das $e^{H\Delta t}$-fache, wobei

$$e^{H\Delta t} \sim e^{0{,}2 H T_c^{-1}} \sim e^{2000} \sim 10^{800} \tag{8.2.5}$$

ist. Die charakteristische Größe des Bläschens liegt im Moment seiner Bildung in der Größenordnung $T_c^{-1} \sim 10^{-20}$ cm. Nach der Expansion ist seine Größe auf $\sim 10^{800}$ cm gewachsen, was ganz wesentlich über der Größe des sichtbaren Teils des Universums, $l \sim 10^{28}$ cm, liegt. Im Rahmen dieses Szenariums muß deshalb der gesamte sichtbare Teil des Universums *innerhalb eines einzigen Bläschens* liegen. Aus diesem Grund sehen wir keine bei Zusammenstößen der Bläschenwände entstandenen Inhomogenitäten.

Wie schon im Guthschen Szenarium erlaubt die exponentielle Expansion auf das mehr als e^{70}-fache (8.2.5), das Horizont- und das Flachheitsproblem zu lösen. Darüberhinaus eröffnet sich hier aber die Möglichkeit, die großräumige Homogenität und Isotropie des Weltalls zu erklären (siehe Kapitel 7).

Da die Bläschen größer als der sichtbare Teil des Universums sind, Monopole und Domänenwände aber nur in der Nähe der Bläschenwände erzeugt werden, darf es im sichtbaren Teil des Universums weder einen einzigen Monopol, noch eine einzige Domänenwand geben, was die entsprechenden, in Abschnitt 1.5 erörterten Probleme beseitigt.

Man sieht, daß das effektive Potential (8.2.1) mit zunehmendem φ-Feld immer schneller abfällt. Das Stadium des langsam wachsenden φ-Feldes bei gleichzeitiger exponentieller Expansion des Universums wird deshalb von einer Phase mit extrem schnellem Anwachsen von φ bis zum Gleichgewichtswert $\varphi = \varphi_0$ und nachfolgenden Oszillationen des Feldes um das Minimum des effektiven Potentials abgelöst. Die Frequenz der Oszillationen ist im betrachteten Modell durch die Masse des Higgs-Feldes φ bei $\varphi = \varphi_0$, $m = \sqrt{V''(\varphi_0)} \sim 10^{14}$ GeV, gegeben. Das zeigt, daß die charakteristische Schwingungsdauer, $\sim m^{-1}$, um viele Größenordnungen unter der charakteristischen Zeit für die Expansion des Universums, H^{-1}, liegt. Bei der Untersuchung der Oszillationen des φ-Feldes um den Punkt φ_0 kann man deshalb die Expansion des Universums vernachlässigen. Das heißt aber, daß in diesem Stadium die gesamte potentielle Energie $V(0)$ in Schwingungsenergie des Feldes übergeht. Das oszillierende klassische φ-Feld erzeugt Higgs- und Vektorbosonen, die schnell zerfallen. Summa summarum geht damit die gesamte Energie des oszillierenden φ-Feldes in Energie relativistischer Teilchen über, und das Weltall wird auf die Temperatur

$$T_R \sim [V(0)]^{1/4} \sim 10^{14} \text{ GeV}$$

wiederaufgeheizt [123, 124]. Der Mechanismus des Wiederaufheizens des Universums im neuen Szenarium unterscheidet sich deshalb wesentlich von dem entsprechenden Mechanismus im Guthschen Szenarium.

Die Baryonenasymmetrie des Universums wird während des Zerfalls der skalaren und vektoriellen Mesonen im Prozeß des Wiederaufheizens erzeugt [36–38]. Da der Prozeß in dieser Epoche fernab des Gleichgewichts abläuft, wird die Baryonenasymmetrie in diesem Fall viel effektiver als im Standardszenario des expandierenden heißen Universums erzeugt [123].

Wie man sieht, ist die Grundidee des neuen Szenariums des inflationären Universums ziemlich einfach: der Prozeß der Symmetriebrechung durch das wachsende φ-Feld muß lediglich anfangs hinreichend langsam ablaufen, damit das Universum in dieser Zeit stark expandieren kann, während die Wachstumsrate bzw. die Frequenz der Schwingungen des φ-Feldes um das Minimum von $V(\varphi)$ in den späteren Stadien des Prozesses hinreichend groß sein müssen, um ein effektives Wiederaufheizen des Universums nach dem Phasenübergang zu ermöglichen. Diese Vorstellung liegt sowohl der präzisierten Version des neuen Szenariums, der wir uns jetzt zuwenden wollen, als auch allen nachfolgenden Varianten des Szenariums des inflationären Universums zugrunde.

8.3 Präzisierung des neuen Szenariums des inflationären Universums

Die Darstellung des neuen Szenariums des inflationären Universums im vorigen Abschnitt war stark vereinfacht. Die wesentliche Vereinfachung bestand darin, daß wir die Wirkung der exponentiellen Expansion des Universums auf die Kinetik des Phasenübergangs außer acht gelassen haben. Bei $T \gg H \sim 10^{10}$ GeV ist eine solche Vereinfachung völlig gerechtfertigt. Nach Abschnitt 8.2 kann der Phasenübergang aber erst bei $T = T_c \ll H$ beginnen. In diesem Fall haben Hochtemperatureffekte praktisch keine Auswirkung mehr auf die Kinetik des Phasenübergangs. Die charakteristische Zeit, in der bei der Temperatur T_c Bläschen entstanden sein können, muß nämlich größer als

$$m^{-1}(\varphi = 0, T = T_c) \sim (gT_c)^{-1} \gg H^{-1}$$

sein. Während dieser Zeit dehnt sich das Universum aber auf das etwa e^{H/gT_c}-fache aus, und die Temperatur fällt von $T = T_c$ praktisch auf null. Hochtemperatureffekte haben deshalb lediglich die Aufgabe, das φ-Feld in den Punkt $\varphi = 0$ zu setzen, während man bei der Beschreibung der Bildung der φ-Feld-Bläschen und des Hinabrollens von φ nach φ_0 den Prozeß bei verschwindender Temperatur betrachten kann. Dabei muß man aber unbedingt die mit der raschen Expansion des Universums zusammenhängenden Effekte berücksichtigen.

Die entsprechende Präzisierung des Szenariums geschieht in mehreren Schritten:

1. Bei der Untersuchung des Evolution des φ-Feldes im inflationären Universum muß man berücksichtigen, daß die Bewegungsgleichung dieses Feldes modifiziert wird und die Form

$$\ddot{\varphi} + 3H\dot{\varphi} - \frac{1}{a^2}\nabla^2\varphi = -\frac{dV}{d\varphi} \qquad (8.3.1)$$

8. Das neue Szenarium des inflationären Universums

annimmt. Falls das effektive Potential nicht zu steil abfällt, ändert sich das φ-Feld nur langsam und der $\ddot{\varphi}$-Term kann in (8.3.1) vernachlässigt werden, so daß das homogene φ-Feld der Gleichung

$$\dot{\varphi} = -\frac{1}{3H}\frac{dV}{d\varphi} \qquad (8.3.2)$$

genügt. Insbesondere folgt aus (8.3.2), daß für $H = \text{const.} \gg m$ in einer Theorie mit $V = V(0) + m^2 \varphi^2/2$ (φ_0 bezeichnet hier den Anfangswert des φ-Feldes)

$$\varphi \sim \varphi_0 \exp\left(-\frac{m^2}{3H}t\right) \qquad (8.3.3)$$

und in einer Theorie mit $V = V(0) - m^2 \varphi^2/2$

$$\varphi \sim \varphi_0 \exp\left(+\frac{m^2}{3H}t\right) \qquad (8.3.4)$$

ist. Das heißt, daß die Krümmung des effektiven Potentials bei $\varphi = 0$ nicht notwendig verschwinden muß. Um das Flachheits- und das Horizontproblem zu lösen reicht es aus, daß sich das Feld (und damit auch $V(\varphi)$) während der Zeitspanne $\Delta t \gtrsim 70 H^{-1}$ nur langsam ändert. In Verbindung mit (8.2.4) führt das auf die Schranke

$$|m^2| \lesssim \frac{H^2}{20}. \qquad (8.3.5)$$

Wir können auch die Evolution des klassischen Feldes in einer Theorie mit

$$V(\varphi) = V(0) - \frac{\lambda}{4}\varphi^4 \qquad (8.3.6)$$

untersuchen. Aus (8.3.2) folgt in diesem Fall

$$\frac{1}{\varphi_0^2} - \frac{1}{\varphi^2} = \frac{2\lambda}{3H}(t - t_0), \qquad (8.3.7)$$

wobei φ_0 der Anfangswert des φ-Feldes ist. Das heißt, das Feld wird in der endlichen Zeit

$$t - t_0 = \frac{3H}{2\lambda\varphi_0^2} \qquad (8.3.8)$$

unendlich groß. Für $\lambda\varphi_0^2 \ll H^2$ ist $t - t_0 \gg H^{-1}$, und das φ-Feld rollt den größten Teil dieser Zeit langsam hinab. Erst am Ende des Intervalls (8.3.8) rollt das Feld in der Zeit $\Delta t \sim H^{-1}$ schnell gegen unendlich, $\varphi \to \infty$. Für $\lambda\varphi_0^2 \ll H^2$ dauert das inflationäre Stadium, in dem das φ-Feld aus dem Punkt $\varphi = \varphi_0$ hinausrollt, deshalb in der Theorie (8.3.6) (bis auf Abweichungen $\Delta t \sim H^{-1}$) eine Zeitspanne $3H/2\lambda\varphi_0^2$ (8.3.8). Auf dieses Resultat werden wir später noch zurückkommen.

2. Im de-Sitter-Raum gibt es Korrekturen zum effektiven Potential $V(\varphi)$ (8.2.1). Beschränken wir uns wie bisher auf den Beitrag der schweren Vektorteilchen (siehe Kapitel 2), finden wir für kleine φ ($e\varphi \ll H$) [264, 265]

$$V(\varphi, R) = \frac{\mu_1^2}{2} R + \frac{e^2 R}{64\pi^2} \varphi^2 \ln \frac{R}{\mu_2^2} + \frac{3 e^4 \varphi^4}{64\pi^2} \ln \frac{R}{\mu_3^2} + V(0, R), \qquad (8.3.9)$$

wobei $R = 12 H^2$ der Krümmungsskalar ist; die μ_i sind Normierungskoeffizienten mit der Dimension einer Masse, deren Wert man aus den Normierungsbedingungen für $V(\varphi, R)$ erhält. Für $V(\varphi) \ll M_P^4$ sind die Korrekturen zum effektiven Potential $V(\varphi)$ außerordentlich klein; sie können jedoch auf Korrekturen zu $m^2 = d^2 V/d\varphi^2|_{\varphi=0}$ von der Größenordnung $O(e^2 H^2)$ führen, die die Bedingung (8.3.5) verletzen. Zum Glück kann man einen Satz von Normierungskonstanten (d.h. Nebenbedingungen an die Coleman-Weinberg-Theorie im gekrümmten Raum) finden, für die das nicht der Fall ist und die Größe m^2 gleich null bleibt. Wir wollen nicht länger bei dieser Frage verweilen und verweisen den Leser auf die Arbeit [265], in der die Renormierung von $V(\varphi, R)$ für die Coleman-Weinberg-Theorie im de-Sitter-Raum behandelt ist.

3. Die wichtigste Präzisierung des Szenariums betrifft das Wachstum des φ-Feldes im Anfangsstadium. Wie schon erwähnt, wird die Temperatur und die effektive Masse des φ-Feldes im Punkt $\varphi = 0$ im Verlauf der Zeit $\tau \sim O(H^{-1})$ nach Absinken der Temperatur auf $T \sim H$ exponentiell klein. Dann kann man das effektive Potential $V(\varphi)$ (8.2.1) in der hier interessierenden Umgebung des Punktes $\varphi = 0$ (für $H \lesssim \varphi \lesssim h/\sqrt{\lambda}$) durch Gleichung (8.3.6) mit

$$\lambda \approx \frac{25 g^4}{32\pi^2}\left(\ln \frac{H}{\varphi_0} - \frac{1}{4}\right), \quad V(0) = \frac{9 M_X^4}{32\pi^2} \qquad (8.3.10)$$

annähern. Nach Gleichung (8.3.8) würde die im Punkt $\varphi_0 = 0$ beginnende klassische Bewegung des φ-Feldes unendlich lange andauern. Wie wir aber in Abschnitt 7.3 festgestellt hatten, führen im inflationären Universum Quantenfluktuationen des φ-Feldes zu langwelligen Störungen dieses Feldes, die über Entfernungen $l \sim H^{-1}$ wie ein homogenes klassisches Feld aussehen. Das Quadratmittel dieses Feldes ist (gemittelt über eine große Zahl unabhängiger Gebiete der Größe $l \gtrsim H^{-1}$) nach (7.3.12)

$$\varphi \sim \frac{H}{2\pi} \sqrt{H(t - t_0)}. \qquad (8.3.11)$$

In unserem Fall ist t_0 die Zeit, zu der das effektive Massenquadrat des φ-Feldes bei $\varphi = 0$ klein gegen H^2 wird.

Die langwelligen Störungen des φ-Feldes können auch die Rolle des nichtverschwindenden Anfangsfeldes φ in Gleichung (8.3.7) übernehmen. An dieser Stelle müssen wir jedoch einen wichtigen Vorbehalt äußern. In verschiedenen Gebieten des Weltalls nimmt das fluktuierende φ-Feld unterschiedliche Werte an; insbesondere gibt es immer Gebiete des Weltalls, in denen das φ-Feld überhaupt nicht abnimmt, was zur Entstehung eines sich selbst reproduzierenden inflationären

8. Das neue Szenarium des inflationären Universums

Universums [266, 267, 204], ähnlich, wie wir es im Szenarium der chaotischen Inflation (siehe Abschnitt 1.8) kennengelernt hatten [57, 132, 133], führt. Im folgenden betrachten wir den Mittelwert des fluktuierenden φ-Feldes (8.3.11).

In der ersten Prozeßphase ist das Fluktuations- (bzw. Diffusions-)Wachstum des φ-Feldes stärker als das klassische Hinabrollen:

$$\dot\varphi \sim \frac{H^2}{4\pi\sqrt{H(t-t_0)}} \gg \frac{\lambda\varphi^3}{3H} \sim \frac{\lambda H^2 [H(t-t_0)]^{3/2}}{6\pi\sqrt{2\pi}}. \tag{8.3.12}$$

Dieses Stadium dauert eine Zeit

$$\Delta t = t - t_0 \sim \frac{\sqrt{2}}{H\sqrt{\lambda}}, \tag{8.3.13}$$

in der das mittlere φ-Feld (8.3.11) auf

$$\varphi_0 \sim \frac{H}{2\pi}\left(\frac{2}{\lambda}\right)^{\frac{1}{4}} \tag{8.3.14}$$

wächst. Die weitere Entwicklung des φ-Feldes wird in guter Näherung durch Gleichung (8.3.7) beschrieben, wo man für t_0 jetzt $t_0 + \Delta t$ einzusetzen hat. Die Gesamtdauer des Hinabrollens des φ-Feldes von $\varphi = \varphi_0$ bis $\varphi = \infty$ ist

$$t - (t_0 + \Delta t) = \frac{3H}{2\lambda\varphi_0^2} = \frac{3\sqrt{2}\pi}{\sqrt{\lambda}H}, \tag{8.3.15}$$

und die Gesamtdauer der Inflation liegt in der Größenordnung

$$t - t_0 \sim \frac{4\sqrt{2}\pi}{\sqrt{\lambda}H}. \tag{8.3.16}$$

Das Weltall wächst in dieser Zeit etwa um den Faktor

$$\exp(H(t-t_0)) \sim \exp\left(\frac{4\sqrt{2}\pi}{\sqrt{\lambda}}\right). \tag{8.3.17}$$

Die Bedingung $H(t-t_0) \gtrsim 70$ führt auf die Schranke [265, 128, 134, 135]

$$\lambda \lesssim \frac{1}{20}, \tag{8.3.18}$$

die in der SU(5)-Coleman-Weinberg-Theorie im Prinzip auch erfüllbar ist.

Die obigen Überlegungen kann man mit kleinen Modifikationen auch auf eine Theorie mit $m^2 \equiv V''(0) < 0$, $|m^2| \ll H^2$ sowie eine Theorie mit einem flachen lokalen Minimum des effektiven Potentials bei $\varphi = 0$ (bei der also $0 < m^2 \ll H^2$ ist) übertragen.

Im ersten Fall verläuft der Prozeß des Hinabrollens aus dem Punkt $\varphi = 0$ genau wie eben beschrieben. Im zweiten Fall ähnelt die Diffusion des φ-Feldes den in Abschnitt 7.4 untersuchten Tunnelübergängen.

Wie man sieht, weicht das Verhalten des skalaren φ-Feldes beim Phasenübergang aus dem Punkt $\varphi = 0$ in das Minimum von $V(\varphi)$ bei $\varphi = \varphi_0$ in Details von dem im vorigen Abschnitt beschriebenen ab. Dessenungeachtet bleiben die meisten qualitativen Schlußfolgerungen bezüglich des Auftretens einer inflationären Phase in der Coleman-Weinberg-Theorie gültig.

Leider ist die auf der Theorie (8.2.1) beruhende, ursprüngliche Variante des neuen Szenariums des inflationären Universums nicht ganz realistisch. Das Problem besteht darin, daß die während der inflationären Phase erzeugten Fluktuationen des Skalarfeldes φ zu starken Dichteinhomogenitäten nach Beendigung der Inflation führen. Nach (7.5.22) sind ja die nach der Inflation, dem Wiederaufheizen und der nachfolgenden Abkühlung im Universum entstandenen Dichteinhomogenitäten

$$\frac{\delta\varrho(\varphi)}{\varrho} = \frac{48}{5}\sqrt{\frac{2\pi}{3}}\frac{[V(\varphi)]^{3/2}}{M_P^3 V'(\varphi)}, \tag{8.3.19}$$

wobei φ der Wert des Feldes war, bei dem die entsprechenden Fluktuationen $\delta\varphi$ die Wellenlänge $l \sim k^{-1} \sim H^{-1}$ hatten. Im neuen Szenarium des inflationären Universums ist während der Inflation $V(\varphi) \approx V(0)$. Wir wollen die heutige Wellenlänge einer Störung abschätzen, die damals die Wellenlänge $l \sim [H(\varphi)]^{-1}$ hatte. Aus (8.3.8) folgt, daß das Universum, nachdem das Feld den Wert φ erreicht hat, noch um das $\exp(3H^2/2\lambda\varphi^2)$-fache inflationär expandiert. Abschätzungen der im vorigen Kapitel durchgeführten Art zeigen, daß eine Wellenlänge $l \sim [H(\varphi)]^{-1}$ nach dieser Inflation und der nachfolgenden Expansion bei gleichzeitiger Abkühlung des Universums bis heute auf etwa

$$l \sim \exp\left(\frac{3H^2}{2\lambda\varphi^2}\right) \text{cm} \tag{8.3.20}$$

angewachsen ist. Aus (8.3.19) und (8.3.20) erhält man

$$\frac{\delta\varrho}{\varrho} \sim \frac{9}{5\pi}\frac{H^3}{\lambda\varphi^3} \sim \frac{2\sqrt{6}}{5\pi}\sqrt{\lambda}\ln^{3/2} l[\text{cm}], \tag{8.3.21}$$

genau wie im Szenarium der chaotischen Inflation (7.5.29). Für die hier interessierenden galaktischen Entfernungen $l_g \sim 10^{22}$ cm ist

$$\frac{\delta\varrho}{\varrho} \sim 110\sqrt{\lambda}. \tag{8.3.22}$$

Das heißt, für $\delta\varrho/\varrho \sim 10^{-5}$ braucht man

$$\lambda \sim 10^{-14}, \tag{8.3.23}$$

wie es ebenfalls schon im Szenarium der chaotischen Inflation der Fall war. In der ursprünglichen Variante des neuen Szenariums des inflationären Universums war die Beziehung (8.3.23) bei weitem nicht erfüllt. Das erforderte die Suche nach anderen realistischen Modellen zur Realisierung des neuen Szenariums des inflationären Universums, denen wir uns nun zuwenden wollen.

8.4 Die Reliktinflation in der $N=1$-Supergravitations-Theorie

Das Haupthindernis bei der konsequenten Realisierung des neuen Szenariums des inflationären Universums in der SU(5)-Coleman-Weinberg-Theorie bestand darin, daß das Skalarfeld an Vektorteilchen gekoppelt ist und infolge dieser Wechselwirkung eine effektive Kopplungskonstante $\lambda \sim g^4 \gg 10^{-14}$ erhält. Also zog man die Schlußfolgerung: Das für die Inflation verantwortliche φ-Feld (das Inflatonfeld) darf nur extrem schwach mit sich selbst und den anderen Feldern wechselwirken. Insbesondere darf es nicht mit Vektorfeldern wechselwirken, d.h., es muß bezüglich der Eichtransformationen in den GUT-Theorien ein Singulett sein.

Auf diese Weise wurde eine ganze Reihe von Forderungen an eine Theorie formuliert, die diese erfüllen muß, um in ihr das neue Szenarium des inflationären Universums realisieren zu können [268]. Insbesondere muß das effektive Potential $V(\varphi)$ für kleine φ extrem flach sein (was aus (8.3.5) und (8.3.23) folgt), während es in der Nähe des Minimums bei $\varphi = \varphi_0$ hinreichend stark gekrümmt sein muß, um ein effektives Wiederaufheizen des Universums zu ermöglichen. Nachdem die Grundforderungen an die Theorie formuliert waren, setzte die Suche nach einer realistischen Elementarteilchentheorie mit den entsprechenden Eigenschaften ein. Da man nach der Konstruktion der GUT-Theorien zur Entwicklung phänomenologischer Theorien auf der Basis der $N=1$-Supergravitations-Theorie übergegangen war, erschien eine Vielzahl von Arbeiten, in denen die Autoren versuchten, die Inflation im Rahmen dieser Theorien zu beschreiben (vergleiche z.B. [269–271]).

Die Rolle des für die Inflation des Universums verantwortlichen Inflatonfeldes φ übernimmt in der $N=1$-Supergravitations-Theorie die skalare Komponente z eines zusätzlichen chiralen Singulett-Superfeldes Σ. Nach [272] läßt sich die Lagrange-Dichte dieses Feldes in der Form

$$L = G_{zz^*} \partial_\mu z \, \partial^\mu z^* - V(z, z^*), \tag{8.4.1}$$

$$V(z, z^*) = e^G (G_z G_{zz^*}^{-1} G_{z^*} - 3) \tag{8.4.2}$$

darstellen, wobei G eine beliebige reellwertige Funktion von z und z^*, G_z deren Ableitung nach z und G_{zz^*} die Ableitung nach z und z^* ist. In den minimalen Varianten der Theorie stellt man an G noch die Bedingung $G_{zz^*} = 1/2$, damit der

8.4 Die Reliktinflation in der $N=1$-Supergravitations-Theorie

kinetische Term in (8.4.1) (bis auf einen Faktor 1/2) die übliche (minimale) Form $\partial_\mu z \partial^\mu z^*$ annimmt. Die Funktion G selbst wählt man entsprechend

$$G(z, z^*) = \frac{zz^*}{2} + \ln|g(z)|^2, \tag{8.4.3}$$

wobei $g(z)$ eine beliebige Funktion des Feldes z ist, die man als Superpotential bezeichnet. In (8.4.3) sind alle dimensionsbehafteten Größen in Einheiten von $M_P/\sqrt{8\pi}$ ausgedrückt. Für das effektive Potential erhält man dann

$$V(z, z^*) = e^{zz^*/2}\left(2\left|\frac{dg}{dz} + \frac{z^2}{2}g\right|^2 - 3|g^2|\right). \tag{8.4.4}$$

Die Funktion g unterliegt den zwei Nebenbedingungen $V(z_0) = 0$ und $g(z_0) \ll 1$, wobei z_0 der Punkt ist, in dem $V(z, z^*)$ sein Minimum hat. Die erste Bedingung bedeutet, daß man die Vakuumenergie im Minimum von $V(z, z^*)$ gleich null setzt, die zweite Bedingung braucht man, damit die zu $g(z_0)$ proportionale Gravitinomasse $m_{3/2}$ klein gegen die anderen in der Theorie auftretenden Massen wird. Dies ist notwendig, um im Rahmen der $N=1$-Supergravitations-Theorie das Massenhierarchie-Problem lösen zu können [15].

Das Superpotential $g(z)$ kann als ein Produkt $\mu^3 f(z)$ dargestellt werden, wobei μ ein Parameter mit der Dimension einer Masse ist. Dadurch wird das Potential $V(z, z^*)$, und folglich auch die effektiven Kopplungskonstanten der Felder z und z^*, proportional zu μ^6. Die relativ natürlich scheinende Wahl $\mu \sim 10^{-2}$–10^{-3} führt deshalb zum Auftreten extrem kleiner Kopplungskonstanten $\lambda \sim 10^{-12}$–10^{-18}, wie man sie gerade benötigt, um bei der Inflation in der Theorie (8.4.4) die gewünschte Schwankungsamplitude $\delta\varrho/\varrho \sim 10^{-4}$–$10^{-5}$ zu erhalten. Diese Variante des neuen Szenariums des inflationären Universums erhielt von ihren Autoren den Namen Reliktinflation [270], da man erwartete, daß sie in einem Energiebereich abläuft, der wesentlich über der charakteristischen Energieskale der GUT-Theorien liegt. Später stellte sich aber heraus, daß beide Energieskalen praktisch übereinstimmen.

Bei der Entwicklung des Reliktinflations-Szenariums wurden viele interessante Ideen geboren und beachtlicher Einfallsreichtum an den Tag gelegt. Gleichzeitig war etwa die Hälfte der entsprechenden Arbeiten der Berichtigung von Fehlern in der anderen Hälfte gewidmet, und trotz vielfältiger Bemühungen gelang es nicht, einen wesentlichen Durchbruch bei der Realisierung des Szenariums der Reliktinflation (oder auch einer anderen Version des neuen Szenariums des inflationären Universums) zu erreichen. Das liegt hauptsächlich daran, daß die Teilchen des z-Feldes, die sowohl miteinander, als auch mit den restlichen Teilchen extrem schwach (entweder gravitativ oder mit einer Kopplungskonstante in der Größenordnung $\mu^6 \sim 10^{-14}$) wechselwirken, im frühen Universum nicht im thermischen Gleichgewicht gewesen sein können. Aber selbst wenn sie im thermischen Gleichgewicht gewesen wären, sind die entsprechenden Korrekturen zu $V(z, z^*)$ vom Typ $\lambda zz^* T^2$ so klein, daß sie den Anfangswert des z-Feldes nicht beeinflussen können, d.h., in den meisten Modellen dieser Art gelingt es nicht, das z-Feld auf ein Maximum des Potentials $V(z, z^*)$ zu heben, wie es für die Entstehung einer inflationären Phase in diesem Szenarium erforderlich wäre [115, 116] (wir kommen hierauf genauer in Abschnitt 8.5 zu sprechen). Wie in Kapitel 9 gezeigt wird, läßt sich das Szenarium der chaotischen Inflation in der $N=1$-Supergravitations-Theorie dagegen durchaus realisieren [273, 274].

8.5 Das Shafi-Vilenkin-Modell

Beim Versuch einer konsistenten Realisierung des Szenariums des inflationären Universums am weitesten vorangekommen sind Shafi und Vilenkin [275] (siehe auch [276]). Dabei kamen sie auf die Betrachtung einer SU(5)-symmetrischen Coleman-Weinberg-Theorie zurück, bei der die Symmetriebrechung mit dem Coleman-Weinberg-Mechanismus aber nicht das mit den Vektorbosonen über die Kopplungskonstante g wechselwirkende Feld Φ, sondern ein weiteres Feld χ, ein SU(5)-Singulett, betrifft, das nur sehr schwach mit dem superschweren Higgs-Feld Φ und dem Higgs-Bosonen-Multiplett H_5 wechselwirkt. Das effektive Potential ist in diesem Modell

$$V = \frac{1}{4} a \operatorname{Sp}(\Phi^2)^2 + \frac{1}{2} b \operatorname{Sp}\Phi^4 - \alpha(H_5^+ H_5)\operatorname{Sp}\Phi^2$$

$$+ \frac{\gamma}{4}(H_5^+ H_5)^2 - \beta H_5^+ \Phi^2 H_5 + \frac{\lambda_1}{4}\chi^4$$

$$- \frac{\lambda_2}{2}\chi^2 \operatorname{Sp}\Phi^2 + \frac{\lambda_3}{2}\chi^2 H_5^+ H_5$$

$$+ A\chi^4\left(\ln\frac{\chi^2}{\chi_0^2} + C\right) + V(0), \qquad (8.5.1)$$

wobei a, b, α und γ proportional g^2 sind; C ist eine Normierungskonstante; weiter ist $0 < \lambda_i \ll g^2$, $\lambda_1 \ll \lambda_2^2, \lambda_3^2$ und A ergibt sich aus den Strahlungskorrekturen zur Wechselwirkung des χ-Feldes mit den Feldern Φ, H_5 und (indirekt) mit den Vektormesonen X und Y.

Die Berechnung von A ist in unserem Fall nicht ganz trivial und erfordert einige Erläuterungen. Beim Entstehen des nichtverschwindenden klassischen χ-Feldes kommt es in der SU(5)-Theorie aufgrund des Terms $-\frac{1}{2}\lambda_2 \chi^2 \operatorname{Sp}\Phi^2$ in (8.5.1) zur spontanen Symmetriebrechung. Die Symmetrie wird mit Erscheinen des Feldes (siehe (1.1.19))

$$\Phi = \sqrt{\frac{2}{15}}\,\varphi\,\operatorname{diag}\left(1, 1, 1, -\frac{3}{2}, -\frac{3}{2}\right),$$

wobei

$$\varphi^2 = \frac{2\lambda_2}{\lambda_c}\chi^2 \qquad (8.5.2)$$

($\lambda_c = a + (7/15)b$) ist, auf die Gruppe $SU(3) \times SU(2) \times U(1)$ gebrochen. Die Zeit, in der das φ-Feld auf den Wert (8.5.2) wächst, liegt in der Größenordnung $\tau \sim (\sqrt{\lambda_2}\chi)^{-1}$ und ist damit wesentlich kleiner als die charakteristische Zeit für die Änderungen des χ-Feldes während der Inflation (siehe unten). Das φ-Feld folgt somit kontinuierlich dem Verhalten des χ-Feldes. Eine Änderung von χ beeinflußt deshalb nicht nur die Massen der Teilchen, mit denen dieses Feld unmittelbar wechselwirkt (Φ und H_5), sondern auch jener Teilchen, die mit dem φ-Feld wechselwirken, insbesondere die der Vektormesonen X und Y. Besonders bemerkenswert ist dabei das Verhalten der Massen des Multipletts H_5. Die beiden ersten Komponenten des Multipletts übernehmen die Rolle des Higgs-Dubletts bei der $SU(2) \times U(1)$-Symmetriebrechung. Sie müssen sehr leicht sein,

$$m_2 \sim 10^2 \text{ GeV} \ll m_3, M_X, M_Y, \ldots$$

In der niedrigsten Ordnung kann man deshalb im Minimum von $V(\varphi, \chi)$ deren Masse $m_2 = 0$ setzen.

Der allgemeine Ausdruck für die Massen des Dubletts und des Tripletts der H-Felder folgt aus (8.5.1):

$$m_2^2 = \lambda_3 \chi^2 - (\alpha + 0{,}3\beta)\varphi^2, \qquad (8.5.3)$$

$$m_3^2 = m_2^2 + \frac{\beta}{6}\varphi^2. \qquad (8.5.4)$$

Unter Benutzung von (8.5.2) findet man

$$\lambda_3 = \frac{2\lambda_2}{\lambda_c}(\alpha + 0{,}3\beta). \qquad (8.5.5)$$

Das heißt, nicht nur im Minimum von $V(\varphi, \chi)$, sondern längs der gesamten Trajektorie, längs der sich das χ-Feld ändert, ist

$$m_2^2 = 0, \quad m_3^2 = \frac{\beta}{6}\varphi^2. \qquad (8.5.6)$$

Die Konstante λ_3 ist demnach nicht unabhängig, und der Wert von m_3^2 ist nicht proportional zu $\lambda_3 \chi^2$, sondern zu $\beta/6 \, \varphi^2$. Unter Berücksichtigung von (8.5.6) liefert die Berechnung der Strahlungskorrekturen zu $V(\varphi, \chi)$ in der Umgebung einer Trajektorie, längs der das χ-Feld langsam hinabrollt, für $\lambda_i, \beta \ll g^2$ schließlich [277]

$$A = \frac{\lambda_2^2}{16\pi^2}\left(1 + \frac{25g^4}{16\lambda_c^2} + \frac{14b^2}{9\lambda_c^2}\right). \qquad (8.5.7)$$

(Dieser Ausdruck unterscheidet sich geringfügig von dem in [275].) Setzt man der Einfachheit halber $a \sim b \sim g^2$, erhält man aus Gleichung (8.5.7) die Abschätzung

$$A \sim 1{,}5 \cdot 10^{-2} \lambda_2^2. \qquad (8.5.8)$$

Das effektive Potential $V(\varphi, \chi)$ lautet in der Theorie (8.5.1):

$$V = \frac{\lambda_c}{16}\varphi^4 - \frac{\lambda_2}{4}\varphi^2\chi^2 + \frac{\lambda_1}{4}\chi^4 + A\chi^4\left(\ln\frac{\chi}{M} + C\right) + V(0), \tag{8.5.9}$$

wobei M und C Normierungsparameter sind. Zur Bestimmung von M, C und $V(0)$ benutzt man Gleichung (8.5.2):

$$V = -\frac{\lambda_2^2}{4\lambda_c}\chi^4 + A\chi^4\left(\ln\frac{\chi}{M} + C\right) + V(0). \tag{8.5.10}$$

Bei geeigneter Wahl der Normierungskonstante C läßt sich das effektive Potential (8.5.10) in die Standardform

$$V(\chi) = A\chi^4\left(\ln\frac{\chi}{\chi_0} - \frac{1}{4}\right) + \frac{A\chi_0^4}{4} \tag{8.5.11}$$

bringen, wobei χ_0 die Lage des Minimums von $V(\chi)$ angibt. Berücksichtigen wir nun, daß das Minimum bezüglich φ bei $\varphi_0 = \sqrt{2\lambda_2/\lambda_c}\,\chi_0$ liegt (siehe (8.5.2)) und daß die Masse des X-Bosons gleich

$$M_X = \sqrt{\frac{5}{3}}\,\frac{g\varphi_0}{2} \sim 10^{14}\,\text{GeV}$$

ist, so folgt

$$\chi_0 \sim \frac{M_X}{g}\sqrt{\frac{6\lambda_c}{5\lambda_2}}$$

und

$$V(0) = \frac{A}{4}\chi_0^4 \approx M_X^4.$$

Damit lauten die Hochtemperatur-Korrekturterme zum effektiven Potential (8.5.11)

$$\Delta V(\chi, T) = \left(\frac{5}{12}\lambda_3 - \lambda_2\right)T^2\chi^2; \tag{8.5.12}$$

sie könnten für $\lambda_3 > 12\lambda_2/5$ zur Wiederherstellung der Symmetrie, $\chi \to 0$, führen (vergleiche hierzu jedoch den nächsten Abschnitt). Bei sinkender Temperatur könnte der Inflationsprozeß einsetzen, der ähnlich wie in Abschnitt 8.3 abläuft.

8.5 Das Shafi-Vilenkin-Modell

Um den Parameter A zahlenmäßig zu bestimmen, muß man zunächst herausfinden, bei welchem Wert von $\ln(\chi_0/\chi)$ die sichtbare Struktur des Universums entsteht. Dies ist eine Zeitspanne $t \sim 60 H^{-1}$ vor Ende der Inflation der Fall. Nach (8.3.8) hat das χ-Feld zu dieser Zeit den Wert

$$\chi^2 \sim \frac{H^2}{40\,\lambda(\chi)}, \qquad (8.5.13)$$

wobei die effektive Kopplungskonstante $\lambda(\chi)$ bei $\ln(\chi_0/\chi) \gg 1$ (siehe (8.3.23)) und die Hubble-Konstante H die Werte

$$\lambda(\chi) \approx 4\,A \ln\left(\frac{\chi_0}{\chi}\right) \sim 10^{-14},$$

$$H = \sqrt{\frac{8\pi V(0)}{3 M_P^2}} \sim 3\,\frac{M_X^2}{M_P} \sim 3 \cdot 10^9 \text{ GeV} \qquad (8.5.14)$$

haben, woraus man

$$\chi \sim 5 \cdot 10^{15} \text{ GeV} \qquad (8.5.15)$$

erhält. Die Größe $\ln(\chi_0/\chi)$ ist größenordnungsmäßig etwa 3 (siehe unten). Somit findet man aus (8.5.8) und (8.5.14)

$$\lambda_2 \sim 3 \cdot 10^{-6}, \qquad (8.5.16)$$

$$\chi_0 \sim \frac{M_X}{g}\sqrt{\frac{6\lambda_c}{5\lambda_2}} \sim 10^{17} \text{ GeV}. \qquad (8.5.17)$$

Nach (8.5.11) sollte λ_3 größer als $12\lambda_2/5$ sein. Allerdings kann λ_3 auch nicht *wesentlich* größer als λ_2 sein, da man zeigen kann, daß φ andernfalls bei hohen Temperaturen nicht gegen null gehen würde [275]. Wie in [275] werden wir deshalb annehmen, daß $\lambda_2 \lambda_3 \sim 3 \cdot 10^{-6}$ ist.

Nach (8.3.17) liegt der typische Inflationsfaktor in diesem Modell in der Größenordnung

$$\exp\left(\frac{4\sqrt{2\pi}}{\sqrt{\lambda(\chi)}}\right) \sim 10^{10^8}, \qquad (8.5.18)$$

was mehr als ausreichend ist.

Leider laufen in diesem Modell sowohl das Wiederaufheizen, als auch die Bildung der Baryonenasymmetrie des Universums nach der Inflation nicht sehr effektiv ab. Nach der Inflation oszilliert das χ-Feld mit der sehr niedrigen Frequenz

$$\omega = m_\chi = 2\sqrt{A}\,\chi_0 \sim 10^{11} \text{ GeV} \qquad (8.5.19)$$

um das Minimum von $V(\chi)$ bei $\chi = \chi_0$. Die Hauptzerfallsmode des χ-Feldes läuft über den Zerfall $\chi\chi \to H_3^+ H_3^-$; H_3 ist dabei das Triplett der schweren Higgs-

Bosonen. Der nachfolgende Zerfall der H_3-Bosonen führt zur Herausbildung der Baryonenasymmetrie des Universums. Der entsprechende, für den Zerfall des χ-Feldes verantwortliche Term der effektiven Lagrange-Dichte hat die Form

$$\frac{\beta \lambda_2}{6\lambda_c} \chi^2 H_3^+ H_3 .$$

Ein solcher Prozeß wäre aber nur möglich, wenn $m_3 < m_\chi \sim 10^{11}$ GeV wäre. Bei einer solchen Masse von H_3 hätte das Proton jedoch eine unzulässig kurze Lebensdauer, was das ganze Schema unrealistisch macht.

Wir wollen im Moment einmal von diesem Problem absehen, da das SU(5)-Modell in jedem Falle modifiziert werden muß, weil die Proton-Zerfallswahrscheinlichkeit in ihm sogar für $m_3 \gg m_\chi$ zu groß ist. Damit der Zerfall $\chi\chi \to H_3^+ H_3$ stattfinden kann, nehmen wir einmal $m_\chi \sim m_{H_3^+}$, d.h. $\beta \sim 10^{-6}$ an. In diesem Fall ist

$$\Gamma(\chi\chi \to H_3^+ H_3) \sim \frac{(10^{-11}\chi)^2}{m_\chi} \cdot O(10^{-2}) \sim 10^{-2} \text{ GeV} \tag{8.5.20}$$

und damit nach (7.9.9)

$$T_R \sim 10^{-1} \sqrt{\Gamma M_P} \sim 3 \cdot 10^7 \text{ GeV}. \tag{8.5.21}$$

Die Entstehung einer Baryonenasymmetrie ist in diesem Modell dadurch möglich, daß H_3-Bosonen erzeugt und vernichtet werden können. Jedes H_3-Boson erzeugt bei seinem Zerfall jedoch $O(m_3/T_R) \sim 3 \cdot 10^3$ Photonen mit einer Energie $E \sim T$. Dadurch wird die Herausbildung einer Baryonenasymmetrie um den Faktor $3 \cdot 10^3$ unterdrückt. Um dieses Problem zu umgehen, muß man entweder alternative Mechanismen zur Baryonenerzeugung hinzuziehen (siehe Kapitel 7), oder das Shafi-Vilenkin-Modell modifizieren. Wir kommen im nächsten Kapitel auf diese Frage zurück und wollen zunächst die wesentlichen bisher erhaltenen Resultate analysieren und die Perspektiven für die weitere Entwicklung des neuen Szenariums des inflationären Universums abschätzen.

8.6 Das neue Szenarium des inflationären Universums: Probleme und Perspektiven

Wir wollen nun einige allgemeine Aspekte der verschiedenen Varianten des neuen Szenariums des inflationären Universums beleuchten. Wie wir gesehen hatten, hängen die Grundprobleme dieses Szenariums mit der Notwendigkeit zusammen, im sichtbaren Teil des Universums nach der Inflation kleine Dichteinhomogeni-

8.6 Das neue Szenarium des inflationären Universums: Probleme, Perspektiven

täten zu erhalten. Wir wollen diese Frage genauer untersuchen:

1. Wie schon in Abschitt 7.5 erwähnt, folgt im neuen Szenario des inflationären Universums aus der Bedingung $A \lesssim 10^{-4}$ eine generelle Schranke an $V(\varphi)$:

$$V(\varphi) \lesssim 10^{-10} M_P^4. \tag{8.6.1}$$

Das heißt aber, daß in jeder Variante dieses Szenariums, einschließlich des Szenariums der Reliktinflation, der Prozeß der Inflation erst zum Zeitpunkt

$$t \gtrsim H^{-1} \sim \sqrt{\frac{3 M_P^2}{8 \pi V}} \sim 10^{-36}\,\text{s},$$

mit anderen Worten erst sechs Größenordnungen nach der Planck-Zeit $t_P \sim M_P^{-1} \sim 10^{-43}$ s einsetzen kann. Berücksichtigt man nun, daß die typische Gesamtlebensdauer eines heißen geschlossenen Universums in der Größenordnung $t \sim t_P$ liegt (siehe Abschnitt 1.5), so wird deutlich, daß ein geschlossenes Universum in der überwältigenden Mehrzahl der Fälle gar nicht bis zum Beginn einer inflationären Phase lebt, d.h., das Flachheitsproblem wird für ein geschlossenes Universum nicht gelöst. Aus diesem Grund kann das neue Szenarium des inflationären Universums nur in einem topologisch nichttrivialen oder in einem nichtkompakten (unendlichen) Universum realisiert werden, und darüberhinaus nur in den Teilen, die nicht rekollabieren und bis zu dem Zeitpunkt, an dem die Materiedichte kleiner als $V(\varphi) \sim 10^{-10} M_P^4$ ist, hinreichend groß ($l \gtrsim 10^5 M_P^{-1}$) sind.

2. Aus den in den letzten Abschnitten abgeleiteten Resultaten folgt, daß das neue Szenarium des inflationären Universums nur in Theorien mit einer ganz spezifischen Form des effektiven Potentials $V(\varphi)$ und recht unnatürlichen Beziehungen zwischen den Kopplungskonstanten realisiert werden kann. Die Konstruktion solcher Theorien erfordert einen beträchtlichen Einfallsreichtum, wobei die ursprünglich einfache Idee des inflationären Universums angesichts der zu seiner Realisierung nötigen vielfältigen Bedingungen und Vorbehalte immer mehr untergeht.

3. Die Hauptschwierigkeit des neuen Szenariums des inflationären Universums hängt mit der Frage zusammen, wie das φ-Feld in das Maximum des effektiven Potentials $V(\varphi)$ bei $\varphi = 0$ kommt. Dieses Problem steht besonders nachdrücklich, seit dem klargeworden ist, daß das φ-Feld nur extrem schwach mit den anderen Feldern wechselwirken darf.

Um den Problemen auf den Grund zu gehen, betrachten wir ein Gebiet des heißen Universums, in dem das φ-Feld den Anfangswert $\varphi \sim \varphi_0$ hat. Wir nehmen an, daß die Hochtemperatur-Korrekturen einen Zusatzterm der Art

$$\Delta V \sim \frac{\alpha^2}{2} \varphi^2 T^2 \tag{8.6.2}$$

zu $V(\varphi)$ geben. Das Alter eines heißen Universums ist $H^{-1}/2$ (siehe (1.4.6)):

$$t = \frac{H^{-1}}{2} = \frac{M_P}{2}\sqrt{\frac{3}{8\pi\varrho}} < \frac{M_P}{2}\sqrt{\frac{3}{8\pi\Delta V}} \sim \frac{M_P}{4\alpha\varphi T}. \tag{8.6.3}$$

In dieser Zeit können die Hochtemperaturkorrekturen (8.6.2) den Anfangswert $\varphi = \varphi_0$ nur dann beeinflussen, wenn die charakteristische Zeit $\tau = (\Delta m)^{-1}(T) \sim$ $\sim (\alpha T)^{-1}$ kleiner als das Alter des Universums t ist, was auf die Bedingung

$$\varphi_0 \lesssim \frac{M_P}{3} \tag{8.6.4}$$

führt. Hochtemperatureffekte können deshalb lediglich eine Auswirkung auf den Anfangswert des φ-Feldes haben, wenn dieser kleiner als $M_P/3$ ist. In Theorien mit $V(\varphi) \sim \varphi^n$ gibt es aber außer der Bedingung $V(\varphi) \lesssim M_P^4$ keinerlei Schranken an den Anfangswert des φ-Feldes. So folgt z.B. in der Shafi-Vilenkin-Theorie (so wie in einer $\lambda \varphi^4/4$-Theorie mit $\lambda \sim 10^{-14}$) aus der Nebenbedingung $V(\chi) \lesssim M_P^4$, daß das χ-Feld einen beliebigen Anfangswert im Intervall

$$-10^4 M_P \lesssim \chi \lesssim 10^4 M_P \tag{8.6.5}$$

annehmen kann, und nur in weniger als einem Zehntausendstel dieses Intervalls können Hochtemperaturkorrekturen eine Rolle spielen.

Für $\varphi \lesssim M_P/3$ kann man eine weitere Abschätzung anschließen. In einem heißen Universum mit N Teilchensorten ist

$$t \lesssim \frac{1}{4\pi} \sqrt{\frac{45}{\pi N}} \frac{M_P}{T^2} \tag{8.6.6}$$

(siehe (1.3.21)). Vergleicht man die Zeit t aus (8.6.6) mit $\tau \sim (\alpha T)^{-1}$, so sieht man, daß Hochtemperatureffekte das φ-Feld erst bei Temperaturen

$$T \lesssim T_1 \sim \frac{\alpha M_P \sqrt{45}}{4\pi \sqrt{\pi N}} \sim \frac{\alpha M_P}{50} \tag{8.6.7}$$

beeinflussen können, bei denen die Gesamtenergiedichte der heißen Materie für $N \sim 200$ (wie in GUT-Theorien) in der Größenordnung

$$\varrho(T_1) \sim \frac{\pi^2}{30} N T_1^4 \lesssim \alpha^4 M_P^4 \sim \frac{3 \cdot 10^{-3} \alpha^4 M_P^4}{N^2}$$

$$\sim 10^{-7} \alpha^4 M_P^4 \tag{8.6.8}$$

liegt. Andererseits kann das φ-Feld nur solange abnehmen, wie $\varrho(T)$ groß gegen $V(0)$ ist, da danach Temperatureffekte wegen der Inflation exponentiell klein werden. Das führt auf die Bedingung

$$10^{-7} \alpha^4 M_P^4 > V(0). \tag{8.6.9}$$

In der Theorie eines φ-Feldes, das nur mit einer Kopplungskonstante $\lambda \sim 10^{-14}$ mit sich selbst wechselwirkt, liegt der Parameter α^2 ebenso wie in den Reliktinflationsmodellen in der Größenordnung 10^{-14}, so daß (8.6.9) in diesem Fall auf

$$V(0) \lesssim 10^{-35} M_P^4 \tag{8.6.10}$$

führt, was sich in realistischen Modellen nur schwer erreichen läßt.

8.6 Das neue Szenarium des inflationären Universums: Probleme, Perspektiven

Im Shafi-Vilenkin-Modell ist die diesbezügliche Situation etwas günstiger. Der Parameter α^2 liegt in der Größenordnung 10^{-7} und die Bedingung (8.6.9) ist in diesem Modell erfüllt. Daneben müssen wir aber noch sichern, daß Hochtemperatureffekte das χ-Feld auf $5 \cdot 10^{15}$ GeV (8.5.15) verringern können, wie dies für eine Inflation des Universums um den Faktor e^{60}–e^{70} nötig wäre.

Dazu muß das χ-Feld bis zu dem Zeitpunkt, an dem

$$\frac{d\Delta V(\chi, T)}{d\chi} \approx \alpha^2 T^2 \chi$$

kleiner als

$$\frac{dV(\chi)}{d\chi} \sim 4A\chi^3 \ln\frac{\chi_0}{\chi}$$

geworden ist, auf $5 \cdot 10^{15}$ GeV gesunken sein. Das ist bei der Temperatur

$$T_2 \sim 10^{12} \text{ GeV} \tag{8.6.11}$$

der Fall.

Während die Temperatur T von T_1 auf T_2 sinkt, oszilliert das χ-Feld mit der Frequenz $m_\chi \sim \alpha T$ im Potential $\Delta V(\chi, T) \sim \alpha^2 \chi^2 T^2/2$. Die Paarerzeugungsrate dieses Feldes ist sehr gering (siehe (8.5.20)), so daß seine Schwingungsamplitude im frühen Universum im wesentlichen infolge der Expansion des Weltalls abnimmt. Man kann leicht zeigen, daß die Amplitude des χ-Feldes in unserem Fall (d.h. bei $\Delta V(\chi, T) \sim \alpha^2 \chi^2 T^2/2$) proportional zur Temperatur abnimmt. Während die Temperatur von $T_1 \sim 10^{14}$ GeV auf $T_2 \sim 10^{12}$ GeV sinkt, verringert sich die Anfangsamplitude des χ-Feldes um das 10^2-fache und wird nur dann kleiner als $\sim 5 \cdot 10^{15}$ GeV, wenn das anfängliche χ-Feld kleiner als $5 \cdot 10^{17}$ GeV gewesen ist.

Um das neue Szenarium des inflationären Universums im Shafi-Vilenkin-Modell zu realisieren, muß das χ-Feld also anfangs um den Faktor 20 kleiner als M_P gewesen sein, was recht unnatürlich scheint.

Man muß sich natürlich vor Augen halten, daß die obigen Abschätzungen modellabhängig sind. Es gibt Theorien, in denen das effektive Potential $V(\varphi)$ mit zunehmendem φ-Feld so schnell wächst, daß es für $\varphi \gtrsim M_P$ viel größer als M_P^4 wird. In diesem Fall könnte die Bedingung $\varphi_0 \lesssim M_P$ erfüllt sein. Allgemein kann man sich durchaus Mechanismen vorstellen, mit deren Hilfe ein Feld $\varphi \lesssim M_P$ im frühen Universum schnell auf $\varphi \ll M_P$ sinkt. Die eben diskutierten Beispiele zeigen aber, daß es sehr schwierig ist, alle für eine erfolgreiche Realisierung des neuen Szenariums des inflationären Universums nötigen Bedingungen gleichzeitig zu erfüllen. Infolgedessen steht eine konsistente Realisierung dieses Szenariums im Rahmen einer realistischen Elementarteilchentheorie bisher aus.

Natürlich ist nicht ausgeschlossen, daß eine künftige Elementarteilchentheorie automatisch alle erforderlichen Bedingungen erfüllen wird. Es ist aber gar nicht notwendig, darauf zu bestehen, daß neu zu entwickelnde Theorien alle diese Bedingungen unbedingt erfüllen müssen, da es ein weiteres Szenarium gibt, das sich in einer wesentlich größeren Klasse von Theorien realisieren läßt — das Szenarium der chaotischen Inflation.

9. Das Szenarium der chaotischen Inflation

9.1 Grundzüge des Szenariums und die Frage der Anfangsbedingungen

Die dem Szenarium der chaotischen Inflation zugrunde liegenden Prinzipien hatten wir im ersten Kapitel schon ausführlich dargelegt. Ohne uns zu wiederholen, wollen wir die Grundzüge dieses Szenariums noch einmal zusammenfassen, um dessen Konturen vor dem Hintergrund der obigen Diskussion des neuen Szenariums des inflationären Universums besser hervortreten zu lassen.

Die Grundannahme dieses Szenariums besteht einfach darin, daß man gar nicht voraussetzen muß, daß das φ-Feld von Anfang an im Minimum seines effektiven Potentials $V(\varphi)$ oder $V(\varphi, T)$ ist. Stattdessen sollte man besser die Entwicklung des φ-Feldes unter hinreichend natürlichen Anfangsbedingungen untersuchen und prüfen, ob es nicht dabei zur Inflation kommt.

Fordert man darüber hinaus, daß es möglich sein sollte, auch für ein geschlossenes Universum das Flachheitsproblem mit dem inflationären Szenarium zu lösen, muß der Prozeß der Inflation auch bei $V(\varphi) \sim M_P^4$ beginnen können. Wie in Abschnitt 1.7 gezeigt wurde, ist diese Bedingung in einer großen Klasse von Theorien, in denen das effektive Potential $V(\varphi)$ für $\varphi \gg M_P$ nicht schneller als mit einer beliebigen φ-Potenz wächst, erfüllt. Im Prinzip kann es auch in solchen Theorien zur Inflation kommen, in denen sich das Potential für $\varphi \gg M_P$ wie $V(\varphi) \sim \exp(\alpha \varphi/M_P)$ verhält, wenn der Koeffizient α hinreichend klein ist ($\alpha \lesssim 5$). Ein allgemeines Kriterium für das Einsetzen der Inflation folgt aus der Bedingung $\dot{H} \ll H^2 = 8\pi V/3 M_P^2$ und (1.7.16):

$$\frac{\mathrm{d} \ln V}{\mathrm{d} \varphi} \ll \frac{4\sqrt{\pi}}{M_P} \,. \tag{9.1.1}$$

Die natürlichsten Anfangsbedingungen für das φ-Feld über Entfernungen $l \sim H^{-1} \sim M_P^{-1}$ lauten, wie wir schon in Abschnitt 1.7 erwähnt hatten, $\partial_0 \varphi \partial^0 \varphi \sim \partial_i \varphi \partial^i \varphi \sim V(\varphi) \sim M_P^4$. Unter diesen Bedingungen wird die Wahrscheinlichkeit für die Bildung eines inflationären Gebietes im Universum merklich von null verschieden und läßt sich etwa zu 1/2 oder 1/10 abschätzen; wichtig ist lediglich, daß sie nicht durch einen Faktor des Typs $\exp(-1/\lambda)$ [118] unterdrückt ist. Zwischenzeitlich wurde in einer Reihe von Arbeiten vermutet, daß es in einer $\lambda \varphi^4/4$-Theorie tatsächlich zu einer derartigen Unterdrückung der Wahrscheinlichkeit für die Erzeugung eines inflationären Gebietes im Universum kommen könnte (siehe z.B. [258, 278]). Um den mit dem Szenarium des inflationären Universums in Zusammenhang stehenden Wandel unseres Weltbilds voll zu erfassen, bedarf diese Frage einer gründlichen Untersuchung. Bei der Diskussion werden wir uns auf die Arbeit [118] stützen.

1. Zunächst wollen wir abschätzen, wie wesentlich die in Abschnitt 1.7 geforderte Voraussetzung, daß von Beginn an $\dot\varphi^2/2 \ll V(\varphi)$ sein muß, eigentlich ist. Der Einfachheit halber betrachten wir die beiden Gleichungen (1.7.12) und (1.7.13) in einem flachen Universum ($k = 0$) mit einem homogenen φ-Feld bei $\dot\varphi^2 \gg V(\varphi)$. Aus (1.7.12) und (1.7.13) folgt dann $\ddot\varphi \gg V'(\varphi)$ und

$$\ddot\varphi = \frac{2\sqrt{3\pi}}{M_P}\,\dot\varphi, \tag{9.1.2}$$

so daß

$$\dot\varphi = -|\dot\varphi_0|\left(1 + \frac{2\sqrt{3\pi}}{M_P}|\dot\varphi_0|t\right)^{-1}, \tag{9.1.3}$$

$$\varphi = \varphi_0 - \frac{M_P}{2\sqrt{3\pi}}\ln\left(1 + \frac{2\sqrt{3\pi}}{M_P}|\dot\varphi_0|t\right) \tag{9.1.4}$$

ist. Das heißt, daß die kinetische Energie des φ-Feldes für $t \gtrsim H^{-1} \sim M_P/|\dot\varphi_0|$ entsprechend $\dot\varphi^2 \sim t^{-2}$ mit einer Potenz fällt, während das Feld selbst (und folglich auch $V(\varphi) \sim \varphi^n$) lediglich logarithmisch abnimmt. Die kinetische Energie fällt deshalb schnell ab, und in einer Zeit von einigen H^{-1} stellt sich das asymptotische Verhalten $\dot\varphi^2 \ll V(\varphi)$ ein [118, 110].

Dieses Ergebnis wurde in einer allgemeineren, auch für das offene und das geschlossene Weltmodell anwendbaren Form zum ersten Mal in den Arbeiten [279, 280] abgeleitet. Physikalisch läßt sich dieses Resultat sehr einfach deuten. Für $\dot\varphi^2 > V(\varphi)$ hat der Energieimpulstensor nämlich die gleiche Form wie für Materie mit der Zustandsgleichung $p = \varrho$. Die Energiedichte solcher Materie nimmt bei der Expansion des Universums schnell ab, während sich $V(\varphi)$ in einer Theorie mit hinreichend flachem Potential nur sehr langsam ändert.

Wir wollen den Anteil derjenigen Anfangswerte von $\dot\varphi$ abschätzen, für die das Universum in einer $\lambda\varphi^4/4$-Theorie nicht in eine inflationäre Phase übergeht. Dazu muß solange $\dot\varphi^2 > V(\varphi)$ sein, bis φ kleiner als $M_P/3$ geworden ist. Der Anfangswert von $\dot\varphi^2$ liegt in der Größenordnung von M_P^4 (oberhalb dessen ist eine klassische Beschreibung des Weltalls nicht möglich), während das φ-Feld anfangs einen beliebigen Wert im Bereich $-\lambda^{1/4}M_P \lesssim \varphi \lesssim \lambda^{1/4}M_P$ annehmen kann. In diesem Fall folgt aus (9.1.4), daß die Gesamtzeit, in der das Feld von seinem Anfangswert φ_0 auf $\varphi \sim M_P$ gefallen ist, in der Größenordnung

$$\frac{1}{2\sqrt{6\pi}\,M_P}\exp\left(\frac{2\sqrt{3\pi}\,\varphi_0}{M_P}\right)$$

liegt. In dieser Zeit nimmt $\dot\varphi$ etwa um den Faktor

$$\exp\left(\frac{2\sqrt{3\pi}\,\varphi_0}{M_P}\right)$$

ab. Für $\lambda \ll 1$ folgt daraus, daß $\dot\varphi^2$ nur dann während des gesamten Prozesses größer als $V(\varphi)$ bleibt, wenn $\varphi_0 \sim M_P$ ist. Die Wahrscheinlichkeit, daß das φ-Feld,

9.1 Grundzüge des Szenariums und die Frage der Anfangsbedingungen

das einen beliebigen Anfangswert zwischen $-\lambda^{1/4} M_P$ und $\lambda^{1/4} M_P$ annehmen kann, zufällig in der Größenordnung von M_P liegt, kann man für $\lambda \sim 10^{-14}$ zu $\lambda^{1/4} \sim 3 \cdot 10^{-4}$ abschätzen. In einem homogenen, flachen Universum tritt in der $\lambda \varphi^4 / 4$-Theorie also nahezu unvermeidlich eine inflationäre Phase auf [280, 110, 118]. Die gleiche Schlußfolgerung findet man auch für ein offenes Universum. Im geschlossenen Universum liegt die entsprechende Wahrscheinlichkeit in der Größenordnung 1/4, da dies kollabieren kann, bevor $\dot{\varphi}^2$ kleiner als $V(\varphi)$ wird [280]. In jedem Fall ist die Wahrscheinlichkeit für das Entstehen eines inflationären Regimes, wie zu erwarten war, relativ groß.

2. Wir wollen nun den Fall untersuchen, daß das φ-Feld inhomogen ist. Wenn das Universum geschlossen ist, liegt seine anfängliche Gesamtgröße l in der Größenordnung $O(M_P^{-1})$ (für $l \ll M_P^{-1}$ kann man das Universum nicht durch eine klassische Raumzeit beschreiben und insbesondere auch nicht davon sprechen, daß seine Größe l klein gegen M_P^{-1} ist). Wenn, was nicht unwahrscheinlich ist, sowohl $\partial_0 \varphi \partial^0 \varphi$ als auch $\partial_i \varphi \partial^i \varphi$ einigemal kleiner als $V(\varphi)$ sind, beginnt das Universum inflationär zu expandieren und die Gradienten $\partial_i \varphi$ werden im weiteren schnell exponentiell klein. Die Wahrscheinlichkeit für die Bildung eines geschlossenen inflationären Universums bleibt deshalb auch unter Berücksichtigung der Möglichkeit eines inhomogenen φ-Feldes annähernd so groß wie oben.

Ist das Universum unendlich, scheint die Wahrscheinlichkeit für die Realisierung der für die Inflation nötigen Bedingungen auf den ersten Blick stark unterdrückt zu sein [258]. Wie wir schon festgestellt hatten, liegt ein typischer Anfangswert des φ-Feldes in der $\lambda \varphi^4/4$-Theorie in der Größenordnung $\varphi_0 \sim \lambda^{-1/4} M_P \sim 3000 M_P$, weshalb man aus $\partial_i \varphi \partial^i \varphi \lesssim M_P^4$ zunächst folgern könnte, daß das φ-Feld über Entfernungen $l \gtrsim \lambda^{-1/4} M_P \sim 3000 M_P^{-1}$ größer als $\sim \lambda^{-1/4} M_P$ sein müßte. Dies ist aber extrem unwahrscheinlich, da es zur Anfangszeit (d. h. zur Planck-Zeit $t_P \sim M_P^{-1}$) keine Korrelation der Werte des φ-Feldes in verschiedenen Gebieten des Weltalls mit Abständen größer als M_P^{-1} geben kann. Solche Korrelationen würden dem Kausalitätsprinzip widersprechen (vergleiche die Diskussion des Horizontproblems in Abschnitt 1.5).

Dieser Einwand läßt sich sehr leicht entkräften [118, 78, 79]. Es gibt überhaupt keinen Grund anzunehmen, daß die gesamte Energiedichte ϱ in allen kausalunzusammenhängenden Gebieten eines unendlichen Universums *gleichzeitig* kleiner als die Planck-Dichte M_P^4 wird, da *schon dies* die Existenz einer akausalen Korrelation zwischen den ϱ-Werten verschiedener Gebiete der Größe $O(M_P^{-1})$ bedeuten würde. Jedes der entstehenden Gebiete mit einer klassischen Raumzeit sieht anfangs wie eine isolierte Insel der Größe $O(M_P^{-1})$ aus, die unabhängig von anderen solchen Inseln aus dem Raumzeit-Schaum hervorgegangen ist. Nach der Inflation liegt die Größe dieser Inseln viele Größenordnungen über der des sichtbaren Teils des Universums. Wenn sich einige dieser Inseln nach und nach über Zwischenstücke klassischer Raumzeit vereinigen, beginnt das Universum schließlich wie ein Cluster, oder auch mehrere separate Cluster topologisch zusammenhängender, inflationär expandierender Mini-Universen auszusehen. Falls aber eine solche Struktur überhaupt auftritt (vergleiche diesbezüglich das folgende Kapitel), dann erst später, und die charakteristische Anfangsgröße jedes dieser Gebiete mit $\varrho \lesssim M_P^4$ ist sehr klein — sie liegt in der Größenordnung von $l_P \sim M_P^{-1}$. Außerhalb jedes dieser Gebiete ist die Bedingung $\partial_i \varphi \partial^i \varphi \lesssim M_P^4$ nicht erfüllt, und es gibt keinerlei Korrelationen zwischen den Werten des φ-Feldes in jedem dieser isolierten Gebiete klassischer Raumzeit mit der Anfangsgröße $O(M_P^{-1})$. Solche Korrelationen sind zur Realisierung des Szenariums des inflationären Universums aber auch gar nicht nötig. Wegen des No-Hair-Theorems für den de-Sitter-Raum reicht es für die Entstehung eines inflationären Gebietes nämlich aus, wenn die Inflation *innerhalb* eines Gebietes der Größenordnung $H^{-1} \sim M_P^{-1}$ einsetzt, was in unserem Fall ja erfüllt ist.

Wir möchten (da dies im folgenden wichtig ist) nochmals betonen, daß das oben erwähnte, die Korrelationen zwischen dem φ-Feld in verschiedenen kausal-nicht-zusammenhängenden Gebieten betreffende Mißverständnis auf der herkömmlichen Vorstellung eines Universums beruht, das *gleichzeitig* aus dem singulären Zustand mit $\varrho \to \infty$ erzeugt wird und *gleichzeitig* den Zustand der Planck-Dichte $\varrho \sim M_P^4$ durchläuft. Die Willkür dieser Vorstellungen liegt auch dem Horizontproblem zugrunde (siehe Abschnitt 1.5). Nachdem es heute mit Hilfe des Szenariums des inflationären Universums gelungen ist, dieses Problem zu lösen, wird es uns vielleicht auch gelingen, uns an ein anderes Weltbild zu gewöhnen, dessen Grundzüge heute allmählich Gestalt annehmen. Wir kommen hierauf im nächsten Kapitel zurück.

Die oben verwendete Bedingung $\partial_i \varphi \, \partial^i \varphi < V(\varphi)$ läßt sich offenbar auf die gleiche Weise wie die Forderung $\partial_0 \varphi \, \partial^0 \varphi < V(\varphi)$ abschwächen. Die Grundidee besteht darin, daß die Gradienten des φ-Feldes für ein hinreichend flaches effektives Potential $V(\varphi)$ während der Inflation (in allen Gebieten, die nicht von der allgemeinen Expansion abkoppeln oder rekollabieren) schnell abfallen, während der Mittelwert des φ-Feldes nur relativ langsam abnimmt. Wie schon bei der kinetischen Energie $\dot\varphi^2/2$ muß deshalb die mit den Gradienten des φ-Feldes zusammenhängende Energiedichte in einem wesentlichen Teil des Universums klein gegen $V(\varphi)$ werden, d.h., es entstehen notwendig die für die Inflation nötigen Bedingungen. Wir werden diese Frage nicht weiter untersuchen, da im folgenden auch die obengenannten, schwächeren Resultate ausreichen.

Abschließend möchten wir darauf aufmerksam machen, daß die schon erwähnte Frage akausaler Korrelationen in realistischen Theorien, in denen es neben dem „leichten" Feld φ mit $\lambda \sim 10^{-14}$ mindestens ein weiteres „schweres" Skalarfeld Φ mit einer hinreichend großen Kopplungskonstante $\lambda_\Phi \gtrsim 10^{-2}$ gibt, überhaupt nicht auftritt. In solchen Theorien liegt die „akausale Korrelationslänge" zwischen den Werten des Φ-Feldes in verschiedenen Gebieten nur unwesentlich über der Größe des Horizonts, so daß selbst dann, wenn die in [258] angeführten Argumente richtig wären, die Wahrscheinlichkeit für das Einsetzen einer durch das Φ-Feld getriebenen Inflation nicht wesentlich unterdrückt wäre. Wie in [281] gezeigt wurde, führen die während der Inflation erzeugten langwelligen Fluktuationen des leichten φ-Feldes zur Entstehung sich selbst reproduzierender inflationärer Gebiete (vergleiche Abschnitt 1.8) mit einem quasihomogenen φ-Feld mit $V(\varphi) \lesssim M_P^4$. Das schwere Φ-Feld klingt in diesen Gebieten rasch ab, so daß die letzten Stadien der Inflation wie zuvor durch das φ-Feld mit $\lambda \sim 10^{-14}$ bestimmt werden.

Die wesentliche Schlußfolgerung aus diesen Überlegungen besteht darin, daß es eine große Klasse von Elementarteilchentheorien gibt, in denen unter hinreichend natürlichen Anfangsbedingungen ein inflationäres Regime entsteht.

9.2 Ein einfaches, auf einer SU(5)-Theorie beruhendes Modell

Es gibt eine Vielzahl von Modellen, in deren Rahmen sich das Szenarium der chaotischen Inflation realisieren läßt. Insbesondere trifft das auch auf das Shafi-Vilenkin-Modell zu, das ursprünglich für das neue inflationäre Universum entworfen worden war. Man kann aber auch einfachere Modelle verwenden, da man nun nicht mehr an die Vielzahl von Nebenbedingungen, die die Theorien zur Realisierung des neuen Szenariums des inflationären Universums erfüllen mußten, gebunden ist. Insbesondere ist es nicht mehr nötig, den Coleman-Weinberg-Mechanismus heranzuziehen, in der SU(5)-Theorie kann der Sektor der superschweren Felder Φ und H_5 die Standardform haben, man muß keine Wechselwirkungen zwischen dem χ- und dem Φ-Feld betrachten usw.

Als Beispiel untersuchen wir eine Theorie mit dem effektiven Potential

$$V = \frac{1}{4} a \operatorname{Sp}(\Phi^2)^2 + \frac{1}{2} b \operatorname{Sp} \Phi^4 - \frac{M_\Phi^2}{2} \operatorname{Sp} \Phi^2$$

$$- \alpha (H_5^+ H_5) \operatorname{Sp} \Phi^2 + \frac{\lambda}{4} (H_5^+ H_5)^2$$

$$- \beta H_5^+ \Phi^2 H_5 + m_5^2 H_5^+ H_5$$

$$- \frac{m^2}{2} \chi^2 + \frac{\lambda_1}{4} \chi^4 + \frac{\lambda_2}{2} \chi^2 H_5^+ H_5, \qquad (9.2.1)$$

wobei wir voraussetzen, daß $a \sim b \sim \alpha \sim g^2$ und $\lambda_1 \gg \lambda_2^2$ ist, so daß man Quantenkorrekturen zu λ_1 vernachlässigen kann. Im Unterschied zu (8.5.3) und (8.5.4) gelten in dieser Theorie die Beziehungen

$$m_2^2 = m_5^2 + \lambda_2 \chi^2 - (\alpha + 0{,}3\,\beta) \varphi^2, \qquad (9.2.2)$$

$$m_3^2 = m_2^2 + \frac{\beta}{6} \varphi^2. \qquad (9.2.3)$$

Zur Inflation kommt es während des Hinabrollens des χ-Feldes von $\chi \sim \lambda_1^{-1/4} M_P$ in das Minimum von $V(\chi)$ bei $\chi_0 = m/\sqrt{\lambda_1}$. Der Einfachheit halber setzen wir $\chi_0 \lesssim M_P$ voraus; die Fluktuationen im sichtbaren Teil des Universums liegen dann in der Größenordnung $10^2 \sqrt{\lambda_1}$, d.h. für $\lambda_1 \sim 10^{-14}$ ist $\delta\varrho/\varrho \sim 10^{-5}$. Das Wiederaufheizen des Universums läuft wesentlich effektiver als im Shafi-Vilenkin-Modell ab, da die für den Zerfall des χ-Feldes verantwortlichen Terme der Lagrange-Dichte nun die Form $\sim \lambda_2 \chi^2 H_5^+ H_5$ haben (d.h., es fehlt der durch das gleichzeitige Oszillieren der beiden Felder φ und χ auftretende Zusatzfaktor $\beta \sim 10^{-6}$). Dieser Effekt, und der zusätzliche Energieübertrag durch die Oszillationen der Felder H_1 und H_2 (hervorgerufen durch die Vorzeichenänderung von m_2^2 bei den Schwingungen des χ-Feldes um χ_0) führen zu einem raschen Wiederaufheizen des Universums. Außerdem trägt hierzu auch die höhere Schwingungsfrequenz des

χ-Feldes bei. Nehmen wir z. B. an, daß $m \sim 10^{12}$ GeV und damit $\chi_0 \sim M_P$ ist. Die Schwingungsfrequenz des χ-Feldes wird dann $\sqrt{2}m = 1{,}5 \cdot 10^{12}$ GeV. Die Temperatur des Universums nach dem Wiederaufheizen T_R kann die Größenordnung 10^{12}–10^{13} GeV erreichen. Der Zerfall $\chi\chi \to H_3^+ H_3$ findet bei $m_3 \lesssim 10^{12}$ GeV statt. Die spezifischen Schwierigkeiten mit dem Protonzerfall, die mit der niedrigen Masse m_3 zusammenhängen, treten in diesem Modell nicht auf, und die Temperatur T_R reicht zur Anwendung des Standardmechanismus der Baryogenese, der auf dem Zerfall der H_3-Teilchen beruht, völlig aus.

Das genannte Modell erlaubt eine Reihe von Verallgemeinerungen. So kann man z. B. die Terme $-m^2 \chi^2/2$ und $\lambda_1 \chi^4/4$ in (9.2.1) ganz weglassen, so daß nur der letzte Term $\lambda_2 \chi^2 H_5^+ H_5/2$ übrigbleibt. Infolge von Strahlungskorrekturen entsteht in einer solchen Theorie ein Term vom Typ

$$C \frac{\lambda_2^2 \chi^4}{64\pi^2} \left(\ln \frac{\chi}{\chi_0} - \frac{1}{4} \right),$$

der die Rolle von $\lambda_1 \chi^4/4$ in (9.2.1) übernimmt und die Inflation treibt. Für $\lambda_2 \sim 10^{-6}$ führt dieser Term zur Entstehung von Dichteinhomogenitäten $\delta\varrho/\varrho \sim 10^{-5}$. Dieses Modell ähnelt dem von Shafi und Vilenkin; es ist aber bedeutend einfacher und außerdem frei von den mit der Baryogenese zusammenhängenden Schwierigkeiten. Wie schon im Shafi-Vilenkin-Modell braucht man auch in diesem Modell nicht im voraus die extrem kleine Kopplungskonstante $\lambda_1 \sim 10^{-14}$ einzuführen, sondern lediglich die Konstante $\lambda_2 \sim 10^{-6}$, was in Anbetracht dessen, daß ähnliche Konstanten in Standardtheorien wie der Glashow-Salam-Weinberg-Theorie auftreten, natürlicher scheint.

9.3 Chaotische Inflation in Supergravitations-Theorien

Es gibt derzeit mehrere verschiedene Modelle, die die chaotische Inflation auf der Grundlage von Supergravitations-Theorien beschreiben [273, 274, 282]. Wir wollen im folgenden eines diskutieren, das uns besonders einfach erscheint. Dieses Modell hängt mit den SU$(n, 1)$-Supergravitations-Theorien [283] zusammen, von denen bestimmte Versionen als niederenergetischer Grenzwert von Superstring-Theorien auftreten [17].

Eine der wichtigsten Fragen bei der Konstruktion realistischer Modelle auf der Grundlage von Supergravitations-Theorien ist die, wie man das effektive Potential $V(z)$ im Minimum z_0 zum Verschwinden bringt. Als ersten Schritt zur Konstruktion einer solchen Theorie kann man versuchen, einen allgemeinen Ausdruck für die Funktion $G(z, z^*)$ zu finden, bei dem das Potential $V(z, z^*)$ in (8.4.2) identisch null ist. Man kann leicht zeigen, daß dies für [284]

$$G(z, z^*) = -\frac{3}{2} \ln (g(z) + g^*(z))^2 \qquad (9.3.1)$$

mit einer beliebigen Funktion $g(z)$ der Fall ist. Die Lagrange-Dichte ist in diesem Fall

$$L = G_{zz^*} \partial_\mu z \, \partial^\mu z = 3 \frac{\partial_\mu g \, \partial^\mu g}{(g + g^*)^2}. \qquad (9.3.2)$$

9.3 Chaotische Inflation in Supergravitations-Theorien

Alle derartigen Theorien mit unterschiedlichen Funktionen $g(z)$ sind nach einer Variablentransformation $g(z) \to z$ äquivalent. Die Lagrange-Dichte

$$L = 3 \frac{\partial_\mu z \, \partial^\mu z}{(z + z^*)^2} \tag{9.3.3}$$

ist invariant unter der Gruppe der SU(1, 1)-Transformationen

$$z \longrightarrow \frac{\alpha z + i\beta}{i\gamma z + \delta} \tag{9.3.4}$$

mit reellen Parametern $\alpha, \beta, \gamma, \delta$, die $\alpha\delta + \beta\gamma = 1$ erfüllen [284]. Aus diesem Grund bezeichnet man solche Theorien auch als SU(1, 1)-Supergravitations-Theorien.

Als mögliche Verallgemeinerung der Funktion $G(z, z^*)$ in (9.3.1), die zu einem Potential mit $V(z, z^*, \varphi, \varphi^*) \geq 0$ mit dem für die Inflation verantwortlichen skalaren (Inflaton-) Feld φ führt, kann man

$$G = -\frac{3}{2} \ln(z + z^* + h(\varphi, \varphi^*))^2 + g(\varphi, \varphi^*) \tag{9.3.5}$$

betrachten, wobei h und g beliebige reellwertige Funktionen von φ und φ^* sind. In der Theorie (9.3.5) ist

$$V = \frac{1}{|z + z^*|^2} e^g \frac{|g_\varphi|^2}{G_{\varphi\varphi^*}}, \tag{9.3.6}$$

wobei $G_{\varphi\varphi^*} = g_{\varphi\varphi^*} + G_z h_{\varphi\varphi^*} \geq 0$ ist, wenn der kinetische Term des φ-Feldes das richtige (positive) Vorzeichen hat.

In den Variablen z und φ sieht die Theorie (9.3.5) recht kompliziert aus; man kann sie aber wesentlich vereinfachen, wenn man den kinetischen Term der Lagrange-Dichte durch Diagonalisieren auf die Form [285]

$$L_{\text{kin}} = \frac{1}{12} \partial_\mu \zeta \partial^\mu \zeta + \frac{3}{4} e^{2\zeta/3} I_\mu^2 + G_{\varphi\varphi^*} \partial_\mu \varphi^* \partial^\mu \varphi \tag{9.3.7}$$

mit

$$\zeta = -\frac{3}{2} \ln(z + z^* + h(\varphi, \varphi^*))^2,$$

$$I_\mu = i[\partial_\mu(z - z^*) + h_\varphi \partial_\mu \varphi - h_{\varphi^*} \partial_\mu \varphi^*],$$

$$G_{\varphi\varphi^*} = g_{\varphi\varphi^*} + G_z h_{\varphi\varphi^*} = g_{\varphi\varphi^*} - 3 e^{\zeta/3} h_{\varphi\varphi^*} \tag{9.3.8}$$

bringt. Ausgedrückt durch ζ lautet das Potential

$$V = e^{\zeta + g} \frac{|g_\varphi|^2}{G_{\varphi\varphi^*}}. \tag{9.3.9}$$

Als einfachste Realisierung des Szenariums der chaotischen Inflation in diesem Modell [274] betrachten wir eine Theorie (9.3.5), in der

$$g(\varphi, \varphi^*) = (\varphi - \varphi^*)^2 + \ln|f(\varphi)|^2 \qquad (9.3.10)$$

ist und $h(\varphi, \varphi^*)$ die Bedingung

$$h_{\varphi\varphi^*} = (2a)^{-1} g_{\varphi\varphi^*} = -a^{-1} \qquad (9.3.11)$$

mit einer positiven Konstante a erfüllt. In diesem Fall ist

$$V_\zeta \equiv \frac{\partial V}{\partial \zeta} = V \frac{a - e^{\zeta/3}}{a - \frac{3}{2} e^{\zeta/3}}, \qquad (9.3.12)$$

d.h., $V_\zeta = 0$ für $e^{\zeta/3} = a$. Wir erwähnen, daß das φ-Feld im Extremum von V bezüglich ζ (d.h. bei $V_\zeta = 0$) den kanonischen kinetischen Term

$$G_{\varphi\varphi^*} = -\frac{1}{2} g_{\varphi\varphi^*} = 1 \qquad (9.3.13)$$

hat, und daß dort außerdem

$$V_{\zeta\zeta^*} = \frac{2}{3} V > 0 \qquad (9.3.14)$$

ist. Das bedeutet, daß das Potential $V(\varphi, \zeta)$ eine Rinne bei $\zeta = 3\ln a$, $-\infty < \varphi < \infty$ hat. Auf dem Boden der Rinne ist das Potential $V(\varphi, \zeta)$

$$V(\varphi) = a^3 e^g |g_\varphi|^2 = a^3 e^{-4\eta^2} |f_\varphi + 4i\eta|^2, \qquad (9.3.15)$$

wobei $\varphi = \xi + i\eta$ ist. Für reelle φ folgt aus Gleichung (9.3.15)

$$V = a^3 |f_\varphi|^2. \qquad (9.3.16)$$

Dies erinnert an das effektive Potential in einer global supersymmetrischen Theorie mit dem Superpotential $f(\varphi)$. Zur Inflation kommt es in dieser Theorie für eine große Klasse von Superpotentialen, so z.B. für Superpotentiale $f(\varphi) \sim \varphi^n$, $n > 1$. Eine vollständige Beschreibung der Inflation ist in dieser Theorie recht kompliziert, was insbesondere mit den nichtminimalen kinetischen Termen in (9.3.7) zusammenhängt. So führt der dritte Term in Gleichung (9.3.7) zum Auftreten eines Zusatzglieds $\sim a^{-1} e^{\zeta/3} |\partial_\mu \varphi|^2$ zu V_ζ (9.3.12). Zum Glück ist in der inflationären Phase $|\partial_\mu \varphi|^2 \ll V$, und die entsprechende Korrektur ist damit vernachlässigbar.

Um die Evolution des Universums in diesem Modell zu untersuchen, nehmen wir an, daß das φ-Feld anfangs hinreichend groß, d.h. $|\varphi| \gg 1$ (oder, in konventionellen Einheiten, $|\varphi| \gg M_\mathrm{P}/\sqrt{8\pi}$) ist. Dann sind die beiden Krümmungen $V_{\eta\eta} \sim a^3 |f|^2$ und $V_{\zeta\zeta} \sim a^3 |f_\varphi|^2$ groß gegen die Krümmung $V_{\xi\xi}$, die in diesem Modell in der Größenordnung $a^3 |f_\varphi|^2 \varphi^{-2}$ liegt. Ist deshalb anfangs $\zeta \neq 3 \ln a$ ($\zeta > 3\ln(2a/3)$) und $\eta \neq 0$ ($|\eta| \lesssim 1$), so rollen die Felder ζ und φ schnell zum Boden der Rinne, wo $\zeta = 3\ln a$ und $\eta = 0$ und das effektive Potential durch (9.3.16) gegeben ist. Das φ-Feld hat dann den üblichen kinetischen Term (9.3.13), und für $f = \mu^3 \varphi^n$ ist

$$V(\varphi) = n^2 a^3 \mu^6 \varphi^{2n-2}. \qquad (9.3.17)$$

Insbesondere erhält man für $f = \mu^3 \varphi^3$

$$V(\varphi) = 9 a^3 \mu^6 \varphi^4. \qquad (9.3.18)$$

Während des Hinabrollens des φ-Feldes von $\varphi \gg 1$ nach $\varphi \lesssim 1$ kommt es zur Inflation des Universums. Die dabei entstehenden Dichteinhomogenitäten liegen in der Theorie (9.3.18) für $\sqrt{\alpha}\mu \sim 10^{-2}$–$10^{-3}$ in der Größenordnung $\delta\varrho/\varrho \sim 10^{-5}$. Deshalb ist es nicht nötig, anomal kleine Kopplungskonstanten $\lambda \sim 10^{-14}$ einzuführen; ihre Rolle übernimmt in diesem Szenarium die Kombination $a^3 \mu^6$. Der Inflationsfaktor liegt in diesem Modell typischerweise in der Größenordnung 10^{10^7}. Der Prozeß des Wiederaufheizens hängt von der Wechselwirkung des φ-Feldes mit den Materiefeldern ab. In der Regel ist es in Modellen dieser Art nicht schwer, ein Wiederaufheizen auf Temperaturen $T_\mathrm{R} \gtrsim 10^8$ GeV zu erreichen [286], weshalb die Baryonenasymmetrie über die in Kapitel 7 beschriebenen Mechanismen erzeugt werden kann.

9.4 Das modifizierte Starobinsky-Modell und ein kombiniertes Szenarium

In allen bisher betrachteten Modellen war ein elementares Skalarfeld für die Inflation des Universums verantwortlich. Unterdessen kann die Rolle eines solchen Feldes in einigen Theorien auch von einem Kondensat von Fermionen $\langle \bar\psi \psi \rangle$ oder Vektorteilchen $\langle G_{\mu\nu}^a G_{\mu\nu}^a \rangle$ oder einfach vom Krümmungsskalar R selbst übernommen werden. Letzteres war gerade im Starobinsky-Modell der Fall, das dem Wesen nach eine erste Variante des Szenariums des inflationären Universums darstellte, die dem Guthschen Modell noch vorausging. In seiner ursprünglichen Form beruhte dieses Modell auf einer Beobachtung von Dowker und Chritchley [106], die bemerkten, daß unter Berücksichtigung der konformen Anomalie des Energieimpulstensors ein de-Sitter-Raum mit einer Energiedichte in der Nähe der Planck-Dichte eine selbstkonsistente Lösung der Einstein-Gleichungen mit Quantenkorrekturen ist. Starobinsky zeigte, daß die entsprechende Lösung instabil ist; der Krümmungsskalar beginnt zu einem bestimmten Zeitpunkt langsam abzunehmen, dieser Abfall beschleunigt sich dann, und nach einer Oszillationsphase heizt sich das Universum wieder auf und wird danach durch die Standardtheorie des heißen Universums beschrieben.

9. Das Szenarium der chaotischen Inflation

Formal erinnert die Beschreibung des Zerfalls des anfänglichen de-Sitter-Raums im Starobinsky-Modell stark an die Theorie des Zerfalls des instabilen Zustands $\varphi = 0$ im neuen Szenario des inflationären Universums. Das Modell stieß unter den Kosmologen damals auf starkes Interesse [287]. Allerdings wurde im Starobinsky-Modell der Ursprung des instabilen de-Sitter-Zustands nicht ganz deutlich; gewöhnlich sprach man davon, daß dieser Zustand in einem nichtsymmetrischen Kollaps eines zuvor existierenden Universums entstanden ist [288] oder von der Entstehung des Universums „aus dem Nichts" in einem instabilen Quasivakuumzustand [289, 290]. Der Idee nach waren diese Erklärungen jedoch komplizierter als die dem neuen Szenarium des inflationären Universums zugrundeliegenden Prinzipien. Außerdem erhielt man im ursprünglichen Starobinsky-Modell, ebenso, wie in den ersten Varianten des neuen Szenariums des inflationären Universums, nach der Inflation zu große Dichteinhomogenitäten $\delta\varrho/\varrho$ [107], und das Problem der Reliktmonopole konnte ebenfalls nicht gelöst werden.

Später gelang es jedoch, dieses Modell zu modifizieren und in einem dem Szenarium der chaotischen Inflation ähnlichen Geiste zu realisieren [108–110]. Das Wesen dieser Modifizierung besteht darin, daß man anstelle der Untersuchung der Einschleifenkorrekturen zum Energieimpulstensor T_μ^ν eine Gravitationstheorie betrachtet, in der zur Einsteinschen Lagrange-Dichte $R/16\pi G$ im Krümmungstensor $R_{\mu\nu\alpha\beta}$ quadratische Terme hinzugefügt sind.

Im allgemeinen ist ein solches Vorgehen keinesfalls ganz harmlos, da die Gleichungen für die Störungen der Metrik dabei von vierter Ordnung werden, was häufig zum Auftreten zusätzlicher Anregungen mit imaginärer Masse (Tachyonen) oder negativer Energie (indefiniter Metrik) führt [291]. Zum Glück lassen sich diese Schwierigkeiten vermeiden, wenn man zur Einsteinschen Lagrange-Dichte einen Term $R^2 M_P^2/96\pi^2 M^2$ mit $M^2 \ll M_P^2$ addiert. Bei geeigneter Wahl des Vorzeichens von R^2 führt ein solcher Zusatzterm zum Auftreten skalarer Anregungen (Skalaronen), die Teilchen mit positiver Energie und Masse $M^2 > 0$ entsprechen. Unter Berücksichtigung des R^2-Terms werden die Einstein-Gleichungen modifiziert. Insbesondere wird im flachen Friedman-Raum ($k=0$) Gleichung (1.7.12) für ein Universum mit einem homogenen φ-Feld durch

$$H^2 = \frac{8\pi}{3M_P^2}\left[\frac{1}{2}\dot\varphi^2 + V(\varphi)\right] - \frac{H^2}{M^2}\left[\ddot H + 2\frac{\ddot H}{H} - \left(\frac{\dot H}{H}\right)^2\right] \qquad (9.4.1)$$

ersetzt. Wir wollen in Gleichung (9.4.1) zunächst den Beitrag des φ-Feldes vernachlässigen, also Lösungen der modifizierten materiefreien Einstein-Gleichungen betrachten. In diesem Fall besitzt Gleichung (9.4.1) eine Lösung, die die Bedingungen $|\dot H| \ll H^2$, $|\ddot H| \ll |\dot H H|$ erfüllt, d.h. ein inflationäres Universum mit langsam veränderlichem Parameter H beschreibt [108, 109]:

$$H = \frac{1}{6}M^2(t_1 - t), \qquad (9.4.2)$$

$$a(t) = a_0 \exp\left(\frac{M^2}{12}(t_1 - t)^2\right). \qquad (9.4.3)$$

Dieses Verhalten dauert solange an, bis H kleiner als M wird; danach hört die Inflation auf und H beginnt um den Mittelwert $H_0(t) \sim 1/t$ zu schwingen. Dabei heizt sich das Universum auf und kann dann durch die übliche Theorie des heißen Universums beschrieben werden.

Genaugenommen wird die Anwendbarkeit der Gleichungen (9.4.2) und (9.4.3) durch die Bedingungen R^2, $R_{\mu\nu}R^{\mu\nu} \ll M_P^4$ eingeschränkt. In Abhängigkeit vom Anfangswert von H kann die inflationäre Phase außerdem auch wesentlich später als zur Planck-Zeit, zu der R^2 und $R_{\mu\nu}R^{\mu\nu}$ kleiner als M_P^4 werden, beginnen. Auf diese Weise kommen wir wieder auf das Problem der Entwicklung eines Universums zurück, bei dem die Inflation nur in denjenigen Teilen stattfindet, in denen (unabhängig von irgendwelchen Hochtemperatur-Phasenübergängen) die hierfür geeigneten Anfangsbedingungen herrschen. Mit anderen Worten, es handelt sich um ein Szenarium der chaotischen Inflation, bei dem die Rolle des skalaren Inflatonfeldes vom Krümmungsskalar R (der während der Inflation den Wert $12H^2$ hat) übernommen wird. Hat man in der Theorie auch noch Skalarfelder φ (siehe (9.4.1)), so kann die Inflation mehrere verschiedene Stadien durchlaufen, bei denen entweder die mit den Skalarfeldern zusammenhängenden Effekte, oder die oben beschriebenen rein gravitativen Effekte dominieren [110].

Die Abfolge dieser Stadien wird durch das Verhältnis der Skalaronmasse M zur effektiven Masse m des Skalarfeldes φ bei $\varphi \sim M_P$ bestimmt (in der $\lambda\varphi^4/4$-Theorie ist $m \sim \sqrt{\lambda}M_P$). Bei $m \gg M$ hört das Stadium der Dominanz des φ-Feldes schnell auf und das abschließende Stadium der Inflation hängt von rein gravitativen Effekten ab. Wie üblich, werden dabei auch Dichteinhomogenitäten $\delta\varrho/\varrho$ erzeugt, die über galaktische Entfernungen in der Größenordnung [107, 212]

$$\frac{\delta\varrho}{\varrho} \sim 10^3 \frac{M}{M_P} \tag{9.4.4}$$

liegen, d.h. man findet $\delta\varrho/\varrho \sim 10^{-5}$ für

$$M \sim 10^{11} \text{ GeV}. \tag{9.4.5}$$

(Man beachte den Unterschied zwischen (9.4.50) und (7.5.42).) Zum Wiederaufheizen des Universums kommt es in diesem Fall ebenfalls durch rein gravitative Effekte [52, 134]. Nach (7.9.19) erhält man

$$T_R \sim 10^{-1}\sqrt{\Gamma M_P} \sim 10^{-1}\sqrt{\frac{M^3}{M_P}} \sim 10^6 \text{ GeV}. \tag{9.4.6}$$

Zur Erklärung der Baryonsynthese bei Temperaturen $T \lesssim T_R \sim 10^6$ GeV muß man, wie auch im Shafi-Vilenkin-Modell und in einer Reihe auf Supergravitations-Theorien beruhender Modelle, die in Abschnitt 7.10 beschriebenen Nichtstandard-Mechanismen heranziehen. Wir machen aber darauf aufmerksam, daß in Elementarteilchen- oder Superstring-Theorien bei Termen der Art $R^2 M_P^2/96\pi^2 M^2$ in der Regel nicht $M \sim 10^{-8}M_P$, sondern $M \sim M_P$ ist. Deshalb scheint es wahrscheinlicher, daß in realistischen Theorien $m \ll M$ ist. Das modifizierte Starobinsky-Modell kann in diesem Fall zur Beschreibung der Anfangsetappen der Inflation herangezogen werden, während die Bildung der sichtbaren Struktur des Universums und das Wiederaufheizen in der Phase stattfindet, wo das skalare φ-Feld dominiert. Eine detailliertere Untersuchung des kombinierten Modells (9.4.1) unter Berücksichtigung sowohl mit dem Skalarfeld φ, als auch mit dem quadratischen Zusatzterm zur Einstein-Lagrange-Dichte zusammenhängender Effekte findet man in der Arbeit [110].

9.5 Inflation in Kaluza-Klein- und Superstring-Theorien

Wie wir bereits im ersten Kapitel erwähnt hatten, verbinden sich die größten Hoffnungen bei der Konstruktion einer einheitlichen Theorie aller fundamentalen Wechselwirkungen in den letzten Jahren mit Kaluza-Klein- und Superstring-Theorien. Alle diese Theorien beruhen auf der Grundannahme, daß die Ausgangs-Raumzeit eine Dimension $d \gg 4$ hat. Dabei sind Theorien mit $d=10$ [17], $d=11$ [16], $d=26$ [94] und sogar $d=506$ in der Diskussion [95, 96]. Man nimmt an, daß $d-4$ Dimensionen kompaktifiziert werden, so daß die räumliche Ausdehnung in den entsprechenden Richtungen dann in der Größenordnung M_P^{-1} liegt und wir uns praktisch nur in den verbleibenden Raumrichtungen und einer Zeitrichtung bewegen können. Gewöhnlich geht man davon aus, daß die kompaktifizierten Richtungen räumliche sind, prinzipiell interessiert man sich aber auch für die Möglichkeit, eine hochdimensionale Zeit zu kompaktifizieren [292, 293]. Die Symmetrie des kompaktifizierten Raumes bestimmt letzten Endes die Symmetrieeigenschaften der dabei entstehenden Elementarteilchentheorie.

Leider sind sowohl die auf Kaluza-Klein- und Superstring-Theorien beruhenden konkreten Elementarteilchenmodelle, als auch die entsprechenden kosmologischen Modelle bisher noch sehr unvollkommen. Trotzdem sollte man einen Blick auf die auf diesem Gebiet erhaltenen Ergebnisse werfen.

Eines der interessantesten und am besten ausgearbeiteten Inflations-Modelle auf der Basis einer Kaluza-Klein-Theorie ist das Shafi-Wetterich-Modell [237]. Es beruht auf der EinsteinWirkung mit in der Krümmung im d-dimensionalen Raum quadratischen Zusatztermen:

$$S = -\frac{1}{V_D} \int d^d x \sqrt{g_d} [\alpha \hat{R}^2 + \beta \hat{R}_{\hat{\mu}\hat{\nu}} \hat{R}^{\hat{\mu}\hat{\nu}}$$
$$+ \gamma \hat{R}_{\hat{\mu}\hat{\nu}\hat{\sigma}\hat{\lambda}} \hat{R}^{\hat{\mu}\hat{\nu}\hat{\sigma}\hat{\lambda}} + \delta \cdot \hat{R} + \varepsilon]. \tag{9.5.1}$$

Dabei sind $\hat{\mu}, \hat{\nu}, \ldots = 0, 1, 2, \ldots, d-1$, $\hat{R}_{\hat{\mu}\hat{\nu}\hat{\sigma}\hat{\lambda}}$ ist der Krümmungstensor im d-dimensionalen Raum, V_D ist das Volumen des D-dimensionalen kompaktifizierten Raumes, $D = d-4$ und α, β und γ sind dimensionslose Parameter. Der Parameter δ ist das Analogon der inversen Gravitationskonstante im d-dimensionalen Raum. Außerdem ist

$$\zeta = D(D-1)\alpha + (D-1)\beta + 2\gamma > 0, \tag{9.5.2}$$

$$\delta > 0, \tag{9.5.3}$$

$$\varepsilon = \frac{1}{4} \delta^2 D(D-1) \zeta^{-1}. \tag{9.5.4}$$

9.5 Inflation in Kaluza-Klein- und Superstring-Theorien

Die Gleichungen für die d-dimensionale Metrik haben eine Lösung der Form $M^4 \times S^D$, wobei M^4 der Minkowski-Raum und S^D eine D-dimensionale Kugeloberfläche mit dem Radius

$$L_0^2 = \frac{2\zeta}{\delta} \tag{9.5.5}$$

ist. Für

$$\chi = (D-1)\beta + 2\gamma > 0 \tag{9.5.6}$$

ist die effektive Gravitationskonstante, die die gravitative Wechselwirkung über große Abstände im Minkowski-Raum M^4 beschreibt, positiv:

$$G^{-1} = M_P^2 = 16\pi \frac{\chi}{\zeta} \delta. \tag{9.5.7}$$

Die Frage der Stabilität der $M^4 \times S^D$-Lösung ist noch nicht völlig geklärt; unter bestimmten Voraussetzungen an die Parameter der Theorie konnte aber gezeigt werden, daß die Kompaktifizierung bezüglich Radiusänderungen der S^D-Sphäre stabil ist [294]. Zur Beschreibung der kosmologischen Evolution führt man in diesem Modell zweckmäßigerweise das auf dem vierdimensionalen Raum definierte Skalarfeld

$$\varphi(x) = \ln \frac{L(x)}{L_0} \tag{9.5.8}$$

ein. Nach einer geeigneten Reskalierung der Metrik $g_{\hat{\mu}\hat{\nu}}(x)$ kann man die effektive Wirkung im vierdimensionalen Raum auf die Form

$$S = -\int d^4 x \sqrt{g_4} \, [M_P^2 R/16\pi$$
$$+ \exp D\varphi \cdot (\alpha R^2 + \beta R_{\mu\nu} R^{\mu\nu} + \gamma R_{\mu\nu\sigma\lambda} R^{\mu\nu\sigma\lambda})$$
$$- \frac{1}{2} f^2(\varphi) \partial_\mu \varphi \partial^\mu \varphi - \frac{1}{2} f_R(\varphi) R \partial_\mu \varphi \partial^\mu \varphi$$
$$- \tilde{h}(\varphi) \partial_\mu \varphi \partial^\mu R + V(\varphi) + \Delta L_{\text{kin}}] \tag{9.5.9}$$

bringen. Dabei sind $\mu, \nu, \ldots = 0, 1, 2, 3$; ΔL_{kin} umfaßt Terme, die eine Vielzahl von Ableitungen des φ-Feldes der Art $\partial_\mu \partial_\nu \varphi \cdot \partial^\mu \partial^\nu \varphi$ usw. enthalten. Das Potential $V(\varphi)$ hat die Form

$$V(\varphi) = \left(\frac{M_P^2}{16\pi}\right)^2 \frac{D(D-1)}{4\zeta} e^{-D\varphi} \left(\frac{1-e^{-2\varphi}}{1-\sigma e^{-2\varphi}}\right)^2, \tag{9.5.10}$$

wobei $\sigma = \chi/\zeta - 1$ ist. Die Funktionen $f^2(\varphi)$, $f_R(\varphi)$ und $\tilde{h}(\varphi)$ in (9.5.9) hängen von α, β, γ und D ab. Aus (9.5.10) folgt $V(\varphi) \geq 0$; $V(\varphi)$ verschwindet lediglich für $\varphi = 0$, d.h. bei $L(x) = L_0$. Ist $R_{\mu\nu\sigma\lambda} \neq 0$, trägt nicht nur $V(\varphi)$, sondern ein weiterer Term,

$$e^{D\varphi} K_\varphi \equiv e^{D\varphi}(\alpha R^2 + \beta R_{\mu\nu} R^{\mu\nu} + \gamma R_{\mu\nu\sigma\lambda} R^{\mu\nu\sigma\lambda}) \tag{9.5.11}$$

zur Bewegungsgleichung des φ-Feldes bei, so daß die Größe

$$W(\varphi) = V(\varphi) + e^{D\varphi} K_\varphi \tag{9.5.12}$$

die Rolle der potentiellen Energie des φ-Feldes übernimmt.

Andererseits kann man leicht zeigen, daß der Term (9.5.11) während der Inflation einen Beitrag $\sim e^{D\varphi} H^2 \dot{H}$ zu den Einstein-Gleichungen in der vierdimensionalen Raumzeit liefert, den man bei $H = $ const. aber vernachlässigen kann. In dieser Näherung wird die Expansionsrate des Universums durch den Zusatzterm (9.5.11) nicht beeinflußt und ist lediglich durch das Potential $V(\varphi)$ bestimmt:

$$H^2 = \frac{8\pi}{3 M_P^2} V(\varphi), \tag{9.5.13}$$

während die Entwicklung des φ-Feldes von der Form des Potentials $W(\varphi)$ (9.5.12) abhängt:

$$3 H h^2(\varphi) \dot{\varphi} = -\frac{\partial W}{\partial \varphi} = -\frac{\partial V}{\partial \varphi} - D e^{D\varphi} K_\varphi(H(\varphi)). \tag{9.5.14}$$

Daß die Funktion $h^2(\varphi)$ in (9.5.14) auftritt liegt an den nichtminimalen kinetischen Termen des φ-Feldes in (9.5.9). Diese Funktion hängt nur schwach von φ ab und geht für $\varphi \to \infty$ gegen eine Konstante. Die Funktion $\partial W/\partial \varphi$ verhält sich für große φ wie

$$\lim_{\varphi \to \infty} \frac{\partial W}{\partial \varphi} = \left(\frac{M_P^2}{16\pi}\right)^2 \frac{D^2(D-1)}{4\zeta} (\mu - 1) e^{-D\varphi}, \tag{9.5.15}$$

wobei

$$\mu - 1 = \frac{D-4}{12\zeta} [3(D-1)\beta + 2(D+3)\gamma] \tag{9.5.16}$$

ist. Für $\mu > 1$ geht das Potential $W(\varphi)$ von unten gegen eine Konstante, wobei die Differenz exponentiell klein wird. Daraus folgt, daß das φ-Feld exponentiell langsam in das Minimum von $W(\varphi)$ bei $\varphi = 0$ rollt. Nun ist zwar das Potential $V(\varphi)$, das die Expansionsrate des Universums bestimmt, dabei ebenfalls exponentiell klein; trotzdem kann man mit der Anfangsbedingung $\varphi \gtrsim O(1)$ und einer sinnvollen Wahl der Konstanten α, β und γ sowohl eine starke Inflation, als auch kleine Dichteinhomogenitäten erreichen. Insbesondere läßt sich die Dauer der

9.5 Inflation in Kaluza-Klein- und Superstring-Theorien

inflationären Phase zu

$$\Delta t \sim H^{-1} \frac{2K_\infty}{\mu - 1} \varphi \tag{9.5.17}$$

abschätzen [237], wobei man K_∞ aus

$$\lim_{\varphi \to \infty} h^2(\varphi) = h_\infty^2 = \frac{M_P^2}{16\pi} \frac{D}{4\zeta} K_\infty \tag{9.5.18}$$

erhält. Der Parameter K_∞ läßt sich durch α, β und γ ausdrücken und liegt gewöhnlich in der Größenordnung von 1. Man kann leicht zeigen, daß man bei der relativ natürlichen Parameterwahl $\alpha, \beta, \gamma \sim 1$ und dem Anfangswert $\varphi \sim 3$ den Wert $\Delta t \sim 60 H^{-1}$ erhalten kann [237].

Die Größe $\delta\varrho/\varrho$ ist in diesem Modell durch einen ähnlichen Ausdruck wie in (7.5.21) gegeben, mit dem einzigen Unterschied, daß an die Stelle von $\dot\varphi$ nun $\dot\varphi h(\varphi)$ tritt:

$$\frac{\delta\varrho}{\varrho} \sim 0{,}2 \frac{H^2}{\dot\varphi h(\varphi)} \sim 0{,}2 \frac{H^2 \Delta t}{h_\infty \varphi} \sim \frac{2H}{M_P} \left(\frac{\pi\varphi}{DK_\infty}\right)^{1/2} \frac{H\Delta t}{\varphi}. \tag{9.5.19}$$

Zum uns interessierenden Zeitpunkt (eine Zeitspanne $\Delta l \sim 60 H^{-1}$ vor Ende der Inflation und mit $\varphi \sim 3$) erhält man also

$$\frac{\delta\varrho}{\varrho} \sim C \frac{H}{M_P} \tag{9.5.20}$$

mit $C = O(1)$. Insbesondere wird $\delta\varrho/\varrho \sim 10^{-5}$ bei

$$\frac{H}{M_P} \sim \frac{1}{8} \left(\frac{D(D-1)}{6\pi\zeta}\right)^{1/2} \exp\left(-\frac{D}{2}\varphi\right) \sim 10^{-5}. \tag{9.5.21}$$

Für $\varphi \sim 3$ ist die Bedingung (9.5.21) in Theorien mit $d = D + 4 = O(10)$ erfüllt. Ein interessantes Charakteristikum des auf diese Weise erhaltenen Störungsspektrums ist dessen Abfall bei großen φ, d.h. im Gebiet großer Wellenlängen. Dieses Charakteristikum hängt damit zusammen, daß das Verhalten des Feldes und die Expansionsrate des Universums nicht nur von einer Funktion $V(\varphi)$ allein, sondern von zwei verschiedenen Funktionen $W(\varphi)$ und $V(\varphi)$ abhängen.

Das Shafi-Wetterich-Modell ist auch deshalb interessant, weil die Krümmung des effektiven Potentials für $\varphi \ll 1$ sehr groß ist. Nach der Inflation schwingt das φ-Feld fast mit der Planck-Frequenz um den Punkt $\varphi = 0$, und das Wiederaufheizen des Universums geschieht sehr schnell und effektiv. Die Temperatur des Universums nach dem Wiederaufheizen kann in diesem Modell $T_R \sim 10^{17}$ GeV erreichen [295].

Das Hauptproblem dieses Modells hängt mit den für die Inflation nötigen Anfangsbedingungen zusammen. Im Rahmen einer Kaluza-Klein-Theorie wäre es unnatürlich davon auszugehen, daß der dreidimensionale Raum von Anfang an unendlich ausgedehnt gewesen ist, da das bedeuten würde, daß der Unterschied zwischen den kompaktifizierten und den nichtkompaktifizierten Dimensionen nicht spontan entstanden ist, sondern von Anfang an in der Theorie angelegt war. Natürlicher wäre die Annahme, daß wir es zu Beginn mit einem kompakten Universum zu tun hatten, dessen Größe sich aber bei der Expansion in verschiedenen Richtungen unterschiedlich schnell ändert: in drei Dimensionen wächst das Weltall exponentiell, während es in $d-4$ Dimensionen allmählich auf etwa $L_0 \sim M_P^{-1}$ (9.5.5), (9.5.7) schrumpft. Mit anderen Worten, es handelt sich um ein kompaktes (z. B. geschlossenes) Universum mit einem bezüglich der verschiedenen Richtungen asymmetrischen Expansionsgesetz.

Wie schon im ersten Kapitel erwähnt, liegt die typische Lebensdauer eines geschlossenen Universums in der Größenordnung M_P^{-1}, und es kann vor dem Kollaps nur durch eine Inflation bewahrt werden, die unmittelbar nach der Bildung des Universums aus dem Zustand mit der Planck-Energiedichte beginnt. Im Shafi-Wetterich-Modell muß die Inflation aber bei $\varphi \gtrsim 3$, $H \lesssim 10^{-5} M_P$ (siehe Gleichung (9.5.21)), d.h. bei $V(\varphi) \ll M_P^4$ einsetzen. In diesem Fall kann die Inflation das Weltall nicht vor einem frühzeitigen Tod bewahren. Um dieses Problem zu umgehen, wurde in [237] die Hypothese aufgestellt, daß das gesamte Universum durch einen Quantensprung aus dem Raumzeit-Schaum (aus dem „Nichts") in den Zustand $\varphi \gtrsim 3$, $H \lesssim 10^{-5} M_P$ entstanden sein soll. Die Möglichkeit solcher Prozesse werden wir im nächsten Kapitel untersuchen. Leider führen die in [296] durchgeführten Abschätzungen für die Wahrscheinlichkeit eines solchen Prozesses auf einen Ausdruck der Form $P \sim \exp(-M_P^4/V(\varphi))$, d.h. in unserem Fall auf $P \sim \exp(-10^{10})$. Die Wahrscheinlichkeit, daß man im Rahmen des Shafi-Wetterich-Modells eine natürliche Realisierung des Szenariums des inflationären Universums finden könnte scheint deshalb nicht allzu groß zu sein. Wir sind hier faktisch mit den gleichen Schwierigkeiten konfrontiert, die bereits einer erfolgreichen Realisierung des neuen Szenariums des inflationären Universums im Wege standen.

Man könnte nun hoffen, daß all diese Schwierigkeiten beim Übergang zu einer Superstring-Theorie verschwinden. In verschiedenen Varianten dieser Theorien gibt es auch einige mögliche Kandidaten für das die Inflation treibende Inflatonfeld. Dabei könnte es sich um eine Kombination des in die Superstring-Theorien eingehenden Dilatonfeldes und des Logarithmus des Kompaktifizierungsradius handeln. Leider ist das gegenwärtige Verständnis der phänomenologischen und kosmologischen Aspekte der Superstring-Theorien aber noch sehr unbefriedigend. Die derzeit auf einer Superstring-Theorie beruhenden Inflationsmodelle [297] gehen von verschiedenen Annahmen bezüglich der Struktur dieser Theorien aus, die bisher nicht vollständig begründet werden konnten. Nach wie vor liegen die Hauptprobleme bei den Anfangsbedingungen. Unserer Meinung nach sind die für die Entstehung einer inflationären Phase nötigen Anfangsbedingungen in der Mehrzahl der bisher auf der Basis einer Superstring-Theorie konstruierten Modelle unnatürlich.

Heißt das nun, daß wir uns auf einem völlig falschen Weg befinden? Es ist derzeit sehr schwer, auf diese Frage eine Antwort zu geben. Es ist durchaus möglich, daß sich das Szenarium des inflationären Universums im Zuge der Weiterentwicklung der Superstring-Theorien in irgendeiner nichttrivialen Weise in diesen realisieren lassen wird (siehe z.B. [353]). Andererseits sollte man im Auge behalten, daß es im letzten Jahrzehnt auf der Seite der Elementarteilchentheorien drei Palastrevolutionen gab. An die Stelle der GUT-Theorien traten die Supergravitations-Theorien, danach kamen die Kaluza-Klein-Theorien, denen die Superstring-Theorien auf dem Thron folgten. In einigen dieser Theorien läßt sich das Szenarium des inflationären Universums erfolgreich verwirklichen, während dies in anderen bisher nicht möglich war; es gibt aber keinerlei „No-go"-Theoreme, die darauf hinweisen würden, daß dies prinzipiell unmöglich wäre. Unserer Meinung nach handelt es sich hier um einen außergewöhnlichen Aspekt einer Standardsituation. Eine Theorie muß so konstruiert werden, daß sie die experimentellen Daten beschreibt. Das gelingt bei weitem nicht immer, und so muß die Theorie abgeändert werden. Bis vor kurzem noch zählte man aber die kosmologischen Daten nicht zu den wichtigsten experimentellen Daten. Heute hat sich die Situation grundlegend gewandelt, und es ist keinesfalls ausgeschlossen, daß man einmal Modelle, in denen die Inflation des Universums keine natürliche Erklärung findet, als den experimentellen Daten widersprechend ablehnen wird (es sei denn, es findet sich eine alternative Lösung aller im ersten Kapitel aufgeführten Probleme, die nicht auf dem Szenarium des inflationären Universums beruht). Bei einer Analyse der gegenwärtigen Situation auf diesem Forschungsgebiet muß man außerdem im Auge behalten, daß unser Verständnis des Szenariums des inflationären Universums und insbesondere der wichtigsten Frage, nämlich der der Anfangsbedingungen, noch recht unvollkommen ist. In den letzten Jahren haben sich unsere Vorstellungen über das Problem der Anfangsbedingungen in der Kosmologie und die Globalstruktur des inflationären Universums wesentlich gewandelt. Die auf diesem Gebiet erzielten Fortschritte hängen in erster Linie mit der Entwicklung der Quantenkosmologie zusammen, der wir uns nun zuwenden wollen.

10. Inflation und Quantenkosmologie

Wer mit Überzeugung beginnt,
wird in Zweifeln enden;
wer mit Zweifeln beginnt
wird mit Überzeugung enden.

Francis Bacon (1561–1626)

10.1 Die Wellenfunktion des Universums

Die Quantenkosmologie gehört zu den konzeptionell schwierigsten Gebieten der theoretischen Physik. Diese Tatsache hängt nicht nur mit solchen Schwierigkeiten der Quantentheorie der Gravitation wie dem Problem der Ultraviolettdivergenzen zusammen, sondern in erster Linie damit, daß im Rahmen der Quantenkosmologie schon die Fragestellungen selbst wesentlich nichttrivialer Natur sind. Die Ergebnisse dieser Untersuchungen scheinen häufig paradox, und man braucht eine gehörige Portion Unvoreingenommenheit, um sie nicht von Anfang an zu verwerfen.

Die Grundlagen der Quantenkosmologie wurden Ende der 60er Jahre durch Wheeler und De Witt gelegt [298, 299]. Vor der Entwicklung des Szenariums des inflationären Universums erschien der Mehrzahl der Wissenschaftler die Beschreibung der Welt als Ganzes im Rahmen der Quantenmechanik jedoch als überflüssiger Luxus. Tatsächlich führt die Quantenmechanik bei der Beschreibung makroskopischer Objekte üblicherweise auf die gleichen Resultate wie die klassische Mechanik. Bedenkt man, daß das Weltall das größte makroskopische Objekt ist, warum sollte man dann gerade dies mit Hilfe der Quantentheorie beschreiben müssen?

In der Standardtheorie des heißen Universums war eine solche Frage völlig legitim, da dieser Theorie zufolge der sichtbare Teil des Universums durch die Expansion eines Gebietes entstand, das ständig ca. 10^{87} Elementarteilchen enthielt. Dem Szenarium des inflationären Universums zufolge entstand aber der gesamte sichtbare Teil des Universums (und vielleicht auch das Universum insgesamt) durch die rasche Expansion eines Gebietes der Größe $l \lesssim M_P^{-1} \sim 10^{-33}$ cm, das möglicherweise nicht ein einziges Elementarteilchen enthielt! In diesem Fall könnten Quanteneffekte in den Frühphasen der Expansion des Universums sehr wohl eine entscheidende Rolle gespielt haben.

Bis vor kurzem war das Hauptinstrument in der Quantenkosmologie die Wheeler-De-Witt-Gleichung für die Wellenfunktion des Universums $\Psi(h_{ij}, \varphi)$, wobei h_{ij} die dreidimensionale räumliche Metrik und φ ein Materiefeld ist. Die Wheeler-De-Witt-Gleichung ist dem Wesen nach eine Schrödinger-Gleichung für eine Wellenfunktion in einem stationären Zustand $\partial \Psi/\partial t = 0$ (siehe unten). Sie beschreibt das Verhalten der Größe Ψ im sogenannten Superraum — dem Raum aller dreidimensionalen Metriken h_{ij} (nicht zu verwechseln mit dem zur Beschreibung supersymmetrischer Theorien eingeführten Superraum!). Eine detaillierte Darlegung dieser Theorie findet man in [298–301]. Die interessantesten Resultate auf diesem Gebiet wurden aber mit einem vereinfachten Zugang gewonnen, bei dem man anstelle des vollen Superraums nur einen Teil davon betrachtet, der als Minisuperraum bezeichnet wird und ein homogenes Friedman-Universum beschreibt, d.h., die Rolle der Größen h_{ij} übernimmt der Skalenfaktor des Universums a. Wir wollen deshalb in diesem Abschnitt die mit der Berechnung und Interpretation der Wellenfunktion des Universums zusammenhängenden Grundprobleme anhand des Minisuperraum-Zugangs illustrieren. In den folgenden Abschnitten werden wir die Anwendbarkeitsgrenzen dieses Zugangs erörtern, Resultate betrachten, die mit Hilfe der unlängst entwickelten stochastischen Methoden zur Beschreibung der Inflation des Universums erhalten wurden [134, 135, 57, 132, 133] sowie eine Reihe weiterer mit der Quantenkosmologie zusammenhängender Fragen untersuchen.

Betrachten wir zunächst also eine Theorie für ein Skalarfeld φ mit der Lagrange-Dichte

$$L(g_{\mu\nu}, \varphi) = -\frac{R M_P^2}{16\pi} + \frac{1}{2} \partial_\mu \varphi \partial^\mu \varphi - V(\varphi) \tag{10.1.1}$$

in einem geschlossenen Friedman-Universum, dessen Metrik wir zweckmäßigerweise in der Form

$$ds^2 = N^2(t) dt^2 - a^2(t) d\Omega_3^2 \tag{10.1.2}$$

schreiben, wobei $N(t)$ eine Hilfsfunktion ist, die die Skale für die Messung der Zeit t definiert; $d\Omega_3^2 = d\chi^2 + \sin^2\chi (d\theta^2 + \sin^2\theta d\varphi^2)$ ist das Linienelement auf der Oberfläche der dreidimensionalen Einheitskugel. Um zu einer effektiven Lagrange-Dichte als Funktion von $a(t)$ und $\varphi(t)$ zu gelangen, muß man in der Wirkung $S(g, \varphi)$ über die Winkel abintegrieren, was wegen des Faktors $\sqrt{g}$ gerade $2\pi^2 a^3$ gibt. Berücksichtigt man noch die Geschlossenheit (das Fehlen einer Grenze) des Universums, so kann man die effektive Lagrange-Dichte in eine nur von a und $\dot{a}$, nicht aber von $\ddot{a}$ abhängende Form umschreiben:

$$L(a, \varphi) = -\frac{3 M_P^2 \pi}{4} \left(\frac{\dot{a}^2 a}{N} - N a \right) + 2\pi^2 a^3 N \left(\frac{\dot{\varphi}^2}{2N^2} - V(\varphi) \right). \tag{10.1.3}$$

Die kanonischen Impulse lauten

$$\pi_\varphi = \frac{\partial L}{\partial \dot{\varphi}} = \frac{2\pi^2 a^3}{N} \dot{\varphi}, \tag{10.1.4}$$

$$\pi_a = \frac{\partial L}{\partial \dot{a}} = -\frac{3 M_P^2 \pi}{2N} \dot{a} a, \tag{10.1.5}$$

$$\pi_N = \frac{\partial L}{\partial \dot{N}} = 0, \tag{10.1.6}$$

10.1 Die Wellenfunktion des Universums

und die Hamilton-Funktion ist

$$H = \pi_\varphi \dot\varphi + \pi_a \dot a - L(a,\varphi)$$
$$= -\frac{N}{a}\left(\frac{\pi_a^2}{3\pi M_P^2} + \frac{3\pi M_P^2}{4}a^2\right) + \frac{N}{a}\left(\frac{\pi_\varphi^2}{4\pi^2 a^2} + 2\pi^2 a^4 V(\varphi)\right)$$
$$= H_a + H_\varphi. \qquad (10.1.7)$$

Hierbei sind H_a und H_φ die effektiven Hamilton-Dichten des Skalenfaktors a und des Skalarfeldes φ im Friedman-Universum. Die kanonischen Variablen π_a, π_φ, a und φ unterliegen einer aus (10.1.6) folgenden Nebenbedingung:

$$0 = \frac{\partial H}{\partial N} = \frac{H}{N} = -\frac{1}{a}\left(\frac{\pi_a^2}{3\pi M_P^2} + \frac{3\pi M_P^2}{4}a^2\right) + \frac{1}{a}\left(\frac{\pi_\varphi^2}{4\pi^2 a^2} + 2\pi^2 a^2 V(\varphi)\right). \qquad (10.1.8)$$

Bei der Quantisierung geht Gleichung (10.1.8) in eine Bedingung an die Wellenfunktion des Universums über:

$$i\frac{\partial \Psi(a,\varphi)}{\partial t} = H\Psi = 0. \qquad (10.1.9)$$

Die kanonischen Variablen werden wie üblich durch Operatoren ersetzt

$$\varphi \to \varphi, \quad \pi_\varphi \to \frac{1}{i}\frac{\partial}{\partial\varphi},$$
$$a \to a, \quad \pi_a \to \frac{1}{i}\frac{\partial}{\partial a}, \qquad (10.1.10)$$

wodurch Gleichung (10.1.9) die Form

$$\left(-\frac{1}{3\pi M_P^2}\frac{\partial^2}{\partial a^2} + \frac{3\pi M_P^2}{4}a^2 + \frac{1}{4\pi^2 a^2}\frac{\partial^2}{\partial\varphi^2} - 2\pi^2 a^4 V(\varphi)\right)\Psi(a,\varphi) = 0 \qquad (10.1.11)$$

annimmt. Diese Gleichung ist die Wheeler-De-Witt-Gleichung im Minisuperraum.

Strenggenommen muß man hinzufügen, daß bei der Ableitung der Gleichung (10.1.11) wegen der Nichtvertauschbarkeit von a und π_a eine gewisse Willkür besteht. Anstelle des Terms $-\partial^2/\partial a^2$ in (10.1.11) schreibt man deshalb gelegentlich $-(1/a^p)\,\partial/\partial a(a^p\,\partial/\partial a)$, wobei der Parameter p unterschiedliche Werte annehmen kann. In der quasiklassischen Näherung, für die wir uns im folgenden besonders interessieren werden, ist der konkrete Wert dieses Parameters bedeutungslos und man kann insbesondere $p=0$ setzen und Lösungen der Gleichung (10.1.11) suchen.

Natürlich ist klar, daß die Gleichung (10.1.11) viele verschiedene Lösungen besitzt, und eine der grundlegenden Fragen besteht in diesem Zusammenhang darin, herauszufinden, welche dieser Lösungen denn nun tatsächlich unser Universum beschreibt. Bevor wir uns dieser Frage zuwenden, möchten wir einige allgemeine Bemerkungen bezüglich der Interpretation der Wellenfunktion des Universums voranstellen.

Zunächst machen wir darauf aufmerksam, daß die Wellenfunktion des Universums zwar vom Skalenfaktor a, nach Gleichung (10.1.9) *aber nicht von der Zeit* abhängt. Dies wirft die Frage auf, wie sich das mit der Tatsache vereinbaren läßt, daß *das von uns beobachtete* Universum von der Zeit abhängt.

Hier stoßen wir auf eines der Grundparadoxa der Quantenkosmologie, dessen richtiges Verständnis außerordentlich wichtig ist. Das Universum *als Ganzes* ändert sich zeitlich nicht, da die Vorstellung einer solchen Änderung die Existenz irgend etwas Nichtveränderlichen voraussetzt, das nicht zum Weltall gehört und in bezug auf das sich das Universum entwickelt. Versteht man unter Weltall aber *alles*, so gibt es gar keinen *äußeren Beobachter*, nach dessen Uhren sich das Universum entwickeln könnte. Tatsächlich fragen wir aber auch gar nicht danach, warum sich das Weltall entwickelt, sondern danach, warum *wir sehen*, daß es sich entwickelt. Damit teilen wir das Universum aber schon in zwei Teile: einen makroskopischen Beobachter mit Uhren, und den gesamten Rest. Dieser „gesamte Rest" kann sich zeitlich (nach den Uhren des Beobachters) frei entwickeln, ungeachtet dessen, daß die Wellenfunktion des *gesamten* Universums nicht von den Zeit abhängt [299].

Mit anderen Worten ergibt sich das gewohnte Bild der sich zeitlich entwickelnden Welt erst nach Aufteilung des Universums in zwei makroskopische Teile, von denen sich jeder in quasiklassischer Weise entwickelt. Die hier geschilderte Situation erinnert an den Tunnelübergang durch eine Potentialbarriere: die Wellenfunktion existiert auch in der Barriere, die Wahrscheinlichkeitsamplitude eines sich in der reellen Zeit bewegenden Teilchens gibt sie aber nur im Gebiet außerhalb der Barriere, wo eine klassische Bewegung möglich ist, an. Analog dazu existiert auch das Weltall in einem bestimmten Sinne für sich selbst, von seiner Existenz *in der Zeit* kann man aber nur in bezug auf die Beschreibung der quasiklassischen Evolution des Teils sprechen, der nach der Abtrennung des makroskopischen Beobachters mit Uhren übrig bleibt.

Auf diese Weise bewirkt der Beobachter allein durch seine Existenz eine Art Reduktion der Gesamtwellenfunktion des Universums auf den Teil, der die durch ihn beobachtete Welt beschreibt. Das ist gerade das Bild der üblichen Kopenhagener Interpretation der Quantenmechanik. In diesem Bild erscheint der Beobachter nicht als passiver Betrachter, sondern eher als Teilnehmer bei der Erschaffung des Universums [302].

Etwas anders stellt sich das alles im Rahmen der Viel-Welten- (Many-Worlds-) Interpretation der Quantenmechanik [303–309] dar, die derzeit unter den Quantenkosmologie-Spezialisten viele Anhänger hat. Dieser Interpretation zufolge beschreibt die Wellenfunktion $\Psi(h_{ij}, \varphi)$ gleichzeitig alle möglichen Arten von Universen zusammen mit allen möglichen Arten darin lebender Beobachter. Ein Beobachter, der eine Messung ausführt, reduziert nicht die Wellenfunktion aller Universen auf die Wellenfunktion eines davon (oder eines Teils von ihnen), sondern legt lediglich fest, wer er ist und in welchem dieser Universen er sich befindet. Im Ergebnis erhält man dieselben Resultate wie im Rahmen des Standardzugangs, allerdings ohne Rückgriff auf die etwas unsichere Hypothese der Reduktion der Wellenfunktion im Moment der Messung.

Wir wollen uns hier nicht in eine eingehende Diskussion des Problems der Interpretation der Quantenmechanik, das in der Quantenkosmologie besonders deutlich wird [302, 309], vertiefen, sondern kehren zur Frage der Evolution des Universums zurück.

Die Tatsache, daß sich das Universum als Ganzes zeitlich nicht ändert sieht man auch daran, daß die Wellenfunktion $\Psi(a, \varphi)$ nur von den Größen a und φ abhängt, und nicht etwa davon, ob das Weltall kontrahiert oder expandiert. Diese Tatsache ließe sich als Hinweis darauf deuten, daß es im Punkt der maximalen Ausdehnung eines geschlossenen Universums irgendwie zu einer Umkehr der Zeitrichtung kommen kann, nach der die Gesamtentropie des Universums abzunehmen beginnt und die Beobachter verjüngt werden [310]. Tatsächlich muß man jedoch zur Bestimmung der Zeitrichtung das Universum zunächst in zwei quasiklassische Untersysteme aufteilen, wobei sich in einem davon der Beobachter mit den Uhren befinden muß. Die Wellenfunktion jedes dieser Untersysteme wird im allgemeinen nicht mehr symmetrisch bezüglich einer Vorzeichenänderung von $\dot{a}$ sein. Nach der erwähnten Aufteilung kann man die übliche klassische Beschreibung des Universums verwenden, derzufolge die Gesamtentropie des Universums mit der Zeit nur zunehmen kann und in der es zu keiner Umkehr der Zeitrichtung im Moment der maximalen Ausdehnung kommt [311].

Wir haben diese Fragen deshalb so eingehend erörtert, um schon die Nichttrivialität der Fragestellung selbst in der Quantenkosmologie deutlich zu machen. Die Fragen, ob die Entropie des Universums bei dessen Kontraktion abnehmen kann, ob sich die Zeitrichtung in der Singularität oder im Punkt der maximalen Ausdehnung eines geschlossenen Universums umkehren kann, oder ob das Universum oszillieren kann, bewegen bis heute viele Quantenkosmologie-Experten (siehe zum Beispiel [312, 313]). Unseren eigenen Standpunkt dazu haben wir oben schon dargelegt, wobei man aber berücksichtigen muß, daß sich eine detaillierte Untersuchung dieser Fragen derzeit gerade erst im Anfangsstadium befindet.

Wir kommen nun auf die Frage zurück, welche der vielen möglichen Lösungen der Wheeler-De-Witt-Gleichung (10.1.11) unser Universum nun tatsächlich beschreibt. Einer der interessantesten Vorschläge hierzu geht auf Hartle und Hawking zurück [314], die davon ausgingen, daß das Universum einen Grundzustand oder Zustand niedrigster Anregung, ähnlich dem Vakuumzustand in der Quantenfeldtheorie im Minkowski-Raum, hat. Durch kurzzeitige Messungen im Minkowski-Raum kann man zeigen, daß das Vakuum nicht leer, sondern mit virtuellen Teilchen gefüllt ist. In ähnlicher Weise könnte das sichtbare Universum ein virtueller Zustand (allerdings mit einer wegen der Inflation sehr hohen Lebensdauer) sein. Die Wahrscheinlichkeit, daß sich das Universum in einem solchen Zustand befindet, kann man bei Kenntnis seiner Grundzustands-Wellenfunktion bestimmen. Nach der Hartle-Hawking-Hypothese lautet die Grundzustands-Wellenfunktion $\Psi(a, \varphi)$ eines Universums mit dem Skalenfaktor a und einem darin befindlichen homogenen φ-Feld in der quasiklassischen Näherung

$$\Psi(a, \varphi) \sim N e^{-S_E(a, \varphi)}. \tag{10.1.12}$$

Dabei ist N eine Normierungskonstante und $S_E(a, \varphi)$ ist die euklidische Wirkung für Lösungen der Bewegungsgleichungen von $a(\varphi(\tau), \tau)$ und $\varphi(\tau)$ mit den Randbedingungen $a(\varphi(0), 0) = a(\varphi)$, $\varphi(0) = \varphi$ in einem Raum mit euklidischer Signatur.

Die Ableitung des Ausdrucks (10.1.12) beruht auf folgender Grundidee. Wir betrachten die Green-Funktion eines Teilchens, das sich vom Punkt $(0, t')$ zum Punkt $(x, 0)$ bewegt:

$$\langle x, 0 | 0, t' \rangle = \sum_n \Psi_n(x) \Psi_n(0) e^{iE_n t'}$$

$$= \int dx(t) \exp\{iS[x(t)]\}, \quad (10.1.13)$$

wobei $\Psi_n(x)$ eine stationäre Eigenfunktion des Energieoperators zum Eigenwert $E_n \geq 0$ ist. Wir führen die Wick-Rotation $t \to -i\tau$ aus und betrachten den Grenzwert $\tau' \to -\infty$. In diesem Fall überlebt in der Summe (10.1.13) lediglich der Term mit dem niedrigsten Energieeigenwert E_n (der auf null normiert sei). Daraus folgt

$$\Psi_0(x) \sim N \int dx(\tau) \exp\{-S_E[x(\tau)]\}. \quad (10.1.14)$$

Gleichung (10.1.12) soll die Verallgemeinerung dieser Formel auf den hier betrachteten Fall der Quantenkosmologie in der quasiklassischen Näherung sein. Für ein langsamveränderliches φ-Feld (und gerade dieser Fall ist im Rahmen des Szenariums des inflationären Universums von besonderem Interesse) lautet die Lösung der euklidischen Version der Einstein-Gleichungen für $a(\varphi, \tau)$

$$a(\varphi, \tau) \approx H^{-1}(\varphi) \cos[H(\varphi)\tau] \equiv a(\varphi) \cos[H(\varphi)\tau] \quad (10.1.15)$$

mit $H(\varphi) = \sqrt{8\pi V(\varphi)/3 M_P^2}$, und die entsprechende euklidische Wirkung ist

$$S_E(a, \varphi) = -\frac{3 M_P^4}{16 V(\varphi)} \quad (10.1.16)$$

woraus man

$$\Psi[a(\varphi), \varphi] \sim N \exp\left(\frac{3 M_P^4}{16 V(\varphi)}\right) = N \exp\left(\frac{\pi M_P^2}{2 H^2(\varphi)}\right)$$

$$= N \exp\left(\frac{\pi M_P^2 a^2(\varphi)}{2}\right) \quad (10.1.17)$$

erhält. Folglich sollte die Wahrscheinlichkeit für die Beobachtung eines geschlossenen Universums im Zustand mit dem Feld φ und dem Skalenfaktor $a(\varphi) = H^{-1}(\varphi)$

$$P[a(\varphi), \varphi] \sim N^2 |\Psi[a(\varphi), \varphi]|^2 \sim N^2 \exp\left(\frac{3 M_P^4}{8 V(\varphi)}\right)$$

$$= N^2 \exp[\pi M_P^2 a^2(\varphi)] \quad (10.1.18)$$

sein. Geht man von einem Grundzustand des Universums mit $\varphi = \varphi_0$ und $0 < V(\varphi_0) \ll M_P^4$ aus, müßte man als Normierungsfaktor N^2, der sichert, daß die Gesamtwahrscheinlichkeit aller möglichen Realisierungen gleich eins ist,

$$N \sim \exp[-\pi M_P^2 a_0^2] = \exp\left(-\frac{3 M_P^4}{8 V(\varphi_0)}\right) \tag{10.1.19}$$

mit $a_0 = H^{-1}(\varphi_0)$ wählen. Aus den Gleichungen (10.1.18) und (10.1.19) folgt

$$P[a(\varphi), \varphi] \sim \exp\left[\frac{3 M_P^4}{8}\left(\frac{1}{V(\varphi)} - \frac{1}{V(\varphi_0)}\right)\right]. \tag{10.1.20}$$

Um die Wahrscheinlichkeit zu berechnen, daß für $\varphi = \varphi_0$ eine der Bedingungen $a \ll a_0 = H^{-1}(\varphi_0)$ oder $a \gg a_0 = H^{-1}(\varphi_0)$ erfüllt ist, muß man über den Rahmen der quasiklassischen Näherung (10.1.12) hinausgehen oder Gleichung (10.1.11) direkt in der WKB-Näherung lösen. Nach [314] findet man dabei

$$\Psi(a \ll a_0) \sim \exp\left[\frac{\pi}{2} M_P^2 (a^2 - a_0^2)\right], \tag{10.1.21}$$

$$\Psi(a \gg a_0) \sim \exp\left[\frac{i H(\varphi_0) M_P^2 a^3}{3}\right] + \exp\left[-\frac{i H(\varphi_0) M_P^2 a^3}{3}\right]. \tag{10.1.22}$$

Leider ist die von Hartle und Hawking zur Begründung der Gleichung (10.1.12) angeführte Argumentation bei weitem nicht immer anwendbar. Man kann nämlich nur dann mit Hilfe der oben durchgeführten Wick-Rotation in (10.1.13) alle Terme außer dem nullten „beseitigen", wenn für alle $n > 0$ die Eigenwerte $E_n > 0$ sind. Während aber die Anregungsenergie des Skalarfeldes φ positiv ist, ist die vom Skalenfaktor a kommende Energie negativ, und beide geben in der Summe null (vergleiche die Gleichungen (10.1.7) und (10.1.9)). In diesem Fall gibt es kein allgemeines Rezept zur Separation des Grundzustandes Ψ_0 in der Summe (10.1.13). Interessiert man sich für die Eigenschaften des φ-Feldes über Entfernungen, die klein gegen die Größe des geschlossenen Universums sind, ist dieser Einwand ohne Bedeutung; man kann dann einfach das φ-Feld vor dem Hintergrund des klassischen Gravitationsfeldes quantisieren und die übliche Wick-Rotation $t \to -i\tau$ ausführen. Das ist auch der Grund, warum die Wahrscheinlichkeitsdichte (10.1.20) mit der, unter Verwendung herkömmlicher Methoden erhaltenen, Gleichung (7.4.7) übereinstimmt. Andererseits wird in Situationen, die eine Quantisierung des Skalenfaktors a selbst erfordern (so z.B. bei der Beschreibung der Quantenerzeugung des Universums aus dem Zustand $a = 0$, d.h. aus dem „Nichts" [315–317, 289, 290, 318]) das erwähnte Problem sehr wesentlich.

Glücklicherweise läßt sich dieses Problem vermeiden, wenn Quanteneigenschaften des φ-Feldes in der betreffenden Epoche für die Problemstellung irrelevant sind, z.B., wenn das φ-Feld ein klassisches, langsam veränderliches Feld ist, das lediglich die Aufgabe hat, die nichtverschwindende Vakuumenergie $V(\varphi)$ (die kosmologische Konstante) zu erzeugen. In diesem Fall kann man mit dem φ-Feld zusammenhängende Quanteneffekte vernachlässigen und in (10.1.13) zur Separation des Grundzustandes $\Psi(a,\varphi)$, der dem niedrigsten Anregungszustand des Skalenfaktors entspricht, die Wick-Rotation $t \to +i\tau$ durchführen, um den Beitrag der Anregungen negativer Energie zu unterdrücken.[1] Das führt auf

$$\Psi(a,\varphi) \sim N e^{S_E(a,\varphi)} \sim N \exp\left(-\frac{3 M_P^4}{16 V(\varphi)}\right), \qquad (10.1.23)$$

und die Wahrscheinlichkeit, das Universum in einem Zustand mit dem Feld φ zu finden, liegt in der Größenordnung

$$P[a(\varphi), \varphi] \sim |\Psi|^2 \sim N^2 \exp\left(-\frac{3 M_P^4}{8 V(\varphi)}\right). \qquad (10.1.24)$$

Gleichung (10.1.23) wurde unter Benutzung der eben beschriebenen Methode erstmals in der Arbeit [319] abgeleitet; unter Verwendung einer anderen Methode wurde sie später von Zeldovich und Starobinsky [320], Rubakov [321] und Vilenkin [322] erhalten. Aus Gründen, die gleich klar werden, wollen wir (10.1.23) als *Tunnelwellenfunktion* bezeichnen.

Die Gleichungen (10.1.24) und (10.1.18), (10.1.20) unterscheiden sich offenbar durch das Vorzeichen im Exponenten. Dieser Unterschied ist sehr bedeutsam, da die Wahrscheinlichkeit, das Universum in einem Zustand mit einem großen $V(\varphi)$ *zu beobachten*, nach (10.1.18), (10.1.20) exponentiell unterdrückt ist. Dagegen wird das Universum nach (10.1.24) am wahrscheinlichsten in einem Zustand mit $V(\varphi) \sim M_P^4$ *erzeugt*. Das stimmt mit unseren bisherigen Überlegungen überein und führt zu einer natürlichen Realisierung des Szenariums der chaotischen Inflation [319].

Um uns den physikalischen Inhalt der Hartle-Hawking-Wellenfunktion (10.1.12) zu verdeutlichen, vergleichen wir die Gleichungen (10.1.21), (10.1.22) mit den Lösungen (1.1.3) für das Skalarfeld. Eine mögliche Interpretation der Lösung (10.1.21) besteht darin, daß die Wellenlösung $\exp[i H(\varphi_0) M_P^2 a^3/3]$ ein Universum beschreibt, das sich in Richtung kleinerer Skalenfaktoren a bewegt (man vergleiche mit der Wellenfunktion eines Teilchens mit dem Impuls p, $\psi \sim e^{-ipx}$), während die Wellenlösung $\exp[-i H(\varphi_0) M_P^2 a^3/3]$ einem Universum entspricht, dessen Skalenfaktor zunimmt. Berücksichtigt man nun, daß diese Bewegung nach (10.1.11) in einer Theorie mit dem bezüglich des Skalenfaktors a effektiven Potential

$$V(a) = \frac{3\pi M_P^2}{4} a^2 - 2\pi^2 a^4 V(\varphi) \qquad (10.1.25)$$

---

[1] Wir erinnern daran, daß es keine *physikalischen* Anregungen des Gravitationsfeldes mit negativer Energie gibt. Für eine konsistente Quantisierung des Skalenfaktors a sollte man deshalb Faddeev-Popov-Geister einführen. Wie üblich, geben die Geister in der semiklassischen Näherung aber keinen Beitrag zu $\Psi(a,\varphi)$.

10.1 Die Wellenfunktion des Universums

stattfindet, tritt die Bedeutung der Lösungen (10.1.21), (10.1.22) ziemlich deutlich zutage (obgleich sich die Experten auch in dieser Frage nicht völlig einig sind): Die Wellenfunktion (10.1.22) beschreibt eine auf eine Potentialbarriere $V(a)$ von der Seite großer a her auftreffende Welle sowie die an der Barriere reflektierte Welle; für $a < H^{-1}$ (d.h. unter der Barriere) klingt die Welle nach (10.1.21) exponentiell ab (siehe Abbildung 35). Am einfachsten läßt sich die Lösung physikalisch deuten, wenn man berücksichtigt, daß ein geschlossener de-Sitter-Raum mit $V(\varphi_0) > 0$ nach der Gleichung $a(t) = H^{-1} \cosh(Ht)$ zunächst kontrahiert und anschließend expandiert. Die Hartle-Hawking-Wellenfunktion (10.1.21) beschreibt die „Ausschmierung" dieser quasiklassischen Trajektorie unter Berücksichtigung dessen, daß der Skalenfaktor auf dem Niveau der quantisierten Theorie im Punkt maximaler Kontraktion kleiner als H^{-1} werden kann. Das Fehlen einer exponentiellen Dämpfung für $a > H^{-1}$ (10.1.22) hängt damit zusammen, daß die Werte $a > H^{-1}$ klassisch erlaubt sind [314]. Den kosmologischen Daten zufolge ist der derzeitige Wert der Vakuumenergiedichte kleiner als 10^{-29} g/cm³, was $H^{-1} \gtrsim 10^{28}$ cm entspricht. Die Entwicklung eines de-Sitter-Raums mit einer minimalen Größe von mehr als 10^{28} cm hat keinerlei Ähnlichkeit mit der Entwicklung des Weltalls, in dem wir leben. Im Rahmen der oben gegebenen Interpretation liefert also die Hartle-Hawking-Wellenfunktion in der hier untersuchten Minisuperraum-Näherung keine gute Beschreibung unseres Universums. Einer ähnlichen Schwierigkeit begegnet man, wenn man (unbegründeterweise) versucht, diese Wellenfunktion an-

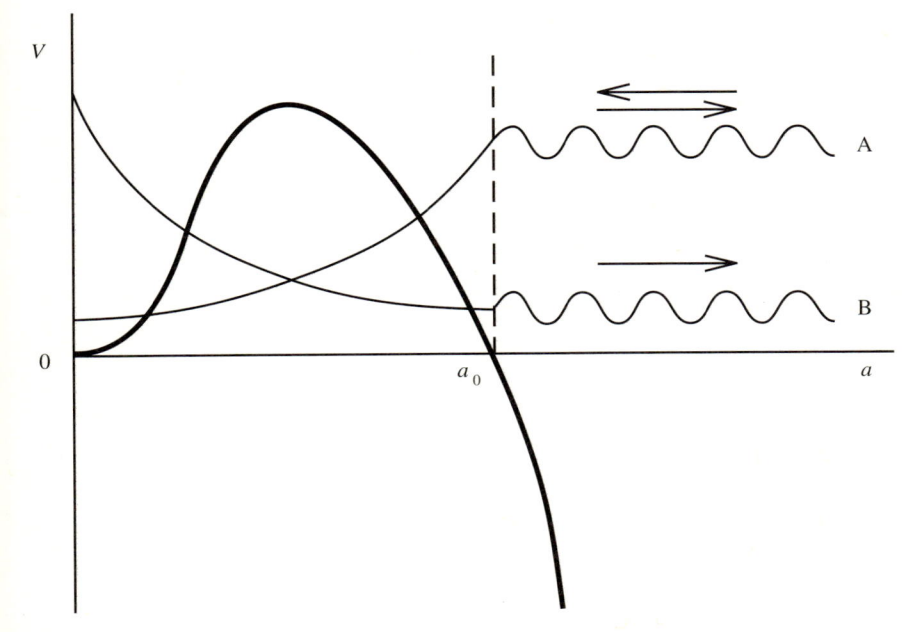

Abb. 35 Das effektive Potential $V(a)$ des Skalenfaktors a nach (10.1.25). Diese Abbildung vermittelt auch eine ungefähre Vorstellung der Hartle-Hawking-Wellenfunktion (10.1.22) (A) sowie der Wellenfunktion (10.1.23), die die Quantenerzeugung des Universums aus dem Zustand $a = 0$ beschreibt (B).

stelle von (10.1.23) für die Beschreibung der ersten Stadien der Entwicklung des Universums zu verwenden, da die Wahrscheinlichkeit für ein längeres inflationäres Stadium in diesem Fall nach (10.1.18) und (10.1.20) exponentiell unterdrückt wäre.

In einer anderen möglichen Interpretation der Hartle-Hawking-Wellenfunktion könnte man deren Quadrat als Wahrscheinlichkeitsdichte dafür deuten, daß sich ein Beobachter nicht im Moment der Geburt eines Universums des entsprechenden Typs darin befindet, sondern im Moment seiner ersten Messung, vor der er keinerlei Aussage über die zeitliche Evolution des Weltalls machen kann. Eine solche Interpretation scheint besonders sinnvoll[2] (und letzten Endes unabhängig von der Wahl des Beobachters), wenn, wie es Hartle und Hawking ursprünglich auch annahmen, das betrachtete System einen Grundzustand hat, in dem die untersuchte Wahrscheinlichkeitsverteilung, analog dem Vakuum- bzw. Grundzustand eines Systems im thermischen Gleichgewicht, stationär ist. Wie wir schon festgestellt hatten, gibt die Hartle-Hawking-Wellenfunktion des Universums tatsächlich eine gute Beschreibung der quasistationären Feldverteilung des φ-Feldes in einem metastabilen Zwischenzustand (vergleiche (10.1.20) und (7.4.7)).

Andererseits kann eine stationäre Feldverteilung des φ-Feldes vom Typ (10.1.20) nur dann entstehen, wenn in der Umgebung des absoluten Minimums von $V(\varphi)$ die Bedingung $m^2 = d^2V/d\varphi^2 \ll H^2 \sim V(\varphi)/M_P^2$ erfüllt ist. Dies ist aber in keinem der realistischen Modelle des inflationären Universums der Fall. Die einzige bisher bekannte stationäre Feldverteilung eines (quasi)klassischen φ-Feldes in einer realistischen Situation (man vergleiche hierzu die Diskussion in den Abschnitten 7.4, 10.2 und 10.3) ist die triviale Deltafunktional-Verteilung, bei der sich das Feld ganz im Minimum des Potentials $V(\varphi)$ befindet. Das ist aber durchaus nicht das Resultat, das die Quantenkosmologie-Spezialisten, die beim Studium der Hartle-Hawking-Wellenfunktion eine Wahrscheinlichkeitsverteilung nach (10.1.20) erwarten, suchen.

Ungeachtet aller dieser Einwände sollte man keine voreiligen Schlüsse ziehen; auf einem Gebiet, dessen Grundlagen noch nicht einmal fertig formuliert sind, wäre dies besonders gefährlich. Die von Hartle und Hawking vorgeschlagene mathematische Konstruktion ist für sich genommen sehr elegant, und ihre Anwendung steht möglicherweise noch bevor. Der Haupteinwand gegen die Möglichkeit einer stationären Feldverteilung des φ-Feldes im inflationären Universum beruht auf dem Studium einer (typischen) Situation, in der das Feld einen, oder einige, absolut stabile Vakuumzustände besitzt. Es sind aber Fälle bekannt, in denen Theorien durch den Wert irgendeines zeitunabhängigen Feldes, einer zeitunabhängigen topologischen Invariante oder eines anderen, von den Eigenschaften des Vakuumzustandes abhängenden Parameters, wie z. B. den Grad der CP-Verletzung, die Vakuumenergie u. a. charakterisiert werden.

Ein solcher Parameter ist der θ-Winkel, der die Vakuumeigenschaften der Quantenchromodynamik charakterisiert [183]. Es ist nicht ausgeschlossen, daß zu diesen Vakuumparametern auch ein kosmologischer Term sowie viele der Kopplungskonstanten der Elementarteilchentheorie gehören [345, 346, 349]. Deren

---

[2] Stellt man sich auf diesen Standpunkt, so kann man mit einer gewissen Berechtigung sagen, daß die Wellenfunktion (10.1.23) mit der Geburt des Weltalls, Gleichung (10.1.12) dagegen mit der Geburt des Beobachters zusammenhängt.

Zeitunabhängigkeit könnte die Folge einer Art Superauswahlregeln sein [346]. Im Rahmen der Viel-Welten-Interpretation der Quantenmechanik ist die Frage, in welcher Welt (bei welchen Werten der Feldes und der topologischen Invarianten) sich ein Beobachter zum Zeitpunkt der ersten Messung befindet, aber durchaus sinnvoll. Die Hypothese, daß die entsprechende Wahrscheinlichkeitsverteilung durch das Quadrat der Hartle-Hawking-Wellenfunktion gegeben ist [346], verdient es unserer Meinung nach durchaus, ernstgenommen zu werden. Andererseits wird in dieser Situation eine Entscheidung zwischen der Hartle-Hawking-Funktion und der Funktion (10.1.23) besonders wichtig. Wir hatten ja schon gesehen, daß die Hartle-Hawking-Wellenfunktion bei der Betrachtung einer (quasi-) stationären Feldverteilung des skalaren φ-Feldes mit positiver Energiedichte in einem klassischen de-Sitter-Hintergrund durchaus sinnvolle Ergebnisse liefert (siehe (10.1.20)). Wenn andererseits, wie im oben diskutierten Fall, die Entwicklung der Materiefelder unwesentlich ist, muß man die Abseparation der Grundzustands-Wellenfunktion anders durchführen, und es ist gar nicht ausgeschlossen, daß man dann einen Ausdruck der Art (10.1.23) erhalten könnte. Wir kommen auf diese Frage in Abschnitt 10.7 zurück.

Eine mögliche Interpretation der Wellenfunktion (10.1.23) kann man (ebenso wie eine alternative Ableitung) auch durch Untersuchung des Tunnelns durch die Potentialbarriere (10.1.25) erhalten, indem man nicht von der Seite großer a, sondern von der kleiner a kommt. Tatsächlich kann man leicht zeigen, daß es (für $\varphi \approx$ const.) eine Lösung der Gleichung (10.1.11) gibt, die sich bei

$$a < a_0 = H^{-1}(\varphi) \gg M_P^{-1}$$

wie

$$\exp\left(-\frac{\pi}{2} M_P^2 a^2\right)$$

verhält (man vergleiche mit (10.1.21)), für

$$a \gg H^{-1}(\varphi)$$

aber eine Welle

$$\sim \exp\left(-\frac{\pi M_P^2 a_0^2}{2} - \frac{i H M_P^2 a^3}{3}\right)$$

darstellt, die aus dem Innern der Barriere kommt und sich in Richtung großer a bewegt (siehe Abbildung 35). Die Dämpfung der Welle ist bei deren Austritt aus der Barriere proportional

$$\exp\left(-\frac{\pi M_P^2 a_0^2}{2}\right) \sim \exp\left(-\frac{3 M_P^4}{16 V(\varphi)}\right),$$

was auch der obigen Gleichung (10.1.23) entspricht. Damit beschreibt die Wellenfunktion (10.1.23) also die Quantenerzeugung eines geschlossenen, mit einem homogenen φ-Feld gefüllten, inflationären Universums durch einen Tunnelübergang aus einem Zustand mit dem Skalenfaktor $a=0$, d.h. aus dem „Nichts" [319–322].

Wir wollen versuchen, dieses Resultat zu verstehen und insbesondere zu erklären, warum die Wahrscheinlichkeit für die Quantenerzeugung eines geschlossenen Universums nur für $V(\varphi) \sim M_P^4$ so groß wird. Dazu betrachten wir einen geschlossenen de-Sitter-Raum mit der Energiedichte $V(\varphi)$. Sein Volumen liegt im Moment der maximalen Kontraktion ($t=0$) in der Größenordnung

$$H^{-3}(\varphi) \sim M_P^3 [V(\varphi)]^{-3/2},$$

und die Gesamtenergie des Skalarfeldes im de-Sitter-Raum ist etwa

$$E \sim V(\varphi) H^{-3}(\varphi) \sim \frac{M_P^3}{\sqrt{V(\varphi)}}.$$

Man sieht, daß die Gesamtenergie des Skalarfeldes für $V(\varphi) \sim M_P^4$ in der Größenordnung $E \sim M_P$ liegt. Nach dem Unbestimmtheitsprinzip kann man Quantenfluktuationen mit der Energie E über Zeiten $\Delta t \sim E^{-1} \sim M_P^{-1}$ nicht ausschließen. In einer Zeit dieser Größenordnung wird ein de-Sitter-Raum der Anfangsgröße $\sim H^{-1} \sim M_P^{-1}$ exponentiell groß, und man kann dies als Erzeugung eines inflationären Universums aus dem „Nichts" (oder dem Raumzeit-Schaum) interpretieren. Insbesondere sieht man, daß die Wahrscheinlichkeit dieses Prozesses für kleine $V(\varphi)$ stark unterdrückt sein muß, da die minimale Energie des Skalarfeldes E im de-Sitter-Raum mit abnehmendem $V(\varphi)$ nicht ab-, sondern zunimmt und die typische Lebensdauer der entsprechenden Quantenfluktuationen dann wesentlich unter der Planck-Zeit liegt.

Dabei ist wichtig, daß es sich um die Erzeugung eines kompakten Universums ohne Rand handelt, so daß man keine Zusatzbedingungen der Art, daß z.B. auf der Oberfläche der entstandenen Blase $\varphi = 0$ sein soll, zu stellen braucht (man vergleiche dies mit der Diskussion des Prozesses des „Keimens" des Universums aus dem Minkowski-Raum in Abschnitt 10.3). Ist das effektive Potential $V(\varphi)$ so flach, daß das φ-Feld zum Hinabrollen ins Minimum eine Zeit groß gegen H^{-1} braucht, „weiß" das Universum im Moment seiner Geburt noch nicht, wo das Minimum von $V(\varphi)$ liegt und wie weit der Anfangswert des φ-Feldes davon entfernt ist. In erster Näherung ist die Wahrscheinlichkeit für die Entstehung eines Universums in Übereinstimmung mit (10.1.24) nur durch die Größe $V(\varphi)$ bestimmt.

Im allgemeinen wird die Unterdrückung der Wahrscheinlichkeit für die Erzeugung eines Universums mit $V(\varphi) \ll M_P^4$ bei Berücksichtigung der Teilchenerzeugung während des Tunnelübergangs etwas abgeschwächt [321]. Darüber hinaus kann die exponentielle Unterdrückung bei der Erzeugung eines flachen Universums mit der Topologie eines Torus völlig fehlen [320]. Für uns ist hier lediglich von Bedeutung, daß es — wie wir das auch erwartet haben — zu keiner exponentiellen Unterdrückung der Wahrscheinlichkeit für die Erzeugung eines inflationären Universums mit $V(\varphi) \sim M_P^4$ kommt, d.h., daß die Anfangsbedingungen für die Realisierung der chaotischen Inflation auch im Rahmen der Quantenkosmologie hinreichend natürlich sind.

Es bleibt anzumerken, daß der Unterschied zwischen der Erzeugung des Universums aus einer Singularität und der Quantenerzeugung aus dem „Nichts" mit der Planck-Dichte ziemlich willkürlich ist. In beiden Fällen geht es um die Entstehung eines Gebietes mit einer klassischen Raumzeit aus dem Raumzeit-Schaum. Der begriffliche Unterschied besteht darin, daß man von der Erzeugung aus dem „Nichts" gewöhnlich dann spricht, wenn die Beschreibung der Evolution des Universums durch klassische Gleichungen erst bei hinreichend großen a beginnt. Infolge der starken Fluktuationen des quantisierten Gravitationsfeldes ist eine klassische Beschreibung des Universums in der Nähe der Singularität, d.h. bei kleinen a, aber ebenfalls nicht möglich. Wesentlich ist, daß die Evolution des Universums für $a \to 0$ in beiden Fällen nur mit Hilfe der Quantenkosmologie beschrieben werden kann. Diese Tatsache kann zu recht unerwarteten Folgerungen führen.

Betrachten wir z.B. einmal ein mögliches Modell für die Evolution eines geschlossenen inflationären Universums. Dieses Modell mag unvollkommen sein und seine Interpretation strittige Punkte enthalten, dennoch zeigt es insgesamt recht gut einige der im Rahmen der Quantenkosmologie in letzter Zeit untersuchten Möglichkeiten.

Nehmen wir also einmal an, das Universum sei ursprünglich im Zustand $a=0$ gewesen. Die Quantenfluktuationen der Metrik waren damals extrem stark, und es gab weder Uhren noch Lineale. Beliebige Beobachtungen eines imaginären Beobachters wären in dieser Epoche völlig unkorreliert gewesen, und er hätte noch nicht einmal sagen können, welche dieser Beobachtungen er eher und welche er später gemacht hat. An Ergebnisse von Messungen in dieser Zeit könnte er sich nicht erinnern, so daß sich der Beobachter bei jeder neuen Messung wie in einer völlig neuen Welt fühlen würde. Würde er sich bei irgendeiner dieser Beobachtungen innerhalb eines heißen Universums wiederfinden, das kein inflationäres Stadium durchläuft, läge die charakteristische Lebensdauer dieses Universums in der Größenordnung M_P^{-1} und seine Gesamtenergie in der Größenordnung $E \sim M_P$. Ein solches Universum unterscheidet sich dem Wesen nach nicht von einer Quantenfluktuation. Befände sich der Beobachter dagegen in einem inflationären Universum, so könnte er sich Lineale und Uhren konstruieren und die Evolution des Universums über eine exponentiell lange Zeit mit Hilfe der klassischen Einstein-Gleichungen beschreiben. Nach einer bestimmten Zeit würde sich das Universum wiederaufheizen, danach ginge es in den Zustand maximaler Ausdehnung über, und schließlich würde es zu kontrahieren beginnen. Beim Erreichen des Zustands mit der Planck-Dichte (was bei $a \gg M_P^{-1}$ der Fall wäre) würde es wegen der starken Quantenfluktuationen der Metrik wieder unmöglich, Uhren und Lineale zu konstruieren und damit einen sinnvollen Begriff von Zeit, Entropiedichte usw. einzuführen.

Man könnte sagen, daß Quantenfluktuationen in der Nähe der Singularität effektiv alle Informationen über die Eigenschaften des Universums, die sich während seiner quasiklassischen Entwicklung herausgebildet haben, in dessen Gedächtnis ausradieren. Nach dem Übergang zur Planck-Dichte werden die Beobachtungen deshalb erneut ungeordnet, so daß man genaugenommen gar nicht davon sprechen kann, daß diese *nachfolgend* sind. In irgendeinem Moment findet sich der Beobachter wiederum in einem inflationären Universum und alles beginnt von vorn. Die Parameter des entstandenen Universums hängen dabei lediglich vom Wert der Wellenfunktion $\Psi(a, \varphi)$, nicht aber von seiner Vorgeschichte, die es beim Durchlaufen des Gebietes mit der Planck-Dichte „vergessen" hat, ab. Auf diese Weise erhält man ein etwas ungewöhnliches Modell eines oszillierenden Universums, bei dem es nicht zum Anwachsen der Entropie bei jedem nachfolgenden Zyklus kommt [298, 323]. Es gibt andere Varianten dieses Modells, die auf der Hypothese einer Grenzdichte $\varrho \sim M_P^4$ [313] oder eines gravitativen Confinements bei $\varrho \gtrsim M_P^4$ [116] beruhen.

Die Beispiele in diesem Abschnitt zeigen, welch interessante Folgerungen man durch Untersuchung der Lösungen der Wheeler-De-Witt-Gleichung erhalten kann, machen aber auch die großen Schwierigkeiten deutlich, die mit der Auswahl einer adäquaten Lösung und deren Interpretation zusammenhängen. Die Untersuchung dieser Frage steht bisher noch am Anfang (vergleiche hierzu die Arbeiten [324]). Ein Teil der dabei auftretenden Probleme hängt mit der Benutzung des Minisuperraum-Zugangs zusammen, ein anderer damit, daß wir die vollständige Lösung des vollen quantenmechanischen Problems finden (oder wenigstens vermuten) wollen, ohne die Eigenschaften der Globalstruktur des inflationären Universums auf einem elementareren Niveau hinreichend gut verstanden zu haben. Um diese Lücke zu schließen, ist es sinnvoll, die Eigenschaften des inflationären Universums mit Hilfe des stochastischen Zugangs zur Inflation zu untersuchen, der eine Mittelstellung zwischen der klassischen Beschreibung des inflationären Universums und dem auf den Lösungen der Wheeler-De-Witt-Gleichung beruhenden Zugang einnimmt.

10.2 Quantenkosmologie und die Globalstruktur des inflationären Universums

Einer der wesentlichen Nachteile des Minisuperraum-Zugangs besteht in der Grundannahme der globalen Homogenität des Universums. Tatsächlich wird das Universum nach der Inflation über Entfernungen $l \lesssim 10^{28}$ cm homogen. Andererseits hat die Geometrie des inflationären Universums aber, wie wir in Abschnitt 1.8 gesehen hatten, über extrem große Abstände wegen der mit langwelligen Fluktuationen des Skalarfeldes zusammenhängenden Effekte keinerlei Ähnlichkeit mit der eines homogenen Friedman-Raums. Anstelle eines homogenen Universums, das zu einem bestimmten Zeitpunkt $t = 0$ als Ganzes entsteht, haben wir es mit einem global inhomogenen, selbstreproduzierenden inflationären Universum zu tun, dessen Evolution kein Ende und möglicherweise auch keinen einheitlichen Anfang hat. Eine Reihe grundlegender Eigenschaften des inflationären Universums läßt sich im Rahmen des Minisuperraum-Zugangs deshalb prinzipiell nicht verstehen oder untersuchen.

In Abschnitt 1.8 hatten wir im Rahmen des Szenariums der chaotischen Inflation einen einfachen Mechanismus für ein selbstreproduzierendes inflationäres Universum kennengelernt [57]. Diesen Mechanismus wollen wir im weiteren eingehender untersuchen [132, 133].

10.2 Quantenkosmologie und Globalstruktur des inflationären Universums

Man könnte die Untersuchung in dem Koordinatensystem (7.5.8) durchführen, das sich besonders für die Analyse der Dichteinhomogenitäten im inflationären Universum eignet [218, 220]. Wenn wir uns aber für die Beschreibung der Evolution des Universums vom Standpunkt eines mitbewegten Beobachters interessieren, ist es günstiger, zu einem synchronen Koordinatensystem überzugehen, das man so wählen kann, daß die Metrik des inflationären Universums über Entfernungen groß gegen H^{-1} die Form [135, 133]

$$ds^2 \approx dt^2 - a^2(\boldsymbol{x}, t) d\boldsymbol{x}^2 \tag{10.2.1}$$

mit

$$a(\boldsymbol{x}, t) \sim \exp\left\{\int_0^t H[\varphi(x, t)] dt\right\} \tag{10.2.2}$$

annimmt. Das heißt, daß das inflationäre Universum in der Umgebung eines jeden Punktes x über Entfernungen $l \gtrsim H^{-1}$ wie ein homogenes inflationäres Universum mit dem Hubble-Parameter $H[\varphi(\boldsymbol{x}, t)]$ aussieht. Zur Untersuchung der Globalstruktur des inflationären Universums reicht es in dieser Näherung aus, die (nach dem „No-Hair"-Theorem für den de-Sitter-Raum) unabhängige, lokale Evolution des φ-Feldes in jedem isolierten Gebiet des inflationären Universums der Größe $l \sim H^{-1}$ (bzw. der Anfangsgröße $l_0 \sim H^{-1}$) zu betrachten, und danach mit Hilfe der Gleichungen (10.2.1) und (10.2.2) zu versuchen, das Gesamtbild zu bestimmen. Die lokale Evolution des φ-Feldes in Gebieten mit einer Größe von etwa H^{-1} wird durch die Diffusionsgleichungen (7.3.22), (7.4.4), (7.4.5) beschrieben, wobei man berücksichtigen muß, daß der Diffusionskoeffizient $D = H^3/8\pi^2$ und die Beweglichkeit $b = 1/3H$ von φ abhängen [135, 132].

Die einfachste Möglichkeit besteht darin, wie in Abschnitt 7.4 stationäre Lösungen der Gleichungen (7.4.4) und (7.4.5) zu suchen. Im allgemeinen kann die entsprechende Lösung auch vom stationären Wahrscheinlichkeitsstrom $j_K = \text{const.}$ abhängen, und für $V(\varphi) \ll M_P^4$ lautet diese [135]

$$P_K(\varphi) \sim \text{const.} \cdot \exp\left[\frac{3M_P^4}{8V(\varphi)}\right] - 2j_K \frac{\sqrt{6\pi V(\varphi)}}{M_P V'(\varphi)}. \tag{10.2.3}$$

Leider stößt der Versuch einer physikalischen Interpretation dieser Lösung auf eine Reihe von Schwierigkeiten. Betrachten wir wie in Abschnitt 7.4 zunächst den Fall $j_K = 0$. Man sieht leicht, daß Gleichung (10.2.3) mit dem Quadrat (10.1.18) der Hartle-Hawking-Wellenfunktion (10.1.17) übereinstimmt. Da jedoch das effektive Potential $V(\varphi)$ in seinem Minimum, das dem Vakuumzustand im sichtbaren Teil des Universums entspricht, verschwindet, ist die Verteilungsfunktion (10.2.3) nicht normierbar. Das Wesen dieser Schwierigkeit erkennt man am einfachsten im Szenarium der chaotischen Inflation in Theorien mit $V(\varphi) \sim \varphi^{2n}$. In diesen Theorien kommt es nur bei $\varphi \gtrsim M_P$ zur Inflation. Infolgedessen gibt es in ihnen keinen Diffusionsstrom aus dem Gebiet $\varphi \lesssim M_P$ in das Gebiet $\varphi \gtrsim M_P$. Gerade ein solcher Fluß könnte aber den Effekt des klassischen Hinabrollens des Feldes ins Minimum von $V(\varphi)$ kompensieren und so für $j_K = 0$ zur Herausbildung einer stabilen stationären Verteilung $P_K(\varphi)$ führen.

Der zweite Term in (10.2.3) ist noch schwieriger zu interpretieren. Wie wir in Abschnitt 7.4 festgestellt hatten, existert eine solche Lösung in Theorien mit $V(\varphi) \sim \varphi^{2n}$ formal nicht, da sie ungerade in φ ist, während $P_K(\varphi)$ stets positiv sein muß. Bis zu einem gewissen Grad kann man dieses Problem umgehen, wenn man sich erinnert, daß in den betrachteten Theorien auch die Gleichung (7.4.5) nur im Bereich $M_P \lesssim \varphi \lesssim \varphi_P$, wo $V(\varphi_P) \sim M_P^4$ ist, gültig ist. Diese Antwort ist aber nicht ganz überzeugend. Tatsächlich kann man leicht zeigen, daß der zweite Term in der Lösung (10.2.3) Gleichung (7.3.22) genügt, wenn man in dieser den ersten (Diffusions-) Term wegläßt. Wir haben es deshalb einfach mit dem klassischen „Hinabrollen" des φ-Feldes aus dem Gebiet mit einer größeren als der Planck-Dichte, wo die Diffusionsgleichung gar nicht gültig ist, zu tun. Eine stationäre Verteilung $P_K(\varphi, t)$ kann man in diesem Fall nur durch einen konstanten Strom j_K aus dem Gebiet $V(\varphi_P) \gg M_P^4$ aufrechterhalten. Einen solchen Strom könnte man als Wahrscheinlichkeitsstrom für die Quantenerzeugung neuer Gebiete des Universums mit $V(\varphi_P) \gtrsim M_P^4$ pro Anfangs-Einheitskoordinatenvolumen zu interpretieren versuchen. Wie aber schon Starobinsky in der Arbeit [135], in der eine Lösung des Typs (10.2.3) zum ersten Mal abgeleitet wurde, betonte, können wir derzeit weder die Existenz einer solchen Lösung streng beweisen, noch irgendetwas Bestimmtes über die Größe j_K aussagen, falls diese überhaupt von null verschieden ist. Selbst die Möglichkeit der oben gegebenen Interpretation von j_K folgt keineswegs aus der Herleitung der Gleichungen (7.4.4) und (7.4.5) in [132–135]. Da außerdem der überwältigende Teil des Anfangs-Koordinatenvolumens des inflationären Universums mit der Zeit in einen Zustand mit $\varphi \lesssim M_P$ und $V(\varphi_P) \ll M_P^4$ übergeht, scheint die Voraussetzung, daß der Wahrscheinlichkeitsstrom für die Quantenerzeugung neuer Gebiete des Universums pro Einheits-*Anfangs*volumen konstant ist, nicht wohlbegründet; eher könnte man davon ausgehen, daß die Wahrscheinlichkeit der Erzeugung neuer Gebiete des Universums pro Einheit des *physikalischen* Volumens, das in Gebieten mit unterschiedlichen Werten des φ-Feldes unterschiedlich wächst, konstant bleibt. In diesem Fall müßte man die Bedingung der Stationarität nicht auf die Funktion $P_K(\varphi, t)$, sondern auf die Wahrscheinlichkeitsverteilung, das Feld φ zu der Zeit t pro Einheit des physikalischen Volumens zu finden, beziehen.

Zu einem vollen Verständnis der Situation bei den stationären Lösungen wird man erst mit einer allseitigen Analyse der möglichen nichtstatischen Lösungen der Diffusionsgleichung unter allgemeinsten Anfangsbedingungen für $P_K(\varphi, t)$ kommen können. Wie schon gesagt, charakterisiert die Verteilungsfunktion $P_K(\varphi, t)$ die Wahrscheinlichkeit, in einem gegebenen Punkt den über die Entfernung $O(H^{-1})$ gemittelten Feldwert φ zu finden. Wegen der Inflation des Universums werden die ursprünglichen Inhomogenitäten des φ-Feldes über diese Entfernung exponentiell klein, während die Amplituden der quasiklassischen Störungen $\delta\varphi$ mit Wellenlängen $l \gtrsim H^{-1}$ über diese Entfernung nicht größer als H werden (siehe (7.3.13)). Berücksichtigt man, daß es in Theorien mit $V(\varphi) \sim \varphi^{2n}$ für $\varphi \gtrsim M_P$ zur Inflation kommt, so folgt aus der Bedingung $V(\varphi) \ll M_P^4$, daß $\delta\varphi \sim H \ll \varphi$ ist, d.h., über die Entfernung $l \sim H^{-1}$ ist das φ-Feld mit hoher Genauigkeit homogen.

Ohne Beschränkung der Allgemeinheit können wir deshalb annehmen, daß das φ-Feld zur Zeit $t = 0$ im betrachteten Gebiet der Größe $O(H^{-1})$ gleich einer Konstante φ_0 ist, d.h., daß $P_K(\varphi, t=0) = \delta(\varphi - \varphi_0)$ ist. Eine Untersuchung von

10.2 Quantenkosmologie und Globalstruktur des inflationären Universums

Lösungen der Gleichung (7.3.22) mit diesen Anfangsbedingungen findet man in [132, 133]. Dabei zeigte sich, daß alle diese Lösungen nichtstationär sind. Die Verteilung $P_K(\varphi, t)$ wird zunächst breiter; anschließend verschiebt sich ihr Zentrum ins Gebiet kleiner φ-Werte nach dem gleichen Gesetz, das auch für das klassische Feld $\varphi(t)$ gilt. Dagegen zeigt die Verteilung $P_p(\varphi, t)$ für das vom Feld φ eingenommene physikalische Volumen in Abhängigkeit vom Anfangswert des Feldes $\varphi = \varphi_0$ ein unterschiedliches Verhalten. Für kleine φ_0 verhält sich $P_p(\varphi, t)$ fast genauso wie $P_K(\varphi, t)$, für genügend große φ_0 beginnt sich die Verteilung $P_p(\varphi, t)$ aber mit wachsendem t in Richtung großer φ-Werte zu verschieben, was gerade zur Herausbildung des in Abschnitt 1.8 betrachteten Regimes eines selbstreproduzierenden inflationären Universums führt.

Wir wollen das grundsätzliche Verhalten der Verteilungen $P_K(\varphi, t)$ und $P_p(\varphi, t)$ am Beispiel einer $V(\varphi) = \lambda \varphi^4/4$ Theorie diskutieren, wobei wir den Leser bezüglich der Details auf die Arbeiten [132, 133] verweisen. Dazu spalten wir das quasiklassische φ-Feld in ein homogenes klassisches Feld $\varphi(t)$ und die Inhomogenitäten $\delta \varphi(\mathbf{x}, t)$ mit Wellenlängen $l \gtrsim H^{-1}$ auf (siehe 7.5.7):

$$\varphi(\mathbf{x}, t) = \varphi(t) + \delta \varphi(\mathbf{x}, t). \tag{10.2.4}$$

Wie man leicht zeigen kann, lauten die Bewegungsgleichungen für $\varphi(t)$ und $\delta \varphi$ in der Metrik (10.2.1), (10.2.2) in der bezüglich $\delta \varphi$ linearen Näherung während der inflationären Phase

$$3H\dot{\varphi} = -\frac{dV}{d\varphi} = -\lambda \varphi^3, \tag{10.2.5}$$

$$3H \delta \dot{\varphi} - \frac{1}{a^2} \Delta \delta \varphi = -\left[V'' - \frac{(V')^2}{2V}\right] \delta \varphi$$

$$= -\frac{5}{2} \lambda \varphi^2 \delta \varphi. \tag{10.2.6}$$

Der Term $[(V')^2/2V]\delta \varphi$ in (10.2.6) ist eine Folge der Abhängigkeit des Hubble-Parameters H von φ. Aus den Gleichungen (10.2.5) und (10.2.6) sieht man, daß sich die Untersuchung der Evolution des Feldes $\varphi(\mathbf{x}, t)$ in der niedrigsten Näherung bezüglich $\delta \varphi$ auf das Studium der Entwicklung des durch die Bewegungsgleichung (10.2.5) beschriebenen homogenen Feldes $\varphi(t)$ und die anschließende Untersuchung der Verteilungsfunktion $P_K(\delta \varphi, t)$ mit der Anfangsbedingung $P_K(\delta \varphi, 0) \sim \delta(\delta \varphi)$ reduziert.

Für $\varphi \gg M_P$, d.h. während der Inflation, ist das effektive Massenquadrat des Feldes $\delta \varphi$,

$$m_{\delta \varphi}^2 = V'' - \frac{(V')^2}{2V} = \frac{5}{2} \lambda \varphi^2, \tag{10.2.7}$$

klein gegen das Quadrat des Hubble-Parameters: $m_{\delta \varphi}^2 \ll H^2$. Das heißt, daß das mittlere Schwankungsquadrat der Fluktuationen $\delta \varphi$ im ersten Stadium des „Ausschmierens" der Deltafunktional-Verteilung $P_K(\delta\varphi, 0) \sim \delta(\delta\varphi)$, bis zur Zeit

$$t_1 \sim \frac{3H}{2m_{\delta\varphi}^2} \sim (2\sqrt{\lambda}M_P)^{-1},$$

nach dem linearen Gesetz (7.3.12) wächst:

$$\langle\delta\varphi^2\rangle = \frac{H^3(\varphi)t}{4\pi^2} = \frac{\lambda\sqrt{\lambda}\varphi^6}{3\sqrt{6\pi}M_P^3} t. \qquad (10.2.8)$$

Danach verlangsamt sich das Wachstum von $\langle\delta\varphi^2\rangle$ (s. (7.3.13)), und bis zur Zeit

$$t_2 \sim \frac{\sqrt{6\pi}}{\sqrt{\lambda}M_P} \sim 10 t_1$$

erreicht das mittlere Schwankungsquadrat der Fluktuationen den asymptotischen Wert (7.3.3):

$$\Delta_0 = \sqrt{\langle\delta\varphi^2\rangle} = C\sqrt{\frac{3H^4}{8\pi^2 m_{\delta\varphi}^2}} \approx \sqrt{\frac{\lambda}{15}} \frac{\varphi^3}{M_P^2}, \qquad (10.2.9)$$

wobei $C \approx 1$ ist. Nach Gleichung (1.7.22) ändert sich der Mittelwert des Feldes $\varphi(t)$ in diesem Stadium (bei $t \ll t_2$) praktisch nicht. Bei $t > t_2$ beginnen sowohl das Feld $\varphi(t)$ als auch $H(\varphi)$ schnell abzufallen. Deshalb kann man den Beitrag der bei $t \gg t_2$ erzeugten Fluktuationen zur Gesamtschwankung $\Delta(t) = \sqrt{\langle\delta\varphi^2\rangle}$ vernachlässigen; diese wird im wesentlichen durch die bei $t \lesssim t_2$ entstandenen Fluktuationen bestimmt. Um das Verhalten von $\Delta(t)$ für $t > t_2$ zu untersuchen, kann man davon ausgehen, daß sich die Amplitude $\delta\varphi$ der bei $t < t_2$ entstandenen Fluktuationen im weiteren wie $\dot\varphi$ [114] verhält (da man leicht zeigen kann, daß $\dot\varphi = d\varphi/dt$ derselben Bewegungsgleichung (10.2.6) wie $\delta\varphi$ genügt). Daraus folgt, daß für $t \gg t_2$

$$\Delta(t) \approx \Delta_0 \frac{\dot\varphi(t)}{\dot\varphi(t_2)} \approx \Delta_0 \frac{\dot\varphi(t)}{\dot\varphi(0)} \qquad (10.2.10)$$

ist. In der $V(\varphi) = \lambda\varphi^4/4$-Theorie folgt aus Gleichung (1.7.22) $\dot\varphi \sim \varphi(t)$, d.h. für $t \gg t_2$ erhält man

$$\Delta(t) = C\sqrt{\frac{\lambda}{15}} \frac{\varphi(t)\varphi_0^2}{M_P^2}, \quad C \approx 1. \qquad (10.2.11)$$

Wir haben soeben eine elementare Ableitung der Gleichungen (10.2.8) bis (10.2.11) für die Schwankung $\Delta(t)$ gegeben, wobei wir uns bemüht haben, den physikalischen Inhalt der Erscheinungen deutlich zu machen [57, 78]. Die gleichen Ergebnisse kann man über einen formaleren Zugang erhalten, indem man unmittelbar die Diffusionsgleichung (7.3.22) für die Verteilung $P_K(\varphi, t)$ mit

10.2 Quantenkosmologie und Globalstruktur des inflationären Universums

der Anfangsbedingung $P_K(\varphi, t) \sim \delta(\varphi - \varphi_0)$ löst. Dies wurde in [132, 133] durchgeführt; wir geben hier nur das abschließende Resultat für $\Delta(t)$ in Theorien mit $V(\varphi) = \lambda \varphi^n / n M_P^{n-4}$ an:

$$\Delta^2(t) = \frac{4\lambda \varphi^{n-2}(t)}{3n^2 M_P^n} [\varphi_0^4 - \varphi^4(t)]. \tag{10.2.12}$$

Insbesondere ist also in der $V(\varphi) = \lambda \varphi^4/4$-Theorie

$$\Delta(t) = \frac{1}{2} \sqrt{\frac{\lambda}{3}} \frac{\varphi(t)}{M_P^2} [\varphi_0^4 - \varphi^4(t)]^{1/2}. \tag{10.2.13}$$

Unter Benutzung von (1.7.21) kann man leicht zeigen, daß in allen Stadien des Prozesses dieses Resultat mit den oben erhaltenen Ausdrücken (10.2.8) bis (10.2.11) übereinstimmt.

Im folgenden werden wir uns besonders für die Entwicklung des Skalarfeldes φ während der Anfangsphase des Prozesses ($t \lesssim t_2$), in der sich das Feld $\varphi(t)$ um den Betrag $\Delta \varphi \lesssim \varphi_0$ ändert, interessieren. Wie aus Gleichung (10.2.12) folgt, ist unter der Voraussetzung $V(\varphi_0) \ll M_P^4$ in diesem Stadium $\Delta(t) \ll \varphi(t)$. Ist deshalb die Anfangsenergiedichte klein gegen die Planck-Dichte, so ist die Schwankung der skalaren Feldverteilung im betrachteten Stadium immer klein gegen den Mittelwert $\varphi(t)$, und die Untersuchung der Evolution von $\varphi(x, t)$ in der in $\delta\varphi(x, t)$ linearen Näherung (10.2.5), (10.2.6) ist gerechtfertigt. Andererseits ist die Verteilung $P_K(\varphi, t)$ für $\Delta(t) \ll \varphi(t)$ in der Umgebung ihres Maximums bei $\varphi = \varphi(t)$ eine Gauß-Verteilung, d.h. es ist

$$P_K(\varphi, t) \sim \exp\left(-\frac{[\varphi - \varphi(t)]^2}{2\Delta^2}\right)$$

$$= \exp\left(-\frac{3n^2 [\varphi - \varphi(t)]^2 M_P^n}{8\lambda \varphi^{n-2}(t) [\varphi_0^4 - \varphi^4(t)]}\right), \tag{10.2.14}$$

wobei $\varphi(t)$ eine Lösung der Gleichung (10.2.5) ist (siehe (1.7.21) und (1.7.22)). Insbesondere ist in der $V(\varphi) = \lambda \varphi^4/4$-Theorie

$$\varphi(t) = \varphi_0 \exp\left(-\sqrt{\frac{\lambda}{6\pi}} M_P t\right) \tag{10.2.15}$$

und in einer Theorie mit $V(\varphi) = \lambda \varphi^n / n M_P^{n-4}$ ($n \neq 4$)

$$\varphi^{2-(n/2)}(t) = \varphi_0^{2-(n/2)} - t\left(2 - \frac{n}{2}\right) \sqrt{\frac{n\lambda}{24\pi}} M_P^{3-(n/2)}. \tag{10.2.16}$$

Die Verteilung $P_K(\varphi, t)$ ist deshalb in jeder beliebigen Domäne des Universums nichtstationär, und die Wahrscheinlichkeit, einen großen φ-Feldwert zu beobachten wird im Laufe der Zeit in jedem beliebigen Punkt des Raumes exponentiell klein.

Interessieren wir uns aber für die Frage, welcher Anteil $P_p(\varphi, t)$ des physikalischen Volumens des Universums unter Berücksichtigung von dessen Expansion proportional $\exp\left[\int_0^t H(\boldsymbol{x}, t)\,dt\right]$ zum Zeitpunkt t das Feld φ enthält, ergibt sich eine ganz andere Antwort. Dazu betrachten wir die Verteilung $P_K(\varphi, t)$ nach der Zeit Δt, in der der Mittelwert des Feldes $\varphi(t)$ um $\Delta \varphi = \varphi_0/N \ll \varphi_0$ mit einem beliebigen $N \gg 1$ abgenommen hat. Nach (10.2.14) ist diese

$$P_K(\varphi, \Delta t) \approx \exp\left(-\frac{3n^2 N \left[\varphi - \varphi_0\left(1 - \frac{1}{N}\right)\right]^2 M_P^n}{32 \lambda \varphi_0^{n+2}}\right). \tag{10.2.17}$$

Daraus erhält man den Anteil des Anfangs-Koordinatenvolumens, der nach der Zeit Δt im Zustand $\varphi = \varphi_0$ geblieben ist:

$$P_K(\varphi_0, \Delta t) \approx \exp\left(-\frac{3n^2 M_P^n}{32 \lambda N \varphi_0^n}\right)$$

$$= \exp\left(-\frac{3n M_P^4}{32 N V(\varphi_0)}\right). \tag{10.2.18}$$

Wir stellen fest, daß für $V(\varphi_0) \ll M_P^4$ die Verteilung $P_K(\varphi_0, \Delta t) \ll 1$ ist. Mit anderen Worten, die Schwankung Δ ist klein gegen die Differenz $\varphi_0 - \varphi(t)$. In der Zeit Δt expandiert das Volumen eines Gebietes mit $\varphi = \varphi_0$ im Mittel auf das $e^{3H(\varphi_0)\Delta t}$-fache. Aus (10.2.15) und (10.2.16) folgt dann

$$\Delta t = \frac{2}{N}\sqrt{\frac{6\pi}{n\lambda}} \frac{M_P^{(n/2)-3}}{\varphi^{(n/2)-2}}. \tag{10.2.19}$$

Das ursprünglich vom Feld φ_0 eingenommene Volumen ändert sich also in der Zeit Δt (10.2.19) auf das $P_p(\varphi_0, \Delta t)$-fache mit

$$P_p(\varphi_0, \Delta t) \approx P_K(\varphi_0, \Delta t) \exp[3 H(\varphi_0) \Delta t]$$

$$= \exp\left(-\frac{3n^2}{32 \lambda N} \frac{M_P^n}{\varphi_0^n} + \frac{24\pi}{Nn} \frac{\varphi_0^2}{M_P^2}\right). \tag{10.2.20}$$

Daraus sieht man, daß das vom Feld φ_0 eingenommene Volumen in der Zeit Δt für $\varphi_0 \gg \alpha \varphi^*$, mit

$$\varphi^* = \lambda^{-\frac{1}{n+2}} M_P, \quad \alpha = \left(\frac{n^3}{2^8 \pi}\right)^{\frac{1}{n+2}} = O(1), \tag{10.2.21}$$

nicht ab-, sondern zunimmt. Dasselbe wiederholt sich im nächsten Zeitintervall Δt usw. Das heißt aber, daß sich während der Inflation unaufhörlich Gebiete des inflationären Universums mit $\varphi > \varphi^*$ selbst reproduzieren, d.h., der Prozeß der Inflation setzt sich, nachdem er einmal begonnen hat, bis in alle Ewigkeit fort, und das Volumen des inflationären Teils des Universums wächst mit der Zeit unbegrenzt an.

Ein noch interessanteres Ergebnis findet man bei einer Untersuchung der Verteilung $P_p(\varphi, \Delta t)$ für $\varphi - \varphi_0 \gg \Delta \varphi = \varphi_0/N$. Wenn das φ-Feld nämlich zufällig durch Quantenfluktuationen in diesen Bereich „hineingeraten ist", kann es in der charakteristischen Zeit $\sim \Delta t$ weder durch klassisches Hinabrollen (um $\Delta \varphi \ll \varphi - \varphi_0$), noch durch Diffusion (um $\sim \Delta \ll \Delta \varphi$) wesentlich abnehmen. Das Volumen der insgesamt vom Feld φ eingenommenen Gebiete wächst in der Zeit Δt (10.2.19) um das $\exp[3H(\varphi)\Delta t]$-fache, woraus man

$$P_p(\varphi, \Delta t) \approx P_K(\varphi, \Delta t) \exp[3H(\varphi)\Delta t]$$

$$= \exp\left\{-\frac{3n^2 N[\varphi - \varphi(t)]^2}{32\lambda} \frac{M_P^n}{\varphi_0^{n+2}} + \frac{24\pi}{Nn} \frac{\varphi_0^2}{M_P^2} \left(\frac{\varphi}{\varphi_0}\right)^{n/2}\right\} \quad (10.2.22)$$

erhält. Man sieht leicht, daß sich das Maximum der Verteilung $P_p(\varphi, \Delta t)$ für $\varphi > \beta \varphi^*$, $\beta = (n^2 N/2^6)^{1/(n+2)} = O(1)$ nicht wie das von $P_K(\varphi, \Delta t)$ in Richtung $\varphi < \varphi_0$, sondern nach $\varphi > \varphi_0$ verschiebt. Das heißt, daß sich das Universum für $\varphi \gg \varphi^*$ nicht nur ständig selbstreproduziert, sondern daß sich dabei sogar ein beträchtlicher Teil des physikalischen Volumens des Universums nach und nach mit einem immer größeren φ-Feld füllt [132, 133]. Das steht in voller Übereinstimmung mit den in Abschnitt 1.8 auf elementarerem Wege abgeleiteten Resultaten [57].

10.3 Selbstreproduzierendes inflationäres Universum und Quantenkosmologie

Die Möglichkeit eines ewig existierenden, selbstreproduzierenden Universums ist eine der wichtigsten und überraschendsten Folgerungen der Theorie des inflationären Universums und verdient eine eingehendere Betrachtung (vergleiche auch Abschnitt 1.8). Zunächst wollen wir versuchen, die in Abschnitt 10.2 erhaltenen Resultate physikalisch noch besser zu verstehen.

Die Verteilungsfunktionen $P_K(\varphi, t)$ und $P_p(\varphi, t)$ haben folgende physikalische Bedeutung: Wir wollen eine Domäne des inflationären Universums der Anfangsgröße $l \gtrsim H^{-1}$ betrachten und dabei annehmen, daß diese ursprünglich (bei $t = 0$) im gesamten Volumen homogen mit Beobachtern gefüllt war, die identische, zur Zeit $t = 0$ synchronisierte Uhren besitzen sollen. Die Größe $P_K(\varphi, t)$ gibt dann den Anteil der Beobachter an, die sich zum Zeitpunkt t ihren Uhren zufolge (d.h. in einem synchronen Koordinatensystem) in einem Gebiet befinden, das mit einem praktisch (über Entfernungen $l \gtrsim H^{-1}(\varphi)$) homogenen, quasiklassischen Feld φ gefüllt ist. Die Verteilung $P_p(\varphi, t)$ gibt die Größe des physikalischen Volumens im Universum mit darin befindlichen Beobachtern an, die zum Zeitpunkt t nach ihren Uhren in Gebieten leben, die eine Größe von mehr als $H^{-1}(\varphi)$ haben und mit dem Feld φ gefüllt sind.

Aus den im vorigen Abschnitt abgeleiteten Resultaten folgt, daß die Verteilung $P_K(\varphi, t)$ in keinem Gebiet des inflationären Universums stationär sein kann. Während des Tunnelns aus dem metastabilen in den stabilen Vakuumzustand kann sie quasistationär sein, wie dies beim Hawking-Moss-Phasenübergang im neuen Szenarium des inflationären Universums der Fall ist. In jedem Modell, in dem die Inflation in der Endphase vom Wiederaufheizen und der Relaxation des φ-Feldes im Minimum φ_0 des Potentials $V(\varphi)$ abgelöst wird, kann (und sollte) die Verteilung $P_K(\varphi, t)$ bei $\varphi \neq \varphi_0$ (zumindest bei Gültigkeit der hier benutzten Näherung, siehe unten) aber nichtstationär sein. Mit anderen Worten, der Anteil der Beobachter, die sich anfangs in einem instabilen Zustand außerhalb des absoluten Minimums des effektiven Potentials $V(\varphi)$ befanden, muß mit der Zeit abnehmen. Diese Überlegung wird durch die oben erhaltenen Resultate unterstützt; so zeigt etwa Gleichung (10.2.14), daß die Aufenthaltswahrscheinlichkeit in einem instabilen Zustand $\varphi \gtrsim M_P$ der $V(\varphi) = \lambda \varphi^4/4$-Theorie nach der Zeit $t \gtrsim \sqrt{6\pi/\lambda}\, M_P^{-1} \ln(\varphi_0/M_P)$ exponentiell klein geworden ist.

Andererseits wächst die Verteilung $P_p(\varphi, t)$ im Gebiet $\varphi \gtrsim \varphi^*$ für $\varphi_0 \gg \varphi^*$ mit zunehmendem φ an; das Gesamtvolumen der Gebiete des inflationären Universums, in denen sich Beobachter befinden, die nach ihren Uhren zur Zeit t in einem instabilen Zustand $\varphi \gtrsim \varphi^*$ sind, nimmt mit wachsendem φ und t also zu, und folglich wächst das Gesamtvolumen der inflationären Gebiete des Universums mit der Zeit an. Aus (10.2.22) folgt, daß der Hauptanteil des Volumens des Universums für große t in einem Zustand mit einem extrem großen φ-Feld sein muß, bei dem $V(\varphi) \sim M_P^4$ ist.

An dieser Stelle wollen wir einen wichtigen Vorbehalt erwähnen. Der Teil des Volumens im Universum, der *zu einem gegebenen Zeitpunkt* in einem Zustand mit einem gegebenen Feld φ ist, hängt davon ab, was man unter „Zeit" versteht. Die oben abgeleiteten Resultate beziehen sich auf die Eigenzeit t von mitbewegten Beobachtern, deren Uhren zu einem bestimmten Zeitpunkt $t = 0$, an dem sie hinreichend nah beieinander waren, synchronisiert wurden. Dieselbe Situation läßt sich aber auch mit Hilfe anderer Koordinaten beschreiben, so z. B. mit Hilfe der Metrik (7.5.8), die sich besonders gut zur Beschreibung der Entstehung der Dichteinhomogenitäten während der Inflation des Universums eignet. Um die Eigenzeit eines mitbewegten Beobachters t von der Zeit in der Metrik (7.5.8) zu unterscheiden, wollen wir letztere in diesem Abschnitt mit τ bezeichnen. Untersuchungen der Diffusion im Koordinatensystem (7.5.8) zeigen, daß das Volumen der mit Feldern $\varphi > \varphi^*$ gefüllten Gebiete des Universums sowohl mit t, als auch mit τ exponentiell wächst [133]. Wegen der spezifischen Definition der „Zeit" τ ist aber die Geschwindigkeit der exponentiellen Expansion des Universums $\sim e^{H\tau}$ in der Metrik (7.5.8) überall, unabhängig vom lokalen Ab- oder Zunehmen des φ-Feldes, die gleiche. Der Anteil des mit einem großen φ-Feld gefüllten physikalischen Volumens des Universums fällt deshalb auf der Hyperfläche $\tau = \text{const.}$ annähernd wie $P_K(\varphi, t)$ ab. Die Antwort auf die Frage, welcher Anteil des physikalischen Volumens des selbstreproduzierenden Universums im Laufe der Zeit in einen Zustand mit extrem großem φ-Feld übergeht, hängt deshalb davon ab, was man unter „Zeit" versteht. Insbesondere deshalb haben wir diese Frage, deren Antwort von der genauen Formulierung abhängt, an dieser Stelle detaillier-

10.3 Selbstreproduzierendes inflationäres Universum und Quantenkosmologie

ter als in Abschnitt 10.2 erörtert. Es muß aber betont werden, daß das grundsätzliche Ergebnis der Selbstreproduktion und exponentiellen Expansion von Gebieten des Universums mit $\varphi > \varphi^*$ nicht von der Wahl des Koordinatensystems abhängt [133].

Es lohnt sich, die erhaltenen Resultate noch von einer anderen Seite zu betrachten. Wenn das Universum selbstreproduzierend ist, kann es sein, daß die Standardfrage der Anfangsbedingungen *im gesamten Universum* überhaupt irrelevant ist, da möglicherweise gar keine globale raumartige singuläre Anfangshyperfläche im Universum existiert, die die Rolle einer globalen Cauchy-Hyperfläche übernehmen könnte. Wir haben derzeit gar keinen triftigen Grund anzunehmen, daß das Universum als Ganzes vor etwa 10^{10} Jahren in einem singulären Zustand geboren wurde, vor dem es keinerlei klassische Raumzeit gab. Die Inflation könnte in verschiedenen Gebieten des Universums zu unterschiedlichen Zeiten beginnen und enden, was in keiner Weise den vorhandenen Beobachtungsergebnissen widersprechen würde.

So sank die Materiedichte in verschiedenen Gebieten des Universums zu verschiedenen Zeiten auf $\varrho_0 \sim 10^{-29}$ g/cm³, und zwar jeweils etwa 10^{10} Jahre nach Ende der Inflation im entsprechenden Gebiet. Damit entstanden im jeweiligen Gebiet erstmals die für die Entstehung von Beobachtern unserer Art notwendigen Bedingungen. Die Zahl dieser Beobachter muß offenbar proportional dem Volumen des Weltalls auf der Dichte-Hyperfläche (oder den Dichte-Hyperflächen) $\varrho = \varrho_0 \sim 10^{-29}$ g/cm³ sein. Untersuchen wir die Frage, durch welche Prozesse ein wesentlicher Teil des Universums auf der Dichte-Hyperfläche $\varrho = \varrho_0 \sim 10^{-29}$ g/cm³ (d.h. 10^{10} Jahre nach Beendigung der Inflation) entsteht, können wir gleichzeitig die Frage der wahrscheinlichsten Geschichte des sichtbaren Universums beantworten.

Zur Untersuchung dieser Frage berücksichtigen wir, daß das Universum in den 10^{10} Jahren nach Beendigung der Inflation etwa auf das 10^{30}-fache expandiert, während es sich in der inflationären Phase in einer $\lambda \varphi^4/4$ Theorie nach (1.7.26) etwa auf das $\exp(\pi \varphi_0^2/M_P^2)$-fache (beim Anfangswert des φ-Feldes φ_0) ausdehnt. Unter Berücksichtigung von Quanteneffekten im selbstreproduzierenden Zustand ändert sich dieses Resultat jedoch für $\varphi_0 \gtrsim \varphi^* \sim \lambda^{-1/6} M_P$.

Um dies zu zeigen, betrachten wir wie am Ende von Abschnitt 10.2 ein Gebiet des inflationären Universums, in dem das φ-Feld in der Zeit Δt (10.2.19) durch Quantenfluktuationen von $\varphi = \varphi_0$ auf einen Wert φ mit $\varphi - \varphi_0 \gg |\Delta \varphi|$ „springt". Zur „Rückkehr" dieses Feldes kommt es, da die Schwankung des Feldes klein gegen $\Delta \varphi$ sein soll, im wesentlichen durch klassisches Hinabrollen zu $\varphi = \varphi_0$. Während des klassischen Hinabrollens expandiert das vom „hochgesprungenen" Feld eingenommene Gebiet inflationär um den Zusatzfaktor $\exp[(\pi/M_P^2)(\varphi^2 - \varphi_0^2)]$.

Die Wahrscheinlichkeit, daß das φ-Feld einen großen Sprung macht, ist exponentiell unterdrückt (siehe (10.2.14), (10.2.22)); man kann aber leicht zeigen, daß diese Unterdrückung bei $\varphi \gg \varphi^*$ durch die erwähnte zusätzliche Inflation des vom Feld φ eingenommenen Gebietes kompensiert wird. Das heißt, daß der Großteil des Volumens des Universums nach der Inflation (z.B. auf der Hyperfläche $\varrho = \varrho_0$) durch die Entwicklung solch relativ seltener, dafür aber zusätzlich inflationär gedehnter Gebiete entsteht, in denen das φ-Feld infolge langwelliger Quantenfluktuationen nach oben gesprungen ist. Setzt man diese Betrachtungsweise fort, kann man sagen, daß der überwältigende Teil des physikalischen Volumens des Universums im Zustand mit einer gegebenen Dichte $\varrho = \varrho_0$ durch die Inflation von Gebieten entsteht, in denen das φ-Feld die maximal mögliche Zeit mit dem maximal möglichen Feldwert, bei dem $V(\varphi) \sim M_P^4$ ist, fluktuiert. In diesem Sinn ist der Zustand mit der Planckschen Energiedichte (der Raumzeit-Schaum) die Quelle, die ständig den überwiegenden Teil des physikalischen Volumens des Universums produziert. Wir kommen auf diese Tatsache noch einmal zurück, und wollen an dieser Stelle zunächst unsere Schlußfolgerungen mit den Grundannahmen bei der Analyse der Wellenfunktion des Universums vergleichen.

Bei der Begründung des von Hartle und Hawking vorgeschlagenen Ausdrucks für die Wellenfunktion ((10.1.12), (10.1.17)) wurde vorausgesetzt, daß das Universum einen stationären Grundzustand oder Zustand minimaler Anregung (Vakuum) hat, dessen Wellenfunktion $\Psi(a, \varphi)$ Hartle und Hawking gerade zu bestimmen versucht hatten (vergleiche Abschnitt 10.1). Das Quadrat dieser Wellenfunktion $|\Psi(a, \varphi)|^2$ (10.1.18), (10.1.20) wäre demzufolge die stationäre Wahrscheinlichkeitsverteilung dafür, das Universum in einem Zustand mit dem homogenen Skalarfeld φ und dem Skalenfaktor a zu finden. Die Tatsache, daß die quasistationäre Verteilung $P_K(\varphi)$ (10.2.3) proportional dem Quadrat der Hartle-Hawking-Wellenfunktion ist, könnte man als wichtigen Hinweis auf die Richtigkeit dieser Annahme werten. Die Ergebnisse des vorigen Abschnitts zeigen aber, daß die Verteilung $P_K(\varphi, t)$ im Szenarium der chaotischen Inflation unter ziemlich allgemeinen Anfangsbedingungen nicht in das stationäre Regime (10.2.3) übergeht. Dessen ungeachtet kann ein stationäres Regime anderer Art entstehen, das sich teilweise durch die Verteilung $P_p(\varphi, t)$ beschreiben läßt. In diesem Regime erzeugt das Universum ständig exponentiell expandierende Gebiete (Mini-Universen), die ein starkes Feld φ (mit $\varphi^* \lesssim \varphi \lesssim \varphi_P$, $V(\varphi_P) \sim M_P^4$) enthalten, wobei die Eigenschaften des Universums innerhalb solcher Gebiete (infolge des „No-Hair"-Theorems des de-Sitter-Raums) weder von den Eigenschaften der benachbarten Gebiete des Universums, noch von der Vorgeschichte und der Entstehungszeit der Gebiete selbst abhängen. Von Stationarität kann man hier z.B. in dem Sinne reden, daß Gebiete des Universums mit einem Feld $\varphi \gtrsim \varphi^*$ ständig entstehen und die Eigenschaften des Universums in einer exponentiell großen Umgebung jedes dieser Gebiete im Mittel homogen sind und nicht von der Entstehungszeit des betreffenden Gebiets abhängen. Daraus folgt, daß das Universum eine fraktale Struktur hat [133, 325]. Die Bestimmung der Wellenfunktion des Universums für einen stationären Zustand des ebenerwähnten Typs ist ein besonders interessantes Problem.

Was kann man nun eigentlich über die Tunnelwellenfunktion (10.1.23) zur Beschreibung der Quantenerzeugung des Universums aussagen?

Um diese Frage zu beantworten, wollen wir das erste (das Diffusions-) Stadium der Ausbreitung der Anfangsverteilung $P_K(\varphi, 0) = \delta(\varphi - \varphi_0)$, in der das klassische Feld φ mit $\varphi(t) = \varphi_0$ nahezu konstant ist, genauer untersuchen. Der Ausdruck (10.2.14) ist gültig, solange die Schwankung Δ und die Differenz zwischen φ und φ_0 klein gegen φ_0 selbst sind. Andererseits unterscheidet sich die Verteilung $P_K(\varphi, t)$ bei $\varphi - \varphi_0 \sim \varphi_0$ wesentlich von einer Gauß-Verteilung. Um $P_K(\varphi, t)$ in diesem Fall zu berechnen, berücksichtigen wir, daß man im Anfangsstadium das klassische Hinabrollen des φ-Feldes, d.h. den letzten Term in der Diffusions-

10.3 Selbstreproduzierendes inflationäres Universum und Quantenkosmologie

gleichung (7.3.22), vernachlässigen kann:

$$\frac{\partial P_{\text{K}}(\varphi, t)}{\partial t} = \frac{2\sqrt{2}}{3\sqrt{3\pi}\, M_{\text{P}}^3} \frac{\partial^2}{\partial \varphi^2} \left[V(\varphi)\, P_{\text{K}}(\varphi, t) \right]. \tag{10.3.1}$$

Eine Lösung dieser Gleichung sucht man zweckmäßigerweise in der Form

$$P_{\text{K}}(\varphi, t) \sim A(\varphi, t) \cdot \exp\left[-\frac{S(\varphi)}{t} \right],$$

wobei $A(\varphi, t)$ und $S(\varphi)$ langsamveränderliche Funktionen von φ und t sind.

Man kann zeigen, daß die gesuchte Lösung für $\varphi \ll \varphi_0$ in der Theorie mit $V(\varphi) = \lambda \varphi^n / n\, M_{\text{P}}^{n-4}$ die Form

$$P_{\text{K}}(\varphi, t) = A \exp\left[-\frac{3\sqrt{6\pi}}{t\lambda\sqrt{\lambda}(3n-4)^2} \left(\frac{M_{\text{P}}}{\varphi}\right)^{3n/2-1} \right] \tag{10.3.2}$$

hat, wobei die Vernachlässigung des letzten Terms in Gleichung (7.3.22) für

$$t \lesssim \Delta t(\varphi) = \sqrt{\frac{6\pi}{n\lambda}}\, M_{\text{P}}^{-1} \left(\frac{M_{\text{P}}}{\varphi}\right)^{n/2-2} \tag{10.3.3}$$

gerechtfertigt ist (man vergleiche mit (10.2.19)). Falls das effektive Potential nicht zu steil abfällt ($n \leq 4$), verliert die Diffusionsnäherung zunächst für kleine φ, und danach auch für $\varphi \sim \varphi_0$ ihre Gültigkeit. In diesem Fall kann man sagen, daß sich durch den Quantendiffusionsprozeß in der Zeit $t \lesssim \Delta t(\varphi)$ Raumgebiete mit einem kleinen φ-Feld bilden, in denen die klassische Bewegung gegenüber den Quantenfluktuationen dominiert. Die Wahrscheinlichkeitsverteilung für die Bildung von Gebieten (Mini-Universen) mit einem gegebenen φ-Feld ist nach (10.3.2) und (10.3.3) in dem Moment, in dem die Quantendiffusion zu dominieren aufhört ($t \sim \Delta t(\varphi)$),

$$P_{\text{K}}(\varphi, \Delta t(\varphi)) \sim \exp\left[-C\, \frac{M_{\text{P}}^4}{V(\varphi)} \right], \tag{10.3.4}$$

mit $C = O(1)$. Dieser Ausdruck gilt für $n \leq 4$, $\varphi \ll \varphi_0$ unabhängig vom Anfangswert des Feldes φ_0. Insbesondere kann man ihn für $V(\varphi_0) \gtrsim M_{\text{P}}^4$ als Wahrscheinlichkeit für die Quantenerzeugung eines (Mini-) Universums aus dem Raumzeit-Schaum mit $V(\varphi) \gtrsim M_{\text{P}}^4$ interpretieren. Man sieht, daß dieser Ausdruck bis auf einen Faktor $C = O(1)$ mit der Wahrscheinlichkeit für die Quantenerzeugung eines Universums aus dem „Nichts" (10.1.24) übereinstimmt.

Ist die Übereinstimmung zwischen den Ausdrücken (10.3.4) und (10.1.24) lediglich zufällig oder hat sie eine tiefere Ursache? Obgleich es schon heute einige Überlegungen hierzu gibt, sind sicher weitere Untersuchungen zur Beantwortung dieser Frage nötig. Zunächst stellen wir fest, daß der Ausdruck (10.3.4) nicht die Erzeugung des ganzen Universums aus dem „Nichts", sondern lediglich die Erzeugung eines Ausschnitts größer als $H^{-1}(\varphi)$ durch Quantendiffusion aus bereits früher bestehenden Gebieten des inflationären Universums beschreibt. Darüber hinaus ist der Ausdruck (10.3.4) in Theorien mit $V(\varphi) \sim \varphi^n$ lediglich für $n \leq 4$ gültig; für $n > 4$ kann man zeigen, daß

$$P_K(\varphi, \Delta t(\varphi)) = P_K(\varphi, \Delta t(\varphi_0))$$

$$\sim \exp\left[-\frac{C M_P^4}{V(\varphi)}\left(\frac{\varphi_0}{\varphi}\right)^{n/2-2}\right] \tag{10.3.5}$$

ist. In Theorien, in denen zwischen φ und φ_0 Abschnitte mit einem schnelleren Hinabrollen des φ-Feldes und ohne Inflation des Universums liegen sind Ausdrücke der Art (10.3.4) und (10.3.5) überhaupt nicht gültig, da die hier verwendete Diffusionsgleichung auf diesen Abschnitten nicht anwendbar ist. Insbesondere kann man keine Gleichung des Typs (10.3.4) zur Begründung der Diffusion aus dem Raumzeit-Schaum mit $V(\varphi_0) \sim M_P^4$ auf den Gipfel des effektiven Potentials bei $\varphi = 0$ im neuen inflationären Universum verwenden. Inzwischen geht man meist davon aus, daß Gleichung (10.1.23) (möglicherweise mit leichten Modifizierungen zur Berücksichtigung von mit der Erzeugung von Quantenteilchen beim Tunneln zusammenhängenden Effekten [321]) die Quantenerzeugung des ganzen Universums selbst dann beschreibt, wenn ein kontinuierlicher Diffusionsübergang zwischen φ_0 und φ unmöglich ist.

Es scheint also, daß die Ausdrücke (10.3.4) bzw. (10.1.24) zwei verschiedene, sich ergänzende oder konkurrierende Prozesse beschreiben. Die Erfahrungen mit der Theorie des Hawking-Moss-Tunnelübergangs (7.4.1) zwingen uns in diesem Zusammenhang aber zu einer gewissen Vorsicht. Wir erinnern uns, daß der mit Hilfe des euklidischen Zugangs zur Theorie der Tunnelübergänge abgeleitete Ausdruck (7.4.1) ursprünglich auch als Wahrscheinlichkeit für einen homogenen, plötzlichen Tunnelübergang im ganzen Universum interpretiert worden war [121]. Dabei gab es weder eine strenge Herleitung des Ausdrucks (7.4.1), noch eine Begründung für die eben erwähnte Interpretation. Die unserer Meinung nach erste exakte Herleitung dieser Gleichung konnte durch Lösen der Diffusionsgleichung gegeben werden, und die Interpretation unterschied sich wesentlich von der ursprünglichen, auf der Anwendung des euklidischen Zugangs beruhenden Interpretation [134, 135], stimmte aber mit der in [209] vorgeschlagenen Interpretation überein. In gleicher Weise sind beide Wege zur Herleitung des Ausdrucks (10.1.24) (der über die (Anti-) Wick-Rotation $t \to i\tau$, und der über die Betrachtung des Tunnelübergangs aus dem Punkt $a = 0$) nicht exakt genug, und die Interpretation des Ausdrucks (10.1.24) als Wahrscheinlichkeit für einen Tunnelübergang aus dem „Nichts" liegt ebenfalls irgendwo auf der Grenze zwischen Physik und Poesie. Eine der in diesem Zusammenhang häufig gestellten Grundfragen ist die, *was* denn nun genau tunnele, wenn es eine in die Barriere *einlaufende* Welle nicht gibt. Eine plausible Antwort besteht darin, daß wir die einfallende Welle im Rahmen des Mini-Superraum-Zugangs lediglich nicht identifizieren können. Tatsächlich konnte durch Lösen der Diffusionsgleichung in der Theorie der chaotischen Inflation gezeigt werden, daß während der Inflation ständig isolierte Gebiete des Universums mit einer Dichte in der Größenordnung der Planck-Dichte und mit Abmessungen in der Größenordnung von $l \sim l_P \sim M_P^{-1}$ erzeugt werden. Das Tunneln

10.3 Selbstreproduzierendes inflationäres Universum und Quantenkosmologie

(bzw. die Diffusion), das zum Wachstum jedes dieser Gebiete und zur Änderung des darin befindlichen Skalarfeldes führt, könnte man (näherungsweise) mit dem Prozeß der Quantenerzeugung des Universums in Verbindung bringen. Die Entstehung von Ausgangsgebieten des inflationären Universums mit Größen in der Größenordnung der Planck-Länge (die „einlaufende Welle") kann dabei nicht im Rahmen des Mini-Superraum-Zugangs beschrieben werden, besitzt aber eine einfache und anschauliche Interpretation im Rahmen des stochastischen Zugangs zur Inflation.

Auf diese Weise sind wir einer Begründung des Ausdrucks (10.1.24) als Wahrscheinlichkeit der Quantenerzeugung des Universums aus dem „Nichts" schon näher gekommen. Trotzdem ist bisher nicht endgültig klar, ob dieser Ausdruck irgend etwas Wahres und gleichzeitig von Gleichung (10.3.4) (die über den stochastischen Zugang zur Inflation erhalten wurde und eine wesentlich klarere physikalische Interpretation besitzt) Verschiedenes enthält. Dies ist eine ganz entscheidende Frage, da sie sich auf die Theorie der Quantenerzeugung des Universums im Zustand $\varphi = 0$ bezieht, der einem lokalen Maximum von $V(\varphi)$ bei $V(\varphi) \ll M_P^4$ entspricht und in den eine Diffusion aus dem Raumzeit-Schaum mit $V(\varphi) \sim M_P^4$ unmöglich ist.

Abschließend betrachten wir eine weitere Frage, die mit der Möglichkeit, ein inflationären Universum aus dem Minkowski-Raum zu erzeugen zusammenhängt. Dabei geht es darum, daß durch Quantenfluktuationen im Minkowski-Raum ein Gebiet des inflationären Universums von der Größe $l \gtrsim H^{-1}(\varphi)$ mit einem durch die Quantenfluktuationen erzeugten Skalarfeld φ entstehen kann. Ein solches Gebiet kann dem „No-Hair"-Theorem für den de-Sitter-Raum zufolge „aus sich selbst heraus" inflationär expandieren, unabhängig davon, was in der Welt außerhalb dieses Gebietes geschieht. Auf diese Weise könnten wir von einem endlosen Prozeß der Erzeugung von Mini-Universen sprechen, der bis in die heutigen Entwicklungsphasen des uns umgebenden Teils des Universums anhält.

Der Prozeß der Erzeugung von Gebieten des inflationären Universums durch Quantenfluktuationen kann analog der bereits betrachteten Entstehung von Gebieten des inflationären Universums mit einem großen φ-Feld durch die Akkumulation langwelliger Fluktuationen $\delta\varphi$ ablaufen. Ein grundlegender Unterschied besteht darin, daß die langwelligen Fluktuationen $\delta\varphi$ des massiven Skalarfeldes φ mit $m \ll H$ während der Inflation bezüglich der Amplitude „eingefroren sind", ein Effekt, den es im Minkowski-Raum nicht gibt. Falls jedoch in einem bestimmten Gebiet des Minkowski-Raums durch Quantenfluktuationen ein Gebiet mit einem genügend großen und homogenen φ-Feld entsteht, kann dieses Gebiet selbst inflationär zu expandieren beginnen, und ein solcher Prozeß kann die Fluktuationen $\delta\varphi$, die diesen Vorgang erst in Gang setzten, stabilisieren („einfrieren"). Man könnte diesen Vorgang als selbstkonsistenten Prozeß der Entstehung von inflationären Gebieten des Universums durch Quantenfluktuationen im Minkowski-Raum bezeichnen.

Ohne einen solchen Prozeß vollständig beschreiben zu wollen, versuchen wir, seine Wahrscheinlichkeit in der Theorie $V(\varphi) = \lambda \varphi^n / n M_P^{n-4}$ abzuschätzen. Eine sich bildende Domäne mit einem großen φ-Feld kann nur dann Teil eines de-Sitter-Raums werden, wenn in ihrem Innern $(\partial_\mu \varphi)^2 \ll V(\varphi)$ ist. Das heißt, daß die Domäne größer als $l \sim \varphi V(\varphi)^{-1/2}$ sein muß, während in der Domäne ein Feld größer M_P herrschen muß. Eine solche Domäne kann durch das Auftreten von Quantenfluktuationen $\delta\varphi$ mit Wellenlängen

$$k^{-1} \gtrsim l \sim \varphi V^{-1/2}(\varphi) \sim m^{-1}(\varphi)$$

entstehen. Die Schwankung dieser Fluktuationen $\langle\varphi^2\rangle_{k<m}$ läßt sich durch die einfache Gleichung

$$\langle\varphi^2\rangle_{k<m} \sim \frac{1}{2\pi^2} \int_0^{m(\varphi)} \frac{k^2 \, dk}{\sqrt{k^2 + m^2(\varphi)}}$$

$$\sim \frac{m^2}{\pi^2} \sim \frac{V(\varphi)}{\pi^2 \varphi^2} \tag{10.3.6}$$

abschätzen, die unter der Annahme einer Gauß-Verteilung $P(\varphi)$ für die Wahrscheinlichkeit des Auftretens eines über die Entfernung l hinreichend homogenen Feldes φ die Abschätzung

$$P(\varphi) \sim \exp\left[-C\,\frac{\pi^2 \varphi^4}{V(\varphi)}\right] \tag{10.3.7}$$

mit $C = O(1)$ liefert [133]. Insbesondere findet man für eine Theorie mit $V(\varphi) = \lambda\varphi^4/4$

$$P(\varphi) \sim \exp\left[-C\,\frac{4\pi^2}{\lambda}\right]. \tag{10.3.8}$$

Sicherlich ist die eben verwendete Methode ziemlich grob. Trotzdem sind die mit ihrer Hilfe erhaltenen Abschätzungen der Größenordnung nach glaubwürdig. So kann man praktisch die gleichen Überlegungen zur Untersuchung der Wahrscheinlichkeit eines Tunnelübergangs aus dem Punkt $\varphi = 0$ in der Theorie mit $V(\varphi) = -\lambda\varphi^4/4$ im Minkowski-Raum anwenden (siehe Kapitel 5). Die dabei erhaltene Abschätzung der Wahrscheinlichkeit für die Bildung von Bläschen des φ-Feldes ist ebenfalls durch Gleichung (10.3.8) gegeben. Dieses Ergebnis stimmt vollständig mit dem genaueren Ergebnis $P \sim \exp(-8\pi^2/3\lambda)$ (5.3.12) überein, das über euklidische Methoden abgeleitet worden ist. Man kann sich leicht davon überzeugen, daß es die oben dargelegte einfache Methode gestattet, auch alle anderen in Kapitel 5 erhaltenen Resultate bis auf einen Faktor der Größenordnung eins zu reproduzieren. Dies kann man als Hinweis auf die Gültigkeit auch der Abschätzungen der Wahrscheinlichkeit für die Erzeugung eines inflationären Universums im Minkowski-Raum (10.3.7) und (10.3.8) werten.

Der Haupteinwand gegen die Möglichkeit der Quantenerzeugung eines inflationären Universums im Minkowski-Raum beruht darauf, daß in ihm der Energieerhaltungssatz die Entstehung eines Objekts mit positiver Energie verbietet. Im Rahmen der klassischen Feldtheorie, in der die Energiedichte überall positiv ist, wäre demzufolge ein solcher Vorgang nicht möglich (bezüglich der Untersuchung eines ähnlichen Problems vergleiche [213, 326]). Auf dem Quantenniveau ist jedoch die Vakuumenergiedichte infolge der Kompensation der positiven Energiedichte des klassischen Skalarfeldes und seiner Quantenfluktuationen einerseits, und der mit Quantenfluktuationen der Fermionen beziehungsweise der nackten negativen Vakuumenergie zusammenhängenden negativen Energiedichte andererseits, gleich null. Die Entstehung eines Gebietes mit positiver Energiedichte durch die Akkumulation langwelliger Fluktuationen des φ-Feldes ist unweigerlich mit der Enstehung eines diese Domäne umgebenden Gebietes mit negativer Energiedichte verknüpft. Dies sind die üblichen Quantenfluktuationen der Vakuumenergiedichte um den Nullpunkt. Im hier betrachteten Fall führen diese Fluktuationen zu einer Art Quanten-Tunnelübergang mit der Entstehung eines inflationären Gebietes des Weltalls, das von einem Gebiet mit negativer Energiedichte umgeben ist. Dabei ist wesentlich, daß die Gesamtenergie des inflationären Gebietes des Weltalls (wie auch die Gesamtenergie des geschlossenen inflationären Universums) für einen äußeren Beobachter nicht exponentiell wächst; das entstehende Gebiet bildet vielmehr ein von unserem getrenntes Universum, das mit uns lediglich durch einen Schlauch, ein sogenanntes Wormhole, verbunden ist (das ebenso wie ein Schwarzes Loch durch den Hawking-Effekt verdampfen kann [327, 213]). Andererseits werden die fehlenden langwelligen Fluktuationen des φ-Feldes in der Umgebung dieses Gebietes schnell durch aus den Nachbargebieten zuströmende Fluktuationen wieder aufgefüllt, was dazu führt, daß die negative Energie in der Umgebung des Wormholes über ein weites Gebiet um die inflationäre Domäne ausgeschmiert wird.

Die oben angestellten Überlegungen zur Erzeugung eines inflationären Universums im Minkowski-Raum sind sehr spekulativ und sollen lediglich dazu dienen, die prinzipielle Möglichkeit eines solchen Prozesses zu illustrieren. Dies ist eines der Probleme, die im weiteren noch eingehender Untersuchung bedürfen. Falls ein solcher Prozeß tatsächlich möglich ist und vom Verdampfen des Wormholes, das die inflationären Domänen im Minkowski-Raum verbindet, begleitet wird, liefert diese Theorie eine weitere Möglichkeit der stationären Erzeugung von Gebieten des inflationären Universums. Es muß aber betont werden, daß die Wahrscheinlichkeit der Realisierung eines solchen Regimes nichts mit der Verteilungsfunktion $P_K(\varphi)$, die dem Quadrat der Hartle-Hawking-Wellenfunktion (10.1.17) proportional ist, zu tun hat. Einen euklidischen Zugang zur Theorie der Bildung von „Baby-Universen" findet man in den Arbeiten [350–352]; man vergleiche hierzu auch den Abschnitt 10.7.

10.4 Die Globalstruktur des inflationären Universums und das Problem der allgemeinen kosmologischen Singularität

Eine der wichtigsten Folgerungen aus dem Szenarium des inflationären Universums besteht darin, daß das Universum, nachdem es einmal entstanden ist, unter bestimmten Voraussetzungen niemals kollabieren und nie als Ganzes verschwinden kann. Selbst wenn es ursprünglich einem homogenen geschlossenen Friedman-

Universum ähnlich gewesen wäre, würde es zwar lokal homogen bleiben, über sehr große Entfernungen aber bald stark inhomogen werden, und ein globales Weltende, wie im homogenen geschlossenen Friedman-Universum wird es in diesem Fall nicht geben.

Es gibt Varianten der Theorie des inflationären Universums, in denen es nicht zum Prozeß der Selbstreproduktion des Universums kommt. Zu diesen gehört das Shafi-Wetterich-Modell [237], das auf der Betrachtung einer speziellen Kaluza-Klein-Theorie (vergleiche Abschnitt 9.5) beruht. In der Mehrzahl der inflationären Modelle hat der Prozeß der Inflation jedoch tatsächlich kein Ende. So füllen z. B. im alten Guthschen Szenarium, wenn die Wahrscheinlichkeit der Vereinigung der Bläschen der neuen Phase mit $\varphi \neq 0$ klein genug ist, diese Bläschen nie das ganze physikalische Volumen aus. Das liegt daran, daß der Abstand zwischen zwei beliebigen Bläschen exponentiell wächst und es dadurch einfach nicht gelingt, das zunehmende physikalische Volumen mit neuen Bläschen aufzufüllen [53, 113, 327, 328]. Zu einer ähnlichen Erscheinung kommt es auch im neuen Szenarium des inflationären Universums [266, 267], wobei die genaue Theorie dieses Prozesses [204] der im Szenarium der chaotischen Inflation [57, 133] sehr ähnlich ist. Der grundlegende Unterschied besteht darin, daß es sich sowohl im neuen, als auch im alten Szenarium des inflationären Universums um die Reproduktion von Gebieten mit einem sehr kleinen φ-Feld und $V(\varphi) \ll M_P^4$ handelt, während im Szenarium der chaotischen Inflation ständig Gebiete mit extrem großen Werten von $V(\varphi)$, bis hin zu $V(\varphi) \sim M_P^4$, reproduziert werden können. Dieser Umstand wird für uns im folgenden von entscheidender Bedeutung sein.

Die Möglichkeit eines unendlichen Prozesses der Erzeugung neuer und immer neuer Gebiete des inflationären Universums, die das Fehlen einer allgemeinen kosmologischen Singularität (d. h. einer globalen raumartigen singulären Hyperfläche) *in der Zukunft* impliziert, wirft erneut die Frage der kosmologischen *Anfangs*singularität auf. Tatsächlich scheint die Annahme, daß dieser Prozeß der unendlichen Reproduktion inflationärer Gebiete des Universums irgendeinen gemeinsamen Anfang hatte, keinesfalls zwangsläufig zu sein. Auf dieser Vorstellung beruhten Modelle für einen nichtsingulären Kosmos, die im Rahmen des alten [327, 328] und des neuen [267] inflationären Universums entwickelt wurden. In diesen Modellen bleibt ein großer Teil des physikalischen Volumens des Universums für immer im Zustand der exponentiellen Expansion mit $\varphi \approx 0$, der ständig neue Mini-Universen vom Typ unseres Universums hervorbringt.

Leider ist die Möglichkeit einer Realisierung dieser Idee bei weitem noch nicht vollständig geklärt. Um zu verstehen, worin das Hauptproblem besteht, erinnern wir uns, daß der exponentiell expandierende (flache) de-Sitter-Raum nicht geodätisch vollständig ist. Dieser ist lediglich ein Teil eines geschlossenen de-Sitter-Raums, der in den anfänglichen Entwicklungsstadien bei $t<0$ nicht expandiert, sondern wie $a(t) = H^{-1} \cosh Ht$ kontrahiert (siehe Abschnitt 7.2). Im exponentiell kontrahierenden de-Sitter-Raum kann ein Phasenübergang aus dem Zustand $\varphi = 0$ im Prinzip im ganzen Raum in endlicher Zeit ablaufen und infolgedessen bleiben keine Gebiete übrig, die zu einer unendlichen Expansion des Universums bei $t>0$ führen könnten. Diese Frage muß in Zukunft, ebenso wie die der geodätischen Vollständigkeit eines selbstregenerierenden inflationären Universums, weiter untersucht werden, da es zum einen eine Theorie der Phasenübergänge in einem exponentiell kollabierenden Universum bisher noch nicht gibt, und da sich andererseits die *globale* Geometrie eines selbstreproduzierenden Universums von der Geometrie eines de-Sitter-Raums wesentlich unterscheidet. Deshalb können wir derzeit noch nicht mit Sicherheit sagen, daß die Realisierung des neuen Szenariums des inflationären Universums ohne eine Anfangssingularität unmöglich ist. Die Forderung, daß es in der Vergangenheit *keinerlei* Singularitäten geben soll, ist aber sicher zu streng.

Eine natürlichere Möglichkeit könnte das Szenarium der chaotischen Inflation bieten, in dem ein großer Teil des physikalischen Volumens einer Hyperfläche konstanter Dichte aus Gebieten besteht, die wegen der Fluktuationen des φ-Feldes ein Stadium mit einer Energiedichte in der Nähe der Planck-Dichte, $V(\varphi) \sim M_P^4$, durchlaufen haben. In diesem Szenarium ist die klassische Raumzeit in einer Art dynamischen Gleichgewichts mit dem Raumzeit-Schaum: Gebiete klassischer Raumzeit werden ständig aus dem Raumzeit-Schaum erzeugt, und ein Teil dieser Gebiete wandelt sich erneut in Schaum mit $V(\varphi) \gtrsim M_P^4$ um. In diesem Sinn ist die Entstehung von „Singularitäten" des Raumes ein grundlegender Wesenszug dieses Universums. Gleichzeitig wird in diesem Szenarium besonders deutlich, daß wir es anstelle des Dramas der Erzeugung *der ganzen* Welt aus einer Singularität, vor der *nichts* existierte und die nachfolgend ins *Nichts* verschwindet, mit einem unendlichen Prozeß sich ineinander umwandelnder Phasen zu tun haben, in denen die Quantenfluktuationen der Metrik entweder klein oder groß werden. Aus den in Abschnitt 10.2 angeführten Resultaten folgt, daß die klassische Raumzeit, d.h. die Phase, in der die Quantenfluktuationen der Metrik klein sind, nachdem sie einmal entstanden ist, nicht mehr verschwinden kann. Die geometrischen Eigenschaften der Gebiete[3] in dieser Phase unterscheiden sich noch gravierender als im neuen Szenarium des inflationären Universums von denen des flachen de-Sitter-Raums. Sollte sich herausstellen, daß ein solches Gebiet geodätisch vollständig ist, könnte man von einem Modell sprechen, in dem das Weltall nicht nur kein einheitliches Ende finden würde, sondern auch keinen einheitlichen Anfang gehabt hätte.

Tatsächlich ist dies im Szenarium der chaotischen Inflation, wie wir schon in Abschnitt 9.1 festgestellt hatten, sogar ohne Berücksichtigung des Selbstreproduktionsprozesses möglich. Wenn das Universum nämlich endlich und seine Anfangsgröße nicht größer als die Planck-Länge ist, $l \lesssim M_P^{-1}$, scheint die Annahme, daß das ganze Universum zu einer bestimmten Anfangszeit $t = 0$ (genauer gesagt, in einem Zeitraum $\Delta t \sim M_P^{-1}$) als Ganzes aus dem Raumzeit-Schaum (im klassischen Bild: aus einer Singularität) entstanden ist, durchaus natürlich zu sein. Ist das Weltall aber unendlich, scheint die Wahrscheinlichkeit, daß die unendlich vielen kausal nichtzusammenhängenden Gebiete der klassischen Raumzeit gleichzeitig aus dem Raumzeit-Schaum entstanden sind, extrem klein[4] zu sein.

---

[3] Der Tradition entsprechend werden wir ein solches Gebiet als Universum bezeichnen, obwohl man genaugenommen zum Universum, d.h. zu allem, was existiert, auch die mit dem Raumzeit-Schaum gefüllten Gebiete hinzurechnen müßte.

[4] Unter diesem Gesichtspunkt können das offene und das flache Friedman-Modell, so zweckmäßig diese für die lokalen Eigenschaften unserer Welt sein mögen, die Globalstruktur des inflationären Universums in keiner Phase seiner Entwicklung zutreffend beschreiben. Das geschlossene Friedman-Modell *kann* dagegen die globalen Eigenschaften des Universums beschreiben, allerdings nur in seinen allerersten Entwicklungsphasen, in denen die Diffusion des φ-Feldes noch nicht zu einer starken Deformation der Ausgangsmetrik geführt hat.

Um Mißverständnissen vorzubeugen, sei an dieser Stelle noch einmal darauf hingewiesen, daß die Standardaussage der Existenz einer einheitlichen (globalen) raumartigen kosmologischen Anfangssingularität an und für sich überhaupt nicht aus den allgemeinen topologischen Singularitätentheoremen folgt. Im wesentlichen beruhte diese Aussage auf der Voraussetzung der globalen Homogenität des Universums. Im Rahmen der Theorie des heißen Universums schien eine solche Annahme, trotzdem es keine tieferliegende, fundamentale Begründung für sie gibt, unbedingt notwendig, da der sichtbare Teil des Universums in dieser Theorie durch die Expansion einer riesigen Zahl kausal nichtzusammenhängender Gebiete, in denen die Materiedichte aus irgendeinem Grund nahezu gleich war, entstanden ist (vergleiche hierzu die Diskussion des Homogenitäts- und des Horizontproblems in Abschnitt 1.5). In der Theorie des inflationären Universums erweist sich die Annahme der globalen Homogenität des Universums aber als überflüssig und in der Mehrzahl der Fälle sogar als falsch. Die Standardaussage, daß es in den Frühstadien der Entwicklung des Universums einen Zeitpunkt gegeben haben soll, vor dem es überhaupt keine Zeit gab (siehe Abschnitt 1.5), ist deshalb im Rahmen der inflationären Kosmologie derzeit zumindest nicht wohlbegründet.

10.5 Inflation und anthropisches Prinzip

Einer der kühnsten Träume der theoretischen Physiker besteht darin, eine Theorie aufzustellen, aus der sich gleichzeitig die beobachteten Werte aller Elementarteilchen-Parameter auf unserer Welt ableiten lassen. Dieses hohe Ideal veranlaßt viele Forscher davon auszugehen, daß die wahre Theorie zur Beschreibung unserer Welt schön und einzigartig sein muß. Daraus läßt sich aber keineswegs die Folgerung ableiten, daß die Elementarteilchen-Parameter in einer solchen Theorie auch eindeutig berechenbar sein müssen. So hat z. B. das effektive Potential $V(\Phi, H)$ der Higgs-Felder Φ und H in der supersymmetrischen SU(5)-Theorie mehrere Minima. Ohne Berücksichtigung gravitativer Effekte ist der Wert der Vakuumenergie $V(\Phi, H)$ in allen diesen Vakua gleich. Jedes dieser Minima entspricht einem anderen Symmetriebrechungstyp dieser Theorie und damit anderen Eigenschaften der Elementarteilchen. Die Berücksichtigung der Gravitationswechselwirkung hebt diese Entartung auf. Trotzdem ist die Lebensdauer des Universums in einem beliebigen, einem dieser Minima entsprechenden Zustand entweder unendlich oder um Größenordnungen größer als 10^{10} Jahre [329]. Das heißt aber, daß die Vorgabe einer konkreten Theorie der großen Vereinigung bei weitem nicht immer ausreicht, um die Eigenschaften der Elementarteilchen in unserem Universum eindeutig zu bestimmen. Ein noch größeres Spektrum an Möglichkeiten bieten die Kaluza-Klein- und die Superstring-Theorien, in denen es üblicherweise eine exponentiell große Zahl von Kompaktifizierungsmöglichkeiten des hochdimensionalen Ausgangsraumes gibt, wobei sowohl die Kopplungskonstanten, als auch die Vakuumenergie, die Symmetriebrechungseigenschaften in der niederenergetischen Elementarteilchenphysik, und schließlich die effektive Dimension des Raumes, in dem wir leben, vom Kompaktifizierungstyp abhängen (siehe Abschnitt 1.5). Offensichtlich können dabei ganz verschiedene Sätze der Elementarteilchen-Parameter (Massen, Ladungen usw.) realisiert sein. Es ist gar nicht ausgeschlossen, daß man gerade deshalb bisher keine eindeutige gesetzmäßige Beziehung z. B. zwischen den Massen des Elektrons, des Myons, des Protons, des W-Mesons und der Planck-Masse finden konnte. Ein Großteil der Elementarteilchen-Parameter erweckt eher den Eindruck eines Satzes von Zufallszahlen, als den der einzig möglichen (oder ausgezeichneten) Realisierung der inneren Symmetrie dieser Welt. Darüber hinaus weiß man schon lange, daß eine kleine Änderung (um das Zwei- bis Dreifache) der Elektronenmasse, der Feinstrukturkonstanten α_e, der Kopplungskonstanten der starken Wechselwirkung α_s oder der Gravitationskonstanten zu einer Welt führen würde, in der Leben unserer Art nicht hätte entstehen können. So würde z. B. die Erhöhung der Elektronenmasse um das mehr als Zweieinhalbfache die Existenz von Atomen unmöglich machen, die Erhöhung der Konstanten α_e um das Anderthalbfache würde zur Instabilität der Protonen und Kerne führen und die Erhöhung der Konstanten α_s um mehr als zehn Prozent könnte zum Fehlen von Wasserstoff im Universum führen. Schon eine Änderung der Raumdimension um eins würde die Existenz von Planetensystemen unmöglich machen, da die gravitativen Anziehungskräfte zwischen entfernten Körpern in einer Raumzeit mit einer Dimension $d>4$ schneller als r^{-2} abfallen [330], während solche Kräfte in einer Raumzeit mit $d<4$ nach der Allgemeinen Relativitätstheorie überhaupt unmöglich sind.

Darüber hinaus erfordert die Existenz von Leben unserer Art, daß das Universum hinreichend groß, flach, homogen und isotrop ist. Die eben beschriebenen und eine Reihe weiterer Beobachtungen und Feststellungen liegen dem sogenannten anthropischen Prinzip in der Kosmologie zugrunde [77]. Diesem Prinzip zufolge beobachten wir unsere Welt so, wie sie ist, da nur in einer solchen Welt uns ähnelnde Beobachter existieren können. Inzwischen gibt es bereits mehrere verschiedene Versionen dieses Prinzips — das schwache anthropische Prinzip, das starke anthropische Prinzip, das endgültige anthropische Prinzip etc. (vergleiche diesbezüglich [331]). Alle diese Varianten, die sich wesentlich in der Formulierung unterscheiden, verknüpfen in irgendeiner Form Eigenschaften des Universums, Eigenschaften der Elementarteilchen und die Tatsache der Existenz des Menschen in der Welt.

Auf den ersten Blick scheint eine solche Formulierung des Problems prinzipiell falsch zu sein, da der Mensch, der erst 10^{10} Jahre nachdem sich die Grundstruktur unserer Welt herausgebildet hatte, erschienen ist, weder die Struktur des Weltalls, noch die Eigenschaften der Elementarteilchen darin irgendwie beeinflussen konnte. Tatsächlich geht es dabei nicht um einen kausalen Zusammenhang, sondern lediglich um Korrelationen zwischen Eigenschaften des Beobachters und denen der ihn umgebenden Welt (so, wie es im Einstein-Podolsky-Rosen-Experiment zwar keine Wechselwirkung, dafür aber Korrelationen zwischen den Zuständen zweier verschiedener Teilchen gibt [332]). Mit anderen Worten handelt es sich um die *bedingte Wahrscheinlichkeit* dafür, daß die Welt unter der augenscheinlichen und auf den ersten Blick trivialen Bedingung der *Existenz* von Beobachtern unserer Art, die sich für die Struktur der Materie interessieren, die von uns beobachteten Eigenschaften hat.

Die obigen Überlegungen sind natürlich nur dann sinnvoll, wenn man die Wahrscheinlichkeiten für den Aufenthalt in verschiedenen Welten mit unterschiedlichen Eigenschaften des Raums und der Materie vergleichen kann, was wiederum nur dann möglich ist, wenn solche Welten tatsächlich existieren. Andernfalls sind sämtliche Überlegungen über die Änderung der Masse des Elektrons, der Feinstrukturkonstanten usw. völlig sinnlos.

Eine mögliche Entgegnung auf diesen Einwand besteht darin, daß die Wellenfunktion des Universums sowohl den Beobachter, als auch den Rest des Universums in allen möglichen Zuständen, einschließlich aller möglicher Varianten der Kompaktifizierung und spontanen Symmetriebrechung, beschreibt (siehe Abschnitt 10.2). Der Beobachter erhält, indem er eine Messung ausführt, die seine eigenen Eigenschaften näher bestimmt, gleichzeitig auch Informationen über den Aufbau des restlichen Universums, ähnlich wie der Beobachter bei der Messung des Spins eines Teilchens im Einstein-Podolsky-Rosen-Experiment sofort auch eine Information über den Spin des anderen Teilchens erhält [302, 304, 359].

Unserer Meinung nach ist diese Antwort richtig und völlig ausreichend. Trotzdem wäre es sehr wünschenswert, noch eine alternative Entgegnung auf den obigen Einwand gegen das anthropische Prinzip zu haben, eine von der Idee her einfachere Antwort, deren Begründung nicht auf der Analyse der noch nicht vollständig geklärten Grundlagen der Quantenkosmologie beruht. Außerdem würde man gern eine Antwort auf einen weiteren (und nach unserer Ansicht den grundlegenden) Einwand gegen das anthropische Prinzip finden, der darin besteht, daß für die Entstehung von Leben unserer Art gleiche Bedingungen (wie Homogenität, Isotropie, die Verhältnisse $n_B/n_\gamma \sim 10^{-9}$, $\delta\varrho/\varrho \sim 10^{-5}$ usw.) im gesamten sichtbaren Universum überhaupt nicht notwendig sind. Das zufällige Auftreten einer solchen Einheitlichkeit ist extrem unwahrscheinlich.

Wie schon in Abschnitt 1.8 erwähnt, läßt sich im Rahmen der Theorie des selbstreproduzierenden inflationären Universums auf beide Einwände eine Entgegnung finden. Tatsächlich werden während der Inflation nicht nur langwellige Fluktuationen des für die Inflation des Universums verantwortlichen Inflatonfeldes φ, sondern auch aller anderen Skalarfelder Φ mit Massen $m_\Phi \ll H$ (und kleinen Kopplungskonstanten ξ in einem möglichen Wechselwirkungsterm $\xi R \Phi^2$) erzeugt. Im Szenarium der chaotischen Inflation heißt das, daß in den Gebieten des Universums, in denen (wegen des Selbstreproduktionsprozesses solcher Gebiete) die Inflation ständig bei $V(\varphi) \sim M_P^4$, $H \sim M_P$ abläuft, langwellige Fluktuationen praktisch aller in der Theorie vorkommender Skalarfelder anwachsen, bis die potentielle Energie aller Φ-Felder ebenfalls in der Größenordnung M_P^4 liegt (dies folgt aus einer einfachen Untersuchung der Hawking-Moss-Verteilung (7.4.1) für ein Feld Φ mit $V(\Phi = 0, \varphi) \sim M_P^4$).

Durch diesen Prozeß bildet sich im Universum eine Feldverteilung der Skalarfelder φ und Φ heraus, bei der diese einerseits über exponentiell große Entfernungen durch die Inflation homogen werden, andererseits aber im Maßstab des Universums als Ganzes praktisch beliebige Werte mit einer potentiellen Energiedichte kleiner als die Planck-Dichte annehmen. In den Gebieten des Weltalls, in denen die Inflation aufgehört hat, rollen die Felder φ und Φ in verschiedene *lokale* Minima von $V(\varphi, \Phi)$. Da in verschiedenen Gebieten des Universums alle möglichen Anfangsbedingungen für das Hinabrollen der Felder φ und Φ realisiert sind, teilt sich das Universum nach dem Hinabrollen in exponentiell große Domänen konstanter Felder φ und Φ, die allen lokalen Minima von $V(\varphi, \Phi)$, d.h. allen möglichen Symmetriebrechungstypen in der Theorie entsprechen.

10.5 Inflation und anthropisches Prinzip

In der Phase starker Fluktuationen, bei $V(\varphi, \Phi) \sim M_P^4$, können sich nicht nur die Skalarfeldverteilungen ändern, sondern es können auch starke Fluktuationen der Metrik erzeugt werden, die in Kaluza-Klein- oder Superstring-Theorien zu einer lokalen Kompaktifizierung oder Dekompaktifizierung des Raumes führen. Wenn Raumgebiete mit sich änderndem Kompaktifizierungstyp und einer Anfangsgröße über $H^{-1} \sim M_P^{-1}$ inflationär expandieren (was bei der Planck-Dichte nicht zu unwahrscheinlich sein sollte), gehen sie in exponentiell große Gebiete eines neuen Kompaktifizierungstyps (z.B. mit einer anderen Dimension) über [78]. Auf diese Weise spaltet das Universum in riesige Gebiete (Mini-Universen) auf, in denen alle Typen der Kompaktifizierung und spontanen Symmetriebrechung vorkommen, die mit der zu einem exponentiellen Anwachsen dieser Gebiete führenden Inflation vereinbar sind. In [333] findet man eine Realisierung dieses Szenariums im Rahmen bestimmter Kaluza-Klein-Theorien.

Es muß hervorgehoben werden, daß im selbstreproduzierenden Universum wegen der zeitlichen Unbegrenztheit des Inflationsprozesses unendlich viele Mini-Universen aller Typen, deren Entstehungswahrscheinlichkeit nicht exakt gleich null ist, entstehen. Gerade dies braucht man aber für die Begründung des sogenannten schwachen anthropischen Prinzips: Wir leben nicht deshalb in Gebieten mit bestimmten Eigenschaften der Raumzeit und Materie, weil andere Gebiete unmöglich wären, sondern weil Gebiete des genannten Typs existieren und in anderen Gebieten Leben unserer Art auf der Grundlage von Kohlenstoffverbindungen unmöglich oder unwahrscheinlich ist.[5] Dabei ist wichtig, daß das Gesamtvolumen der Gebiete, in denen wir leben könnten, unendlich ist, da sich in ihnen Leben unserer Art gebildet hat, trotzdem die Wahrscheinlichkeit seiner spontanen Entstehung verschwindend klein ist. Das bedeutet natürlich nicht, daß man die physikalischen Gesetze ganz willkürlich wählen kann. Es geht lediglich um die Wahl des einen oder anderen Typs der Kompaktifizierung bzw. der spontanen Symmetriebrechung, den die gegebene Theorie zuläßt. Die Suche nach einer Theorie, in der *die uns umgebende Welt* die von uns beobachteten Eigenschaften haben kann, ist immer noch ein kompliziertes Problem, das aber wesentlich leichter zu lösen ist, als die Suche nach einer Theorie, in der *die ganze Welt* keine anderen Eigenschaften haben kann als der Teil, in dem wir heute leben.

Natürlich bliebe ein Großteil des eben Gesagten richtig, wenn wir einfach ein unendliches Universum mit chaotischen Anfangsbedingungen betrachten würden. Ohne Berücksichtigung der Inflation kann das anthropische Prinzip aber nicht erklären, warum der von uns beobachtete Teil des Weltalls so einheitlich aufgebaut ist (siehe Abschnitt 1.5). Außerdem gestattet der Mechanismus des selbstreproduzierenden inflationären Universums, das anthropische Prinzip unter den allgemeinsten Anfangsbedingungen im Universum zu begründen, unabhängig davon, ob dieses endlich oder unendlich ist.

Wir wollen nun anhand einiger Beispiele verschiedene Anwendungen des anthropischen Prinzips in der inflationären Kosmologie zeigen.

---

[5] Eine ähnliche Formulierung des anthropischen Prinzips, die besagt, daß wir nur deshalb Zeugen ganz bestimmter physikalischer Prozesse sind, weil andere Prozesse ohne Zeugen ablaufen, wurde seinerzeit von Zelmanov vorgeschlagen [77].

1. Wir betrachten zunächst den Symmetriebrechungsprozeß in der supersymmetrischen SU(5)-Theorie. Nach der Inflation spaltet das Universum in exponentiell große Domänen auf, die den verschiedenen Symmetriebrechungstypen entsprechende Felder Φ und H enthalten. Unter diesen Domänen wird es sowohl solche in der SU(5)-symmetrischen Phase, als auch solche in der von uns beobachteten SU(3) × U(1)-symmetrischen Phase geben. In jedem dieser Gebiete wird die Lebensdauer des Vakuumzustands um Größenordnungen über den seit Beendigung der Inflation in unserem Gebiet des Weltalls verflossenen 10^{10} Jahren liegen. Wir befinden uns in einer Domäne mit einer SU(3) × U(1)-Symmetrie, in der es starke, schwache und elektromagnetische Wechselwirkungen der beobachteten Art gibt. Das ist nicht deshalb so, weil es in der Welt keine Gebiete mit anderen Eigenschaften geben würde, und auch nicht deshalb, weil Leben in anderen Gebieten völlig unmöglich wäre, sondern deshalb, weil Leben *unserer Art* nur in SU(3) × U(1)-symmetrischen Gebieten möglich ist.

2. Wir betrachten nun die Theorie eines Axionfeldes θ mit einem Potential vom Typ (7.7.22):

$$V(\theta) \sim m_\pi^4 \left(1 - \cos \frac{\theta}{\sqrt{2\,\Phi_0}}\right). \tag{10.5.1}$$

Das θ-Feld kann beliebige Werte zwischen $-\sqrt{2\pi}\,\Phi_0$ und $\sqrt{2\pi}\,\Phi_0$ annehmen. Eine natürliche Annahme für den Anfangswert des Axionfeldes ist deshalb $\theta = O(\Phi_0)$; der Anfangswert von $V(\theta)$ sollte in der Größenordnung von m_π^4 liegen. Untersucht man die Rate, mit der die Axionfeldenergie sinkt, so zeigt sich, daß die Axionenergiedichte bei $\Phi_0 \gtrsim 10^{12}$ GeV den größten Teil der derzeitigen Energiedichte liefern würde, während die Energiedichte der Baryonen wesentlich unter dem beobachteten Wert $\varrho_B \gtrsim 2 \cdot 10^{-31}$ g/cm^3 liegen müßte. (Da das Universum nach der Inflation nahezu flach ist, ist seine heutige Gesamtenergiedichte ϱ_0 unabhängig von Φ_0 gleich $\varrho_c \sim 2 \cdot 10^{-29}$ g/cm^3.) Daraus würde eine starke Schranke für den Parameter Φ_0 folgen: $\Phi_0 \lesssim 10^{11}$–10^{12} GeV [49]. Dies ist nicht sehr angenehm, da in viele auf den Superstring-Theorien beruhende Modelle auf natürliche Weise ein Axionfeld mit $\Phi_0 \sim 10^{15}$–10^{17} GeV eingeht [50].

Wir wollen nun etwas genauer auf die Frage eingehen, ob man die erwähnte Schranke nicht auf natürliche Weise im Rahmen der inflationären Kosmologie erhalten kann. Wie wir bereits in Abschitt 7.7 festgestellt hatten, werden während der Inflation (falls die Brechung der Peccei-Quinn-Symmetrie, in deren Ergebnis das Potential (10.5.1) entsteht, vor Abschluß der Inflation stattfindet) langwellige Fluktuationen des Axionfeldes θ erzeugt. Am Ende der Inflation beobachtet man deshalb eine quasihomogene Feldverteilung des θ-Feldes, das in verschiedenen Punkten des Raumes alle Werte zwischen $-\sqrt{2\pi}\,\Phi_0$ und $\sqrt{2\pi}\,\Phi_0$ mit nahezu θ-unabhängiger Wahrscheinlichkeit annimmt [276, 224]. Das heißt, daß man im Universum immer exponentiell große Raumgebiete mit $\theta \ll \Phi_0$ finden kann. In solchen Gebieten bleibt die Energie des Axionfeldes immer relativ klein und es kommt zu keinerlei Widersprüchen mit den Beobachtungsergebnissen.

Diese Tatsache allein reicht jedoch noch nicht aus, um die Schranke $\Phi_0 \lesssim 10^{12}$ GeV zu beseitigen, da die Energiedichte des Axionfeldes für

$\Phi_0 \gg 10^{12}$ GeV nur in einem sehr kleinen Teil des Volumens des Universums klein genug gegen die Energiedichte der Baryonen wird. Die Wahrscheinlichkeit, daß wir uns gerade in einem dieser Gebiete befinden, könnte deshalb sehr klein sein. Betrachten wir z. B. einmal die Gebiete mit einem Anfangsfeld $\theta_0 \ll \Phi_0$, bei dem das gegenwärtige Verhältnis der Axionfeld- zur Baryonen-Energiedichte in Übereinstimmung mit den Beobachtungsergebnissen stehen würde. Man kann zeigen, daß die Gesamtmenge der Baryonen in Gebieten mit $\theta \sim 10\theta_0$ zehnmal so groß wie in Gebieten mit $\theta \sim \theta_0$ sein sollte. Damit ließe sich abschätzen, daß die Wahrscheinlichkeit, sich (im Widerspruch zu den Beobachtungsergebnissen) zufällig in einem Gebiet mit $\theta \sim 10\theta_0$ zu befinden, zehnmal so groß wäre wie die, sich in einem Gebiet mit $\theta \sim \theta_0$ aufzuhalten. Eine genauere Untersuchung zeigt aber, daß die mittlere Materiedichte in den Galaxien zur Zeit $t \sim 10^{10}$ Jahre proportional θ^8 ist, und daß die Materiedichte in den Galaxien in Gebieten mit $\theta \sim 10\theta_0$ etwa 10^8-mal höher als in Gebieten unserer Art mit $\theta \sim \theta_0$ sein müßte [334]. Eine vorläufige Untersuchung des Sternentstehungsprozesses in Galaxien mit $\theta \sim 10\theta_0$ zeigt, daß Sterne vom Typ unserer Sonne in derartigen Galaxien höchstwahrscheinlich gar nicht entstehen können. Falls das stimmt, sind die Bedingungen für die Entstehung von Leben unserer Art nur bei $\theta \sim \theta_0$ realisiert, und gerade deshalb befinden wir uns in einem solchen, und nicht in einem der typischen Gebiete mit $\theta \gg \theta_0$. Im allgemeinen kann man deshalb aus den Beobachtungsergebnissen nicht folgern, daß $\Phi_0 \lesssim 10^{12}$ GeV sein muß. Da man weiß, daß Gebiete mit $\theta \sim \theta_0$ existieren, müßte man zur Begründung der Schranke $\Phi_0 \lesssim 10^{12}$ GeV auf jeden Fall zeigen, daß die Entstehung von Leben unserer Art in Gebieten mit $\theta \sim \theta_0$ wesentlich unwahrscheinlicher als in solchen mit $\theta \gg \theta_0$ ist. Wie wir bereits festgestellt hatten, weist eine vorläufige Untersuchung dieser Frage eher auf das Gegenteil hin.

Die obigen Überlegungen tragen sehr allgemeinen Charakter und sind nicht etwa auf Axion-Theorien beschränkt, sondern ebenso auf Theorien mit beliebigen anderen leichten, schwach wechselwirkenden Skalarteilchen, z. B. Dilatonen [335] anwendbar. Im Prinzip könnte man durch Anwendung des anthropischen Prinzips auf die Axionkosmologie sogar zu erklären versuchen, warum die gegenwärtige Baryonendichte ϱ_B gerade das 10^{-1}–10^{-2}-fache der Gesamtmateriedichte im Weltall $\varrho_0 \approx \varrho_c$ ausmacht. Tatsächlich wäre die Energiedichte des Axionfeldes für $\theta \ll \theta_0$ klein ($\varrho_A \sim \theta^2$), so daß der Hauptbeitrag zu ϱ_0 von den Baryonen käme: $\varrho_0 \approx \varrho_c \approx \varrho_B$. Aber nur ein kleiner (zu θ/Φ_0 proportionaler) Teil der Baryonen im Weltall befindet sich in Gebieten mit $\theta \ll \theta_0$. Andererseits würden sich die Lebensbedingungen für $\theta \gg \theta_0$ wesentlich von den uns gewohnten unterscheiden, und es ist sehr unwahrscheinlich, daß wir uns in einem solchen Gebiet befinden. Die Lage des Maximums der Wahrscheinlichkeit für die Existenz von Leben unserer Art im Universum als Funktion von θ hängt von der Größe von Φ_0 ab; für einen bestimmten Wert $\Phi_0 \gg 10^{12}$ GeV kann das Maximum gerade bei einem Zustand mit dem Anfangswert $\theta \sim \theta_0$ und dementsprechend dem heutigen Wert $\varrho_B \sim (10^{-1}$–$10^{-2})\varrho_0$ liegen. Das Studium der Theorie der Galaxienbildung und Sternentstehung könnte deshalb zusammen mit einer genauen Untersuchung der für die Existenz von Leben unserer Art notwendigen Bedingungen auf eine zunächst ganz unerwartete Möglichkeit der Bestimmung des Parameters Φ_0 in der Axiontheorie führen.

3. Diese Resultate können praktisch so wie sie sind dazu verwendet werden, eine der Hauptschwierigkeiten bei der Anwendung des Affleck-Dine-Mechanismus zur Erzeugung der Baryonenasymmetrie des Universums zu überwinden [97, 98]. Wir erinnern uns, daß dieser Mechanismus in der Regel eine zu große Baryonenasymmetrie des Universums liefert: der Wert n_B/n_γ schwankt in Abhängigkeit vom Winkel θ zwischen den Anfangsrichtungen zweier verschiedener Skalarfelder im Isospinraum zwischen $-O(1)$ und $+O(1)$ (vergleiche Abschnitt 7.10). Im Szenarium des inflationären Universums gibt es immer exponentiell große Gebiete, in denen dieser Winkel klein und $n_B/n_\gamma \sim 10^{-9}$ ist. Der relative Volumenanteil solcher Gebiete ist im Verhältnis zum Gesamtvolumen des Universums extrem klein. In Gebieten, in den z.B. $n_B/n_\gamma \sim 10^{-7}$ ist, liegt die Materiedichte in den Galaxien aber um acht Größenordnungen über der in unserem Gebiet, und die Existenz von Leben unserer Art ist entweder völlig ausgeschlossen oder aber sehr unwahrscheinlich. Natürlich gibt es eine Reihe weiterer Möglichkeiten, um das Problem der überschüssigen Baryonenasymmetrie zu lösen (siehe Abschnitt 7.10), aber es ist durchaus bemerkenswert, daß die Benutzung des anthropischen Prinzips im Rahmen des inflationären Universums hierfür bereits ausreichen könnte.

4. Das letzte Beispiel, das wir hier betrachten wollen, unterscheidet sich etwas von den vorangegangenen. Man weiß, daß das Universum im Rahmen der Standard-Friedman-Kosmologie, falls es geschlossen ist, etwa die Hälfte seiner Lebensdauer expandiert und die andere Hälfte kontrahiert. Eine analoge Erscheinung muß es lokal, über Entfernungen, in denen die während der inflationären Phase gebildeten Dichteinhomogenitäten groß werden, $\delta\varrho/\varrho \sim 1$, auch im inflationären Universum geben [336]. Die Frage ist, warum der Teil des Universums, den wir beobachten, gerade expandiert. Leben wir zufällig in einem expandierenden Teil des Universums oder gibt es dafür irgendwelche tieferliegenden Gründe?

Die Antwort auf diese Frage hängt damit zusammen, daß die typische Größe eines lokal homogenen Friedman-Teils des Universums z.B. in der einfachsten $\lambda\varphi^4/4$-Theorie mit $\lambda \sim 10^{-14}$ in der Größenordnung

$$l \sim M_P^{-1} \exp(\pi\lambda^{-1/3}) \sim M_P^{-1} \cdot 10^{6 \cdot 10^4}$$

(1.8.8) liegt. Die Masse in einem solchen Gebiet liegt typischerweise in der Größenordnung $M \sim M_P \cdot 10^{2 \cdot 10^5}$, und nach (1.3.15) liegt die typische Zeit bis zum Beginn der Kontraktion in einem solchen Gebiet in der Größenordnung von $t \sim 10^{2 \cdot 10^5}$ Jahren [336]. Da das selbstreproduzierende Universum unendlich lange existiert, sollte es in diesem wesentlich ältere und wesentlich jüngere Gebiete geben. Wir leben in einem verhältnismäßig jungen Gebiet, in dem seit dem Ende der Inflation (in diesem Gebiet) insgesamt 10^{10} Jahre vergangen sind. Das liegt einfach daran, daß Leben *unserer Art* in der Nähe von Sternen mit einer maximalen Lebensdauer von 10^{10}–10^{11} Jahren existiert. Nur aus diesem Grund befindet sich der uns umgebende Teil des Universums noch in der Anfangsphase der Expansion, und diese Expansion muß (im Rahmen des hier betrachteten einfachen Modells) noch etwa $10^{2 \cdot 10^5}$ Jahre andauern.

Das eben Gesagte bedeutet nicht, daß während der Kontraktionsphase sämtliches Leben ausgeschlossen ist [336]; es geht lediglich darum, daß uns die Beobachter nach $10^{2 \cdot 10^5}$ Jahren bei der derzeitigen Geschwindigkeit der Evolution der Organismen (und unter Berücksichtigung eines möglichen Baryonzerfalls nach 10^{40} Jahren) kaum noch ähneln dürften.

Es muß nochmals unterstrichen werden, daß das oben formulierte und verwendete sogenannte schwache anthropische Prinzip konzeptionell sehr einfach ist. Dabei geht es lediglich um eine Abschätzung der Wahrscheinlichkeit, daß im Universum ein Gebiet mit vorgegebenen Eigenschaften beobachtet wird, wobei die Haupteigenschaften des Beobachters bereits bekannt sind. Die angeführten Überlegungen setzen keinerlei diffizile philosophische Argumente voraus. Vielmehr gehen sie vom gesunden Menschenverstand aus: Wir leben nicht deshalb auf der Erdoberfläche, weil dort mehr Platz als im interstellaren Raum wäre, sondern weil wir im interstellaren Raum nicht Luft holen könnten.

Gleichzeitig regt der Ideenreichtum und der heuristische Wert der mit Hilfe des schwachen anthropischen Prinzips abgeleiteten Resultate viele Autoren zu Versuchen an, dieses Prinzip maximal zu erweitern und zu verallgemeinern, selbst wenn eine solche Verallgemeinerung derzeit noch nicht hinreichend begründet werden kann (vergleiche diesbezüglich [331]). Die Möglichkeit einer solchen Verallgemeinerung ergibt sich aus der großen Rolle, die der Begriff des Beobachters bei der Konstruktion und Interpretation der Quantenkosmologie spielt. In den meisten Fällen kann man sich bei der Diskussion der Quantenkosmologie allein im Rahmen rein physikalischer Begriffe bewegen, solange man den Beobachter als einen Automaten betrachtet und die Frage außer acht läßt, ob er vernunftbegabt ist oder ob er beim Prozeß des Beobachtens irgend etwas fühlt [305]. Diese Betrachtungsweise hatten auch wir bei allen bisherigen Überlegungen zugrunde gelegt. *A priori* ist allerdings nicht auszuschließen, daß die sorgfältige Vermeidung des Bewußtseinsbegriffs in der Quantenkosmologie eine künstliche Einengung des Gesichtskreises bedeutet. Einige Autoren unterstreichen die Komplexität der Situation, indem sie den Begriff „Beobachter" durch den Begriff „Teilnehmer" ersetzen und Begriffe wie ein „selbsterkennendes Universum" einführen (siehe z.B. [302, 323]). Im Prinzip kann man dies auf die Frage zurückführen, ob die physikalische Standardtheorie bezüglich der Beschreibung der Welt als Ganzes auf dem Quantenniveau abgeschlossen ist, oder, kann man das Universum überhaupt vollständig begreifen, ohne vorher verstanden zu haben, was Leben ist?

Wir wollen die Frage, wie begründet eine solche Problemstellung tatsächlich ist, zunächst auf sich beruhen lassen und möchten lediglich erwähnen, daß sie keineswegs neu ist. So wissen wir z.B., daß die klassische Elektrodynamik nicht vollständig ist. In ihr gibt es das Problem der Selbstbeschleunigung des Elektrons, zu dessen Lösung man zur Quantentheorie übergehen muß [65]. Die Quantenelektrodynamik krankt möglicherweise am Null-Ladungsproblem [156, 157], das man dadurch überwinden kann, daß man die Elektrodynamik in eine einheitliche nichtabelsche Eichtheorie einbettet [3]. Noch größere konzeptionelle Schwierigkeiten gibt es im Zusammenhang mit der Quantentheorie der Gravitation, und auch hier versucht man diese auf dem Weg einer wesentlichen Erweiterung und Verallgemeinerung der Ausgangstheorie zu überwinden [14–17]. Bei vielen in der Quantenkosmologie verwendeten Begriffen (wie der Wahrscheinlichkeit für die Erzeugung des Universums aus dem „Nichts", der Aufspaltung des Universums in der Viel-Welten-Interpretation usw.) wissen wir nicht, ob man ihnen eine strenge Bedeutung geben kann, ohne den Rahmen der jeweiligen Theorie zu verlassen.

Über mögliche Wege zur Verallgemeinerung dieser Theorien gibt es derzeit überhaupt noch keine klaren Vorstellungen. Das einzige, was wir derzeit tun können, besteht darin, auf möglicherweise instruktive Analogien aus der Physikgeschichte zurückzugreifen.

So schienen Raum, Zeit und Materie vor der Aufstellung der Speziellen Relativitätstheorie drei prinzipiell verschiedene Begriffe zu sein. Den Raum stellte man sich im Prinzip als eine Art dreidimensionales Koordinatensystem vor, das durch Uhren ergänzt wird und zur Beschreibung der bewegten Materie verwendet werden kann. Die Spezielle Relativitätstheorie beseitigte den prinzipiellen Unterschied zwischen Raum und Zeit, indem sie beide zur Raumzeit vereinigte. Trotzdem blieb die Raumzeit weiterhin nur so etwas wie eine feste Arena, in der sich die Eigenschaften der Materie manifestierten. Wie zuvor hatte der Raum keinen eigenen Freiheitsgrad, spielte weiter eine sekundäre, untergeordnete Rolle und diente lediglich als Mittel zur Beschreibung der real existierenden, materiellen Welt.

Zur entscheidenden Änderung dieses Standpunkts kam es mit der Aufstellung der Allgemeinen Relativitätstheorie. Es zeigte sich, daß Raumzeit und Materie voneinander abhängen, und die Frage, was primär und was sekundär ist, verlor ihren Sinn. Weiter stellte sich heraus, daß die Raumzeit eigene Freiheitsgrade hat, nämlich die mit Anregungen der Metrik zusammenhängenden Gravitationswellen. Aus diesem Grund kann der Raum sogar ohne Elektronen, Protonen, Photonen usw., d.h. ohne alles, was man *früher* (vor Entwicklung der Allgemeinen Relativitätstheorie) mit dem Begriff „Materie" bezeichnete, existieren und sich zeitlich ändern. (Der experimentelle Nachweis von Gravitationswellen ist wegen deren schwacher Wechselwirkung extrem schwierig und stellt ein noch ungelöstes Problem dar.)

Schließlich geht die Tendenz in den letzten Jahren dahin, eine einheitliche geometrische Theorie aller fundamentalen Wechselwirkungen, einschließlich der gravitativen, zu suchen. Bis Ende der 70er Jahre schien ein solches Programm, von dessen Realisierung bereits Einstein träumte, unrealistisch zu sein; es gab eine Reihe starker Theoreme über die Unmöglichkeit der Vereinigung räumlicher Symmetrien und innerer Elementarteilchen-Symmetrien [337]. Glücklicherweise ist es inzwischen gelungen, diese Theoreme im Rahmen der supersymmetrischen Theorien zu umgehen [85]. Auf diesem Wege kann man zumindest prinzipiell eine Theorie konstruieren, in der alle Materiefelder über geometrische Eigenschaften bestimmter hochdimensionaler Superräume interpretierbar sind [13–17]. Der Raum hört damit auf, nur eine mathematische Hilfskonstruktion zur Beschreibung der tatsächlichen Welt zu sein und bekommt immer stärker eine eigenständige Bedeutung, indem er nach und nach alle materiellen Teilchen als innere Freiheitsgrade einschließt. Das heißt natürlich keinesfalls, daß die „Materie verschwindet". Vielmehr geht es darum, daß eine fundamentale Einheit von Raum, Zeit und Materie zutage tritt, die uns in der gleichen Weise verborgen ist, wie es bis vor kurzem die Einheit der schwachen und elektromagnetischen Wechselwirkungen war.

Im herkömmlichen materialistischen Weltbild spielt das Bewußtsein, ähnlich der Raumzeit vor der Aufstellung der Allgemeinen Relativitätstheorie, eine sekundäre, untergeordnete Rolle, da es lediglich als von der Materie abhängig und als

Hilfsmittel zu deren Beschreibung betrachtet wird. Natürlich ist denkbar, daß das Konzept des Bewußtseins in den nächsten Jahrzehnten keine solche Modifizierung und Verallgemeinerung wie des Raumzeit-Konzept erfahren wird. Die Fortschritte der Quantenkosmologie zeigen aber, daß eine Problemstellung, die auf den ersten Blick völlig metaphysisch erscheint, bei näherer Betrachtung manchmal einen ganz realen Sinn bekommen und starken Einfluß auf die Wissenschaftentwicklung nehmen kann. Wir wollen deshalb ein bestimmtes Risiko einkalkulieren und einige Fragen formulieren, die sich derzeit noch nicht beantworten lassen.

Könnte es nicht auch so sein, daß das Bewußtsein, ebenso wie die Raumzeit, seine eigenen Freiheitsgrade besitzt, ohne deren Berücksichtigung eine Beschreibung des Universums prinzipiell unvollständig wäre? Könnte sich nicht bei der weiteren Entwicklung der Wissenschaft herausstellen, daß das Studium des Universums und das Studium des Bewußtseins untrennbar miteinander verknüpft sind, und daß ein endgültiger Durchbruch auf dem einen Gebiet ohne einen Fortschritt auf dem anderen Gebiet unmöglich ist? Besteht nicht nach der Formulierung einer einheitlichen geometrischen Beschreibung der schwachen, starken, elektromagnetischen und gravitativen Wechselwirkung der nächste, wichtige Schritt in der Entwicklung eines einheitlichen Zugangs zu unserer Welt als Ganzes, einschließlich der inneren Welt des Menschen?

All diese Fragen könnten in einer ernsthaften wissenschaftlichen Abhandlung etwas naiv und unpassend erscheinen. Auf dem Gebiet der Quantenkosmologie zu arbeiten, ohne diese Fragen zu beantworten oder sie sogar zu ignorieren, wird nach und nach aber genauso schwer, wie weiter die Theorie des heißen Universums zu verwenden, ohne zu verstehen, warum „es im Universum so viele verschiedene Dinge gibt" (siehe Abschnitt 1.5), warum man keine sich schneidenden Parallelen beobachtet, warum das Universum an verschiedenen Orten und in verschiedenen Richtungen im Mittel etwa gleich aussieht, warum die Raumzeit vierdimensional ist usw.

Heute, da wir auf alle diese Fragen mögliche Antworten haben, muß man sich wundern, daß bis Anfang der 80er Jahre allein schon deren Erwähnung nicht zum guten Ton gehörte. Tatsächlich gibt es dafür eine plausible Erklärung: Durch die Formulierung solcher Fragestellungen würde der Mensch sein Unverständnis elementarer Grundtatsachen des Alltagslebens eingestehen und sich darüber hinaus auf ein dem positiven Wissen möglicherweise verschlossenes Gebiet begeben. Viel lieber ließe man sich überreden, daß solche Fragen nicht existieren, daß sie aus irgendeinem Grunde unzulässig sind, oder daß sie irgend jemand schon längst beantwortet hat.

Wahrscheinlich wäre es besser, die alten Fehler nicht zu wiederholen und ehrlich einzugestehen, daß das Problem des Bewußtseins, ebenso wie das damit zusammenhängende Problem des Lebens und des Tods des Menschen, nicht nur nicht gelöst, sondern auf grundlegendem Niveau nahezu unverstanden ist. Auch wenn dies zunächst oberflächlich und wenig fundiert sein mag, scheint es sehr verlockend, Verbindungen und Analogien zur Untersuchung eines ähnlichen Grundproblems aufzuspüren — des Problems der Geburt, des Lebens und des Tods des Universums. Möglicherweise stellt sich einmal heraus, daß diese beiden Probleme gar nicht so wenig miteinander zu tun haben, wie es zunächst den Anschein haben mag.

10.6 Quantenkosmologie und Signatur der Raumzeit

Die einschneidendste Modifizierung unserer Auffassung der vierdimensionalen Raumzeit, die wir bisher betrachtet hatten, betraf einen Raum mit einer zeitlichen und $d-1$ räumlichen Koordinaten, wobei ein Teil der räumlichen Richtungen kompaktifiziert wurde. Eine solche Konstruktion ist natürlich keineswegs die allgemeinste. Unsere intuitiven Vorstellungen der Raumzeit haben sich beim Studium der Dynamik von Objekten, die im Prinzip beliebig klein sein können, herausgebildet. Bereits in der Quantentheorie der Gravitation kann man aber schwerlich von Objekten, die kleiner als M_P^{-1} sind, sprechen. Wenn die Theorie auf ausgedehnten Objekten vom Typ eines Strings oder einer Membran beruht, kann es passieren, daß sich viele unserer intuitiven Vorstellungen und die damit zusammenhängenden geometrische Objekte (wie Punkt, Gerade usw.) als völlig inadäquat erweisen [17].

Ungelöste Fragen tauchen aber schon auf einem elementareren Niveau auf. Warum gibt es beispielsweise mehrere räumliche Koordinaten, während es nur eine zeitliche Koordinate gibt, d.h., warum hat unser Raum die Signatur $(+---...-)$? Warum kann er nicht euklidisch sein, d.h. die Signatur $(++...+)$ oder $(--...-)$ haben? Warum werden gerade die räumlichen und nicht zeitlichen Richtungen kompaktifiziert? Könnte es nicht auch Übergänge mit einer Änderung der Signatur der Metrik geben [292]?

Im Rahmen eines Weltmodells, das aus großen Gebieten mit unterschiedlichen Eigenschaften besteht, können alle diese Fragestellungen völlig sinnvoll sein. Wir wollen deshalb, wenn auch nur kurz, darauf eingehen, wie sich die Eigenschaften des Universums bei einer Änderung der Signatur der Metrik ändern würden. Diese Frage hat viele Aspekte, von denen ein Teil in den Supergravitations- und Superstring-Theorien besonders deutlich wird. So existieren z.B. die sechzehnkomponentigen Majorana-Weyl-Spinoren, die man zur Formulierung der Supergravitation in einem Raum mit $d=10$ benötigt, nur für drei verschiedene Varianten der Signatur der Metrik: $1+9$ (eine zeitliche Richtung und neun räumliche), $5+5$ oder $9+1$ [338]; nur im ersten Fall ist es gelungen, eine supersymmetrische Theorie zu formulieren.

Es gibt noch ein weiteres, allgemeineres Problem, das in einer großen Klasse von Theorien auftritt, wenn der Raum mehr als eine zeitliche Richtung hat. Dieses Problem läßt sich am besten am Beispiel einer Skalarfeldtheorie in einem flachen Raum mit der Signatur $(++--)$ verstehen. Die übliche Dispersionsrelation für das Feld φ, die im Minkowski-Raum die Form $k_0^2 = \boldsymbol{k}^2 + m^2$ hätte, wird nun:

$$k_0^2 = k_2^2 + k_3^2 + m^2 - k_1^2. \tag{10.6.1}$$

Man sieht, daß der Impuls k_1 in Gleichung (10.6.1) das Vorzeichen des effektiven Massenquadrats ändern, d.h. für $k_1^2 > k_2^2 + k_3^2 + m^2$ zu einem exponentiellen Anwachsen der Fluktuationen des φ-Feldes führen kann:

$$\delta\varphi \sim \exp(\sqrt{k_1^2 - k_2^2 - k_3^2 - m^2}\, t). \tag{10.6.2}$$

Dieser Effekt entspricht der Instabilität des Vakuumzustands $\varphi = 0$ in einer Skalarfeldtheorie mit negativem Massenquadrat (man vergleiche (1.1.5), (1.1.6)). In der Theorie (1.1.5) kam die Entwicklung der Instabilität durch die Vorzeichenänderung des effektiven Massenquadrats $m^2(\varphi)$ bei wachsendem φ-Feld aber zum Stillstand. Hier entwickelt sich die Instabilität dagegen unbegrenzt, da es für beliebige m^2-Werte für hinreichend große Impulse k_1 immer exponentiell anwachsende Moden gibt. Da die Instabilität gerade mit dem Gebiet extrem hoher Impulse (kleiner Wellenlängen) zusammenhängt, ist die Existenz einer solchen Instabilität sehr wahrscheinlich eine allgemeine Eigenschaft von Theorien in einem Raum mit mehreren Zeitrichtungen und hängt nicht von der Topologie des Raumes und davon, ob die zusätzlichen Zeitrichtungen kompaktifiziert werden oder nicht, ab. Manchmal läßt sich die Instabilität in Moden, die Teilchen mit einer nach der Kompaktifizierung relativ kleinen Masse entsprechen, vermeiden [239], es bleibt aber eine Instabilität, die mit schweren Teilchen mit Massen m in der Größenordnung des reziproken Kompaktifizierungsradius R_K^{-1} zusammenhängt. Aus (10.6.2) folgt, daß diese Instabilität keineswegs weniger gefährlich ist. Im Prinzip könnte man hoffen, daß es in dieser Theorie aus irgendeinem Grund zu einem Abschneiden bei $k_0, k_1 \sim R_K^{-1}$ kommt. Dann könnte auch die Instabilität in Moden mit $m \gtrsim R_K^{-1}$ nicht mehr auftreten. Ein Abschneiden bei Impulsen in der Größenordnung R_K^{-1} macht es aber auch unmöglich, die Kompaktifizierung in der üblichen quasiklassischen Sprache zu betrachten. Mit anderen Worten, solange wir nicht tatsächlich in der Lage sind, einen klassischen Raum mit mehr als einer Zeitrichtung zu beschreiben, scheint eine Instabilität unvermeidbar.

Im euklidischen Raum gibt es keine Instabilität, aber auch keine Zeitentwicklung, die die Existenz von Leben unserer Art ermöglichen könnte. Darüber hinaus gibt es im euklidischen Raum auch keine Instabilität bezüglich des exponentiellen Wachstums des Universums, die zur Inflation führt und das Universum so groß macht.

Versucht man die Ergebnisse dieses Abschnitts zusammenzufassen, so kann man etwas vereinfacht sagen, daß es dort, wo es keine Zeit gibt, auch keine Evolution und kein Leben gibt, und dort, wo zu viel Zeit ist, alles sehr instabil und das Leben kurz ist. Von diesem Standpunkt aus ist die Standardsignatur der Metrik eine notwendige Bedingung für Entwicklung in Verbindung mit relativer Ordnung.

10.7 Das Problem der kosmologischen Konstanten, das anthropische Prinzip, die Verdopplung der Universen und das Leben nach der Inflation

Wie schon in Abschnitt 1.5 bemerkt, ist das Problem der Vakuumenergie oder kosmologischen Konstanten eines der schwierigsten Probleme der modernen Physik. Es gibt eine Reihe interessanter Lösungsvorschläge (siehe z. B. [17, 78, 116, 292, 335, 339–359]), die man etwa in zwei Hauptkategorien unterteilen kann. Die attraktivste Möglichkeit wäre, daß die Vakuumenergie z. B. aufgrund irgendeiner inneren Symmetrie exakt gleich null ist. Die andere, von Experten auf dem Gebiet der Bildung der großräumigen Struktur des Universums aktiv verfolgte Möglichkeit besteht darin, daß die Vakuumenergiedichte in der Gegenwart ϱ_V durch irgendeinen Mechanismus gerade in die Größenordnung der gegenwärtigen Gesamtmateriedichte $\varrho_0 \sim \varrho_c \sim 2 \cdot 10^{-29}$ g/cm³ kommt. Aber selbst dann, wenn es irgendwelche tieferliegenden Ursachen für die Umwandlung der Vakuumenergie auf den Wert null geben sollte, ist es schwierig, ohne unnatürliche Anpassung der Parameter der Theorie wenigstens größenordnungsmäßig für die gegenwärtige Epoche eine Übereinstimmung von ϱ_V und ϱ_0 zu erreichen.

Ein möglicher Ausweg aus dieser Situation beruht auf dem anthropischen Prinzip. Um die Grundidee dieses Zugangs zum Problem der kosmologischen Konstanten zu zeigen, betrachten wir die Theorie eines Skalarfeldes Φ mit dem effektiven Potential $V(\Phi, \varphi) = \alpha M_P^3 \Phi + V(\varphi)$ [78, 341]. Dabei ist $V(\varphi)$ das Potential des für die Inflation verantwortlichen φ-Feldes mit einem Minimum im Punkt φ_0. Die Konstante α wollen wir sehr klein wählen: $\alpha \lesssim 10^{-120}$. Die mit der Inflation einsetzenden Fluktuationen des Φ-Feldes führen dazu, daß der Raum in Gebiete mit allen möglichen Werten von $V(\Phi, \varphi_0)$ zwischen $-M_P^4$ und $+M_P^4$ zerfällt. In den Gebieten, in denen heute $V(\Phi, \varphi_0) \ll -10^{-29}$ g/cm³ ist, sieht das Universum lokal wie ein de-Sitter-Raum mit negativer Vakuumenergie aus. Dort entstehen und zerfallen alle Strukturen in weniger als 10^{10} Jahren und Leben unserer Art kann sich dort nicht herausbilden. In Gebieten mit $V(\Phi, \varphi) > 2 \cdot 10^{-29}$ g/cm³ dauert die Inflation bis heute an; wenn das Potential $V(\Phi, \varphi_0)$ sehr flach ist ($\alpha \lesssim 10^{-120}$), wird sich das Φ-Feld sehr langsam ändern, und die Zeit, in der $V(\Phi, \varphi_0)$ auf 10^{-29} g/cm³ abfällt, wird größer als 10^{10} Jahre. In Gebieten mit $V(\Phi, \varphi_0) \gtrsim 10^{-27}$ g/cm³ wird der Standardmechanismus der Galaxienbildung wesentlich modifiziert, und für $V(\Phi, \varphi_0) \gg 10^{-27}$ g/cm³ können Galaxien und Sterne unserer Art schwerlich entstanden sein [348]. Das ist aber noch nicht hinreichend, um zu erklären, warum heute $V(\Phi, \varphi_0) \lesssim 10^{-27}$ g/cm³ ist, obgleich schon die Tatsache, daß die beobachteten Schranken für die Vakuumenergiedichte höchstens in einigen Volumenprozent des „bewohnbaren" Teils des Universums erfüllt sein müssen, das Problem wesentlich entschärft. Noch besser wäre ein Modell, in dem das Spektrum der möglichen Vakuumenergiewerte ϱ_V nicht kontinuierlich, sondern diskret ist, und das Zustände mit $\varrho_V = 0$, nicht aber solche mit Energiedichten kleiner als 10^{-27} g/cm³ enthält. In Anbetracht der enormen Anzahl von Kompaktifizierungsmöglichkeiten in Kaluza-Klein-Theorien liegt dies durchaus im Bereich des Möglichen [292] und auch in den Superstring-Theorien gibt es eine ähnliche Möglichkeit [353]. Auf jeden Fall verdient allein schon die Tatsache, daß sich mit Hilfe des anthropischen Prinzips die Schranken für die möglichen Werte von ϱ_V im *sichtbaren* Teil des Universums von -10^{94} g/cm³ $\lesssim \varrho_V \lesssim 10^{94}$ g/cm³ auf -10^{-29} g/cm³ $\lesssim \varrho_V \lesssim 10^{-27}$ g/cm³ einschränken lassen, große Beachtung.

Wir kommen an anderer Stelle noch einmal auf die Versuche einer Lösung des Problems der kosmologischen Konstanten mit Hilfe des anthropischen Prinzips zurück, und wenden uns nun Überlegungen zu, die kosmologische Konstante mit Hilfe irgendwelcher verborgener Symmetrien zu null zu machen. Diesbezüglich gibt es gegenwärtig eine ganze Reihe von Vorschlägen. Eine der interessantesten und vielversprechendsten Ideen hängt mit der Anwendung supersymmetrischer Theorien und insbesondere von Superstring-Theorien zusammen [17]. In einigen Varianten dieser Theorien ist die Vakuumenergie ohne Supersymmetrie-Brechung in allen Ordnungen der Störungstheorie exakt gleich null. In der realen Welt ist die Supersymmetrie jedoch gebrochen, und es ist noch nicht klar, ob sich die Eigenschaft der verschwindenden Vakuumenergie auch nach der Supersymmetrie-brechung aufrechterhalten läßt. Andere Vorschläge, die auf der Ausnutzung der (ebenfalls gebrochenen) Dilatationsinvarianz (siehe z.B. [335, 354]) beruhen, verlangen eine Reihe starker Voraussetzungen. Im folgenden werden wir eine weitere Möglichkeit mit einem unmittelbaren Bezug zur Quantenkosmologie betrachten, die deutlich macht, welche Überraschungen von diesem Gebiet noch zu erwarten sind [344].

Wir betrachten dazu ein Modell, das gleichzeitig zwei verschiedene Universen X und $\bar{X}$ mit den Koordinaten x_μ und $\bar{x}_\alpha$ ($\mu, \alpha = 0, 1, 2, 3$) und den Metriken $g_{\mu\nu}(x)$ und $\bar{g}_{\alpha\beta}(\bar{x})$ beschreibt, in denen es Felder mit der folgenden, etwas ungewöhnlichen Wirkung gibt [344]:[6]

$$S = N \int d^4x\, d^4\bar{x}\, \sqrt{g(x)}\, \sqrt{\bar{g}(\bar{x})} \left\{ \frac{M_P^2}{16\pi} R(x) + L[\varphi(x)] - \frac{M_P^2}{16\pi} R(\bar{x}) - L[\bar{\varphi}(\bar{x})] \right\}. \quad (10.7.1)$$

N ist eine Normierungskonstante. Die Wirkung (10.7.1) ist in jedem dieser Universen für sich bezüglich allgemein kovarianter Transformationen invariant. Eine neue Symmetrie der Wirkung (10.7.1) betrifft Transformationen $\varphi(x) \to \bar{\varphi}(x)$, $g_{\mu\nu}(x) \to \bar{g}_{\alpha\beta}(x)$, $\bar{\varphi}(\bar{x}) \to \varphi(\bar{x})$ und $\bar{g}_{\alpha\beta}(\bar{x}) \to g_{\mu\nu}(\bar{x})$ bei einer gleichzeitigen Vorzeichenänderung $S \to -S$. Aus Gründen, die gleich klar werden, wollen wir diese Symmetrie als Antipodensymmetrie bezeichnen. (Im Prinzip könnte man zum Ausdruck unter dem Integral in (10.7.1) noch weitere Terme hinzufügen, die diese Symmetrie nicht verletzen, so z.B. eine beliebige ungerade Funktion von $\varphi(x) - \bar{\varphi}(\bar{x})$; dies ändert nichts am Grundresultat.)

Eine unmittelbare Konsequenz der Antipodensymmetrie ist die Invarianz unter Translationen der effektiven Potentiale $V(\varphi) \to V(\varphi) + C$, $V(\bar{\varphi}) \to V(\bar{\varphi}) + C$ mit beliebigen Konstanten C. Aus diesem Grund hängt nichts in der Theorie vom Wert der Potentiale $V(\varphi)$ und $V(\bar{\varphi})$ in deren absoluten Minima φ_0 und $\bar{\varphi}_0$ ab. (Wir möchten darauf hinweisen, daß wegen derselben Symmetrie $\varphi_0 = \bar{\varphi}_0$ und $V(\varphi_0) = V(\bar{\varphi}_0)$ ist.) Gerade diese Tatsache gestattet eine Lösung des Problems der kosmologischen Konstanten in der Theorie (10.7.1).

Der Hauptgrund, diese neue Symmetrie einzuführen, bestand ursprünglich gar nicht darin, daß man das Problem der kosmologischen Konstanten lösen wollte. Ebenso, wie die Theorie von Spiegelteilchen ursprünglich vorgeschlagen worden war, um eine CP-symmetrische Theorie zu finden, gleichzeitig im sichtbaren Sektor aber die CP-Asymmetrie beizubehalten, war die Theorie (10.7.1) ursprünglich erdacht worden, um eine bezüglich eines Vorzeichenwechsels der Energie symmetrische Theorie zu finden. Das räumt mit dem alten Vorurteil auf, die Energie aller Teilchen *müsse notwendig* positiv sein, obgleich eine allgemeine Vorzeichenänderung der Lagrange-Dichte (d.h. sowohl des kinetischen, als auch des potentiellen Terms) die Lösungen der Theorie nicht beeinflußt. Dieses Vorurteil war so stark, daß man vor einigen Jahren lieber versuchte, *Teilchen* mit *negativer Energie* als *Antiteilchen* mit *positiver Energie* zu quantisieren, was zu solch sinnlosen Konzepten wie negativen Wahrscheinlichkeiten führte. Wir möch-

---

[6] Ähnliche, aber etwas davon abweichende Modelle sind auch in [116, 293] betrachtet.

ten betonen, daß die konsistente Quantisierung von Theorien mit Teilchen negativer Energie keinerlei Problem bereitet, solange nicht Teilchen mit beiden Vorzeichen der Energie miteinander wechselwirken. (Wie wir in Abschnitt 10.1 festgestellt hatten, ist das gerade eines der Hauptprobleme der Quantenkosmologie, in der man Felder mit positiver Energie und den Skalenfaktor a mit negativer Energie zu quantisieren hat.)

In unserem Fall gibt es damit keinerlei Probleme; es ist wie mit den Antipoden, die nicht auf die andere Seite der Erde fallen können. Das liegt daran, daß die Felder $\bar{\varphi}(\bar{x})$ und $\varphi(x)$ nicht miteinander wechselwirken, und die Bewegungsgleichungen für das Feld $\bar{\varphi}(\bar{x})$ sind die gleichen wie für das Feld $\varphi(x)$ (das allgemeine Minuszeichen vor $L[\bar{\varphi}(\bar{x})]$ beeinflußt die Lagrange-Gleichungen nicht). Mit anderen Worten, trotzdem sich das Universum $\bar{X}$ vom Standpunkt des Vorzeichens der Energie der darin befindlichen Materie wie eine Antipodenwelt verhält, in der alles „auf dem Kopf steht", gibt es dort keinerlei Instabilitäten. Die Teilchen des Feldes $\bar{\varphi}(\bar{x})$ wissen überhaupt nicht, daß sie das „falsche" Vorzeichen der Energie haben, ebenso, wie es unsere Antipoden auch nicht beunruhigt, daß sie, von unserem Standpunkt betrachtet, mit dem Kopf nach unten laufen.

Ebenso wechselwirken auch die Gravitonen aus den verschiedenen Universen nicht miteinander. Eine bestimmte Wechselwirkung zwischen den beiden Universen gibt es aber doch. Die Einstein-Gleichungen haben in der Theorie (10.7.1) folgende Form:

$$R_{\mu\nu}(x) - \frac{1}{2} g_{\mu\nu}(x) R(x)$$
$$= -8\pi G T_{\mu\nu}(x) - g_{\mu\nu}(x) \left\langle \frac{R(\bar{x})}{2} + 8\pi G L[\bar{\varphi}(\bar{x})] \right\rangle, \quad (10.7.2)$$

$$R_{\alpha\beta}(\bar{x}) - \frac{1}{2} \bar{g}_{\alpha\beta}(\bar{x}) R(\bar{x})$$
$$= -8\pi G T_{\alpha\beta}(\bar{x}) - \bar{g}_{\alpha\beta}(\bar{x}) \left\langle \frac{R(x)}{2} + 8\pi G L[\varphi(x)] \right\rangle. \quad (10.7.3)$$

Hier ist $G = M_P^{-2}$, $T_{\mu\nu}$ der Energieimpulstensor des Feldes $\varphi(x)$, $T_{\alpha\beta}$ der des Feldes $\bar{\varphi}(\bar{x})$, und die Klammern für die Mittelung bedeuten

$$\langle R(x) \rangle = \frac{\int d^4x \sqrt{g(x)}\, R(x)}{\int d^4x \sqrt{g(x)}}, \quad (10.7.4)$$

$$\langle R(\bar{x}) \rangle = \frac{\int d^4\bar{x} \sqrt{\bar{g}(\bar{x})}\, R(\bar{x})}{\int d^4\bar{x} \sqrt{\bar{g}(\bar{x})}}, \quad (10.7.5)$$

und analog für $\langle L[\varphi(x)] \rangle$ und $\langle L[\bar{\varphi}(\bar{x})] \rangle$. Obwohl also die Teilchen in den Universen X und $\bar{X}$ nicht miteinander wechselwirken, beeinflussen sich *die Universen* auf diese Weise doch. Dieser Einfluß ist allerdings nur globaler Art: Jedes

Universum gibt einen zeitunabhängigen Beitrag zur mittleren Vakuumenergiedichte des anderen Universums, wobei über die gesamte Geschichte des Universums zu mitteln ist. Auf dem Niveau der Quantenkosmologie muß man z.B. beim Aufschreiben der Gleichungen für das Universum X über *alle* möglichen Zustände des Universums X̄ mitteln, d.h., das Resultat darf nicht von den Anfangsbedingungen in jedem der Universen abhängen.

Allgemein ist die Berechnung der Mittelwerte (10.7.4), (10.7.5) sehr kompliziert; im Szenarium des inflationären Universums wird (zumindest auf dem klassischen Niveau) aber alles sehr einfach. Nach der Inflation wird das Universum ja nahezu flach und seine Lebensdauer exponentiell groß (oder, falls das Universum offen oder flach ist, sogar unendlich groß). In diesem Fall kommt der wesentliche Beitrag zu den Mittelwerten $\langle R \rangle$ und $\langle L \rangle$ von den Spätstadien der Entwicklung des Weltalls, in denen die Felder $\varphi(x)$ und $\bar{\varphi}(\bar{x})$ bei den globalen Minima von $V(\varphi)$ und $V(\bar{\varphi})$ relaxieren. Der Mittelwert von $-L[\varphi(x)]$ stimmt deshalb mit exponentiell hoher Genauigkeit mit dem Wert des Potentials $V(\varphi)$ in dessen globalem Minimum überein, und der Mittelwert des Krümmungsskalars kann durch seinen Wert in den Spätstadien der Evolution des Universums X, in dem dies in den Zustand $\varphi = \varphi_0$ im globalen Minimum von $V(\varphi)$ übergegangen ist, ersetzt werden. Eine analoge Aussage gilt auch für die Mittelwerte $\langle L[\bar{\varphi}(\bar{x})] \rangle$ und $\langle R(\bar{x}) \rangle$. Die Gleichungen (10.7.2) und (10.7.3) haben deshalb in den Spätstadien der Evolution der Universen X und X̄ folgende Form:

$$R_{\mu\nu}(x) - \frac{1}{2} g_{\mu\nu}(x) R(x)$$
$$= 8\pi G g_{\mu\nu}(x) [V(\bar{\varphi}_0) - V(\varphi_0)] - \frac{1}{2} g_{\mu\nu}(x) R(\bar{x}), \qquad (10.7.6)$$

$$R_{\alpha\beta}(\bar{x}) - \frac{1}{2} g_{\alpha\beta}(\bar{x}) R(\bar{x})$$
$$= 8\pi G g_{\alpha\beta}(\bar{x}) [V(\varphi_0) - V(\bar{\varphi}_0)] - \frac{1}{2} g_{\alpha\beta}(\bar{x}) R(x), \qquad (10.7.7)$$

woraus man

$$R(x) = 2 R(\bar{x}) + 32\pi G [V(\bar{\varphi}_0) - V(\varphi_0)], \qquad (10.7.8)$$

$$R(\bar{x}) = 2 R(x) + 32\pi G [V(\bar{\varphi}_0) - V(\varphi_0)] \qquad (10.7.9)$$

erhält. Wir erinnern daran, daß wegen der Antipodensymmetrie $\varphi_0 = \bar{\varphi}_0$ und $V(\varphi_0) = V(\bar{\varphi}_0)$ ist. Das heißt, daß in den Spätstadien der Evolution des Universums X

$$R(x) = -R(\bar{x}) = \frac{32\pi}{3} G [V(\varphi_0) - V(\bar{\varphi}_0)] = 0 \qquad (10.7.10)$$

ist.

Wir möchten unterstreichen, daß der Beitrag des Universums $\bar{X}$ zur effektiven Vakuumenergie des Universums X nicht von der Zeit in X abhängt. Deshalb kommt es nur in den Spätstadien der Evolution des Universums X zu der Kompensation (10.7.10), deren einziger Effekt darin besteht, einen konstanten Term zu $V(\varphi)$ zu liefern, so daß insgesamt $V(\varphi_0) = 0$ wird. Der betrachtete Mechanismus führt deshalb zu keinerlei Modifizierung des Standardszenariums der Inflation.

Wir machen darauf aufmerksam, daß das betrachtete Modell von einer gewöhnlichen Kaluza-Klein-Theorie, in der, wie schon erwähnt, die Einführung zweier Zeiten sofort eine Instabilität zur Folge hat, verschieden ist. Die Theorie (10.7.1) läßt sich leicht verallgemeinern, indem man z.B. die Wirkung als Integral über Universen $X_1, X_2, \ldots$ darstellt und eine Lagrange-Dichte verwendet, die sich als Summe von Lagrange-Dichten verschiedener Felder $\varphi_1(x_1), \varphi_2(x_2), \ldots$ schreiben läßt, von denen jedes nur in einem der Universen „lebt". In diesem Bild könnte unsere Welt aus einer beliebig großen Zahl verschiedener Universen bestehen, die miteinander lediglich global wechselwirken und von denen jedes in seiner eigenen Zeit und nach seinen eigenen Gesetzen lebt. Auf diese Weise erhält man eine Begründung des anthropischen Prinzips in seiner stärksten Form.

Natürlich ist dieser Zugang nicht frei von Unzulänglichkeiten. Er läßt sich zwar auf supersymmetrische und Superstring-Theorien verallgemeinern, dabei läßt sich aber nur schwer erreichen, daß die kosmologische Konstante automatisch verschwindet. Im Rahmen eines selbstregenerierenden Regimes könnte die Berechnung der Mittelwerte (10.7.4), (10.7.5) Schwierigkeiten bereiten, da die Integrale infrarot-divergent und die Ergebnisse vom Abschneideparameter abhängig werden könnten. Diese Frage muß wegen der extrem komplizierten großräumigen Struktur des selbstreproduzierenden Universums noch sorgfältig untersucht werden. In Theorien, in denen $V(\varphi)$ für $\varphi \geq \varphi^*$ hinreichend schnell wächst, läßt sich dieses Problem aber sicher vermeiden, da es in solchen Theorien keinen Selbstreproduktionsprozeß des Universums gibt. Ein weiteres Problem besteht darin, daß das Integral über $d^4\bar{x}$ in (10.7.1) die effektive Planck-Konstante im Universum X renormiert, und um diese Renormierung zu kompensieren, müßte man eine extrem kleine Normierungskonstante N (in einer $\lambda\varphi^4$-Theorie $N \sim \exp(-\lambda^{1/3})$) einführen. Eine andere Möglichkeit könnte darin bestehen, bei der Konstruktion der Quantentheorie in dem Doppel-Universum die Quantisierung in jedem der nichtwechselwirkenden Universen separat vorzunehmen, ohne die obige Normierung von N zu verwenden. Wir weisen weiter darauf hin, daß der vorgeschlagene Mechanismus des Weghebens des kosmologischen Terms unabhängig vom Wert von N anwendbar ist.

Wie dem auch sei, verdient die Tatsache, daß es (zumindest auf dem klassischen Niveau) eine große Klasse von Modellen gibt, in deren Rahmen die kosmologische Konstante, unabhängig von den Details der Theorie, automatisch verschwindet, Beachtung. Darüber hinaus ist an und für sich schon interessant, daß man eine konsistente Theorie mehrerer Universen konstruieren kann, die lediglich global miteinander wechselwirken.

Eine besonders interessante und nichttriviale Verallgemeinerung der obigen Ideen wurde unlängst in Arbeiten von Coleman [345, 346], Giddings und Stro-

10.7 Das Problem der kosmologischen Konstanten

minger [349] und Banks [347] vorgeschlagen. Dabei bauten diese auf auf weiter zurückliegende Arbeiten von Hawking [350], Lavrelashvili, Rubakov und Tinyakov [351] und Giddings und Strominger [352] über Wormholes und den Verlust der Kohärenz in der Quantengravitation, sowie eine Arbeit von Hawking [340] über einen möglichen Mechanismus, die kosmologische Konstante im Rahmen der Quantenkosmologie zum Verschwinden zu bringen.

Die Grundvorstellung der Arbeiten [345–347, 349] besteht darin, daß das Universum infolge von Quanteneffekten in mehrere topologisch nicht zusammenhängende, aber global miteinander wechselwirkende Teile aufspalten kann. Solche Prozesse können in einem beliebigen Punkt unseres Universums ablaufen (siehe [350–352, 133] sowie Abschnitt 10.3). Soweit dies nicht durch Erhaltungssätze verboten ist, können die Baby-Universen Elektron-Positron-Paare, oder auch irgendwelche anderen Kombinationen von Teilchen und Feldern mitnehmen. Am einfachsten läßt sich dieser Effekt durch die Annahme beschreiben, daß die Existenz der Baby-Universen zu einer Änderung der effektiven Hamilton-Dichte der Teilchern und Felder in unserem Universum führt [345, 349]:

$$H(x) = H_0(\varphi(x), \psi(x), \ldots) + \sum H_i(\varphi(x), \psi(x), \ldots) A_i. \tag{10.7.11}$$

Die Hamilton-Dichte (10.7.11) beschreibt die Felder $\varphi, \psi, \ldots$ in unserem Universum über Entfernungen größer als M_P^{-1}; H_0 ist in (10.7.11) der Teil der Hamilton-Dichte, der nicht mit den topologischen Fluktuationen zusammenhängt; die H_i sind lokale Funktionen der Felder $\varphi, \psi, \ldots$, die A_i bestimmte Kombinationen von Erzeugungs- und Vernichtungsoperatoren der Baby-Universen. So hängt z.B. ein Term der Art $H_1 A_1$ mit $H_1 = $ const. mit einer möglichen Änderung der Vakuumenergiedichte durch die Wechselwirkung mit den Baby-Universen, der Term $\bar{e}(x) e(x) A_2$ mit einem möglichen Austausch von Elektron-Positron-Paaren usw. zusammen. Die Operatoren A_i hängen nicht vom Ort x ab, da die Baby-Universen weder Energie, noch Impuls mitnehmen können. Nach [345, 346] folgt aus der Lokalitätsbedingung in unserem Universum, d.h., daß für raumartige Abstände $x - y$

$$[H(x), H(y)] = 0 \tag{10.7.12}$$

sein muß, daß alle Operatoren A_i miteinander kommutieren müssen. Deshalb können sie alle gleichzeitig durch „α-Zustände" $|\alpha_i\rangle$

$$A_i |\alpha_i\rangle = \alpha_i |\alpha_i\rangle \tag{10.7.13}$$

diagonalisiert werden. Wenn der Quantenzustand des Universums ein Eigenzustand der Operatoren A_i ist, folgt aus der komplizierten Vakuumstruktur (10.7.13) die Einführung einer unendlichen Anzahl zunächst unbestimmter Parameter α_i in die effektive Hamilton-Dichte: man muß lediglich die Operatoren A_i in (10.7.11) durch ihre Eigenwerte α_i im jeweiligen Zustand des Universums ersetzen. Ist das Universum ursprünglich nicht in einem Eigenzustand der Operatoren A_i, wird seine Wellenfunktion nach einer Reihe von Messungen trotzdem bald in einen solchen reduziert werden [345].

Dieser Umstand wirft ein neues Licht auf viele Grundfragen der Physik. Häufig wird als Grundaufgabe der theoretischen Physik formuliert, herauszufinden, welche Lagrange- (oder Hamilton-) Dichte unsere Welt richtig beschreibt. Allerdings könnte man auch folgende Frage stellen: Nimmt man einmal an, daß unser Universum (oder der Teil davon, in dem wir leben) dereinst (zumindest als klassische Raumzeit) einmal nicht existiert hat, in welchem Sinne kann man dann von der Existenz von *Gesetzen* „zu jener Zeit" sprechen, die seine Geburt und Evolution beschreiben sollen. So weiß man beispielsweise, daß die Gesetze, die die biologische Evolution bestimmen, in unserem genetischen Code formuliert sind. Wo aber waren die Gesetze der Physik formuliert, als es noch kein Universum gab?

Eine mögliche Antwort könnte darin bestehen, daß die Struktur der effektiven Hamilton-Dichte einschließlich dieser oder jener Werte der Konstanten α_i erst in einer Reihe von Messungen endgültig fixiert wird, die (mit einer bestimmten Genauigkeit) festlegen, in welchem der möglichen Quantenzustände des Universums $|\alpha_i\rangle$ wir leben. Das bedeutet, daß der Begriff des Beobachters möglicherweise nicht nur bei der Erörterung verschiedener Eigenschaften unseres Universums, sondern auch bezüglich der dieses Universum bewegenden Gesetze selbst eine große Rolle spielt.

Im allgemeinen kann die Wellenfunktion des Universums von den Parametern α_i abhängen. Auf dieser Möglichkeit beruht eine von Coleman vorgeschlagenen Erklärung für das Verschwinden der kosmologischen Konstanten

$$\Lambda = \frac{8\pi V(\varphi_0)}{M_P^2},$$

wobei $V(\varphi_0)$ der gegenwärtige Wert der Vakuumenergiedichte ist. Die Grundidee geht auf eine Arbeit von Hawking [340], die auf der Anwendung der Hartle-Hawking-Wellenfunktion (10.1.12), (10.1.17) beruht, zurück. Nimmt man einmal an, daß die kosmologische Konstante beliebige Werte annehmen kann, so ist die Wahrscheinlichkeit für ein Universum mit einer gegebenen kosmologischen Konstanten Λ nach [340]

$$P(\Lambda) \sim \exp[-S_E(\Lambda)] = \exp\frac{3 M_P^4}{8V} = \exp\frac{3\pi M_P^2}{\Lambda} \tag{10.7.14}$$

(man vergleiche mit dem Ausdruck (10.1.18)). Im Rahmen des auf der Theorie (10.7.11), (10.7.13) beruhenden Zugangs kann die kosmologische Konstante, so wie jede andere Konstante, in Abhängigkeit von dem Quantenzustand, in dem wir uns befinden, tatsächlich beliebige Werte annehmen. In diesem Fall muß man aber bei der Berechnung von $P(\Lambda)$ über alle topologisch nichtzusammenhängenden Konfigurationen der Baby-Universen summieren, was den Ausdruck für $P(\Lambda)$ modifiziert [346]:

$$P(\Lambda) \sim \exp\left(\exp\frac{3\pi M_P^2}{\Lambda}\right). \tag{10.7.15}$$

Aus (10.7.14) und (10.7.15) folgt, daß $P(\Lambda)$ ein scharfes Maximum bei $\Lambda = 0$ hat; unter allen möglichen Universen sind diejenigen mit verschwindend kleiner kosmologischer Konstante daher am wahrscheinlichsten.

10.7 Das Problem der kosmologischen Konstanten

Wie zwingend ist diese Ableitung? Eine schlüssige Antwort hierauf fällt derzeit schwer. Schon die Möglichkeit der „Verästelung" in Baby-Universen, die zu der komplizierten Struktur des Gravitationsvakuums führt, muß erst noch ausreichend begründet werden. Die Beschreibung des „Verästelungs"-Prozesses mit Hilfe euklidischer Methoden [350–352] unterscheidet sich von der im Rahmen des stochastischen Zugangs [133] (man vergleiche die Herleitung von Gleichung (10.3.7)). Außerdem hatten wir bereits in Abschnitt 10.2 festgestellt, daß die Benutzung der Hartle-Hawking-Wellenfunktion nur dann gerechtfertigt ist, wenn eine stationäre Feldverteilung des φ-Feldes, und damit auch von $V(\varphi)$ und $\Lambda(\varphi)$ existiert. Bisher ist es aber nicht gelungen, inflationäre Modelle zu konstruieren, in denen eine solche stationäre Verteilung tatsächlich existieren könnte. Die Wahrscheinlichkeitsverteilung der Größe $\Lambda(\alpha_i)$ müßte dazu stationär sein; dies ist aber bereits die Wahrscheinlichkeitsverteilung dafür, die kosmologische Konstante Λ *in verschiedenen Universen* (genauer gesagt, in verschiedenen Quantenzuständen des Universums) zu erhalten, und nicht mehr die in verschiedenen Teilen eines Universums. Bisher ist es nicht gelungen, Gleichungen der Art (10.7.14) und (10.7.15) mit Hilfe des stochastischen Zugangs zu verifizieren, und die Anwendbarkeit der euklidischen Methoden zur Ableitung des Ausdrucks (10.7.15) ist ebenfalls noch nicht voll geklärt.

Von verschiedenen Autoren wurde vermutet, daß die richtige Wahrscheinlichkeitsverteilung, das Universum in einem gegebenen Quantenzustand $|\alpha_i\rangle$ zu finden, im Gegensatz zu Gleichung (10.7.15) kein scharfes Maximum bei $\Lambda = 0$ haben kann. Außerdem könnte von Bedeutung sein, daß wir eigentlich gar nicht fragen, warum das Universum in dem gegebenen Quantenzustand $|\alpha_i\rangle$ ist. Wir wollen ja lediglich die beobachtete Tatsache erklären, daß *wir* im Universum in dem Quantenzustand $|\alpha_i\rangle$, der gerade $|\varrho_V| = |V(\varphi_0)| \lesssim 10^{-29}\,\text{g/cm}^3$ entspricht, leben [358, 359].

Im Zusammenhang damit möchten wir daran erinnern, daß man unter Benutzung des anthropischen Prinzips auf der Grundlage des Galaxienbildungsprozesses eine Schranke für die Vakuumenergiedichte

$$-10^{-29}\,\text{g/cm}^3 \lesssim V(\varphi_0) \lesssim 10^{-27}\,\text{g/cm}^3$$

ableiten kann [348], die ganz nah bei der phänomenologischen Schranke

$$|V(\varphi_0)| \lesssim 10^{-29}\,\text{g/cm}^3$$

liegt. Angesichts der Theorie der Baby-Universen, in der man zwischen verschiedenen Λ wählen kann, ist dieses Resultat besonders interessant [345].

Könnte man die anthropische Schranke an die Vakuumenergiedichte nicht auch verschärfen, um aus dem anthropischen Prinzip dann die Ungleichung $V(\varphi_0) \lesssim 10^{-29}\,\text{g/cm}^3$ zu begründen? Bisher ist diese Frage nicht abschließend beantwortet, obwohl man einige Lösungsansätze skizzieren kann.

Aus den Untersuchungen der Abschnitte 10.2 bis 10.4 folgt, daß Leben in den verschiedensten Formen in unterschiedlichen Domänen des selbstreproduzierenden Universums immer wieder entstehen wird. Das heißt allerdings noch nicht, daß man auch dem Schicksal der Menschheit sehr optimistisch entgegensehen kann. Eine Untersuchung dieser Frage zeigt, daß Leben unserer Art im derzeit sichtbaren Gebiet des Universums wegen des Zerfalls des Baryonen und auch wegen des lokalen Kollaps der Materie kaum ewig existieren können wird [336]. Der einzige Hinweis auf die Möglichkeit einer ewigen Reproduktion von Leben, den wir bisher haben, hängt damit zusammen, daß es derzeit im betrachteten Szenarium, z. B. im Rahmen einer $\lambda\varphi^4/4$-Theorie, in jedem Gebiet der Größe

$$l \gtrsim l^* \sim 10^{30} M_P^{-1} \exp\left(\frac{\pi(\varphi^*)^2}{M_P^2}\right)$$

$$\sim 10^{30} M_P^{-1} \exp(\pi\lambda^{-1/3}) \qquad (10.7.16)$$

eine große Zahl von Domänen geben muß, in denen der Prozeß der Inflation immer noch weitergeht und immer weitergehen wird. In der Nähe solcher Domänen gibt es immer Gebiete (vom Typ unseres Gebiets) mit einer hinreichend großen Dichte, in denen die Inflation erst vor relativ kurzer Zeit aufgehört hat und die Baryonen noch nicht zerfallen konnten. Eine der möglichen Überlebensstrategien für die Menschheit könnte also darin bestehen, zu immer neuen Gebieten dieses Typs hinüberzufliegen. Sollten wir gegebenenfalls nicht in der Lage sein, solche Distanzen selbst zu überwinden, könnten wir Informationen über uns, unser Leben und unser Wissen dorthin senden, und vielleicht sogar versuchen, dort solche Lebensformen zu induzieren, die unsere Informationen empfangen und auswerten könnten. In diesem Fall hätten wir zumindest die Gewißheit, daß wir, obgleich das Leben in unserem Gebiet des Universums ausgelöscht wird, eine Art Erben haben und unsere Existenz in diesem Sinne nicht völlig sinnlos ist.

Wir lassen die Frage einer optimalen Strategie für das Überleben der Menschheit einmal beiseite und wollen lediglich erwähnen, daß der entsprechende Prozeß notwendig unmöglich ist, falls die Vakuumenergiedichte $V(\varphi_0)$ größer als

$$V^* \sim \varrho_0 \cdot 10^{200} \exp(-6\pi\lambda^{-1/3}) \qquad (10.7.17)$$

ist. Für $\varrho_0 \sim 10^{-29}$ g/cm³, $\lambda \sim 10^{-14}$ ist V^* verschwindend klein:

$$V^* \sim 10^{-5 \cdot 10^6} \text{ g/cm}^3 \ll \varrho_0. \qquad (10.7.18)$$

Daß es einen solchen kritischen Wert V^* gibt liegt daran, daß der Ereignishorizont $H^{-1}(\varphi_0)$ in einer Welt mit der Vakuumenergiedichte $V(\varphi_0)$ bei $V(\varphi_0) > V^*$ kleiner als der typische Abstand zwischen den Domänen ist, in denen der Prozeß der Selbstreproduktion des Universums abläuft. (Gegenwärtig ist diese Entfernung durch l^* aus (10.7.16) gegeben; bis zu dem Zeitpunkt, an dem die Vakuumenergiedichte $V(\varphi_0)$ zu dominieren beginnt, wächst sie auf das ca. $10^{-60}\exp(2\pi\lambda^{-1/3})$-fache.) Unter diesen Umständen wäre es prinzipiell sowohl unmöglich, in Gebiete in der Nähe selbstreproduzierender Domänen hinüberzufliegen, als auch Signale aus unserem Gebiet des Universums dorthin abzusenden (siehe Abschnitt 1.4).

Im Rahmen dieses Modells ist deshalb jeder Quantenzustand des Universums $|\alpha_i\rangle$ mit einer Vakuumenergiedichte $V(\varphi_0) \gtrsim 10^{-5 \cdot 10^6}$ g/cm³ eine Art kosmisches Gefängnis, und Leben, das spontan darin entsteht, ist wegen des Protonzerfalls und des exponentiellen Absinkens der Materiedichte in der Phase, in der die Vakuumenergie $V(\varphi_0)$ dominant wird, unausweichlich dem Untergang geweiht.

10.7 Das Problem der kosmologischen Konstanten

Bisher ist die Frage der Wahrscheinlichkeit für die spontane Entstehung komplexer Lebensformen allein durch die ziellose Evolution noch ungeklärt. Falls, wie manchmal angenommen wird, diese Wahrscheinlichkeit extrem klein ist, und falls mit Hilfe irgendeines Mechanismus eine unendlich lange Reproduktion und Ausbreitung von Leben bei $V(\varphi_0) < V^*$ tatsächlich realisierbar ist, kann die Existenz dieses Mechanismus den Anteil des „bewohnbaren" Volumens des Universums in einem Quantenzustand mit $V(\varphi_0) < 10^{-5 \cdot 10^6}$ g/cm^3 im Verhältnis zum Anteil des „bewohnbaren" Volumens des Universums im Zustand mit $V(\varphi_0) > 10^{-5 \cdot 10^6}$ g/cm^3 wesentlich vergrößern. Dies kann wiederum dazu führen, daß ein Beobachter unserer Art, der sich Gedanken über die Vakuumenergiedichte machen kann, mit großer Wahrscheinlichkeit in einem Universum leben muß, das in einem Quantenzustand mit $V(\varphi_0) \ll 10^{-29}$ g/cm^3 ist.

Die obigen Überlegungen stellen lediglich einen Abriß zukünftiger Forschungsrichtungen dar und verdeutlichen die neuen Möglichkeiten, die sich in den letzten Jahren in der Elementarteilchentheorie und Kosmologie eröffnet haben. Falls wir eine erfolgversprechende Strategie für das Überleben der Menschheit entwickeln wollen (angenommen, es gibt eine solche Strategie überhaupt), werden wir die Globalstruktur des inflationären Universums und die Bedingungen für die Entstehung und/oder Ausbreitung von Leben darin sicher noch wesentlich gründlicher studieren müssen. Auf jeden Fall scheint die Möglichkeit einer Korrelation zwischen dem Wert der Vakuumenergiedichte und der Existenz eines Mechanismus zur ewigen Reproduktion von Leben im Universum bemerkenswert.

Schlußwort

Elementarteilchentheoretiker und Kosmologen könnte man mit zwei Gruppen vergleichen, die sich im gewaltigen Berg des Unbekannten beim Bau eines Tunnels treffen wollen. Diese Analogie ist allerdings nicht ganz vollkommen. Wenn sich zwei Gruppen von Tunnelbauern nicht treffen, errichten sie anstelle des einen Tunnels eben zwei. Wenn sich in unserem Fall aber Elementarteilchentheoretiker und Kosmologen nicht treffen, erhalten sie überhaupt keine vollständige Theorie. Doch selbst wenn sie sich treffen, wenn es ihnen also gelingen sollte, eine innerlich konsistente Theorie aller Prozesse im Mikro- und Makrokosmos zu konstruieren, ist das noch lange kein Beweis für die Richtigkeit der aufgestellten Theorie.

Angesichts des schon erwähnten (unvermeidlichen) Mangels an experimentellen Daten von Elementarteilchenreaktionen bei Energien von annähernd 10^{19} GeV und von der Struktur des Universums über Entfernungen $l \gg 10^{28}$ cm wird es besonders wichtig, wenigstens in groben Zügen die richtige Entwicklungsrichtung dieses Forschungsgebietes zu vermuten, die selbst dann gültig bleibt, wenn sich viele konkrete Details der Theorien ändern. Genau damit hängt es zusammen, daß solch ungewohnte Begriffe wie „Szenarium" oder sogar „Paradigma" Eingang ins physikalische Wörterbuch fanden.

In der Elementarteilchenphysik gibt es einige Schlüsselbegriffe, anhand derer sich die Grundlinien der Theorieentwicklung in den letzten zwanzig Jahren ablesen lassen. Dazu gehören „Eichinvarianz", „Einheitliche Theorien mit spontaner Symmetriebrechung", „Supersymmetrie" und „Strings". In der Kosmologie kam in den 80er Jahren der Begriff „Inflation" hinzu.

Die Entwicklung des inflationären Szenariums wurde nur durch die gemeinsamen Anstrengungen von Kosmologen und Elementarteilchentheoretikern möglich. Die Notwendigkeit und Fruchtbarkeit einer solchen Zusammenarbeit ist heute offensichtlich. Man sollte aber darauf hinweisen, daß „Inflation" keineswegs ein Zauberwort ist, das automatisch alle unsere Probleme löst und alle Türen öffnet. In einigen Elementarteilchentheorien ist es nicht gelungen, das Szenarium des inflationären Universums zu realisieren, während eine Reihe anderer Theorien trotz der Inflation nicht zu einem sinnvollen kosmologischen Modell führten. Der Weg zu einer konsistenten kosmologischen Theorie kann also noch sehr lang werden, und es ist nicht ausgeschlossen, daß viele Details des derzeitigen Szenariums in der Folge als unnötiger Ballast über Bord geworfen werden. Vom heutigen Standpunkt aus scheint so etwas wie eine inflationäre Phase für eine konsistente Kosmologie im Einklang mit der Elementarteilchenphysik aber unverzichtbar zu sein.

Die inflationäre Kosmologie entwickelt sich auch in der Gegenwart außerordentlich rasch. Wir beobachten einen allmählichen Wandel der allgemeinsten Vorstellungen von der Evolution des Universums. Noch vor wenigen Jahren gab es unter den Physikern kaum einen Zweifel daran, daß das Universum im Ergebnis eines Urknalls vor ungefähr 10 bis 15 Milliarden Jahren entstanden ist. Es schien augenscheinlich, daß die Raumzeit von Beginn an vierdimensional war und im ganzen Universum vierdimensional ist. Man glaubte, daß das Universum, falls es geschlossen sein sollte, kaum wesentlich größer, als sein sichtbarer Teil mit einer Größe von $l \sim 10^{28}$ cm sein könnte, und daß ein solches Universum spätestens nach 10^{11} Jahren kollabieren und verschwinden würde. Wäre das Universum aber offen oder flach, also unendlich, war man allgemein davon überzeugt, daß seine Eigenschaften überall denen im sichtbaren Teil des Universums sehr ähnlich sein müßten. Ein solches Universum würde unendlich lange existieren. Nachdem aber seine Protonen, wie von den einheitlichen Theorien der schwachen, starken und elektromagnetischen Wechselwirkung vorausgesagt, zerfallen sind, würde es im Universum keine zur Aufrechterhaltung des Lebens notwendige baryonische Materie mehr geben. Folglich hatte man lediglich die Wahl zwischen einem „heißen Ende" beim zu erwartenden Kollaps des Universums, oder einem „kalten Ende" in der unendlichen Leere des Raumes.

Inzwischen scheint wahrscheinlicher, daß das Weltall als Ganzes ewig exisiert und dabei ohne Ende neue und immer neue exponentiell große Gebiete hervorbringt, in denen sich die Gesetze der niederenergetischen Elementarteilchenwechselwirkungen und sogar die effektive Dimension der Raumzeit unterscheiden können. Wir wissen nicht, ob sich Leben in jedem dieser Gebiete endlos entwickeln kann; mit Sicherheit wissen wir aber, daß Leben in den verschiedenen Gebieten des Universums in allen möglichen Formen ständig von neuem hervorgebracht wird. Dieser Wandel unserer Vorstellungen von der Globalstruktur des Universums und unserem Platz darin scheint uns eine der wichtigsten Folgerungen aus der Entwicklung der inflationären Kosmologie zu sein.

Schließlich haben wir auch ein neues Gefühl dafür bekommen, warum es notwendig war, ein Szenarium für eine Vorstellung zu schreiben, die eigentlich schon lange begonnen hat. Das Stück geht immer weiter, und vor allem, es wird auch ewig weitergehen. In verschiedenen Teilen des Universums sitzen unterschiedliche Zuschauer und betrachten es von den verschiedensten Seiten. Wir können die Aufführung nicht in ihrem vollen Glanz erleben, aber wird können versuchen, eine Vorstellung von ihren wichtigsten Szenen zu bekommen und schließlich vielleicht gar ihren Sinn zu verstehen.

Literatur

[1] S. L. Glashow: Nucl. Phys. **22** (1961), 579;
S. Weinberg: Phys. Rev. Lett. **19** (1967), 1264;
A. Salam: in: Elementary Particle Theory. Edited by N. Svartholm. Stockholm: Almquist and Wiksell 1968, S. 367.

[2] G. 't Hooft: Nucl. Phys. **B 35** (1971), 167;
B. W. Lee: Phys. Rev. **D 5** (1972), 823;
B. W. Lee and J. Zinn-Justin: Phys. Rev. **D 5** (1972), 3121;
G. 't Hooft and M. Veltman: Nucl. Phys. **B 50** (1972), 318;
I. V. Tyutin and E. S. Fradkin: Sov. J. Nucl. Phys. **16** (1972), 464;
R. E. Kallosh and I. V. Tyutin: Sov. J. Nucl. Phys. **17** (1973), 98.

[3] D. J. Gross and F. Wilczek: Phys. Rev. Lett. **30** (1973), 1343;
H. D. Politzer: Phys. Rev. Lett. **30** (1973), 1346.

[4] H. Georgi and S. L. Glashow: Phys. Rev. Lett. **32** (1974), 438.

[5] D. Z. Friedman, P. van Nieuwenhuizen, and S. Ferrara: Phys. Rev. **D 13** (1976), 3214.

[6] Th. Kaluza: Sitzungsber. Preuss. Akad. Wiss., Phys.-Math. Kl. (1921), 966;
O. Klein: Z. Phys. **37** (1926), 895;
E. Cremmer and J. Scherk: Nucl. Phys. **B 108** (1975), 409;
E. Witten: Nucl. Phys. **B 186** (1981), 412.

[7] M. B. Green and J. H. Schwarz: Phys. Lett. **149 B** (1984), 117;
Phys. Lett. **151 B** (1984), 21;
D. J. Gross, J. A. Harvey, E. Martinec, and R. Rohm: Phys. Rev. Lett. **54** (1985), 502;
E. Witten: Phys. Lett. **149 B** (1984), 351.

[8] A. A. Slavnov and L. D. Faddeev: Gauge Fields: Introduction to Quantum Theory. London: Benjamin-Cummings 1980.

[9] J. C. Taylor: Gauge Theories of Weak Interactions. Cambridge: Cambridge University Press 1976.

[10] L. B. Okun: Leptons and Quarks. Amsterdam: North-Holland 1982.

[11] A. M. Polyakov: Gauge Fields and Strings. London: Harwood 1987.

[12] P. Langacker: Phys. Rep. **C 72** (1981), 185.

[13] V. I. Ogievetsky and L. Mezincescu: Sov. Phys. Usp. **18** (1975), 960.
J. Bagger and J. Wess: Supersymmetry and Supergravity. Princeton: Princeton Univ. Press 1983;
P. West: Introduction to Supersymmetry and Supergravity. Singapore: World Scientific 1986.

[14] P. van Nieuwenhuizen: Phys. Rep. **C 68** (1981), 192.

[15] H. P. Nilles: Phys. Rep. **C 110** (1984), 3.

[16] M. J. Duff, B. E. W. Nilsson, and C. N. Pope: Phys. Rep. **C 130** (1986), 1.

[17] M. B. Green, J. H. Schwarz, and E. Witten: Superstring Theory. Cambridge: Cambridge University Press 1987.

[18] D. A. Kirzhnits: JETP Lett. **15** (1972), 529.

[19] D. A. Kirzhnits and A. D. Linde: Phys. Lett. **42 B** (1972), 471.

[20] S. Weinberg: Phys. Rev. **D 9** (1974), 3320;
L. Dolan and R. Jackiw: Phys. Rev. **D 9** (1974), 3357.
[21] D. A. Kirzhnits and A. D. Linde: Sov. Phys. JETP **40** (1974), 628.
[22] D. A. Kirzhnits and A. D. Linde: Lebedev Phys. Inst. Preprint No. 101 (1974).
[23] D. A. Kirzhnits and A. D. Linde: Ann. Phys. **101** (1976), 195.
[24] A. D. Linde: Rep. Prog. Phys. **42** (1979), 389.
[25] T. D. Lee and G. C. Wick: Phys. Rev. **D 9** (1974), 2291.
[26] B. J. Harrington and A. Yildis: Phys. Rev. Lett. **33** (1974), 324.
[27] A. D. Linde: Phys. Rev. **D 14** (1976), 3345;
I. V. Krive, A. D. Linde, and E. M. Chudnovsky: Sov. Phys. JETP **44** (1976), 435.
[28] A. D. Linde: Phys. Lett. **86 B** (1979), 39.
[29] I. V. Krive: Sov. Phys. JETP **56** (1982), 477.
[30] A. Salam and J. Strathdee: Nature **252** (1974), 569;
A. Salam and J. Strathdee: Nucl. Phys. **B 90** (1975), 203.
[31] A. D. Linde: Phys. Lett. **62 B** (1976), 435.
[32] I. V. Krive, V. M. Pyzh, and E. M. Chudnovsky: Sov. J. Nucl. Phys **23** (1976), 358.
[33] V. V. Skalozub: Sov. J. Nucl. Phys. **45** (1987), 1058.
[34] Ya. B. Zeldovich and I. D. Novikov: Relativistic Astrophysics.
Vol. II. Chicago: Univ. of Chicago Press 1983.
[35] S. Weinberg: Gravitation and Cosmology: Principles and Applications of the General Theory of Relativity. New York: J. Wiley and Sons 1972.
[36] A. D. Sakharov: JETP Lett. **5** (1967), 24.
[37] V. A. Kuzmin: JETP Lett. **12** (1970), 335.
[38] A. Yu. Ignatiev, N. V. Krasnikov, V. A. Kuzmin, and A. N. Tavkhelidze: Phys. Lett. **76 B** (1978), 436;
M. Yoshimura: Phys. Rev. Lett. **41** (1978), 281;
S. Weinberg: Phys. Rev. Lett. **42** (1979), 850;
A. D. Dolgov: JETP Lett. **29** (1979), 228;
W. Kolb and S. Wolfram: Nucl. Phys. **B 172** (1980), 224.
[39] Ya. B. Zeldovich: in: Magic without Magic: John Archibald Wheeler. A Collection of Essays in Honor of His 60th Birthday. Edited by J. R. Klauder. San Francisco: W. H. Freeman 1972.
[40] Ya. B. Zeldovich and M. Yu. Khlopov: Phys. Lett. **79 B** (1978), 239;
J. P. Preskill: Phys. Rev. Lett. **43** (1979), 1365.
[41] Ya. B. Zeldovich, I. Yu. Kobzarev, and L. B. Okun: Phys. Lett. **50 B** (1974), 340.
[42] S. Parke and S. Y. Pi: Phys. Lett. **107 B** (1981), 54;
G. Lazarides, Q. Shafi, and T. F. Walsh: Nucl. Phys. **B 195** (1982), 157.
[43] P. Sikivie: Phys. Rev. Lett. **48** (1982), 1156.
[44] J. Ellis, A. D. Linde, and D. V. Nanopoulos: Phys. Lett. **128 B** (1983), 295.
[45] M. Yu. Khlopov and A. D. Linde: Phys. Lett. **138 B** (1982), 265.
[46] J. Polonyi: Budapest Preprint KFKI-93 (1977).
[47] G. D. Coughlan, W. Fischler, E. W. Kolb, S. Raby, and G. G. Ross: Phys. Lett. **131 B** (1983), 59.
[48] A. S. Goncharov, A. D. Linde, and M. I. Vysotsky: Phys. Lett. **147 B** (1984), 279.
[49] J. P. Preskill, M. B. Wise, and F. Wilczek: Phys. Lett. **120 B** (1983), 127;
L. F. Abbott and P. Sikivie: Phys. Lett. **120 B** (1983), 133;
M. Dine and W. Fischler: Phys. Lett. **120 B** (1983), 133.
[50] K. Choi and J. E. Kim: Phys. Lett. **154 B** (1985), 393.
[51] E. B. Gliner: Sov. Phys. JETP **22** (1965), 378;
E. B. Gliner: Dokl. Akad. Nauk SSSR **192** (1970), 771;
E. B. Gliner and I. G. Dymnikova: Sov. Astron. Lett. **1** (1975), 93.
[52] A. A. Starobinsky: JETP Lett. **30** (1979), 682;
A. A. Starobinsky: Phys. Lett. **B 91** (1980), 99.
[53] A. H. Guth: Phys. Rev. **D 23** (1981), 347.
[54] A. D. Linde: Phys. Lett. **108 B** (1982), 389.
[55] A. Albrecht and P. J. Steinhardt: Phys. Rev. Lett. **48** (1982), 1220.

[56] A. D. Linde: JETP Lett. **38** (1983), 149;
      A. D. Linde: Phys. Lett. **129 B** (1983), 177.
[57] A. D. Linde: Mod. Phys. Lett. **1 A** (1986), 81;
      A. D. Linde: Phys. Lett. **175 B** (1986), 395;
      A. D. Linde: Physica Scripta **T 15** (1987), 169.
[58] N. N. Bogoljubov and D. V. Shirkov: Introduction to the Theory of Quantized Fields. New York: Wiley 1980.
[59] P. W. Higgs: Phys. Rev. Lett. **13** (1964), 508;
      T. W. B. Kibble: Phys. Rev. **155** (1967), 1554;
      G. S. Guralnik, C. R. Hagen, and T. W. B. Kibble: Phys. Rev. Lett. **13** (1964), 585;
      F. Englert and R. Brout: Phys. Rev. Lett. **13** (1964), 321.
[60] V. L. Ginzburg and L. D. Landau: Sov. Phys. JETP **20** (1950), 1064.
[61] L. D. Landau und E. M. Lifshitz: Statistische Physik. Band 1. Berlin: Akademie-Verlag 1987
[62] A. D. Linde: Phys. Lett. **100 B** (1981), 37;
      A. D. Linde: Nucl. Phys. **B 216** (1983, 421).
[63] A. Friedmann: Z. Phys. **10** (1922), 377.
[64] H. P. Robertson: Rev. Mod. Phys. **5** (1933), 62;
      A. G. Walker: J. London Math. Soc. **19** (1944), 219.
[65] L. D. Landau und E. M. Lifshitz: Klassische Feldtheorie. Berlin: Akademie-Verlag 1992
[66] G. Gamow: Phys. Rev. **74** (1948), 505.
[67] A. G. Doroshkevich and I. D. Novikov: Dokl. Akad. Nauk SSSR **154** (1964), 809.
[68] V. A. Belinsky, E. M. Lifshitz, and I. M. Khalatnikov: Sov. Phys. Usp. **13** (1971), 745.
[69] R. Penrose: "Structure of space-time." in: Battelle Rencontres 1967. Lectures in Mathematics and Physics. Edited by C. M. DeWitt and J. A. Wheeler. New York: Benjamin 1968.
[70] S. W. Hawking and G. F. Ellis: The Large Scale Structure of Space-Time. Cambridge: Cambridge University Press 1973.
[71] J. A. Wheeler: in: Relativity, Groups, and Topology. Edited by B. S. DeWitt and C. M. DeWitt. New York: Gordon and Breach 1964;
      S. W. Hawking: Nucl. Phys. **B 144** (1978), 349.
[72] C. W. Misner: Phys. Rev. Lett. **28** (1972), 1669.
[73] C. B. Collins and S. W. Hawking: Astrophys. J. **180** (1973), 317.
[74] A. A. Grib, S. G. Mamaev, und V. M. Mostepanenko: Quanteneffekte in starken äußeren Feldern [in Russisch]. Moskau: Atomizdat 1980;
      N. Birrell and P. C. Davies: Quantum Fields in Curved Space. Cambridge: Cambridge University Press 1984.
[75] E. M. Lifshitz: Sov. Phys. JETP **16** (1946), 587.
[76] Ya. B. Zeldovich: Mon. Not. R. Astron. Soc. **160** (1970), 1.
[77] R. H. Dicke: Nature **192** (1961), 440;
      A. A. Zelmanov: in: Unendlichkeit und Universum [in Russisch]. Moskau: Mysl' 1969, S. 274;
      B. Carter: in: Confrontation of Cosmological Theories with Observational Data. Edited by M. S. Longair. Dordrecht: Reidel (1974);
      B. J. Carr and M. J. Rees: Nature **278** (1979), 605;
      I. L. Rozental: Big Bang Big Bounce: How Particles and Fields Drive Cosmic Evolution. Berlin: Springer-Verlag 1988.
[78] A. D. Linde: in: 300 Years of Gravitation. Edited by S. W. Hawking and W. Israel. Cambridge: Cambridge University Press 1987, S. 604.
[79] A. D. Linde: Phys. Today **40** (1987), 61.
[80] S. Weinberg: Phys. Rev. Lett. **36** (1976), 294.
[81] A. Vilenkin: Phys. Rep. **121** (1985), 263.
[82] G. 't Hooft: Nucl. Phys. **B 79** (1974), 279.
[83] A. M. Polyakov: JETP Lett. **20** (1974), 430.

[84] T. W. B. Kibble: J. Phys. **9 A** (1976), 1387.
[85] Yu. A. Golfand and E. P. Likhtman: JETP Lett. **13** (1971), 323;
J. Gervais and B. Sakita: Nucl. Phys. **B 34** (1971), 632;
D. V. Volkov and V. P. Akulov: JETP Lett. **16** (1972), 438;
J. Wess and B. Zumino: Nucl. Phys. **B 70** (1974), 39.
[86] J. Ellis and D. V. Nanopoulos: Phys. Lett. **116 B** (1982), 133.
[87] A. B. Lahanas and D. V. Nanopoulos: Phys. Rep. **145** (1987), 3.
[88] A. D. Linde: JETP Lett. **19** (1974), 183;
M. Veltman: Rockefeller University Preprint (1974);
M. Veltman: Phys. Rev. Lett. **34** (1975), 77;
J. Dreitlein: Phys. Rev. Lett. **33** (1975), 1243.
[89] Ya. B. Zeldovich: Sov. Phys. Usp. **11** (1968), 381.
[90] A. Einstein: Über den gegenwärtigen Stand der Feld-Theorie. Festschrift Prof. Dr. A. Stodola zum 70. Geburtstag. Zürich und Leipzig: Füssle Verlag 1929, S. 126.
[91] E. S. Fradkin: in: Proceedings of the Quark-80 Seminar. Moscow: Inst. Jadern. Issl. 1980, S. 80;
S. Dimopoulos and H. Georgi: Nucl. Phys. **B 193** (1981), 150;
N. Sakai: Z. Phys. **C 11** (1981), 153.
[92] N. V. Dragon: Phys. Lett. **113 B** (1982), 288;
P. H. Frampton and T. W. Kephart: Phys. Rev. Lett. **48** (1982), 1237;
F. Buccella, J. P. Deredinger, S. Ferrara, and C. A. Savoy: Phys. Lett. **115 B** (1982), 375.
[93] D. V. Nanopoulos and K. Tamvakis: Phys. Lett. **110 B** (1982), 449;
M. Srednicki: Nucl. Phys. **B 202** (1982), 327.
[94] P. Freund: Phys. Lett. **151 B** (1985), 387;
A. Casher, F. Englert, H. Nicolai, and A. Taormina: Phys. Lett. **162 B** (1985), 121.
[95] M. J. Duff, B. E. W. Nilsson, and C. N. Pope: Phys. Lett. **163 B** (1985), 343.
[96] R. E. Kallosh: Phys. Lett. **176 B** (1986), 50;
R. E. Kallosh: Physica Scripta **T 15** (1987), 118.
[97] J. Affleck and M. Dine: Nucl. Phys. **B 249** (1985), 361.
[98] A. D. Linde: Phys. Lett. **160B** (1985), 243.
[99] S. Dimopoulos and L. J. Hall: Phys. Lett. **196 B** (1987), 135.
[100] W. de Sitter: Proc. Kon. Ned. Akad. Wet. **19** (1917), 1217;
W. de Sitter: Proc. Kon. Ned. Akad. Wet. **20** (1917), 229.
[101] A. D. Sakharov: Sov. Phys. JETP **22** (1965), 241.
[102] B. L. Altshuler: in: Thesen der dritten Sov. Gravitationskonferenz [in Russisch]. Erevan: Izd. Erev. Univ. 1972, S. 6.
[103] L. E. Gurevich: Astrophys. Space Sci. **38** (1975), 67.
[104] A. D. Linde: Phys. Lett. **99 B** (1981), 391.
[105] A. D. Dolgov and Ya. B. Zeldovich: Rev. Mod. Phys. **53** (1981), 1.
[106] J. S. Dowker and R. Critchley: Phys. Rev. **D 13** (1976), 3224.
[107] V. F. Mukhanov and G. V. Chibisov: JETP Lett. **33** (1981), 523;
V. F. Mukhanov and G. V. Chibisov: Sov. Phys. JETP **56** (1982), 258.
[108] J. D. Barrow and A. Ottewill: J. Phys. **A 16** (1983), 2757.
[109] A. A. Starobinsky: Sov. Astron. Lett. **9** (1983), 302.
[110] L. A. Kofman, A. D. Linde, and A. A. Starobinsky: Phys. Lett. **157 B** (1985), 36.
[111] V. G. Lapchinsky, V. A. Rubakov, and A. V. Veryaskin: Inst. Nucl. Res. Preprint No. P-0195 (1982).
[112] S. W. Hawking, I. G. Moss, and J. M. Stewart: Phys. Rev. **D 26** (1982), 2681.
[113] A. H. Guth and E. J. Weinberg: Nucl. Phys. **B 212** (1983), 321.
[114] S. W. Hawking: Phys. Lett. **115 B** (1982), 295;
A. A. Starobinsky: Phys. Lett. **117 B** (1982), 175;
A. H. Guth and S. Y. Pi: Phys. Rev. Lett. **49** (1982), 1110;
J. M. Bardeen, P. J. Steinhardt, and M. S. Turner: Phys. Rev. **D 28** (1983), 679.
[115] A. D. Linde: Phys. Lett. **132 B** (1983), 317.
[116] A. D. Linde: Rep. Prog. Phys. **47** (1984), 925.

[117] V. A. Rubakov, M. V. Sazhin, and A. V. Veryaskin: Phys. Lett. **115 B** (1982), 189.
[118] A. D. Linde: Phys. Lett. **162 B** (1985), 281;
A. D. Linde: Suppl. Prog. Theor. Phys. **85** (1985), 279.
[119] A. D. Novikov und V. P. Frolov: Die Physik Schwarzer Löcher [in Russisch]. Moskau: Nauka 1986.
[120] G. W. Gibbons and S. W. Hawking: Phys. Rev. **D 15** (1977), 2738.
[121] S. W. Hawking and I. G. Moss: Phys. Lett. **110 B** (1982), 35.
[122] W. Boucher and G. W. Gibbons: in: The Very Early Universe. Edited by G. W. Gibbons, S. W. Hawking, and S. Siklos. Cambridge: Cambridge University Press 1983;
A. A. Starobinsky: JETP Lett. **37** (1983), 66;
R. Wald: Phys. Rev. **D 28** (1983), 2118;
E. Martinez-Gonzalez and B. J. T. Jones: Phys. Lett. **167 B** (1986), 37;
I. G. Moss and V. Sahni: Phys. Lett. **B 178** (1986), 159;
M. S. Turner and L. Widrow: Phys. Rev. Lett. **57** (1986), 2237;
L. Jensen and J. Stein-Schabes: Phys. Rev. **D 34** (1986), 931.
[123] A. D. Dolgov and A. D. Linde: Phys. Lett. **116 B** (1982), 329.
[124] L. F. Abbott, E. Farhi, and M. B. Wise: Phys. Lett. **117 B** (1982), 29.
[125] L. A. Kofman and A. D. Linde: Nucl. Phys. **B 282** (1987), 555.
[126] A. Vilenkin and L. H. Ford: Phys. Rev. **D 26** (1982), 1231.
[127] A. D. Linde: Phys. Lett. **116 B** (1982), 335.
[128] A. A. Starobinsky: Phys. Lett. **117 B** (1982), 175.
[129] V. A. Kuzmin, V. A. Rubakov, and M. E. Shaposhnikov: Phys. Lett. **115 B** (1985), 36.
[130] M. E. Shaposhnikov: JETP Lett. **44** (1986), 465; Nucl. Phys. **B 299** (1988), 797;
L. McLerran: Phys. Rev. Lett. **62** (1989), 1075.
[131] A. Dannenberg and L. J. Hall: Phys. Lett. **198 B** (1987), 411.
[132] A. S. Goncharov and A. D. Linde: Sov. Phys. JETP **65** (1987), 635.
[133] A. S. Goncharov, A. D. Linde, and V. F. Mukhanov: Int. J. Mod. Phys. **2 A** (1987), 561.
[134] A. A. Starobinsky: in: Fundamentale Wechselwirkungen [in Russisch]. Moskau: MGPI im. Lenina 1984, S. 55.
[135] A. A. Starobinsky: in: Current Trends in Field Theory, Quantum Gravity, and Strings. Lecture Notes in Physics. Edited by H. J. de Vega and N. Sanches. Heidelberg: Springer-Verlag 1986.
[136] L. P. Grishchuk and Ya. B. Zeldovich: Sov. Astron. **22** (1978), 12.
[137] S. Coleman and E. J. Weinberg: Phys. Rev. **D 6** (1973), 1888.
[138] R. Jackiw: Phys. Rev. **D 9** (1973), 1686.
[139] A. D. Linde: JETP Lett. **23** (1976), 73.
[140] S. Weinberg: Phys. Rev. Lett. **36** (1976), 294.
[141] A. D. Linde: Phys. Lett. **70 B** (1977), 306.
[142] A. D. Linde: Phys. Lett. **92 B** (1980), 119.
[143] A. H. Guth and E. J. Weinberg: Phys. Rev. Lett. **45** (1980), 1131.
[144] E. Witten: Nucl. Phys. **B 177** (1981), 477.
[145] I. V. Krive and A. D. Linde: Nucl. Phys. **B 117** (1976), 265.
[146] A. D. Linde: Trieste Preprint No. IC/76/26 (1976).
[147] N. V. Krasnikov: Sov. J. Nucl. Phys. **28** (1978), 279.
[148] P. Q. Hung: Phys. Rev. Lett. **42** (1979), 873.
[149] H. D. Politzer and S. Wolfram: Phys. Lett. **82 B** (1979), 242.
[150] A. A. Anselm: JETP Lett. **29** (1979), 645.
[151] N. Cabibbo, L. Maiani, A. Parisi, and R. Petronzio: Nucl. Phys. **B 158** (1979), 295.
[152] B. L. Voronov and I. V. Tyutin: Sov. J. Nucl. Phys. **23** (1976), 699.
[153] S. Coleman, R. Jackiw, and H. D. Politzer: Phys. Rev. **D 10** (1974), 2491.
[154] L. F. Abbott, J. S. Kang, and H. J. Schnitzer: Phys. Rev. **D 13** (1976), 2212.
[155] A. D. Linde: Nucl. Phys. **B 125** (1977), 369.
[156] L. D. Landau and I. Ya. Pomeranchuk: Dokl. Akad. Nauk SSSR **102** (1955), 489.
[157] E. S. Fradkin: Sov. Phys. JETP **28** (1955), 750.

[158] A. B. Migdal: Fermionen und Bosonen in Starken Feldern [in Russisch]. Moskau: Nauka 1978.
[159] D. A. Kirzhnits and A. D. Linde: Phys. Lett. **73 B** (1978), 323.
[160] Fröhlich: Nucl. Phys. **B 200** (1982), 281.
[161] C. B. Lang: Nucl. Phys. **B 265** (1986), 630.
[162] D. A. Kirzhnits: in: Quantum Field Theory and Quantum Statistics. Vol. 1. Edited by I. A. Batalin, C. J. Isham, and G. A. Vilkovisky. Bristol: Adam Hilger Press 1987, S. 349.
[163] W. A. Bardeen and M. Moshe: Phys. Rev. **D 28** (1982), 1372.
[164] K. Enquist and J. Maalampi: Phys. Lett. **180 B** (1986), 14.
[165] L. Smolin: Phys. Lett. **93 B** (1980), 95.
[166] E. S. Fradkin: Proc. Lebedev Phys. Inst. **29** (1965), 7.
[in Englisch:] New York: Consultants Bureau 1967.
[167] V. A. Kuzmin, M. E. Shaposhnikov, and I. I. Tkachev: Z. Phys. **C 12** (1982), 83.
[168] M. B. Kislinger and P. D. Morley: Phys. Rev. **D 13** (1976), 2765.
[169] E. V. Shuryak: Sov. Phys. JETP **47** (1978), 212.
[170] A. M. Polyakov: Phys. Lett. **72 B** (1978), 477.
[171] A. D. Linde: Phys. Lett. **96 B** (1980), 289.
[172] D. J. Gross, R. Pisarski, and L. Yaffe: Rev. Mod. Phys. **53** (1981), 43.
[173] A. D. Linde: Phys. Lett. **96 B** (1980), 293.
[174] M. A. Matveev, V. A. Rubakov, A. N. Tavkhelidze, and V. F. Tokarev: Nucl. Phys. **B 282** (1987), 700.
[175] D. I. Deryagin, D. Ya. Grigoriev, and V. A. Rubakov: Phys. Lett. **178 B** (1986), 385.
[176] O. K. Kalashnikov and H. Perez-Rojas: Nucl. Phys. **B 293** (1987), 241.
[177] E. J. Ferrer, V. de la Incera, and A. E. Shabad: Phys. Lett. **185 B** (1987), 407;
E. J. Ferrer and V. de la Incera: Phys. Lett. **205 B** (1988), 381.
[178] M. E. Shaposhnikov: Nucl. Phys. **B 287** (1987), 767.
[179] M. B. Voloshin, I. B. Kobzarev, and L. B. Okun: Sov. J. Nucl. Phys. **20** (1974), 644.
[180] S. Coleman: Phys. Rev. **D 15** (1977), 2929.
[181] C. Callan and S. Coleman: Phys. Rev. **D 16** (1977), 1762.
[182] S. Fubini: Nuovo Cimento **34 A** (1976), 521.
[183] G. 't Hooft: Phys. Rev. **D 14** (1976), 3432;
R. Rajaraman: Solitons and Instantons in Quantum Field Theory. Amsterdam: North-Holland 1982.
[184] N. V. Krasnikov: Phys. Lett. **72 B** (1978), 455.
[185] J. Affleck: Nucl. Phys. **B 191** (1981), 429.
[186] A. S. Goncharov and A. D. Linde: Sov. J. Part. Nucl. **17** (1986), 369.
[187] A. D. Linde: „Die Kinetik von Phasenübergängen in GUT-Theorien"
[in Russisch], FIAN Preprint No. 266 (1981).
[188] R. Flores and M. Sher: Phys. Rev. **D 27** (1983), 1679.
[189] M. Sher and H. W. Zaglauer: Phys. Lett. **206 B** (1988), 527.
[190] A. A. Abrikosov: Sov. Phys. JETP **32** (1957), 1442;
H. B. Nielsen and P. Olesen: Nucl. Phys. **B 61** (1973), 45.
[191] Ya. B. Zeldovich: Mon. Not. R. Astron. Soc. **192** (1980), 663.
[192] A. Vilenkin: Phys. Rev. Lett. **46** (1981), 1169.
[193] N. Turok and R. Brandenberger: Phys. Rev. **D 33** (1986), 2175.
[194] E. N. Parker: Astrophys. J. **160** (1970), 383.
[195] E. W. Kolb, S. A. Colgate, and J. A. Harvey: Phys. Rev. Lett. **49** (1982), 1373;
S. Dimopoulos, J. Preskill, and F. Wilczek: Phys. Lett. **119 B** (1982), 320;
K. Freese, M. S. Turner, and D. N. Schramm: Phys. Rev. Lett. **51** (1983), 1625.
[196] V. A. Rubakov: Nucl. Phys. **B 203** (1982), 311;
C. G. Callan: Phys. Rev. **D 26** (1982), 2058.
[197] Y. Nambu: Phys. Rev. **D 10** (1974), 4262.
[198] A. Billoire, G. Lazarides, and Q. Shafi: Phys. Lett. **103 B** (1981), 450.
[199] T. A. DeGrand and D. Toussaint: Phys. Rev. **D 25** (1982), 526.
[200] V. N. Namiot und A. D. Linde: unveröffentlicht.

[201] G. W. Gibbons and S. W. Hawking: Phys. Rev. **D 15** (1977), 2752.
[202] T. S. Bunch and P. C. W. Davies: Proc. R. Soc. London **A 360** (1978), 117.
[203] A. Vilenkin: Nucl. Phys. **B 226** (1983), 527.
[204] A. Vilenkin: Phys. Rev. **D 27** (1983), 2848.
[205] Yu. L. Klimontovich: Statistische Physik [in Russisch]. Moskau: Nauka 1982.
[206] S.-J. Rey: Nucl. Phys. **B 284** (1987), 706.
[207] S. Coleman and F. De Luccia: Phys. Rev. **D 21** (1980), 3305.
[208] N. Deruelle: Mod. Phys. Lett. **4 A** (1989), 1297.
[209] S. W. Hawking and I. G. Moss: Nucl. Phys. **B 224** (1983), 180.
[210] H. A. Kramers: Physica **7** (1940), 240.
[211] A. D. Linde: Phys. Lett. **131 B** (1983), 330.
[212] W. Israel: Nuovo Cimento **44 B** (1966), 1.
[213] V. A. Berezin, V. A. Kuzmin, and I. I. Tkachev: Phys. Lett. **120 B** (1983), 91;
V. A. Berezin, V. A. Kuzmin, and I. I. Tkachev: Phys. Rev. **D 36** (1987), 2919;
A. Aurilia, G. Denardo, F. Legovini, and E. Spalucci: Nucl. Phys. **B 252** (1985), 523;
P. Laguna-Gastillo, and R. A. Matzner: Phys. Rev. **D 34** (1986), 2913;
S. K. Blau, E. I. Guendelman, and A. H. Guth: Phys. Rev. **D 35** (1987), 1747;
A. Aurilia, R. S. Kissack, R. Mann, and E. Spalucci: Phys. Rev. **D 35** (1987), 2961.
[214] E. R. Harrison: Phys. Rev. **D 1** (1973), 2726.
[215] L. P. Grishchuk: Sov. Phys. JETP **40** (1974), 409.
[216] V. N. Lukash: Sov. Phys. JETP **52** (1980), 807;
D. A. Kompaneets, V. N. Lukash, and I. D. Novikov: Sov. Astron. **26** (1982), 259;
V. N. Lukash and I. D. Novikov: in: The Very Early Universe. Edited by G. W. Gibbons, S. W. Hawking, and S. Siklos. Cambridge: Cambridge University Press 1983, S. 311.
[217] V. F. Mukhanov and G. V. Chibisov: Mon. Not. R. Astron. Soc. **200** (1982), 535.
[218] V. F. Mukhanov: JETP Lett. **41** (1985), 493.
[219] R. H. Brandenberger: Rev. Mod. Phys. **57** (1985), 1;
R. H. Brandenberger: Int. J. Mod. Phys. **2 A** (1987), 77.
[220] J. M. Bardeen: Phys. Rev. **D 22** (1980), 1882;
G. V. Chibisov and V. F. Mukhanov: Lebedev Phys. Inst. Preprint No. 154 (1983).
[221] L. A. Kofman, V. F. Mukhanov, and D. Yu. Pogosyan: Sov. Phys. JETP **66** (1987), 441.
[222] V. F. Mukhanov, L. A. Kofman, and D. Yu. Pogosyan: Phys. Lett. **157 B** (1987), 427.
[223] P. J. E. Peebles: Astrophys. J. Lett. **263** (1982), L1.
[224] S. F. Shandarin, A. G. Doroshkevich, and Ya. B. Zeldovich: Sov. Phys. Usp. **26** (1983), 46.
[225] A. A. Starobinsky: Sov. Astron. Lett. **9** (1983), 302.
[226] V. N. Lukash, P. D. Naselskij, and I. D. Novikov: in: Quantum Gravity. Edited by M. A. Markov, V. A. Berezin, and V. P. Frolov. Singapore: World Scientific 1984, S. 675;
V. N. Lukash and I. D. Novikov: Nature **316** (1985), 46;
[227] L. A. Kofman and A. A. Starobinsky: Sov. Astron. Lett. **11** (1985), 643;
L. A. Kofman, D. Yu. Pogosyan, and A. A. Starobinsky: Sov. Astron. Lett. **12** (1985), 419.
[228] A. B. Berlin, E. V. Bulaenko, V. V. Vitkovsky, V. K. Kononov, Yu. N. Parijskij, and Z. E. Petrov: Proc. 104. IAU Symposium. Edited by G. O. Abell and G. Chincarini. Dordrecht: Reidel 1983;
F. Melchiorri, B. Melchiorri, C. Ceccarelli, and L. Pietranera: Astrophys. J. Lett. **250** (1981), L1;
I. A. Strukov and D. P. Skulachev: Sov. Astron. Lett. **10** (1984), 1;
J. M. Uson and D. T. Wilkinson: Nature **312** (1984), 427;
R. D. Davies et. al.: Nature **326** (1987), 462;
D. J. Fixen, E. S. Cheng, and D. T. Wilkinson: Phys. Rev. Lett. **50** (1983), 620.
[229] D.H. Lyth: Phys. Lett. **147 B** (1984), 403;
S. W. Hawking: Phys. Lett. **150 B** (1985), 339.

[230] C. W. Kim, and P. Murphy: Phys. Lett. **167 B** (1986), 43.
[231] S. W. Hawking: in: 300 Years of Gravitation. Edited by S. W. Hawking and W. Israel. Cambridge: Cambridge University Press 1987, S. 631.
[232] H. Georgi and S. L. Glashow: Phys. Rev. Lett. **28** (1972), 1494.
[233] R. D. Peccei and H. Quinn: Phys. Rev. Lett. **38**, 1440;
R. D. Peccei and H. Quinn: Phys. Rev. **D 16** (1977), 1791.
[234] S. Weinberg: Phys. Rev. Lett. **40** (1978), 223;
F. Wilczek: Phys. Rev. Lett. **40** (1978), 279.
[235] J. R. Primack: in: Proc. of the International School of Physics „Enrico Fermi" (1984);
M. J. Rees: in: 300 Years of Gravitation. Edited by S. W. Hawking and W. Israel. Cambridge: Cambridge University Press 1987.
[236] A. G. Doroshkevich: Sov. Astron. Lett. **14** (1988), 125.
[237] Q. Shafi and C. Wetterich: Phys. Lett. **152 B** (1985), 51;
Q. Shafi and C. Wetterich: Nucl. Phys. **B 289** (1987), 787.
[238] J. Silk and M. S. Turner: Phys. Rev. **D 35** (1987), 419.
[239] A. D. Linde: JETP Lett. **40** (1984), 1333;
A. D. Linde: Phys. Lett. **158 B** (1985), 375.
[240] D. Seckel and M. S. Turner: Phys. Rev. **D 32** (1985), 3178.
[241] L. A. Kofman: Phys. Lett. **174 B** (1986), 400.
[242] L. A. Kofman and D. Yu. Pogosyan: Phys. Lett. **214 B** (1988), 508.
[243] L. A. Kofman, A. D. Linde, and J. Einasto: Nature **326** (1987), 48.
[244] J. Goldstone: Nuovo Cimento **19** (1961), 154;
J. Goldstone, A. Salam, and S. Weinberg: Phys. Rev. **127** (1962), 965.
[245] T. J. Allen, B. Grinstein, and M. B. Wise: Phys. Lett. **197 B** (1987), 66.
[246] Q. Shafi and A. Vilenkin: Phys. Rev. **D 29** (1984), 1870.
[247] E. T. Vishniac, K. A. Olive, and D. Seckel: Nucl. Phys. **B 289** (1987), 717.
[248] A. D. Dolgov and N. S. Kardashov: Inst. of Space Research Preprint (1987);
A. D. Dolgov, A. F. Illarionov, N. S. Kardashov, and I. D. Novikov: Sov. Phys. JETP **67** (1988), 13.
[249] V. de Lapparent, M. Geller, and J. Huchra: Astrophys. J. **302** (1987), L1.
[250] J. P. Ostriker and L. Cowie: Astrophys. J. Lett. **243** (1981), L127.
[251] I. I. Tkachev: Phys. Lett. **191 B** (1987), 41.
[252] M. S. Turner: Phys. Rev. **D 28** (1983), 1243.
[253] R. J. Scherrer and M. S. Turner: Phys. Rev. **D 31** (1985), 681.
[254] L. A. Kofman and A. D. Linde: in Vorbereitung.
[255] Q. Shafi and C. Wetterich: Nucl. Phys. **B 297** (1988), 697.
[256] A. Ringwald: Z. Phys. Ser. **C 34** (1987), 481;
A. Ringwald: Heidelberg Preprint HD-THEP-85-18 (1985).
[257] E. W. Kolb and M. S. Turner: Ann. Rev. Nucl. Part. Sci. **33** (1983), 645.
[258] M. S. Turner: in: Architecture of Fundamental Interactions at Short Distances. Edited by P. Ramond and R. Stora. Copenhagen: Elsevier Science Publishers 1987.
[259] V. A. Kuzmin, M. E. Shaposhnikov, and I. I. Tkachev: Nucl. Phys. **B 196** (1982), 29.
[260] B. A. Campbell, J. Ellis, D. V. Nanopoulos, and K. A. Olive: Mod. Phys. Lett. **A 1** (1986), 389;
J. Ellis, D. V. Nanopoulos, and K. A. Olive: Phys. Lett. **B 184** (1987), 37;
J. Ellis, K. Enquist, D. V. Nanopoulos, and K. A. Olive: Phys. Lett. **B 191** (1987), 343.
[261] M. Fukugita and T. Yanagida: Phys. Lett. **174 B** (1986), 45.
[262] K. Yamamoto: Phys. Lett. **168 B** (1986), 341.
[263] R. N. Mohapatra and J. W. F. Valle: Phys. Lett. **186 B** (1987), 303.
[264] G. M. Shore: Ann. Phys. **128** (1980), 376.
[265] A. D. Linde: Phys. Lett. **114 B** (1982), 431.
[266] P. J. Steinhardt: in: The Very Early Universe.
Edited by G. W. Gibbons, S. W. Hawking, and S. Siklos. Cambridge: Cambridge University Press 1983.

[267] A. D. Linde: „Nonsingular regenerating inflationary universe,"
Cambridge University Preprint (1982).
[268] P. J. Steinhardt and M. S. Turner: Phys. Rev. **D 29** (1984), 2162.
[269] A. Albrecht, S. Dimopoulos, W. Fischer, E. W. Kolb, S. Raby, and P. J. Steinhardt: Nucl. Phys. **B 229** (1983), 528.
[270] J. Ellis, D. V. Nanopoulos, K. A. Olive, and K. Tamvakis: Nucl. Phys. **B 221** (1983), 421;
D. V. Nanopoulos, K. A. Olive, M. Srednicki, and K. Tamvakis: Phys. Lett. **123 B** (1983), 41.
[271] B. Ovrut and P. J. Steinhardt: Phys. Rev. Lett. **53** (1984), 732;
B. Ovrut and P. J. Steinhardt: Phys. Lett. **B 147** (1984), 263.
[272] E. Cremmer, S. Ferrara, L. Girardello, and A. Van Proeyen: Nucl. Phys. **B 212** (1983), 413.
[273] A. S. Goncharov and A. D. Linde: Sov. Phys. JETP **59** (1984), 930;
A. S. Goncharov and A. D. Linde: Phys. Lett. **139 B** (1984), 27.
[274] A. S. Goncharov and A. D. Linde: Class. Quant. Grav. **1** (1984), L75.
[275] Q. Shafi and A. Vilenkin: Phys. Rev. Lett. **52** (1984), 691.
[276] S. Y. Pi: Phys. Rev. Lett. **52** (1984), 1725.
[277] A. S. Goncharov: Phasenübergänge in Eichtheorien und in der Kosmologie.
[in Russisch] Dissertation. Moskau: 1984.
[278] L. A. Khalfin: Sov. Phys. JETP **64** (1986), 673.
[279] V. A. Belinsky, L. P. Grishchuk, Ya. B. Zeldovich, and I. M. Khalatnikov: Phys. Lett. **155 B** (1985), 232.
[280] V. A. Belinsky, and I. M. Khalatnikov: Sov. Phys. JETP **93** (1987), 784;
V. A. Belinsky, H. Ishihara, I. M. Khalatnikov, and H. Sato: Progr. Theor. Phys. **79** (1988), 676.
[281] A. D. Linde: Phys. Lett. **202 B** (1988), 194.
[282] R. Holman, P. Ramond, and G. G. Ross: Phys. Lett. **137 B** (1984), 343.
[283] J. Ellis, A. B. Lahanas, D. V. Nanopoulos, and K. Tamvakis: Phys. Lett. **134 B** (1984), 429;
J. Ellis, C. Kounnas, and D. V. Nanopoulos: Nucl. Phys. **B 241** (1984), 406;
J. Ellis, C. Kounnas, and D. V. Nanopoulos: Nucl. Phys. **B 247** (1984), 373.
[284] E. Cremmer, S. Ferrara, C. Kounnas, and D. V. Nanopoulos: Phys. Lett. **133 B** (1983), 61.
[285] G. B. Gelmini, C. Kounnas, and D. V. Nanopoulos: Nucl. Phys. **B 250** (1985), 177.
[286] D. V. Nanopoulos, K. A. Olive, and M. Srednicki: Phys. Lett. **127 B** (1983), 30.
[287] Ya. B. Zeldovich: Sov. Phys. Usp. **133** (1981), 479.
[288] V. Ts. Gurovich and A. A. Starobinsky: Sov. Phys. JETP **50** (1979), 844.
[289] Ya. B. Zeldovich: Sov. Astron. Lett. **95** (1981), 209.
[290] L. P. Grishchuk and Ya. B. Zeldovich: in: Quantum Structure of Space-Time.
Edited by M. Duff and C. J. Isham. Cambridge: Cambridge University Press 1983, S. 353.
[291] K. Stelle: Phys. Rev. **D 16** (1977), 953.
[292] A. D. Sakharov: Sov. Phys. JETP **60** (1984), 214.
[293] I. Ya. Aref'eva and I. V. Volovich: Phys. Lett. **164 B** (1985), 287;
I. Ya. Aref'eva and I. V. Volovich: Theor. Mat. Phys. **64** (1986), 866.
[294] M. Reuter and C. Wetterich: Nucl. Phys. **B 289** (1987), 757.
[295] M. D. Pollock: Nucl. Phys. **B 309** (1988), 513.
[296] M. D. Pollock: Phys. Lett. **215 B** (1988), 635.
[297] J. Ellis, K. Enquist, D. V. Nanopoulos, and M. Quiros: Nucl. Phys. **B 277** (1986), 233;
P. Binetruy and M. K. Gaillard: Phys. Rev. **D 34** (1986), 3069;
P. Oh: Phys. Lett. **166 B** (1986), 292;
K. Maeda, M. D. Pollock, and C. E. Vayonakis: Class. Quant. Grav. **3** (1986), L89;
S. R. Lonsdale and I. G. Moss: Phys. Lett. **189 B** (1987), 12;
M. D. Pollock: Phys. Lett. **199 B** (1987), 509;

J. A. Casas and C. Muñoz: Phys. Lett. **216 B** (1989), 37;
S. Kalara and K. Olive: Phys. Lett. **218 B**, 148.
[298] J. A. Wheeler: in: Relativity, Groups, and Topology.
Edited by C. M. DeWitt and J. A. Wheeler. New York: Benjamin 1968.
[299] B. S. DeWitt: Phys. Rev. **160** (1967), 1113.
[300] Quantum Cosmology. Edited by L. Z. Fang and R. Ruffini. Singapore: World Scientific 1987.
[301] V. N. Ponomarev, A. O. Barvinsky, und Yu. N. Obukhov: Geometrodynamische Methoden und der Eichtheorie-Zugang zur Theorie Gravitativer Wechselwirkungen [in Russisch]. Moskau: Energoatomizdat 1985.
[302] J. A. Wheeler: in: Foundational Problems in the Special Sciences.
Edited by R. E. Butts and J. Hintikka. Dordrecht: Reidel 1977; vergleiche auch: Quantum Mechanics, a Half Century Later. Edited by J. L. Lopes and M. Paty. Dordrecht: Reidel 1977.
[303] H. Everett: Rev. Mod. Phys. **29** (1957), 454.
[304] B. S. DeWitt and N. Graham: The Many-Worlds Interpretation of Quantum Mechanics. Princeton: Princeton University Press 1973.
[305] B. S. DeWitt: Phys. Today **23** (1970), 30;
B. S. DeWitt: Phys. Today **24** (1971), 36.
[306] L. Smolin: in: Quantum Theory of Gravity. Edited by S. M. Christensen. Bristol: Adam Hilger 1984.
[307] D. Deutsch: Int. J. Theor. Phys. **24** (1985), 1.
[308] V. F. Mukhanov: in: Proc. Third Seminar on Quantum Gravity.
Edited by M. A. Markov, V. A. Berezin, and V. P. Frolov.
Singapore: World Scientific 1984.
[309] M. A. Markov and V. F. Mukhanov: Phys. Lett. **127 A** (1988), 251.
[310] S. W. Hawking: Phys. Rev. **D 32** (1985), 2489.
[311] D. N. Page: Phys. Rev. **D 32** (1985), 2496.
[312] A. D. Sakharov: Sov. Phys. JETP **49** (1979), 594;
A. D. Sakharov: Sov. Phys. JETP **52** (1980), 349.
[313] M. A. Markov: Ann. Phys. **155** (1984), 333.
[314] J. B. Hartle and S. W. Hawking: Phys. Rev. **D 28** (1983), 2960.
[315] E. P. Tryon: Nature **246** (1973), 396;
P. I. Fomin: Inst. Teor. Fiz. Preprint No. ITF-73-1379;
P. I. Fomin: Dokl. Akad. Nauk SSSR **9** (1975), 831.
[316] R. Brout, F. Englert, and E. Gunzig: Ann. Phys. **115** (1978), 78.
[317] D. Atkatz and H. Pagels: Phys. Rev. **D 25** (1982), 2065.
[318] A. Vilenkin: Phys. Lett. **117 B** (1982), 25.
[319] A. D. Linde: Sov. Phys. JETP **60** (1984), 211;
A. D. Linde: Lett. Nuovo Cimento **39** (1984), 401.
[320] Ya. B. Zeldovich and A. A. Starobinsky: Sov. Astron. Lett. **10** (1984), 135.
[321] V. A. Rubakov: JETP Lett. **39** (1984), 107;
V. A. Rubakov: Phys. Lett. **148 B** (1984), 280.
[322] A. Vilenkin: Phys. Rev. **D 30** (1984), 509;
A. Vilenkin: Phys. Rev. **D 33** (1986), 3560.
[323] C. W. Misner, K. S. Thorne, and J. A. Wheeler:
Gravitation. San Francisco: W. H. Freeman 1973.
[324] S. W. Hawking and D. N. Page: Nucl. Phys. **B 264** (1986), 185;
J. J. Halliwell and S. W. Hawking: Phys. Rev. **D 31** (1985), 1777;
J. J. Halliwell: Phys. Rev. **D 38** (1988), 2468;
A. Vilenkin: Phys. Rev. **D 37** (1988), 888;
A. Vilenkin and T. Vachaspati: Phys. Rev. **D 37** (1988), 904;
L. P. Grishchuk and L. Rozhansky: Phys. Lett. **208 B** (1988), 369;
G. W. Gibbons and L. P. Grishchuk: Nucl. Phys. **B 313** (1989), 736.
[325] M. Aryal and A. Vilenkin: Phys. Lett. **199 B** (1987), 351.
[326] E. Farhi and A. H. Guth: Phys. Lett. **183 B** (1987), 149.

[327] K. Maeda, K. Sato, M. Sasaki, and H. Kodama: Phys. Lett. **108 B** (1982), 98.
[328] J. R. Gott: Nature **295**, 304.
[329] S. Weinberg: Phys. Rev. Lett. **48** (1982), 1776.
[330] P. Ehrenfest: Proc. Amsterdam Acad. **20** (1917), 200.
[331] J. D. Barrow and F. J. Tipler: The Anthropic Cosmological Principle. Oxford: Oxford University Press 1986.
[332] A. Einstein, B. Podolsky, and N. Rosen: Phys. Rev. **47** (1935), 777.
[333] A. D. Linde and M. I. Zelnikov: Phys. Lett. **215 B** (1988), 59.
[334] A. D. Linde: Phys. Lett. **201 B** (1988), 437.
[335] R. D. Peccei, J. Sola, and C. Wetterich: Phys. Lett. **195 B** (1987), 183.
[336] A. D. Linde: Phys. Lett. **211 B** (1988), 29.
[337] S. Coleman and J. Mandula: Phys. Rev. **159** (1967), 1251.
[338] J. Scherk: in: Recent Developments in Gravitation. Edited by M. Levy and S. Deser. New York: Plenum 1979, S. 479; M. Gell-Mann: Physica Scripta **T 15** (1987), 202.
[339] A. D. Dolgov: in: The Very Early Universe. Edited by G. W. Gibbons, S. W. Hawking, and S. Siklos. Cambridge: Cambridge University Press 1983, S. 449.
[340] S. W. Hawking: Phys. Lett. **134 B** (1984), 403.
[341] T. Banks: Nucl. Phys. **B 249** (1985), 332.
[342] L. Abbott: Phys. Lett. **150 B** (1985), 427.
[343] S. Barr: Phys. Rev. **D 36** (1987), 1691.
[344] D. Linde: Phys. Lett. **200 B** (1988), 272.
[345] S. Coleman: Nucl. Phys. **B 307** (1988), 867.
[346] S. Coleman: Nucl. Phys. **B 310** (1988), 643.
[347] T. Banks: Nucl. Phys. **B 309** (1988), 493.
[348] S. Weinberg: Phys. Rev. Lett. **59** (1987), 2607; Rev. Mod. Phys. **61** (1989), 1.
[349] S. Giddings and A. Strominger: Nucl. Phys. **B 307** (1988), 854.
[350] S. W. Hawking: Phys. Lett. **195 B** (1987), 337; S. W. Hawking: Phys. Rev. **D 37** (1988), 904.
[351] G. V. Lavrelashvili, V. A. Rubakov, and P. G. Tinyakov: JETP Lett. **46** (1987), 167; G. V. Lavrelashvili, V. A. Rubakov, and P. G. Tinyakov: Nucl. Phys. **B 299** (1988), 757.
[352] S. Giddings and A. Strominger: Nucl. Phys. **B 306** (1988), 890.
[353] I. Antoniadis, C. Bachas, J. Ellis, and D. V. Nanopoulos: Phys. Lett. **211 B** (1988), 393.
[354] E. Tomboulis: Preprint UCLA/89/TEP/8 (1989).
[355] A. D. Linde: in: Proceedings of XXIV International Conference on High Energy Physics, Munich 1988. Berlin: Springer-Verlag 1989, S. 357
[356] J. Polchinski: Phys. Lett. **219 B** (1989), 251.
[357] W. Fischler, I. Klebanov, J. Polchinski and L. Susskind: Nucl. Phys. **B 327** (1989), 157.
[358] V. A. Rubakov and M. E. Shaposhnikov: Mod. Phys. Lett. **4 A** (1989), 107.
[359] A. D. Linde: Phys. Lett. **227 B** (1989), 352.
[360] P. B. Arnold: Phys. Rev. **D 40** (1989), 613; M. Sher: Phys. Rep. **C 179** (1989), 274.
[361] A. D. Linde, D. H. Lyth: Phys. Lett. **B 246** (1990), 353.
[362] A. D. Linde: Stanford University Preprint SU-ITP-883 (1991) ersch. in Phys. Lett.

Sachverzeichnis

A

Abrikosov-String   37, 125, 129
Abschneide
— -impuls   85, 96
— -parameter   85, 96f, 276
Affleck-Dine-Mechanismus   266
Anfangs
— -bedingungen   36, 42, 46–48, 52, 67, 72, 144, 147, 163, 165f, 168, 184f, 211–214, 221, 224–227, 240, 244–247, 252, 262, 275
— —, chaotische   36, 263
Anfangssingularität   26, 42, 64, 258–260
Anisotropie   48, 121, 123, 137, 158, 164f, 170
Anomalie, konforme   219
Anti
— -baryonen   27, 59, 182
— -Igel   127f, 173
— -materie   11, 36
— -monopole   128–130
— -poden   274
— — -symmetrie   275, 373
— -quarks   27, 186
— -teilchen   182, 273
Axion
— -Domänenwände   172
— -feld   123, 164, 168, 170–172, 264f
— — -Energiedichte   265
— -strings   173
— -Theorien   12, 37, 170, 173, 205

B

Baby-Universen   257, 277–279
Baryogenese   182f, 186, 216
Baryon
— -en   27f, 35, 39, 59, 128, 164, 175, 182f, 186, 264f, 280
— — -asymmetrie   11, 28, 133, 177, 182–187, 195, 205f, 219, 266
— — —, Problem der   35f, 40, 57
— — -dichte   102, 186, 263
— — -Energiedichte   255
— — -ladung   102, 183
— — — -sdichte   184f
— — -stromdichte   184
— — -zahl   28, 36, 184
— — — -dichte   35
— — — -erhaltung   182
— -synthese   175, 221
— -zerfall   267
Beobachter   232f, 238f, 241, 250f, 261f, 266f, 278, 281
Beschleuniger   11f, 163
Besetzungszahlen   142f
Beweglichkeit   243
— -skoeffizient   144
Bewegungsgleichung, klassische   106, 144
Bewußtsein   269
— -sbegriff   267
Bezugssystem   18, 32, 62, 105
Bianchi-Modelle   59, 64
Biasing   159
Blasen   23, 43, 174, 240
Bläschen   23, 43f, 92, 103–114, 118–121, 145, 147–150, 165, 172–177, 191–195, 256, 258
— -bildung   103–114, 118, 120, 151, 193
— — -srate   174
— — -s-Wahrscheinlichkeit   107, 110
— , O(3)-symmetrische   106, 114
— , O(4)-symmetrische   106, 109, 114
— -wände   105, 109, 147, 150f, 175, 191, 194
Bogoljubov-Transformation   180
Bose
— -Felder   138
— -Gas   70f
— -Kondensat   21, 70, 143
Bosonen   27, 37, 90, 105, 119, 183
Brownsche
— Bewegung   143, 149
— Trajektorie   125, 149

C

Cauchy-Hyperfläche 251
Cluster 165, 213
Coleman-Weinberg
— -Bedingungen 74
— -Mechanismus 202, 215
— -Modell 120
— -Theorie 77, 121, 192–202
Confinement 97, 117, 127–130, 173
—, gravitatives 222
Coulomb-Eichung 96
CP
— -Asymmetrie 273
— -Invarianz 12, 36, 123, 182
— -Verletzung 170, 238

D

d'Alembert-Operator 48
Debye-Screening 96
de-Sitter
— -Metrik 137
— -Raum 31, 42f, 47, 49, 54, 61, 66, 133–146, 152, 197, 214, 219f, 237, 240, 243, 252, 258f, 272
— -Phase 41
— -Vakuum 138
— -Zustand, instabiler 220
Dichte
— -inhomogenitäten 43f, 56f, 60, 71, 125, 127, 133, 138, 152–158, 161, 166–175, 179, 199, 206, 216, 219–221, 224, 243, 266
—, kritische 29, 57, 128
— -störungen 154, 161, 165–168, 172
— —, adiabatische 151–165, 172
Diffusion 149f, 199, 249, 255, 259
— -sgeschwindigkeit 143
— -sgleichung 144, 147, 243–246, 252–254
— -skoeffizient 144, 243
— -snäherung 253
— -sprozeß 195f
— -sstrom 148, 243
— -sübergang 254
Dilaton
— -en 265
— feld 226
Dipolanisotropie 164
Domänen 36, 47, 51, 54–58, 63, 123, 127, 174–176, 247, 249, 257, 262, 264, 279f
— -wände 12, 36f, 55, 122–131, 151, 165, 172–177, 194

E

Effekte, nichtstörungstheoretische 102
Eich
— -felder 95–98, 125
— -invarianz 283
— -kopplungskonstante 20, 77, 93, 182–184
— -theorien 10, 19–24, 97, 111, 192
— —, einheitliche 9–11, 19–23, 28, 37
— —, nichtabelsche 95, 100, 267
— -transformationen 125, 128, 200
Eigenzeit 137
Einschleifen
— -korrekturen 220
— -Näherung 73–75, 80
Einstein
— -Gleichungen 25, 29, 38, 42f, 64, 133, 155, 219f, 224, 234, 241, 274
— -Podolsky-Rosen-Experiment 261f
— -Wirkung 222
Elektrodynamik, klassische 267
Elektron
— -en 15, 27, 102, 165, 261, 265, 267f
— — -dichte 100
— — -masse 261
— -Positron-Paare 277
Energie
—, freie 89
— -erhaltungssatz 25
— -impulstensor 38, 43, 47, 49, 53, 86, 138, 151–154, 212, 219f, 274
Entropie 190, 233
— -dichte 26, 241
—, spezifische 102
Ereignishorizont 30–32, 47f, 51, 136, 139, 280
Euklidizitätsproblem 32f
Expansion, adiabatische 26

F

Faddeev-Popov-Geister 236
Feinstrukturkonstante 39, 261f
Felder
—, elektromagnetische 18f, 96, 100
—, klassische 18, 71f, 106
—, zusammengesetzte 79
Feldverteilung 124, 127, 130, 143, 174, 238f, 247, 263f, 279
Fernordnung 72
Fermi-Energie 102
Fermionen 18, 27, 37, 76–79, 90, 99f, 105, 122, 180, 219, 257
— -dichte 99–102
— -kondensat 67

Sachverzeichnis

— -strom 100
— -verteilung 100
Flachheitsproblem 33–35, 43–45, 53f, 190, 194, 196, 207, 211
Fluktuationen 55, 60–62, 66, 72, 86, 142, 151–155, 161, 168–170, 199, 214f, 241, 245f, 256–259, 262, 270, 272, 277
Flußquant 125
Freiheit, asymptotische 9f, 79, 82
Friedman
— -Kosmologie 266
— -Kosmos 32, 34, 47, 60
— -Modelle 28, 32, 52, 59, 64, 259
— -Raum
— —, flacher 220
— —, geschlossener 133
— -Universum 24, 41–43, 62–64, 135, 159, 162, 177, 230f
— —, flaches 24, 134
— —, geschlossenes 24, 257f
— —, offenes 24
Funktionaldeterminante 104

G

Galaxien 66, 152, 163f, 187, 232, 265f, 272
— -bildung 35, 56, 60f, 125, 153, 156–158, 163f, 172, 175f, 265, 272
— — -sprozeß 279
— -spektrum 36
Gas, ultrarelativistisches 25f, 30
Gaußsches Gesetz 129
Geodäte 137
Georgi-Glashow-Modell 163
Gesamtentropie des Universums 26, 42, 45, 119, 190f, 233
— — —, Problem der 34
Gesamtinflationsfaktor 51
Geometrie
— , euklidische 33
— , riemannsche 33
Ginzburg-Landau-Theorie 21
Gitter 130
Glashow-Salam-Weinberg
— -Modell 71, 77f, 120, 163, 183
— -Theorie 10, 20, 77, 79, 92, 100, 117, 119, 121, 169, 216
Gleichgewicht 46, 195
— -sverteilung 142
— , thermisches 29, 45, 52, 87, 179, 180, 201, 238
Globalstruktur 45, 59, 65, 131, 137, 145, 150, 162, 227, 242–249, 257–260, 281, 284

Gluonen 15
Goldstone
— -Feld 171
— -Bosonen 127
— -Skalarfeld 170
Gravitation 9, 13, 84f, 229, 267, 270
— -sfeld 86, 154, 236
— —, klassisches 235
— —, quantisiertes 241
— -skorrekturen 86
— -skonstante 25, 222f, 261
— -skräfte 151
— -sradius 136
— -stheorie 220
— -svakuum 279
— -swechselwirkung 260
— -swellen 126, 162, 174, 268
— — -entstehung 161
Gravitino 12, 37f, 55
— -masse 201
Gravitonen 12, 37, 85, 274
Green-Funktion 69, 81, 87, 96f, 234
Grundzustand
— , des Universums 233
— -s-Wellenfunktion 233, 239
GUT-Theorien 9–12, 28f, 36f, 39, 58f, 93, 97, 102, 117–119, 126–130, 182f, 189, 200f, 208, 227

H

Hadronen 117
Hamilton
— -Dichte 231, 277f
— —, effektive 231, 277f
— -Funktion 231
— -Operator 87
Hartle-Hawking-Wellenfunktion 236–239, 243, 257, 279
Hawking-Moss
— -Phasenübergang 250
— -Tunnelübergang 254
— -verteilung 262
Hawking
— -Effekt 257
— -temperatur 138, 152
Higgs
— -Bosonen 76–79, 93f, 122, 183, 194, 205f
— — -Multiplett 202
— -Dublett 203
— -Effekt 20
— -Felder 9, 19f, 40, 143, 163, 194, 202, 260
— -Mechanismus 19
— -Mesonen 79

Sachverzeichnis

— -Modell 18, 21, 37, 75–77, 90–92, 123, 125
Hinabrollen 44, 52, 180, 195, 198 f, 215, 219, 251–253, 262
Hintergrundstrahlung 27
Homogenität 43 f, 54, 60, 64, 194, 242, 260, 262
—, Problem der 34, 53 f, 137, 260
Horizont 30, 47, 55, 57, 122–125, 136–139, 152 f, 156, 173, 214
— -dimensionen 158–160, 164
— -problem 35, 43 f, 57, 66, 189, 191, 194, 196, 260
Hubble
— -Konstante 25, 66, 169, 190, 194, 205
— -Parameter 29 f, 33, 166, 171, 243, 245

I

Igel 126–128, 172–177
Induktionsströme 130
Inflation
—, chaotische 84, 86, 98, 137 f, 161, 189, 198 f, 240, 254
—, Szenarium der 218, 236, 242 f
—, — — chaotischen 46–59, 138, 157, 189, 198, 209, 211, 215, 220, 243, 252, 258 f, 262
— -sfaktor 52, 56 f, 205, 219
Inflaton 166, 173
— -feld 167–170, 174, 177, 200, 217, 221, 226
Infrarot
— -divergenzen 96, 139
— -problem 95–98
— -singularitäten 96
Inhomogenitäten 35, 44, 48 f, 54, 56, 60–65, 72, 121, 137, 143, 145, 147, 152, 154, 158, 162, 168, 177, 194, 245
Instabilität 97, 143, 261, 270 f, 274, 276
Instantonen 104, 113
— -theorie 113
Interpretation, Kopenhagener 232
Invariante, topologische 238 f
Invarianz, chirale 28, 117
Isotropie 44, 55, 194, 262
—, Problem der 34 f, 53

K

Källén-Lehmann-Theorem 81
Kaluza-Klein-Theorien 11 f, 39 f, 66, 117, 165, 222–227, 258, 260, 263, 272, 276

Kausalitätsprinzip 213
Klein-Gordon-Gleichung 15
Kohärenz 277
Kollaps 176, 220, 226, 280
Kompaktifizierung 10, 13, 40 f, 223, 262 f, 271
— -smöglichkeiten 260, 272
— -sradius 226, 271
— -styp 66, 260, 263
Kondensat 70 f, 100, 102, 219
— Bose- 21
Konform
— -impuls 140
— -zeit 140, 155
Konstante, kosmologische 236, 271 f, 276–278
  Problem der —n —n 39, 271–281
Konterterme 73, 90
Koordinatensystem, synchrones 243, 249
Kopplungskonstante
—, effektive 27, 82 f, 184, 200 f, 205
Korrelation 69, 142, 213 f, 261, 281
—, akausale 214
— -sfunktion 71 f, 141
— -slänge 142
— — —, akausale 214
Kosmologie, inflationäre 13, 133
Kristallisation 97
Krümmungs
— -skalar 67, 137, 197, 219, 221, 275
— -tensor 26, 47, 48, 54, 116, 137, 220, 222

L

Ladung 99, 261
— -, baryonische 184–186
— -, leptonische 184
Lagrange
— -Dichte 15–21, 46, 73, 79, 87, 99, 101, 103, 123, 177, 181, 200, 206, 215–217, 220, 230, 273, 276, 278
— -, effektive 181, 206, 230
— -Gleichung 80, 87, 274
Laplace-Operator 49
Laser 55
Leben 34, 36, 67, 264, 269, 271, 279, 281, 284
— -sdauer 26, 34, 58, 84, 103, 121, 206 f, 226, 233, 240 f, 260, 264, 266, 275
— unserer Art 67, 187, 261–266, 271, 279
Leptonen 20, 28, 100, 102, 182–185
— -dichte 100–102
— -ladung 102, 183
— — -sdichte 100
Lichtkegel 30

Loch, Schwarzes 31, 47f, 136–139, 177, 257
Lösung
— , O(4)-symmetrische 105
— , O(3)-symmetrische 105

M

Majorana-Weyl-Spinoren 270
Masse
— , effektive 129, 169, 181, 184, 197, 221
— -nhierarchieproblem 38, 201
— -nquadrat, effektives 17, 73, 83, 271
— -nrenormierung 88
— , verborgene 28, 30, 158f, 164, 168, 171
Materie
— , baryonische 30
— , kalte 99, 102, 156
— , staubartige 25f
— , superdichte 10–13, 21, 24, 27f, 42, 99, 102
Membran 270
Mesonen 28
— , skalare 195
— , superschwere 28
— , vektorielle 195
Metrik 24, 29, 33, 46, 49, 61, 72, 134–137, 145, 152–155, 158, 162, 220, 223, 230, 241–243, 250, 259, 263, 268–273
Minkowski-Raum 55, 70, 134, 139–147, 150, 223, 233, 240, 256f, 270
Mini
— -superraum 230f, 237, 242, 254f
— -Universen 66f, 213, 252f, 258, 263
Mischungswinkel 185
Mittelwert, Gibbsscher 87
Moden 87
Monopol
— -Annihilation 129
— -e 37, 44, 54, 97f, 122–131, 173, 191, 194
— —, Diracsche 128
— —, magnetische 12, 129
— —, primordiale 12
— —, 'Hooft-Polyakov- 37, 128, 130
Myon 261

N

Näherung
— , quasiklassische 231, 234f
— , WKB- 235
Neutrino 27, 102, 164
— -astrophysik 162

— -dichte 100, 102
Neutronen 128
Nichtgleichgewichts
— -prozesse 36, 59, 183
— -systeme 107
„No-go"-Theoreme 227
„No-Hair"-Theorem 48, 54, 61, 66, 136, 146f, 214, 243, 252
Null
— -punktfluktuationen 78
— -Ladungsproblem 83f, 267
— -moden 104, 107
$N=1$-Supergravitationstheorie 12, 38f, 117, 200–202

O

Oberflächen
— -energie 108f, 150, 174
— — -dichte 150
— -spannung 109f
$O(N)$-Symmetrie 79
$O(3)$ 126f, 163

P

Peccei-Quinn-Symmetrie 264
Percolation 175
Periodizitätsbedingung 105
Phase
— , inflationäre 42f, 48, 51, 53, 59, 117, 137, 140, 151f, 156, 169, 171, 199, 202, 207, 212, 218, 221, 225f, 245, 251, 266, 283
— , instabile 89, 189
— , metastabile 103, 107, 115
— -nübergänge 10–13, 21–24, 28f, 37–44, 71f, 77, 87–94, 107, 111f, 117–122, 140, 150, 152, 163, 169–176, 183, 190–195, 199, 221, 258
— — erster Ordnung 23, 91–94, 103, 115, 119, 174
— — zweiter Ordnung 22, 89f, 93, 174
— -nübergangspunkt 94, 96, 115, 119, 169
— , symmetrische 111, 119
Photonen 15, 27, 36, 96, 123, 162, 186, 206, 268
— -dichte 128, 186
— -gas 27
Planck
— -Dichte 34f, 51, 64–66, 72, 141, 162, 213f, 219, 241f, 244, 247, 254, 259, 262
— -Energie 9, 11
— — -dichte 84, 226, 252

— -Frequenz 225
— -Konstante 276
— -Länge 33f, 255, 259
— -Masse 25, 34, 47, 261
— -Zeit 29, 33, 35, 45, 48, 207, 213, 221, 240
Planetensystem 261
Plasma 59, 96, 129, 152, 162
Plasmonen 96
Pol 83, 96
— , tachyonischer 81, 83, 97
Polarisationsoperator 96, 178, 180
Polonyi-Felder 12, 38, 164, 168
Positronen 27
Potential
— -barriere 108, 176, 193, 232, 237, 239
— , chemisches 87, 99, 101
— , effektives 16, 19–23, 38, 40, 44f, 60, 66, 71, 72–86, 89, 93, 100, 103, 108, 115–123, 145, 150, 160, 165, 168–173, 183, 192–204, 207, 209, 211, 214–216, 219, 225, 236f, 240, 243, 250, 253f, 260, 272f
— , relativistisches 154
— , thermodynamisches 87, 97
— -wall 103
Prinzip, anthropisches 36, 66–68, 186, 260–281
— —, endgültiges 201
— —, schwaches 201, 263, 267
— —, starkes 201
Proton 20, 37, 128, 206, 261, 268 284
— -zerfall 11, 58, 129, 216, 280
— — -swahrscheinlichkeit 206
Pulsare 129, 131
Punkt, kritischer 93

Q

Quadrupolanisotropie 164
Quanten
— -chromodynamik 9f, 238
— -diffusion 253
— -elektrodynamik 19, 84, 96, 267
— -erzeugung des Universums 46, 235, 237, 239, 252–256
— -fluktuationen 29, 51, 54, 61, 64, 66, 72, 74, 138–145, 151–163, 186, 197, 240f, 249, 251–253, 257
— — der Metrik 33, 241, 259
— -gravitation 85, 277
— -gravitations
— — -effekte 29, 72, 84–86
— — -Fluktuationen 53, 61
— — -Korrekturen 86
— -korrekturen 20, 29, 43, 72–79, 83f, 92, 100, 178f, 215, 219

— -kosmologie 41, 133, 227, 229, 232–234, 238–257, 262, 267–269, 273–275, 277
— -sprung 226
— -statistik 21, 89, 105, 139
— -Tunnelübergang 257
Quarks 15, 20, 27f, 39, 117, 183, 186
Quasare 163

R

Randbedingung 104–107, 137, 234
Raum
— , euklidischer 24, 70, 103–107, 113, 271
— -zeit 39, 66, 108, 224, 261, 263, 268–271, 284
— —, klassische 29, 47f, 63, 72, 86, 213, 241, 251, 259, 278
— — -Schaum 33, 63, 213, 226, 240, 252, 254f, 259
Rekollabieren 53, 58
Relativitätstheorie
— , Allgemeine 24, 32–34, 39, 64, 137, 142, 261, 268
— , Spezielle 268
Relikt
— -gravitinos, Problem der 37
— -inflation 200–202, 207
— — -smodelle 208
— -monopole, Problem der 37, 43f, 131, 191, 220
— -strahlung 26, 32–35, 123, 157f, 164, 170
Renormier
— -barkeit 9, 20
— -ung 80, 85, 140, 197, 276
— — -sgruppengleichung 82f
— — -sparameter 80

S

Salam-Weinberg
— -Theorie 76
— -Modell 77
Schrödinger-Gleichung 145, 229
Schwankung 57, 142, 145, 148f, 171, 191, 246–248, 251f, 256
— -squadrat 143f, 245f
Schwarzschild
— -Metrik 136, 154
— -Radius 137
Selbstreproduktion 258, 280
— -sprozeß 259, 262

Shafi
— -Vilenkin
— — -Modell 202–206, 209, 215f, 221
— — -Theorie 208
— -Wetterich-Modell 222, 225f, 258
Signatur
— der Raumzeit 270f
—, euklidische 234
Singularität 32, 46, 60, 64–69, 81, 233, 241, 257–260
— -entheoreme 64, 260
— -sproblem 32, 36, 64
Skalarfeld
—, elementares 219
—, homogenes 177, 252
—, komplexes 18, 123, 170, 173, 184
—, klassisches 9, 20, 69–72, 87, 117, 143f, 257
—, masseloses 139, 141
—, massives 141, 159, 177, 255
—, quantisiertes 69–72
—, schweres 214
— -theorie 96, 139, 270
Skalaron
— -en 220
— -masse 221
Skalarteilchen 75, 87, 265
Skalenfaktor 24–26, 50–54, 185, 190, 230–237, 240, 252, 274
Spektrum
—, flaches 44, 152, 156, 163–165, 172
—, nicht-flaches 166–172
—, skaleninvariantes 44
Spiegelteilchen 273
Spinorfelder 15, 177
Sleptonen 183f
Squarks 183f
Starobinsky-Modell 43, 179
—, modifiziertes 219–222
Sternentstehung 265
Störung
—, adiabatische 165, 166–172, 230
—, isotherme 165, 166–172, 175
— -sentwicklung 97
— -sreihe 95
— -stheorie 9f, 79, 91, 95–98, 154, 272
Strahlung
—, kosmische 122
— -skorrekturen 184, 202f, 216
Strings 122–131, 152, 165, 172–177, 270, 283
—, globale 125
Ströme, neutrale 99–102, 163
Struktur, fraktale 252
Super
— -auswahlregeln 239
— -feld, Singulett- 200

— -gravitations-Theorie 9–12, 129, 179, 183, 216–219, 221, 227, 270
— -nova 10
— -potential 201, 218
— -raum 229, 268
— -string-Theorien 10–13, 38–41, 66, 117, 129, 183, 216, 221–227, 260, 263f, 270, 272, 276
— -symmetrie 37, 41, 272, 283
Supra
— -flüssigkeit 21
— -leiter 21, 37, 129f
— -leitung 21, 23, 125
SU(n, 1)-Supergravitationstheorie 216
SU(1, 1)
— -Supergravitationstheorie 217
— -Transformationen 217
SU(2) × U(1) 19f, 163, 203
SU(2)^2 × U(1)^2 118, 174
SU(3) 20
SU(3) × U(1) 28, 39f, 119, 264
SU(3) × U(1)^2 118, 174
SU(3) × SU(2) × U(1) 20, 28, 39, 93, 118, 174–176, 192, 203
— -Phase 94, 119, 175
SU(4) × U(1) 94, 118, 174–176
— -Phase 119
SU(5) 20, 117, 119–121, 174, 192–195, 198, 202
— -Eichkopplungskonstante 77
— -Modell 28f, 77, 122, 175f, 184f, 206
— -Phase 118, 264
— -Theorie 37, 39, 93f, 117, 123, 183, 202, 215f, 260
— —, supersymmetrische 264
Symmetriebrechung 10, 18–20, 37, 72–75, 83, 87, 100–102, 117–126, 143, 173, 176, 182f, 192, 195, 202, 261
—, dynamische 78f
—, spontane 9, 13, 15–20, 21, 39f, 78f, 83, 87–92, 103, 143, 170, 202, 262f
— -sprozeß 264
— -styp 260, 262, 264
Szenarium des
— — alten inflationären Universums 189–192, 258,
— — inflationären Universums 13, 30, 34, 41–46, 59f, 67, 71, 103, 116, 123, 127, 131–133, 136, 145, 152–154, 161–164, 182f, 191, 195, 202, 211, 214, 219, 226–229, 234, 257, 266, 275, 283
— — neuen inflationären Universums 189, 192–200, 206–209, 215, 220, 226, 250, 258f

T

Tachyonen 220
Teilchen
— -erzeugung 44, 142, 177f, 240
— -horizont 30f, 35, 157, 162
—, virtuelle 233
Temperatur
—, kritische 22, 29, 88, 90–93, 117
— -inhomogenitäten 152
Topologie 46, 54, 240, 271
Tunnel
— -durchgang 103
— -n 239, 250, 254
— -prozeß 23, 103, 108f, 149
— -übergänge 77, 103, 108, 113–122, 145–151, 192, 199, 232, 240, 254–256
— -wahrscheinlichkeit 104, 107, 146, 149
— -wellenfunktion 236, 252

U

Überlichtgeschwindigkeit 32
Ultraviolettdivergenzen 19, 229
Unbestimmtheitsprinzip 240
Unitaritätsbedingung 178
Universum
—, anisotropes 32
—, flaches 29–31, 154, 212f, 240
—, geschlossenes 31, 34, 45, 190, 207, 211, 213, 226, 233–235, 239
—, inflationäres 213, 241, 256
—, heißes 11–13, 25–28, 32–34, 38, 42–45, 53, 57, 59, 97, 117, 122f, 127, 129, 131, 152, 156, 173, 195, 207f, 219, 221, 229, 241, 260, 269
—, inflationäres 54–59, 61, 64–67, 71f, 84f, 122, 133–138, 141, 143–151, 154, 162f, 172, 177, 182f, 187–191, 195, 197, 207, 220, 238–251, 254–260, 266, 281
—, altes inflationäres 45, 258
—, chaotisches inflationäres 153
—, neues inflationäres 44f, 53, 77, 121, 153, 161, 215, 254
—, kaltes 156, 158
—, kompaktes 226, 240
—, offenes 34, 212
—, oszillierendes 242
—, quasihomogenes 65
—, selbst
—, — -erkennendes 267
—, — -reproduzierendes 60–68, 249–257, 259, 262f, 266, 276, 279
—, — — inflationäres 242, 245, 249–257, 262, 263
Unschärferelation 46

Urknall 26, 28, 53, 284
U(1) 37
— -Eichtransformationen 19

V

Vakuum 9, 38, 115, 233, 252
— -diagramme, 1-Teilchen-irreduzible 73
— -energie 12, 41, 73f, 189f, 193, 201, 236, 260, 271f, 276, 280
— — -dichte 38f, 77, 237, 257, 271f, 275–281
— —, Problem der 38f, 41
— -erwartungswert 70, 81
— -fluktuationen 84, 86, 139–141, 152
— -instabiltät 84
—, instabiles 105
—, metastabiles 103, 122
— -schwankungen 142
— -zustand 18, 43, 54, 115, 145, 177, 238, 243, 264, 270
— —, instabiler 84, 191
— —, metastabiler 43, 66, 103, 250
— —, stabiler 250
Vektor
— -bosonen 19, 194, 202
— -felder 9, 78, 100f, 123, 128
— —, abelsche 18
— -mesonen 19f, 203
— — -kondensat 67
— — -kondensation 100–102
— -teilchen 18–20, 75, 91, 197, 200
Vertauschungsrelationen 69
Verteilung 47, 54, 100, 142, 144, 147, 175, 238f, 243–252, 256, 279
— -sfunktionen 143–145, 148f, 243–245, 249, 257
Viel-Welten-Interpretation 232, 239, 267
Voids 163, 174
Volumenenergie 108

W

Wahrscheinlichkeits
— -amplitude 232
— -dichte 148, 235, 238
— -strom 148, 243f
— -verteilung 238f, 252f, 279
W-Bosonen 100, 102
Wechselwirkung
—, elektro
—, — -magnetische 9–12, 15f, 19–21, 27f, 37, 40, 66, 84, 87, 92–94, 102, 117–122, 128, 163, 169, 264, 268f, 284

—, — -schwache   12, 19f, 28, 66, 117, 182
—, gravitative   223, 269
—, schwache   9–12, 15f, 19–21, 27f, 37, 40, 66, 84, 87, 92–94, 117–122, 128, 163, 169, 264, 268f, 284
—, starke   9f, 15f, 18–21, 27f, 37, 40, 66, 84, 87, 92–94, 117–122, 128, 170, 182, 261, 264, 269, 284
Weinberg-Winkel   93
Wellen
— , ebene   15, 71
— , einlaufende   254
— , kohärente   70, 72, 177f
— -länge   44, 55f, 61, 141, 151–158, 161–165, 173, 199, 225, 244, 256, 271
— -funktion   73, 103, 145, 232f, 236–239, 242, 252, 277
— — des Universums   229–242, 252, 262, 278
— —, Reduktion der   232
— -funktional   103
Weltalter   29f, 123
Weltradius   24
Wheeler-De-Witt-Gleichung   229–233, 242
Wick-Rotation   70, 73, 234–236, 254
Wiederaufheizen   52–54, 59, 157, 177–181, 187, 191, 194, 199f, 205, 215f, 219, 221, 225, 250
Wirkung   104–106, 109, 113, 146, 230, 273, 276
— , effektive   180, 223
— , euklidische   104f, 147, 234
W-Mesonen   184, 261
Wormhole   257, 277
W- und Z-Teilchen   93

X

X-Boson   77, 184, 204
X- und Y
— -Bosonen   94
— -Mesonen   20

Y

Yang-Mills
— -Felder   95–97, 113, 128
— -Gas   96f, 129
— -Instantonen   104, 113
— -Plasma   97, 129f
— -Theorie   113
— -Teilchen   96f

Z

Zeit
— -ordnungsoperator   69
— -richtung   233
Zerfallswahrscheinlichkeit   178
Zellstrukturen   163
Zustandsgleichung   25, 27, 30, 32, 42, 153, 177, 212
Zweistufen-Inflation   165

$\lambda\varphi^4$-Theorie   20, 79–84, 157–159, 161f, 164, 176, 181, 208, 211–213, 221, 245, 247, 251, 256, 266, 280
$\lambda\varphi^2\chi^2$-Theorie   181
σ-Modell   18, 78f
$1/N$-Entwicklung   20, 79–84